KB270077

서머힐

서머힐

A.S. 니일 지음/ 한국영재교육개발원 옮김

시간과공간사

아직도 많은 사람들이 심리학에 관해서 깊이 알고 있지 않기 때문에 인간 생활의 내부적 세력이란 우리에게 잘 알려져 있지 않다. 프로이드의 천재력에 의하여 인간 생활의 내부적 세력을 알게 된 후로 심리학은 상당한 발전을 해왔다. 그러나 아직도 새로운 과학으로서, 미지의 대륙 해안을 조심스럽게 지도에 기록하기 시작하는 정도의 단계에 온 학문이라 하겠다(그 대륙 안의 사정은 사실 아직 알려지지 않고 있는 실정이다).

내가 교육학에서 손을 놓고 아동심리학에 관한 연구를 시작한 이래 많은 아이들을 다루어 왔다. 그들은 대부분 불장난을 하는 아이, 손 버릇이 나쁜 아이, 거짓말쟁이, 오줌싸개, 성질이 고약한 아이들이었다. 이러한 아이들을 길들이기 위해 수년 동안 노력해 왔으나, 인생을 유도하는 힘에 대하여 내가 가지고 있는 지식이 극히 적다는 것을 깨달았다.

그러나 자기 아이들만을 기르는 부모보다는 내가 좀더 낫다는 확신을 갖게 되었다. 다루기 힘든 어린이는 거의 가정교육의 잘못으로부터 비롯되었기 때문에 감히 부모보다 내가 낫다고 말할 수 있다.

심리학이란, 의학의 치료라는 말과 같은 의미를 띠고 있다. 이 치료가 오렌지색이나 검은색을 좋아하는 개인의 취향을 고쳐 주는 것을 의미하는 것은 아니며, 담배나 맥주를 즐기는 버릇을 고치도록 유도하는 것도 아니다. 어떤 교사라도 어린이가 북소리를 시끄럽게 낸다고 해서 그것을 막을 권리를 갖고 있는 것은 아니다. 심리학을 치료라고 생각한다면 그것은 인간의 불행한 마음을 고쳐 주는 것으로 다루기 힘든 아이, 즉 불행한 아이의 마음을 행복하게 만드는 것이다. 다루기 힘든 성인도 이 점에서는 마찬가지다.

행복한 사람은 집회를 방해하거나 살인, 절도, 전쟁 등을 일으키지 않으며, 흑인이라고 하여 탄압하지 않는다. 행복한 부인은 남편이나 아이들에게 성가신 잔소리를 하지 않으며, 행복한 고용주는 고용인을 함부로 대하지 않는다. 모든 범죄나 증오, 전쟁은 궁극적으로는 마음의 불행 때문에 생기는 것이다.

이 책이 시도하는 바는 이러한 불행이 어떻게 해서 생기게 되며, 이것이 어떻게 인간의 생활을 파멸로 이끄는지, 그리고 어린이들이 어떻게 교육을 받아야 이러한 불행이 더 이상 일어나지 않게 될 것인가 하는 문제들을 설명하는 데 있다. 그래서 나는 어린이들의 불행을 막고 더 나아가 그들이 행복하게 양육되는 장소인 서머힐에 관한 이야기를 실으려고 한다.

A.S. NEILL

| 차 례 |

| 차 례 |

 제 4 장 **종교와 도덕**

 제 5 장 **아동 문제**

 제 6 장 **부모 문제**

에릭 프롬의 서언

I

18세기에는 자유 민주주의 사상, 그리고 자기 결정주의 이념이 진보주의 사상가들에 의해 주창되었으며, 1900년대 초반에 이르러서는 이러한 이념들이 교육계에서 상당한 결실을 보게 되었다.

자기 결정주의의 기본 원리란, 권위가 아닌 자유로서 강제력을 사용하지 않고 아이들의 호기심과 자연스러운 욕구에 맞춰 지도하므로써 스스로 그들의 세계에 흥미를 갖게 하는 것을 말한다.

이러한 착상은 곧 진보주의 교육의 발단을 이루어 놓았으며, 나아가서 인간 발달에 있어서도 중요한 단계가 되었다. 그러나 이러한 새로운 교육 방법은 더러 바람직하지 못한 결과를 가져왔기 때문에 근래에 와서는 진보주의 교육에 대한 반발이 일어나기도 했다.

오늘날 많은 사람들은 진보주의 교육의 이론 자체가 잘못 되었다고 해서 그런 이론은 폐기되어야 한다고도 한다. 나아가서는 훈육을 더욱 강화해야 한다는 움직임이 일어나는가 하면, 심지어는 공립학교 교사들은 학생에 대한 체벌을 가해도 괜찮다는 운동을 벌이고까지 있다.

아마 이런 반응을 가져온 가장 중요한 요인은 구 소련 공화국에서 현저한 교육의 성과를 달성했다는 점을 고려하기 때문일 것이다.

소련에서는 권위주의에 의한 옛날 교육 방법을 최대한 적용한 결과 지식 교육을 위해서는 전통적인 훈육 방법으로 돌아가는 것이 최선의 방법인 것으로 나타났기 때문에 어린이의 자유 같은 것은 무시해도 된다는 것이다.

강제성을 수반하지 않는 교육 이념이란 잘못된 것일까? 그 이념 자체가 잘못된 것이 없다면, 그런 이념에 의한 교육이 잘못되었다는 것을 설명할 수가 있을까?

나는 아동을 위한 자유의 이념 자체는 잘못된 것이 없다고 믿는다. 다만 자유의 이념이 많은 경우 잘못 적용되어 왔던 것이다.

이 문제를 좀더 명확히 논의하기 위해서 우선 자유의 본질을 이해하지 않으면 안되며, 그러기 위해서는 표출된 권위와 은익된 권위와를 구별할 수 있어야 하겠다.

표출된 권위란 직접적으로 뚜렷하게 나타나서 행사되는 권위를 말한다. 이러한 권위의 소유자는 자기 부하에게 대놓고 말하기를 ‘이것을 해야 한다. 만일 하지 않으면 응당의 제제를 가할 것이다’라고 한다.

은익된 권위는 강제력의 행사를 겉으로 드러내려 하지 않는다. 은익된 권위는 실상 아무런 권위가 없는 것처럼 하고, 모든 일은 개개인의 합의에 의해서 이루어지는 것처럼 한다.

옛날 교사는 쟈니에게 ‘이것을 해라. 그렇지 않으면 벌을 줄테다’ 하지만 오늘날의 교사는 ‘너 이것 하고 싶을 거야, 그렇지?’라고 한다.

이런 경우 불복종에 대한 처벌로 어떤 제재를 가한다면 체벌이 아니라 부모의 체면을 손상시키거나 혹은 좀더 심하게는 적응 능력이 부족하여 다른 사람들처럼 잘하지 못한다는 감정을 갖게 한다.

표출된 권위가 신체적 강제력을 행사하는 반면에 은익된 권위는 심리적 작용을 하는 것이다.

19세기의 표출된 권위로부터 20세기의 은익된 권위에로의 전환은 현대 산업사회의 조직상 필요에 의해서 이루어졌으며, 자본의 집중은 계층적으로 조직된 관료주의에 의하여 경영되는 거대한 기업체의 형성을 가져왔다.

노동자와 사무원은 대집단을 이루어 공동으로 일하게 되었기 때문에 거대하게 조직된 생산 기구가 쉬지 않고 무난하게 운영되게 하기 위해서 그 집단의 개개인은 그 기구의 일부분으로써 일해야만 한다.

개개인의 노동자는 이러한 기계의 한 톱니바퀴에 불과한 것이다. 이러한 생산 조직에 있어서 개인은 관리되고 또 조종을 받고 있다. 소비의 세계에서도(소위 개인이 선택의 자유를 행사할 수 있다는) 개인은 마찬가지로 관리되고 조종당한다.

음식·의류·주류·담배·영화·혹은 텔레비전 프로그램에 이르기까지 어느 것이든 간에 철저한 선전의 영향을 받고 있는데, 그 선전 목적은 다음의 두 가지로 볼 수 있다.

첫째, 새로운 상품에 대한 고객의 기호를 계속 증가시키는 것과 둘째, 이러한 기호를 기업의 최대 이익을 가져올 수 있도록 하는 방향으로 이끌기 위한 것이다.

인간은 차라리 소비자로 불리어지게 됐고, 더 좋고 많은 물품을 소비하고 싶어하는 영구 불변의 소비자로 인간이란 명사를 대신하고 있다. 오늘날의 경제 체제는 인간으로 하여금 그 체제의 요구에 부합할 수 있도록 만들지 않으면 안된다. 즉 무난하게 협동할 수 있고, 보다 많이 소비할 수 있는 그런 인간 말이다.

오늘날의 체제는 표준화된 기호를 가지는 인간, 쉽게 영향을 받는 인간, 그의 욕구를 예측해 낼 수 있는 그런 인간들을 필요로 한다.

우리의 체제가 필요로 하는 인간은 곧 자유롭고 독립적이면서도 기대에 어긋나지 않도록 무엇이든지 해내려는 용의를 가진 인간, 별 마찰없이 사회 기구에 적응하는 인간, 강제력이나 지도자 없이도 잘 해나가며 아울러서 잘 하려는 의도 외에는 어떤 특별한 목적 없이도 자기가 나아갈 길을 갈 수 있는 그런 인간을 필요로 한다.

그렇다고 해서 권위가 없어졌거나 또는 권위가 행사력을 상실한 것은 아니다. 다만 권위가 강제력을 수반한 표출된 권위에서 설득과 암시를 내용으로 하는 은익된 권위로 전환된 것 뿐이다.

다시 말하면, 현대인이 적응을 잘하기 위해서는 모든 일이 자기의 의견과 일치해서 수행되는 것으로 생각할 수 있어야 한다.

비록 그 의견 일치가 모종의 조종에 의해서 이루어진 것이라 하더라도 자기 스스로 동의한 것으로 간주할 수 있어야 한다는 것이다. 인간의 동의라는 것은 인간의 의식 이면에 있는 그대로를 얻는 것이다.

이상에서 살펴본 여러 아이디어들이 진보주의 교육에 도입된 것이다. 어린아이는 알약을 삼키도록 강요당하지만 사실 그 알약엔 설탕을 바른 것이다.

많은 부모들과 교사들은 진정한 비권위적 교육이란 바로 설득과 보이지 않는 강제력을 수단으로 하는 교육으로 혼동해 오고 있다. 진보주의 교육은 이 정도로 그 가치가 떨어졌다.

그래서 진보주의 교육은 본래의 의도와는 다르게 되었고, 본래의 의의에 맞게 발달되지 못한 것이다.

Ⅱ

니일의 학교 제도는 혁신적 아동 양육법을 내용으로 한 것이다.

내가 볼 때 니일이 쓴 이 책은 상당히 중요하다. 왜냐하면 공포감 없이 교육할 수 있는 진정한 원리를 말해주고 있기 때문이다. 서머힐 학교에서 권위란 조종을 위한 수단으로 사용되지 않는다.

서머힐은 어떤 이론을 설명해 주는 것이 아니라 거의 40년에 걸쳐온 실제적인 경험을 말해준다. 저자 니일은 '자유는 실현될 수 있다'고 주장한다. 이 책에는 니일의 학교 제도 기초를 이루고 있는 원리들이 간단 명료하게 소개되어 있는데 요약하면 다음과 같다.

① 니일은 '어린이는 선량하다'는 확고한 신념을 가지고 있다. 보통 어린이는 본래부터 불구자나 바보 혹은 얼빠진 자동 인형으로 태어나는 것이 아니라, 인생을 즐기고 또 인생에 흥미를 가질 수 있는 충분한 능력을 타고 난다고 믿고 있다.

② 교육의 목적 — 사실상 인생의 목적은 즐겁게 일하고 행복을 추구하는 것이다. 니일에 의하면, 행복이란 인생에 흥미를 가지는 것을 의미한다. 혹은 내가 말하는 것과 같이 그것은 인간의 두뇌에 의해서

가 아니라, 인간의 전인적 인성에 의해서 나타나는 생활에 대한 반응이라는 것이다.

③ 교육은 지적 발달만으로는 충분하지 않다. 교육은 지적이어야 되고 동시에 정서적이어야 한다. 현대사회에 있어서 지성과 감수성과의 거리가 점점 멀어지는 것을 볼 수 있다. 오늘날 인간의 경험이란 인간이 마음으로 느낀 것을 즉각적으로 파악하고, 직접 눈으로 보고, 그리고 직접 귀로 들은 것보다는 주로 사고에 의해서 얻어진 경험들인 것이다. 이러한 지식과 감각 사이의 거리는 현대인으로 하여금 정신적 분열 상태로 들어가도록 하고 있으며, 이런 상태 밑에서 인간은 사고 이외에는 거의 아무것도 경험할 수 없게 된다.

④ 교육은 아동의 정신적 욕구나 능력에 적합해야 한다. 어린이란 애타주의자가 아니다. 어린이는 성인과 같이 성숙된 사랑을 할 줄 모른다. 어린이에게서 위선적인 것을 기대한다는 것은 잘못된 일이다. 남을 사랑하는 마음이란 아동기가 지나서야 나타나는 것이다.

⑤ 일방적으로 강요하는 훈육과 벌칙이란 공포감을 조성하며, 공포감은 적개심을 자아낸다. 이러한 적개심은 의식되지 않거나 겉으로 나타나지 않을지 모르나 인간의 노력과 감정의 순수성을 저해한다. 아동에 대한 지나친 훈육은 해로우며 건전한 정신적 발달을 방해한다.

⑥ 자유란 방종을 의미하는 것이 아니다. 니일이 강조하고 있는 대단히 중요한 이 원리는 개인에 대한 존중은 상호적이어야 한다는 것이다. 교사가 아동에게 강제력을 사용해도 안되며, 어린이도 교사에게 강제력을 사용할 권한도 없다. 어린이는 어리다는 핑계로 해서 성인을 곤경에 빠뜨려서는 안되며, 나름대로 어떤 압력을 써서 안된다.

⑦ 위에 든 원리와 관련해서 교사는 진정한 성실성을 갖추어야 한다. 저자는 40년간 서머힐에서 근무하는 동안 어린이에게 거짓말을 해 본 적이 없다는 것이다. 누구든지 이 책을 읽는 사람은 이 말이 자만스럽게 들릴지는 몰라도 틀림없는 진실이란 것을 확신하게 될 것이다.

⑧ 건전한 인간의 발달은 어린이로 하여금 결국엔 자기 부모, 또는

후견인과 결속된 기본적인 관계를 끊어버리고 자기 나름대로 독립하게 되는 것이 불가피하다. 어린이는 한 개인으로서 세상에 직면해야만 된다. 어린이는 남에게 의지하지 아니하고 자기 힘으로 세상을 지적으로, 정서적으로, 심미적으로 파악함으로서 자기의 안전을 찾을 수 있어야만 한다. 또한 어린이는 복종이나 지배에 의해서 안전을 추구할 것이 아니라 세상과 융화하기 위해서 있는 힘을 다해야 한다.

⑨ 죄악감은 근본적으로 어린이를 권위에 사로잡히게 하는 기능을 가지고 있다. 죄악감은 독립심에 대한 방해물이며 반항 · 회개 · 복종, 그리고 새로운 반항의 악순환을 낳는다. 오늘날 사회에서 많은 사람들이 의식하는 죄는 근본적으로 양심의 소리에 대한 반작용이라기 보다는 본질적으로 보복에 대한 공포나 권위에 대한 불복종의 의식인 것이다. 그에 대한 처벌이 육체적이거나 사랑의 박탈이거나 아니면 단순히 이방인이라는 느낌을 갖게 하든지간에 문제시 하지 않는다. 그러한 모든 죄악감은 공포를 자아내고, 공포는 적개심과 위선을 낳게 된다.

⑩ 서머힐 학교에서는 종교 교육을 실시하지 않는다. 그렇다고 해서 서머힐이 흔히 말하는 기본적인 인간적 가치에 무관심하다는 것을 의미하는 것은 아니다.

니일이 간략하게 언급하기를 '문제는 유신론자와 무신론자간의 논쟁이 아니라, 인간의 자유를 신봉하는 자와 인간의 자유 억압을 신봉하는 자 간의 논쟁인 것이다'라고 말한다.

그리고 '언젠가 새로운 세대들은 구태의연한 종교나 오늘날의 신화는 받아들이지 않을 것이다. 새로운 종교가 나오면 인간의 성악설을 논박할 것이다. 새 종교는 인간을 행복하게 해줌으로써 신을 찬양할 것이다'라고 했다.

니일은 현대 사회의 비평가이다. 우리가 길러내는 인간은 대중사회인이라고 그는 강조한다. '우리는 불건전한 사회에서 살고 있다' 그리고 '우리 종교 행위의 대부분은 허위적이다'라는 것이다.

과연 저자는 국제주의자이며, 전쟁 준비는 인류의 야만적 습성이라는 확고하고도 완고한 신념을 가진 사람이다.

실제로 니일은 어린아이들을 기존 질서에 적합하도록 교육하려는 것이 아니라 행복한 인간, 즉 많이 갖거나 쓰는 것이 아니고 그저 풍부한 것을 가치관으로 삼는 남녀가 되도록 양육하려고 애쓴다.

니일은 사실주의자이다. 그는 자기가 교육하는 어린이들이 세속적으로 볼 때에는 도저히 성공적이라고 하지 못할지라도, 적어도 그 어린이들은 그릇된 사람이 되거나 굶주리는 걸인이되지는 않도록 할 수 있는 성실성을 지니게 될 것이라고 내다본다.

저자는 완전무결한 인간적 발달과 철저한 상업적인 성공과의 구별을 짓고 자기가 선택한 목적을 향해 나아가는데는 변함없는 정직성을 가진 사람이다.

Ⅲ

이 책을 읽으면서 나는 큰 자극과 격려를 받았다. 여러 독자들도 그렇게 되기를 바란다. 그렇다고 해서 저자의 이론에 대해서 전적으로 동의한다는 뜻은 아니다.

물론 대부분의 독자들이 이 책을 마치 복음서로 알고 읽지는 않을 것이며, 저자도 그렇게 되기를 원하지 않는다고 본다.

내가 생각하고 있는 두 가지 점만 지적한다면, 우선 니일은 세상에 대한 예술적이고 정서적 이해를 중시한 나머지 지식의 중요성·희열·진실성 등을 다소 과소평가 하고 있는 것 같다. 게다가 그는 프로이드의 가설에 몰두하여, 내가 보기엔 프로이드 파와 같이 섹스의 중요성을 다소 과대평가 한다.

그러나 저자는 사실주의자이고 어린이의 세계를 정확히 이해하려는 사람이라는 인상을 받았다. 이러한 비평은 어린이에 대한 그의 실제적인 양육 방법보다는 그가 만든 몇 가지 공식에 관계된 것이라 하겠다.

나는 '사실주의'라는 단어를 강조한다. 왜냐하면 저자의 양육 방법에 있어서 가장 큰 감명을 준 점은 그가 지니고 있고 볼 수 있는 능력과 사실과 허무를 구별할 수 있는 능력이었다.

즉 대부분의 사람들은 합리성이나 환상에 의해서 생활하고, 그것 때문에 순수한 경험을 갖지 못하고 방해를 받는데, 저자는 이런 것에 사로잡히지 아니하고는 있다는 점이다.

니일은 오늘날 흔히 볼 수 없는 용기를 가진 사람이다. 그는 자기가 본대로 믿고 또 사실주의와 이성과 사랑에 대한 확고한 신념을 결합시킬 수 있는 용기를 가진 사람이다.

그는 인생에 대한 변함없는 애착을 가지고 있고 개인에 대한 존경심을 가지고 있다. 그는 실험가요 관찰자이다. 자기 하는 일에 있어서 이기적인 입장만을 내세우는 독단주의자가 아니다. 그는 교육과 치료라는 것을 구분하지 않는다.

그가 애기하는 치료란 특수 문제를 해결하기 위한 별다른 방법이 아니라, 인생이란 이해될 수 있는 것이므로 도피해서는 안된다는 것을 어린이에게 일러주는 과정을 의미한다.

독자들은 이 책에서 말하는 실험이란 현실 사회에서는 몇 번이고 반복할 수 없는 그런 절실한 것이라는 것을 분명히 알게 될 것이다.

그것은 단지 니일과 같은 비범한 사람에 의해서 그 실험이 수행됐다고 해서가 아니라, 많은 부모들이 자기들의 성공에만 주력하지 어린이의 행복을 위해서 용기와 독립성을 가지고 전적으로 관심을 기울이는 부모는 적기 때문인 것이다.

이러한 사실을 볼 때 이 책의 중요성을 소홀히 할 수가 없는 것이다.

오늘날 미 합중국에는 서머힐과 같은 학교는 없지만, 어떤 부모라도 이 책을 읽음으로서 많은 것을 배울 수 있다.

이 책에 수록된 각 장마다 자기 자녀를 양육해 온 방법을 되돌아 볼 수 있게 하는 문제 의식을 넣어줄 것이다.

니일이 어린이를 다루는 방법은 대부분이 사람들이 '묵인'하는 것처럼 방임하여 내버려두는 것과는 다르다는 것을 알게 될 것이다.

부모, 자녀 관계에 있어서의 균형을 위하여 니일이 주장하는 바는 방종없는 자유—가정의 태도를 혁신적으로 바꾸어 놓을 수 있는 그런 사고방식이다. 생각 있는 부모라면 무심코 자녀들에게 사용한 권한과 압력이 어느 정도였나를 깨닫고서 충격을 받을 것이다.

이 책은 사랑과 인정, 자유의 용어에 대한 새로운 의미를 소개해주고 있다. 니일은 인생과 자유에 대한 확고부동한 존경심을 보여주고 있으며, 압력의 사용에 대한 철저한 부정적 태도를 나타내고 있다.

이러한 방법에 의해서 자라난 아이들은 스스로 이성·사랑·통합성, 그리고 용기의 본질을 스스로 발전시킬 수 있을 것이며, 이것이야말로 서구사회의 인본주의적인 전통의 목적인 것이다.

만일 이러한 사실이 서머힐에서 일어날 수 있다면 이에 대한 준비와 용의를 가지고 있는 사람이 있는 곳이라면 어디든지 똑같은 일이 일어날 수 있는 것이다. 저자가 언급하듯이 문제아란 실제로 없는 것이다. 다만 '문제 부모'나 '문제 인간'이 있을 뿐이다.

니일의 업적은 장차 싹이 트게 될 씨앗이라고 나는 믿는다. 니일의 이념들은 인간 자신과 자기 표현이 모든 사회적 노력의 최고 목표가 될 다가오는 사회에서 널리 인정을 받게 될 것이다.

I. 서머힐 학교

서머힐의 이념

서머힐은 1921년에 창설되었다. 이 학교는 영국의 써포크(Suffolk)에 있는 레이스톤(Leiston)이라는 마을에 자리잡고 있다.

이 학교에는 5살부터 16살까지의 어린이가 있는데, 대개 16살까지 이 학교를 다니게 된다. 학생 수는 45명쯤으로 남학생이 25명, 여학생이 20명이고, 학생들은 연령별로 세 집단으로 나누어져 있다.

최연소 집단은 5살부터 7살이고, 중간 연령 집단은 8살부터 10살, 그리고 최연장 집단은 11살부터 15살로 되어 있다.

여기에는 외국 학생도 많다. 1960년 현재 스칸디나비아의 학생 5명, 화란·독일·미국에서 온 학생이 각각 1명씩 있다.

어린이들은 집단별로 사감이 배치되어 기숙사 생활을 하는데 중간 연령 집단은 석조건물을 사용하고, 최연장 집단은 목조건물을 사용한다. 연장자 한두 명만이 독방을 가지게 되며, 남여 학생은 각각 2, 3명 혹은 4명씩 한 방에 배정된다. 또한 학생들은 방 검열을 받지 않아도 되며, 그들이 외출한 뒤에도 살펴보지 않는다.

그들은 자유롭다. 무슨 옷을 입든지 일체 간섭하지 않기 때문에 그저 아무때나 자신이 원하는 대로 옷을 입으면 된다.

여러 신문들은 이 점을 가리켜 '제멋대로 하는 학교(Go-as-you-please-school)'라 하여 법이나 규칙, 예의도 없는 원시 야만인의 집단이라고 평했다. 때문에 가능한 한 솔직하게 있는 그대로 서머힐에 관한 이야기를 쓸 필요가 있다고 생각한다. 물론 편견이 드러나겠지만 가능하면 객관적인 입장에서) 서머힐의 좋은 점, 나쁜 점을 모두 소개하려 한다.

이곳의 장점은 공포나 증오 때문에 그릇된 생활을 하는 일없이 어린이들이 정신적으로 건전하고 자유스럽게 생활한다는 점이다.

분명한 사실은 실용성이 없는 과목을 공부시키기 위해 활동적인 어린이를 책상에만 앉아 있도록 하는 학교야말로 잘못되어 있는 학교이다. 그러나 그런 좋지 못한 학교를 어떤 특정인들은 오히려 좋은 학교라고 생각한다. 그 특정인들이란 금전을 성공의 기준으로 삼는 문화에 적합하며, 또 다루기가 쉽고 창의성이 없는 어린이들을 원하고 있는 비창의적인 시민을 의미한다.

서머힐은 하나의 실험 학교로 시작됐지만 그 단계가 지나 이제는 지정 연구학교가 된 것이다. 이 학교에서는 자유의 실현이 잘 이루어지고 있기 때문이다. 이 학교를 시작할 때 가졌던 중요한 이념은 어린이를 학교에 적합하도록 하는 것이 아니라, 학교를 어린이에게 맞도록 해야 한다는 것이었다.

나는 일반 학교에서 수년간 학생들을 가르쳤다. 그래서 다른 여러 학교의 교육 방법도 잘 알고 있으며, 그것이 대부분 잘못되어 있다는 것도 알고 있다. 그 방법은 모두가 성인의 관념에 입각해서 어린이의 연령과 학습 방법을 고려한 것이기 때문이다. 방법은 심리학이 미지의 과학으로 남아 있던 시대보다도 더 뒤떨어진 교육 방법이다.

우리는 어린이들이 자유를 마음껏 누릴 수 있는 학교를 만들기 위해 모든 훈육·지시·암시·도덕·훈련 그리고 종교 교육도 포기했다.

이에 대해 용감하다는 말을 들어왔지만 많은 용기를 필요로 하는 일은 아니었다. 꼭 필요한 것이 있다면 어린이는 악하지 않고 선한 존재라는 확고한 신념이다. 어린이는 선하다는 이 신념은 40년 동안 결코 흔들리지 않았으며, 결코 바꿀 수 없는 확고한 신념이 되었다.

어린이란 본래 현명하고 현실적이다. 성인이 불필요한 참견을 하지 않고 어린이 나름대로 놔두면 제 능력껏 발전하게 된다.

이 같은 합리성이 실현되는 곳이 서머힐로, 이곳엔 천부적 능력을 가진 사람들이 모인 곳으로서 학자가 되고 싶은 사람은 학자가 될 수 있고, 미화원 밖에 할 수 없는 사람이면 거리를 쓸게 되는 것이다.

그러나 우리들은 이제까지 미화원을 배출해 낸 적이 없다. 그렇다고 천한 면을 숨기는 비신사적인 태도로 말하는 것은 아니다. 그것은 학교에서 신경쇠약에 걸린 학자보다는 행복한 미화원이 배출되기를 바란다는 뜻이다. 그럼 서머힐이란 어떤 곳일까?

한 가지만 소개한다면 수업은 스스로 선택할 수 있게 되어 있다.

어린이들 마음대로 수업에 들어가도 되고, 원한다면 수년 간 수업을 받지 않을 수도 있다. 물론 수업 시간표가 마련되어 있으나 이것은 교사들을 위한 것이다. 대개 어린이들은 연령별로 수업을 받으나 경우에 따라서는 자신들의 흥미에 따라서 수업을 받기도 한다.

서머힐에서는 새로운 수업 방법을 채용하지 않고 있다. 수업이란 그 자체가 그리 중요한 것이라고 생각하지 않기 때문이다.

유치원 시절부터 서머힐에 다니는 어린이들은 입학하자마자 수업에 착실히 참여하고 있다. 그런데 다른 학교에서 전학 온 아이들은 자신이 싫어하는 과목엔 다시는 들어가지 않는다.

그들은 뛰어 놀거나 자전거를 타고 사람 다니는 곳에 뛰어들기도 하지만 공부는 하지 않으려고 한다. 이런 태도는 몇 달씩 계속 되기도 한다. 이런 것이 고쳐지는 시간을 보면 종전의 학교에서 받은 학급에 대한 증오감에 비례해서 오래 걸리기도 하고 쉽게 고쳐지기도 한다.

수도원에서 전학온 한 여학생의 경우, 기록에 의하면 3년간 공부를 않고 놀기만 한 적이 있다. 이렇게 공부를 싫어하는 마음이 고쳐진 기간은 평균 3개월이 걸렸다.

자유라는 관념에 익숙하지 않은 사람은 '무슨 학교가 정신병원인가? 아이가 원하면 종일 놀게 하다니…'하고 의아해 할 것이다.

많은 사람들이 '만일 내가 이런 학교를 다녔더라면 아무 일도 해내지 못하는 사람이 됐을 뻔했다'라고 했다. 또 어떤 사람은 '이런 아이들은 학습 훈련만을 주로 받은 아이들과 실력 경쟁을 하면 굉장히 불리하리라는 것을 생각할 텐데'라고 말하기도 한다.

17살에 졸업한 잭크가 어느 기계 공장에 취직되었는데, 어느 날 관리 책임자가 잭크를 불렀다.

「너는 서머힐 출신 소년이지. 이제 다른 전통적인 학교 출신의 소년들과 섞여서 생활하는데, 나는 네가 받은 교육의 효과가 어떤 것이라고 생각하는가를 알고 싶다. 만일 네가 다시 선택해야 한다면 이튼 학교와 서머힐 중 어느 학교를 택하겠니?」

「물론 서머힐이죠.」

「그럼 그 학교가 다른 학교에서는 해주지 않는 것을 해주는 것이라도 있는가?」

「모르겠는데요. 내 생각으로는 서머힐은 완전한 자신감을 길러준다고 생각해요.」

「그렇다. 나는 네가 내 사무실에 들어올 때 그것을 알아 차렸어.」

「제가 그런 인상을 드렸다니 죄송합니다.」

「난 그것이 좋았어. 내가 사무실로 오라고 부른 사람들의 대부분은 주뼛거리거나 불안해 보였지만, 너는 마치 나의 동년배같이 태연하게 들어왔다. 그런데 어느 부서로 가고 싶다고 했지?」

이 이야기는 학습 그 자체가 인성이나 성격만큼 중요하지 못하다는 것을 말해주고 있다. 잭크는 대학 시험에 낙방했는데, 그것은 그 아이가 교과서 공부를 싫어했기 때문이다. 그러나 램(촬스 램은 영국의 수필가로 "엘리아의 수필" 저자)의 수필이나 프랑스 어에 대한 충분한 지식을 갖추지 못했던 잭크는 그것 때문에 자신의 생활에서 불리했던 점은 조금도 없었다. 그는 현재 훌륭한 엔지니어이다.

서머힐에서도 여러 가지를 배운다. 모르긴 하나 서머힐의 12살짜리 어린이들은 같은 연령의 다른 학교 어린이들과 쓰기 · 철자법 · 분수

등에 대하여 경쟁한다면 당해내지 못한다.

그러나 기본원리나 독창력에 관한 시험이라면 서머힐의 어린이들은 다른 어린이들을 훨씬 능가할 것이다.

서머힐에서는 시험 시간이 없다. 그러나 가끔 재미삼아 시험을 치르게 한다. 다음은 그 시험에 출제된 문제들이다.

다음의 것들은 어디에 있나. 그 장소를 써라? : 마드리드, 목요일, 섬, 어제, 사랑, 민주주의, 증오, 내 호주머니용 스쿠르드라이버(아아, 이 문제에 대한 답은 있을 수 없지, 내 것을 알 리가 없으니까).

다음 것들에 대한 뜻을 써라 : (괄호 안 숫자는 예상되는 답의 수를 가리킴)손(3)…두 사람만이 셋째번 답을 했는데 ― 말의 크기를 손으로 재는 것. 놋쇠(4)…금속, 볼(빰), 고급 장교, 오케스트라 부서.

햄릿의 '죽느냐 아니면 사느냐'라는 말을 서머힐 사람들이 쓰는 용어로 번역하라. 이러한 문제들은 정식으로 출제된 시험 문제가 아니고 학생들이 부담없이 재미로 응시했던 것이다.

일반적으로 신입생들은 서머힐 학교에 익숙한 학생들만큼 답을 잘 할 수 없다. 그들이 머리가 나빠서가 아니라 학생들을 다소 당황시키는 전통적인 공식적인 딱딱한 시험에만 너무 익숙해 있기 때문이다.

이런 것이 우리 학교 수업에 있어서 유희적 측면이다. 여러 가지 일들이 수업 시간마다 이루어지고 있다. 만일 부득이한 이유로 어느 교사가 해당 날짜에 수업을 못하게 되면 학생들은 크게 실망한다.

9살의 데이비드는 백일해가 걸려 격리를 해야만 했다. 그랬더니 그는 떼를 쓰며 몹시 울었다.

「라저 선생님의 지리 수업을 빠지게 될 텐데.」

사실 데이비드는 아주 어릴 때부터 서머힐에 다녔다. 따라서 그는 자기가 받아야 할 수업은 꼭 필요하다는 확고한 신념을 가지고 있었다. 데이비드는 지금 런던대학교 수학 강의를 맡고 있다.

수년 전 학교 총회(모든 학교 규칙이 전 학생과 직원이 일인 일표의 원칙에 의한 투표로써 결의되는 모임)에서 규칙 위반자는 일주일간 모든 수업을 못받도록 처벌하자고 어느 학생이 제의했다. 그때 많은 학생들이 이 처벌은 너무 가혹하다고 강력히 반대했다.

교직원들과 나는 어떠한 시험이든지 싫어한다. 우리에게 있어서 대학 입시는 금물이다. 하지만 이에 필요한 필수 과목들을 가르치지 않을 수는 없다. 분명히 시험이 존재하는 한 시험은 우리의 상전이 된다. 그래서 서머힐 학교 직원은 손색없는 수업을 하기에 언제나 충분한 자격을 갖추고 있다.

많은 어린이들은 이런 시험을 치르고 싶어하지 않는다. 단지 대학 진학자만 시험을 본다. 그렇다고 시험과 싸우기 위해서 특별히 애써야 할 필요성을 느끼지 않는다.

그들은 대체로 14살 때부터 시험 준비에 들어가 3년간 시험 공부를 한다. 물론 첫번째 시험에 꼭 합격하는 것은 아니다. 그러나 실패해도 포기하지 않고 다시 응시한다.

서머힐은 세계에서 가장 행복한 학교라 생각한다. 무단 결석생이 전혀 없고 또 향수병의 문제도 극히 드물다. 또 어린이들 간에 싸우는 경우는 극히 드문 편이다.

물론 남자아이들은 우리가 늘 볼 수 있는 것과 같은 싸움을 가끔 한다. 그러나 우는 소리는 좀처럼 들을 수 없다. 어린이들이 자유로울 때는 억압된 때보다 의사 표현이 훨씬 더 자유롭기 때문이다.

증오는 증오를 낳고 사랑은 사랑을 낳는다. 사랑이란 어린이에 대한 인정을 의미한다.

이런 의미의 인정은 어느 학교에서든지 기본적인 요소다. 어린이에게 벌을 주고 야단을 치면 그들 편에 설 수 없다. 서머힐이란 어린이 자신이 인정을 받을 수 있는 학교로 알려져 있다. 우리들은 인간의 약점을 초월한 사람들이 아니다.

어느 해 봄, 나는 감자를 심느라고 수 주일간 일을 했다. 그리고 나서 6월에 여덟 그루의 감자가 뽑혀 있는 것을 보고 야단을 쳤다.

그러나 내가 야단치는 것과 독재주의자가 야단치는 것과는 다르다.

내가 야단친 것은 감자에 관해서였고, 독재자가 야단치는 것은 옳으냐 옳지 않으냐 하는 도덕 문제에 관한 것이다. 내 감자를 훔쳤다는 것이 잘못이라는 것이 아니다. 즉 그것이 착한 일이냐 나쁜 일이냐를 말하는 것이 아니라, 단순히 그 감자에 대하여 신경을 쓰는 것이다.

감자는 내게 소유된 것이니 건드리지 말고 그대로 놓아두어 주기를 바란다는 뜻이다. 지금까지 내가 한계를 명확히 짓고자 하는 의도가 잘 표현되었기를 바란다.

나는 어린이들에게 무서운 권위자가 아니다. 나는 그들과 평등하다. 내가 감자 때문에 야단을 치는 것은 어떤 소년이 자기 자전거의 바퀴가 바늘로 찢겼다고 해서 야단치는 것보다 더 나을 게 없다.

어린이들과 평등한 입장에서 야단을 치는 것은 비교적(교육적으로) 안전한 일이라 하겠다. 어떤 사람은 이렇게 말할 것이다.

「그것은 순 거짓말이다. 어떻게 평등하게 된단 말이냐. 니일은 교장으로서 어린이들보다 훨씬 크고 현명하지 않느냐.」

틀림없는 사실이다. 내가 교장이기 때문에 학교에 불이 나면 어린이들은 나한테 달려올 것이다. 그들은 내가 그들보다 더 체구가 크고 또 지식도 많다는 것을 알고 있다. 그러나 운동장이나 감자밭에서 그들을 만날 때는 그런 체격이나 지식은 그리 중요한 것이 못된다.

다섯 살난 빌리가 자신의 생일에 초대하지 않았는데도 참석한 나에게 나가 달라고 했을 때 나는 주저없이 바로 나왔다. 그것은 빌리가 내 방에 왔을 때 더 이상 할 말이 없으면 그에게 나가 달라고 하는 것과 다를 바가 없다.

사제지간의 이런 관계를 묘사한다는 것은 그리 용이한 것은 아니나, 서머힐에 찾아오는 분들은 이런 사제지간의 관계가 이상적이라고 하는 나의 뜻을 잘 이해해 준다. 대개 선생님에 대한 아이들의 태도를 보고 알아차린다. 화학 교사는 러드이고, 그 외의 직원으로 헤어리 율라와 팸이 있다. 나는 니일이고, 요리사는 에스더이다.

서머힐에서는 누구나 동등한 권리를 가지고 있다. 누구를 막론하고 내가 쓰는 그랜드 피아노 위를 올라가서는 안되며, 나도 허락없이 아이들의 자전거를 탈 수는 없다. 학교 총회에서는 6살 먹은 아이나 나의 투표권이 동등한 가치로 취급된다.

그러나 좀 안다는 사람은 실제에 있어서는 아무래도 성인의 발언을 받아들이게 될 것이라고 주장한다. '6살 먹은 아이가 제 손을 들기 전에 당신이 어떻게 손을 드나 하고 보지 않던가요?'하고 묻는 사람도 있다. 솔직히 말해서 가끔 어린이들이 그렇게 해주었으면 한다.

왜냐하면 나의 제안들은 사실 너무 자주 부결되기 때문이다. 구속을 받지 않는 아이들은 쉽게 남의 영향을 받지 않는다. 두려움이 없다는 것이 바로 이런 현상을 나타내준다. 두려움을 없애는 것은 어린이를 위해 정말 좋은 것이다.

서머힐의 어린이들은 교직원을 두려워하지 않는다. 학교 규칙 중 밤 10시 이후에는 2층 복도에서 떠들지 않게 되어 있다. 그런데 어느 날 밤 11시쯤 되어서 베개가 던져지고 야단 법석이었다.

내가 2층에 갔을 때 도망치는 발소리가 들리더니 복도는 텅 비었고 조용해졌다. 그때 실망스런 말소리를 들었다. '흥, 바로 니일이었구나' 하고는 즉시 장난이 또 시작되었다.

그래서 내가 지금 아랫층에서 책을 쓰는 중이라고 설명했더니 미안한 표정을 짓고는 더 이상 떠들지 않았다. 그들이 도망했던 것은 취침 감독자(자기들의 동년배)가 순찰하는 줄 알았기 때문이었다.

내가 강조하는 것은 어른을 무서워 하지 않는다는 것이 어린이에게 얼마나 중요하냐는 것이다. 아홉 살 먹은 아이가 공놀이를 하다가 유리창을 깨면, 나한테 와서 유리창을 깼다고 이야기 한다.

내가 화를 내거나 또는 공을 가지고 놀면 유리창을 깨게 된다는 것쯤은 알 만한 나이인데 왜 그랬느냐고 야단을 치지 않을 것이라 생각되었기 때문에 두려움없이 자신이 한 짓을 말해주는 것이다. 그 아이는 변상해야 될지는 몰라도 훈계를 듣거나 벌 받을 것을 겁낼 필요는 없는 것이다.

수년 전의 일이다. 학생회 간부가 임기 만료가 되었는데 한 사람도 출마하는 사람이 없었다. 그래서 나는 다음과 같은 공고를 내걸었다.

〈학생회 간부의 결원 관계로 이 기회에 나는 독재자가 되겠음을 알린다. 최고 책임자 니일!〉

그러자 곧 어린이들은 투덜거렸다. 그날 오후에 6살 된 비비안이 나에게 와서 말했다.

「니일, 내가 체육관에 있는 유리창 하나를 깼어요.」

「그런 것쯤이야 상관할 것 없어.」

하고는 나는 그를 내보냈다. 그는 좀 지나서 다시 와서 말하기를, 이번에는 창문 두 개를 깼다는 것이었다. 나는 호기심이 생겨서 무슨 마음을 먹고 그러느냐고 물었다.

「나는 독재자를 좋아하지 않아요. 그리고 간식이 없는 것도 좋아하지 않아요」

하고 말했다. 나중에 알고 보니 어린이들의 독재자에 대한 반발심이 요리사에게 화풀이 되어 그 요리사는 취사실을 나와 집으로 돌아가버린 것이다.

「그래, 무슨 짓을 하려고 그러니?」

「창문을 더 깨죠.」

「그럼, 계속 해봐라.」

하고 말했더니 그는 계속 창문을 깼다. 나중에 그가 돌아와 17개의 창문을 깼다고 말했다.

「그러나 걱정말아요. 내가 물어낼 거니까요.」

「어떻게?」

「내 용돈으로요. 그것을 갚으려면 얼마나 걸리게 될까요?」

나는 재빨리 계산했다.

「약 10년?」

그는 잠시 시무룩해 보였다. 그러고 나서 그의 얼굴이 좀 밝아졌다.

「내가 변상할 필요는 없잖아요?」

「그러나 사유 재산에 대한 규칙이 있는데? 그 창문은 나의 사유 재산이거든.」

「나도 그건 알아요. 그렇지만 사유 재산에 대한 규칙은 지금 없어요. 학생회가 없잖아요. 학생회가 규칙을 만드니깐요.」

그래도 나는 그로 하여금 '좋아요. 내가 변상할게요' 하고 대답하게끔 했다. 그러나 그는 변상하지 않아도 되었다.

그후 런던에서의 강연 도중 이 이야기를 했는데, 내 강연이 끝났을 때 한 젊은 청년이 나에게 와서 '그 어린아이가 깬 유리창 값인데요'하고는 1파운드짜리 수표를 나에게 주었다.

비비안은 2년이 지난 뒤에까지 자신이 깬 유리창의 이야기와 그 유리값을 물어준 젊은이의 이야기를 여러 사람에게 해주었다.

「그 아저씨는 나를 만난 일조차 없는데(그걸 물어주다니) 지독한 바보일 거야.」

어린이들은 공포감이 없을 때 낯선 사람과도 쉽게 접촉하게 된다. 예의 범절이란 공포심에서 나오는 것이다.

서머힐의 어린이들이 예상 외로 방문객이나 낯선 사람에게 매우 친절하다는 사실은 나에게나 나의 직원들에게 깊은 긍지를 갖게 한다. 방문객들은 대개 어린이들에게 관심이 있는 사람들이다.

대체로 어린이들에게 환영을 받지 못하는 방문객은 교사들이다. 특히 어린이들의 그림이나 작문을 살펴보려는 사람들은 좋아하지 않는다. 그래서 열성적인 교사는 그리 환영받지 못한다.

가장 환영받는 방문객은 좋은 이야기를 해주는 사람들이다. 즉 모험, 여행 혹은 항해 등에 관한 이야기를 아이들은 좋아한다. 권투 선수나 이름난 정구 선수를 보면 아이들이 몰려들지만, 이론이나 들고 오는 방문객은 냉랭하게 혼자 앉아 있게 된다.

방문객들은 흔히 누가 학생인지 교사인지 분간할 수 없다고 말한다. 사실이다. 어린아이들이 인정을 받게 되면 사제간의 융화감은 그렇게 강해지는 것이다.

교사라고 해서 다른 것은 없다. 교사나 학생이 똑 같은 음식을 먹고 똑 같은 지역 사회의 규칙을 준수해야 한다. 만약 교사에게 어떤 특권이 부여된다면 아이들은 분개할 것이다.

나는 매주 직원들에게 심리학에 관한 강의를 하곤 했는데 학생들은 그것이 부당하다고 수근거렸다. 그래서 나는 계획을 바꿔 12살 이상이면 누구든지 들을 수 있도록 강의를 개방하였다. 그후 매주 화요일 저녁 내 강의실은 열의에 찬 젊은이들로 가득찼다. 그들은 듣기만 하는 것이 아니라 자유롭게 의견을 발표하기도 했다.

아이들이 나에게 청강 신청을 해온 제목들을 보면 열등감, 도벽 심리, 불량배 심리, 유머의 심리, 왜 인간은 도덕주의자가 되었는가, 자위 행위, 대중 심리 등이다. 이런 아이들은 자신은 물론 다른 사람에 관해서도 광범위하고 뚜렷한 지식을 갖추고 살아가게 될 것이다.

서머힐을 방문한 사람들이 하는 가장 흔한 질문은 '수학이나 음악 같은 것을 가르치지 않는다고 뒷전에서 학교를 비난하지 않는가요?'이다. 그에 대한 대답은 베토벤처럼 음악을 좋아하는 프레디와 아인슈타인처럼 과학을 좋아하는 토미는 제각기 나름대로의 세계에서 벗어나고 싶어하지 않는다는 점이다.

어린이의 기능이란 자기 나름대로의 생활을 영위해 나간다. 부모가 바라는 그런 생활도 아니고 무엇이 최선의 길인가를 잘 안다는 교육자의 목적에 따라 생활하는 것도 아니다. 어른들의 이런 모든 간섭과 생활지도는 로봇만 길러낼 뿐이다.

어린이를 어느 정도 로봇처럼 무감각한 어른으로 만들지 않는 한 음악이나 무엇이나 다 배우게 할 수는 없다. 그렇게 하면 현상 유지에 급급한 자로 만들 수밖에 없다.

이것은 꼼짝 못하고 따분하게 책상 앞에 앉아 있는 사람이나, 가게에서 우두커니 서 있는 사람, 또는 8시 30분 교외선 열차를 정확하게 기계적으로 타는 사람을 필요로 하는 사회, 맹목적인 획일주의자에 의하여 이끌어지는 사회를 유지하기에 좋은 것이다.

서머힐의 한 모습

서머힐의 아침식사는 8시 15분부터 9시까지이다. 직원과 학생들은 식당 건너편에 있는 주방으로부터 제각기 조반을 나른다. 잠자리는 수업이 시작하는 9시 30분까지는 정돈되는 게 전형적인 하루이다.

매학기 초에는 시간표가 게시된다. 그래서 실험실을 담당하고 있는 데레크는 월요일에 첫째 시간, 화요일에 둘째 시간, 이런 식으로 짜여져 있다. 나의 영어나 수학 시간이 그렇고, 모리스의 역사나 지리 시간도 그러하다. 나이가 어린 아이들(7살부터 9살)은 대개 오전중에는 담당교사와 같이 있게 되나 그들도 과학이나 예능반을 찾아갈 수 있다.

학생은 수업 시간에 출석을 꼭 해야 하는 것은 아니다. 그러나 지미라는 아이가 월요일 영어 시간에 출석했다가 다음 주 금요일까지 결석하면, 급우들은 그 아이가 자꾸 질문해서 수업의 진도가 못나가 싫어하면서도 그런대로 내버려둔다.

수업은 1시까지 계속되나 유치원생이나 저학년생은 12시 30분에 점심시간이다. 학교 급식은 두 번으로 나누어 실시되는데 직원과 상급생은 1시 30분에 점심을 먹게 된다. 오후엔 누구든지 자유 시간을 갖는다. 나는 그들이 모두 오후에 무얼하는지 모른다. 정원을 손질하느라 아이들에 대하여 별로 신경을 쓰지 않기 때문이다.

저학년들은 전쟁놀이 하는 것이 눈에 뜨이고, 상급반들은 자동차를 타거나 라디오를 듣거나 그림을 그리거나 제나름대로 바쁘다. 날씨가 좋은 때는 상급생들은 경기를 한다. 어떤 아이들은 작업실에서 땜질을 하기도 하고 자전거 수선 혹은 보트나 권총을 만들기도 한다.

4시에는 차를 마시고, 5시에는 여러 가지 활동들이 시작된다.

하급 학년 아이들은 이야기 듣기를 좋아하고, 중간 학년 아이들은 미술실에서 작업하기를 좋아한다. 그들은 그림 그리기·리놀륨 자르기·바구니 만들기나 도자기 제조에 분주한 학생들도 있다. 실상 도자기 제조는 아침 저녁으로 자주 드나들며 즐겨하는 모양이다. 상급반 아이들도 5시 이후부터 작업을 한다. 재목과 철물 작업실은 매일밤 만원을 이룬다.

월요일 밤에는 부모한테 받은 용돈으로 극장에 간다. 만일 목요일 밤에 극장 프로가 바뀌면 돈 있는 어린이들은 그때 또 극장에 간다.

화요일 밤에는 직원과 상급반 학생들이 나의 심리학 강의를 듣고, 월말에는 하급반 학생들이 여러 그룹별로 독서를 한다.

수요일 밤에는 댄스가 벌어지는데, 댄스 곡은 여러 곡 중에서 고르게 된다. 어린이들은 모두가 훌륭한 댄서들로, 그래서 어떤 방문객은 아이들과 춤춰 보고는 춤에 자신이 없어진다고 말하기도 한다.

목요일 밤엔 특별한 일이 없다. 상급생들은 레이스톤이나 알데버에 있는 극장에 간다.

금요일에는 연극 연습과 같은 특별행사를 위해서 시간을 보낸다.

토요일 밤은 가장 중요한 시간이다. 왜냐하면 학교 총회의 날이기 때문이다. 대개는 회의 끝에 댄스를 하게 된다.

겨울철의 일요일은 연극의 밤으로 되어 있다.

수공 시간은 따로 마련되어 있지 않으며, 목재 세공을 위한 수업도 따로 없다. 나무로 무엇이든지 자기가 원하는 대로 만든다.

그들이 만들고 싶어하는 것은 장난감 권총이나 장총, 보트 혹은 연들이다. 그들은 정교하고 다양한 목공같은 것엔 흥미가 없다. 나이가 많은 아이들도 어려운 목공 일은 좋아하지 않는다.

내가 취미로 즐기는 놋쇠 세공에 흥미를 가지는 어린이는 극히 드물다. 왜냐하면 놋쇠엔 많은 상상을 첨가시키기가 힘들기 때문이다.

날씨가 화창한 날에는 서머힐의 개구쟁이 남자 아이들을 거의 볼 수 없다. 그들은 놀이 하기에 여념이 없기 때문에 멀리 떨어진 곳으로 간다. 그러나 여자 아이들은 어른들과 멀리 떨어진 곳으로는 가지 않는다. 미술실은 그림을 그리거나 수예를 하는 여학생으로 꽉 찬다. 그러나 일반적으로 조그만 남자 아이들이 보다 창의적인 것 같다.

남자 아이가 무엇을 해야 할지 몰라서 권태를 느낀다고 하는 소리를 들은 적이 없으나, 여학생들은 가끔 권태를 느끼는 것을 볼 수 있다. 우리 학교 시설이 남학생에게 유리하게 갖추어져 있기 때문에 그런지도 모르겠다.

10살 이상의 여학생들은 쇳덩어리나 나무를 가지고 작업실에서 일하는 것을 거의 볼 수 없다. 여학생들은 기계 수선 같은 것은 하고 싶어 하지 않거니와 전기나 라디오에도 흥미가 없다. 그들은 도자기 제조·리놀륨 자르기·그림 그리기·재봉 같은 예술 활동을 하기도 하나, 일부 학생들은 그것만으로 만족하지 않는다.

남학생들도 여학생과 마찬가지로 요리에 열심이다. 또한 여학생과 남학생들은 각본을 쓰고 자기들끼리 연극을 하고, 의상과 무대 장면도 만든다. 일반적으로 학생들의 연기 재능은 꽤 수준이 높다. 그들의 연기는 자랑삼아 하는 것이 아니라 진지한 것이기 때문이다.

여학생들도 남학생과 마찬가지로 과학 실험실에 자주 드나드는 것 같다. 작업실만이 10살 이상의 여학생들에게 관심을 얻지 못하는 장소인 것 같다. 여학생들은 교내 각종 행사에서 남학생보다 소극적으로 활동하는데 이러한 사실은 뭐라고 설명할 수 없다. 수년 전까지만 해도 서머힐에 오는 여학생들은 나이가 많았다.

우리는 수녀원이나 여학교에서 많은 낙제자들을 받아들였다. 그렇다고 해서 이런 아이들을 자유 교육의 진정한 표본이라고 간주하는 것은 아니다. 뒤늦게 서머힐에 입학한 여학생들을 보면, 대개가 자유의 고마움을 느껴 보지 못한 부형의 자녀들이었다.

만일 그들이 자유에 대한 고마움을 느껴 본 적이 있는 사람이라면, 그들의 딸을 문제투성이로 만들지 않았을 것이다.

서머힐에서 생활한 후 학생이 가지고 있던 특이한 결점이 고쳐지면, 부모들은 그 아이를 다시 명문 학교로 재빨리 데려가기도 한다. 그러나 근래에 와서는 서머힐을 신임하는 가정의 여학생들이 입학하고 있다. 그들은 순수한 창의적인 정신의 소유자들이다.

우리는 가끔 여학생이 재정적인 이유로 해서 중퇴하는 경우를 보게 된다. 어떤 경우에는 그들의 형제가 교육비가 많이 드는 사립학교에 다니기 때문에 그런 수도 있다.

자녀 중에서 아들을 중시하는 옛날의 전통은 쉽사리 없어지지 않고 있다. 또 자식에 대한 부모의 소유욕 때문에, 가정에 대한 애착심이 학교로 쏠릴까 봐서 아이들을 데려가는 수도 있다.

서머힐은 계속적인 발전을 위하여 노력해 오고 있다.

아이들이 공부에 맞먹을 정도의 놀이를 할 수 있는 학교에 자녀를 보낼 수 있는 신념과 인내를 가진 부모는 극히 소수다. 부모들은 아들이 21살이 되어도 생계 유지 능력이 없을까 봐 불안하게 생각한다.

오늘날 서머힐에 다니는 학생들의 부모는 자녀들이 훈육이라는 구속을 받지 않고 교육되기를 원하고 있다. 이것은 옛날에 비하면 다행스러운 일이다.

옛날에는 자기의 아들을 이런 학교에 보내면 절망적이라고 생각한 그런 완고한 분도 있었다. 그런 부모는 아이들의 자유에 대해서는 전혀 관심이 없는 분들이었으며, 우리 같은 사람은 정신나간 짓을 하는 무리라고 생각했는지도 모른다. 그러한 완고한 사람들에게 사실을 알아 듣게 설명한다는 것은 매우 곤란한 일이었다.

아홉 살 난 아이를 우리 학교에 입학시키려고 왔던 한 점잖은 군인이 있었다.

「괜찮은 곳 같습니다만……. 한 가지 염려되는 것은 내 아들이 이곳에서 수음을 배우게 되겠는 걸요.」

나는 그에게 왜 그런 것을 염려하느냐고 물었다.

「그것은 어린아이에게 매우 해로운 건데요.」

「그럼, 나나 당신도 그것 때문에 크게 해를 입었나요? 어때요?」 하고 가볍게 대꾸했더니 그는 자기 아들을 데리고 가버렸다.

그 다음에는 부잣집 마나님이 왔었는데 한 시간 가량 나에게 질문을 하고 나서는 자기 남편을 돌아 보고,

「마조리를 이 학교에 보내야 할지 어떨지 난 결정할 수가 없어요.」

「걱정 마십시오. 내가 결정해 드리죠. 난 당신의 딸을 받지 못하겠습니다.」

나는 그 여자에게 내가 한 말의 뜻을 설명해 주지 않으면 안되었다.

「당신은 진실로 자유를 믿지 않습니다. 만일 마조리가 이 학교에 온다면, 나는 이 학교의 모든 일에 관해서 당신에게 설명해 주느라고 내 반평생은 허비해야 될 거요. 그렇다고 하더라도 끝내 당신은 납득하지 못할 것입니다. 결과적으로 마조리만 비참하게 될 것입니다. 그 아이는 끊임없는 무서운 의심에서 벗어나지 못할 테니까요. 어느 편이 옳은가요? 당신 쪽입니까, 학교 쪽입니까?」

현명한 부모라면 ‘서머힐이야말로 내 자식을 위한 곳이다. 다른 학교는 보낼 만한 곳이 없다’고 말할 것이다.

학교를 처음 열었을 때는 어려운 문제도 많았다. 우리는 상류나 중류 가정의 어린이들만 받을 수밖에 없었다. 왜냐하면 우리도 수지를 맞추어야 했기 때문이다. 우리 배후에는 부유한 사람이 없었다.

초창기에는 익명의 후원자가 있어서 한두 번 곤란한 때에 도움을 주었다. 그후 학부형 중 한 사람이 새 주방·라디오·한 조그마한 건물에 연결되는 부속 건물, 그리고 새 작업실을 마련해 주었다.

그는 어떤 조건을 내세우거나 반대 급부를 바라지 않는 이상적인 후원자로, ‘서머힐은 내가 원하는 대로 내 아들 지미를 교육시켰다’고 단순히 말했을 뿐이다. 제임스 샌드는 어린이를 위한 자유를 믿는 참다운 신봉자였기 때문이다. 그러나 우리는 아주 가난한 집 아이들은 받아들일 수 없었다. 그것은 슬픈 일이나 중류급 가정의 아동만을 한정시켜 가르치기로 결정했기 때문이었다.

때로는 많은 돈과 값비싼 의상 때문에 아이의 본성을 알 수 없어서 곤란한 경우가 더러 있었다. 어떤 여학생이 21번째의 생일에 상당히 많은 돈을 받을 것을 알고 있을 때, 그 여학생에게서 어린이의 본성을 알아낸다는 것은 쉬운 일이 아니다.

그러나 다행히도 서머힐에 다니는 대부분의 학생들이 돈이 많다고 해서 나빠진 경우는 없었다. 그들은 모두 학교를 졸업하면 스스로 자기의 생계를 유지하기 위해 일을 해야 하는 것으로 알고 있다.

잠은 각자 자기 집에서 자고 다니며, 온종일 서머힐에서 방도 청소해 주며 일하는 하녀들이 있다. 그들은 감독자없이 자유로운 분위기에서 일하는데, 권위자 밑에서 일하는 하녀들보다 훨씬 더 열심히 일하고 있다. 그들은 모든 면에서 훌륭한 여자들이다.

이 여자들이 가난한 집에서 태어났기 때문에 열심히 일하지 않으면 안 되는 반면, 부자집 딸들은 자신의 잠자리도 간수하지 못한다는 사실을 생각하면 얼굴이 뜨거워지는 것을 느낀다.

그러나 나 자신도 내 잠자리 정리를 싫어하는 것은 숨길 수 없는 사실이다. 사실 내가 쓰레기나 줍는 잡부라고는 생각할 수 없지 않느냐는 나의 변명을 아이들은 오히려 우습게 여겼다.

나는 서머힐에 있는 어른들이라고 해서 반드시 선행의 모범이라고 할 수 없다는 말을 여러 번 들려준 적이 있다. 우리도 다른 사람과 똑같은 인간이고, 또 인간으로서의 연약성 때문에 실제와 이론이 어긋나는 수도 있다.

대개의 가정에서는 어린이가 접시를 깨면 부모님들이 야단을 친다. 그러나 서머힐에서는 하녀나 어린이가 접시 쌓아 놓은 것을 넘어뜨리면 아무 소리도 하지 않는다. 사고는 어디까지나 사고로 끝난다.

만일 어떤 아이가 책을 빌려가서는 비 맞는 데에 그냥 내버려둔다면 내 아내는 화를 낼 것이다. 그녀에겐 책이 소중하기 때문이다. 그런 경우 내 자신은 냉담하다. 그것은 책이 나에게는 그리 가치있는 것이 아니기 때문이다. 반대로 망가진 끌 때문에 내가 야단을 치면 내 아내는 별로 놀라지 않는다. 나에겐 연장이 중요하지만 내 아내에겐 아무런 의의가 없기 때문이다.

서머힐의 생활은 늘 주는 생활이다. 방문객들은 어린이들보다 더 피곤한 존재로 언제나 우리가 무엇인가를 주기를 바란다. 받는다는 것보다는 주는 것이 복된 일일지도 모르나 사람을 피곤하게 만드는 것만은 틀림없는 사실이다.

토요일 밤 총회에서는 어린이와 어른들 사이에 의견 충돌이 일어난다. 그것은 연령이 다른 사람들로 구성된 단체이니만치 자연스러운 일이나, 어린이들을 위한다는 점에서 어른들이 모든 것을 희생한다면 아이들의 버릇만 나쁘게 만드는 것이 될 것이다.

만일 모두 잠든 후 상급반 아이들이 자지 않고 웃고 이야기를 하느라고 어른들의 잠을 설치게 한다면 어른들은 불평을 할 것이다.

헤어리가 앞문을 짜려고 한 시간 가량이나 들여서 판자를 마련해 놓고 점심을 먹고 돌아와 보니 빌리가 그것으로 선반을 만들어 놓았다면 불평할 것은 당연하다.

나는 내 땜질 연장을 빌려가서는 가져오지 않는 아이를 꾸중한다. 조그마한 아이들이 저녁을 먹고 난 뒤에 배가 고프다고 빵과 쨈을 들고 갔는데, 그 다음날 아침에 보니 현관에 빵조각이 흩어져 있는 것을 보고 내 아내는 짜증을 내고 야단을 친다.

피터는 동무들이 도자기 제조실에서 자신의 값비싼 진흙을 아이들이 던지고 놀았다고 하소연 한다. 어른의 관점과 아이들이 알아 차리지 못하는 점의 차이로 충돌이 생긴다. 그러나 그런 다툼은 인격 문제로 악화되지는 않는다. 또 개인을 상대로 한 신랄한 감정은 없다.

서머힐에서의 이러한 충돌은 학교를 오히려 활기있게 만든다. 여기서는 늘 무슨 일인가가 발생하여 일년 내내 조용한 날은 하루도 없다.

다행히도 직원들은 지나친 소유욕을 가지고 있지 않다. 내가 특제 페인트 한 갤론에 3파운드를 주고 샀는데, 그 값비싼 것을 한 여학생이 헌 침대를 칠한다고 들고가 버렸다. 나는 내 차나 타자기, 또는 작업실 연장에 대한 소유욕은 강하나 사람에 대한 욕심은 없다. 만일 사람에 대한 욕심이 있다면 교장이 되어서는 안된다.

서머힐에서 물질적 소모와 마멸은 자연스런 과정이다. 물론 엄하게 하면 그것을 사전에 막을 수 있다. 그러나 정신력의 소모는 어떤 방법으로도 막아낼 수 없다. 아이들은 끊임없이 질문하고 우리는 그에 응답해야 하기 때문이다. 내 사무실 문은 하루에 50번도 넘게 열리고 닫친다. 아이들이 계속 와서 질문을 한다.

「오늘은 영화 감상의 밤인가요?」

「왜 나는 개별지도를 받지 못하나요?」

「펨 본 일이 있어요?」

「에나는 어디 있나요?」

이 모두가 하루의 과업이다. 그런데 우리 건물은 학교로서는 좋지 않다. 특히 어른의 관점에서 볼 때 더 그렇다. 어린이들은 늘 우리 위에서 생활하고 있기 때문이다.

우리는 사실 사생활이 없지만 조금도 피곤하게 여기지는 않는다. 그러나 학기말에는 나와 아내는 완전히 지치고 만다. 한 가지 기록할 만한 것은 직원들이 화 내는 경우가 극히 드물다. 이것은 아이들이나 직원들이 모두 다 같이 잘하고 있다는 의미이다.

실제로 아이들이 즐겁기 때문에 성나게 하는 경우는 거의 없다. 어린이가 스스로를 인정할 수 있게끔 구속받지 않고 자유로우면 언제나 밉게 굴지 않는다. 그런 아이는 어른들이 성 내는 것을 재미있어 하거나 성내게 하지도 않는다.

우리 학교에 여선생이 한 분 있는데 그는 지나치게 비평적이다. 그래서 여학생들은 그 선생을 놀려대곤 한다. 학생들이 다른 선생들은 놀려댈 수가 없다. 다른 선생들은 그들에게 별다른 반응을 보이지 않기 때문이다. 원래 위엄있게 구는 사람만이 놀림을 받기 마련이다.

서머힐의 어린이들은 다른 어린이들과 같이 공격성을 자주 나타내지 않느냐구 묻는다면, 원래 어떤 아이든지간에 자기 나름대로의 성장을 위해서 어느 정도 공격성을 지니지 않으면 안된다고 생각한다.

구속감을 느끼는 어린이에게서 특히 그런 것을 볼 수 있는데, 이것은 자기 자신에게 가해진 증오에 대한 지나친 반항이라고 볼 수 있다.

성인한테서 미움을 받는 어린이가 없는 서머힐에서는 지나친 공격성이란 볼 수 없다. 공격적인 성격을 가진 아이들은 대개 집에서 사랑과 이해를 받지 못하는 아이라는 것을 알 수 있다.

내가 어릴 때 시골에서 학교에 다닐 때는 콧등이 성할 날이 없었다. 싸움을 잘하는 공격적인 성격은 곧 증오심을 뜻한다. 사람을 미워하는 아이가 싸움을 잘하며, 증오가 없는 분위기에서 사는 어린이는 증오를 나타내지 않는다.

프로이드 학파가 공격성에 역점을 두게 된 것은 가정과 학교의 현실을 있는 그대로 연구한데서 비롯한 것이다.

줄에 매여 있는 사냥개만을 관찰해 가지고는 개의 일반적인 심리를 연구할 수 없다. 자유가 보장된 서머힐에서는 엄격한 학교에서와 같은 공격성은 나타나지 않는다. 그러나 서머힐의 자유가 상식을 벗어난 것은 아니다. 학생들의 안전을 위하여 매주 주의를 시키며, 어린이 6명에 1명의 생명 구조원이 따라야 아이들은 수영을 할 수 있다.

또 11살 이하의 아이는 길거리에서 자전거를 못타게 되어 있다. 이 규칙들은 어린이 자신들이 만들어 놓은 것으로 학교 총회에서 투표로 결정된 것이다. 그러나 나무에 올라가지 말라는 규칙은 없다. 아이들이 나무에 오르는 것은 생활 교육의 일부로 위험하다고 해서 그런 일을 일체 못하게 한다는 것은 아이를 멍청이를 만든다.

그러나 지붕 위에 아이들이 올라가는 것은 막는다. 그리고 상처를 입힐 우려가 있는 공기총이나 그외 다른 무기류는 단속한다. 또한 나무로 만든 긴 칼 놀이가 유행될 때마다 걱정이 된다. 그래서 나는 칼끝을 고무나 천으로 덮어야 한다고 강조한다. 그러다가 그 유행이 없어지면 언제나 마음이 놓인다. 그러나 실제로는 주의와 걱정을 명확히 구별하여 선을 긋는다는 것은 쉽지 않은 것이다.

나는 이 학교에서 특별히 좋아하는 아이가 없다. 물론 나도 어떤 아이는 다른 아이보다 좋을 때도 있다. 그러나 그 좋아하는 기색을 나타낸 적이 없었다. 서머힐이 이때까지 성공적으로 지내왔다는 것은 모든 어린이들이 평등하게 취급되고 존중된다고 생각하는 것으로 봐서 짐작할 수 있다.

　어느 학교에서든지 학생에게 감정적인 태도를 보인다는 것은 걱정스러운 일이다. 어린아이에게서(사실 물감을 튀기는 정도밖에 안된) 피카소와 같은 예술적 소질을 찾아낸다는 것은 거위를 백조로 만드는 것과 마찬가지다.

　내가 교사 생활을 한 대부분의 학교는 음모와 증오, 시기로 가득찬 작은 감옥과 같았다. 지금 우리의 직원실은 즐거운 곳이다. 다른 곳에서 흔히 볼 수 있는 악의 같은 것은 거의 없다. 주어진 자유 속에서 어른과 아이가 똑같이 행복하고 선량하게 살고 있다.

　어떤 경우는 새 직원이 오면 어린아이들 같이 자유에 대한 그릇된 반응을 보이는 수가 있다. 말하자면 수염을 깎지 않는다든가 아침 내내 누워자거나 학교 규칙까지 위반한다. 그래도 다행한 것은 여러 가지 할 일을 안하고 제쳐놓고 지내는 일이 아이들 보다는 드물다.

　또 일요일 밤에는 나이 어린 아이들에게 어린이들의 모험에 관한 이야기를 해준다. 수년간 그렇게 해왔다. 검은 아프리카 대륙이 나타나고 바다 밑과 구름 위로 이야기가 펼쳐진다. 그러다가 어떤 때는 내가 죽기도 한다. 또는 서머힐이 머긴스라는 엄한 사람이 인계를 받는다. 그런데도 어린이들이 얼마나 얌전하게 그의 말을 잘 들었나 하는 등등의 이야기를 해준다.

　3살부터 8살 사이의 이 아이들은 나에게 성을 내며 말했다.

　「우리는 말을 안들을 거예요. 모두 도망갈 거예요. 망치로 그 사람을 때려 죽이죠. 그런 사람을 용서할 수 있다고 생각해요?」

　결국은 내가 다시 살아나서 머긴스 씨를 문앞으로 쫓아냄으로써만 아이들을 만족시킬 수 있다는 것을 알았다. 엄격한 학교에 대한 경험이 없는 아이들은 대개 작은 아이들이었다. 그러므로 횡포에 대한 반발은 즉시적이며 자연적이다.

　교장이 자기들 편에 있지 않는 그런 세계란 그들로서는 생각하기에도 끔찍한 모양이다. 그것은 서머힐에서 갖게 된 경험뿐 아니라 부모가 자기들 편을 드는 그런 가정에서도 가지는 경험 때문인 것 같다.

미국의 한 심리학 교수가 우리 학교를 방문하고 지역 사회에 적합하지 않은 일종의 외딴 섬이며, 대단위 사회의 일부분으로서 올바르지 못하다고 비난한 적이 있다.

이에 대한 나의 대답은 다음과 같다. 만일 내가 한 조그마한 마을에 그 지역 사회의 일부분이 될 수 있도록 하기 위한 학교를 설립한다면 어떻게 될까? 백여 명의 부모들 가운데 몇 퍼센트나 되는 부모들이 수업시간 출석을 아동의 자유 의사에 맡기겠는가? 몇 명의 부모들이 어린이의 자위 행위를 묵인하겠는가? 그러니 처음부터 내가 옳다고 믿고 있는 것을 실현하도록 하지 않으면 안된다.

서머힐은 하나의 섬이다. 섬으로 될 수밖에 없는 것이 많은 학부형들이 수마일 떨어진 마을이나 해외에서 살고 있기 때문이다.

써포크 레이스톤이란 마을에 있는 모든 부모들은 전부 우리 학교 학부형이 되게 한다는 것은 불가능하기 때문에 서머힐은 문화, 경제 그리고 사회 생활면에서 레이스톤의 일부분으로 될 수가 없다.

그러나 서머힐이 레이스톤 마을과 동떨어진 섬처럼 되어 있는 것은 아니다. 우리는 지역사회의 주민과 접촉을 많이 하고 있다. 또 우리와 주민과의 관계는 다정한 상태이다.

그러나 근본적으로 우리는 지역 사회의 한 부분이 아니다. 나는 이곳 지방 신문 편집자에게 우리 학교 졸업생들의 성공담 같은 것을 보도해 달라는 부탁을 해야겠다고 생각해 본 적이 없다.

우리는 마을 어린이들과 함께 놀이도 하지만 우리의 교육 목적은 다르다. 어떠한 종교 단체에도 가입되지 않았기 때문에 마을에 있는 종교 단체와도 관련을 맺지 않고 있다. 만일 서머힐이 지역사회 센터의 일부라면 학생들에게 종교 교육을 시킬 책임을 져야 할 것이다.

내 미국인 친구들이 우리 학교를 비평하지만 나는 분명히 그들도 그것이 무엇을 의미하는지 잘 인식하지 못하고 있다고 생각한다. 나는 그들의 비평이라는 것을 이렇게 해석한다.

니일은 사회에 대한 반항자에 불과하다. 그의 학교 제도가 사회를 조화 있는 것으로 융합되게 할 수 있는 것도 아니며, 아동 심리학과 아동 심리학에 대한 사회적 몰지각 사이에 교량 역할을 할 수 있는 것도 아니다. 또 긍정적인 생활과 부정적인 생활간의 간격, 학교와 가정 사이의 교량 역할을 하는 것도 아니다. 여기에 대한 나의 대답은, 나는 사회의 개종자가 아니다. 나는 다만 사회에서의 증오와 차별, 그리고 사회의 신비주의를 제거해야 한다는 것을 이해시킬 뿐이다.

비록 내가 사회에 대해서 생각하고 있는 점을 설명한다 할지라도 만일 내가 행동에 의한 사회 개혁을 시도한다면 사회는 나를 위험한 자라 하여 죽이고 말 것이다. 예를 들어 내가 청소년들로 하여금 그들 자신의 자연적이고 사랑스런 생활을 자유스럽게 할 수 있는 사회를 만들기 위하여 노력한다면, 나는 청소년을 유혹하는 부도덕자라고 지탄 받아 투옥되지 않으면 파멸을 당할 것이다.

나는 타협을 싫어하지만 나의 기본 업무가 사회 개혁이 아니라 몇몇 아이들에게 행복을 안겨주는 것이라는 것을 잘 알고 있기 때문에 타협하지 않으면 안된다.

일반 학교 교육과 서머힐 학교 교육

인생의 목적은 행복을 추구하는 것이다. 행복의 추구란 흥미를 발견하는 것을 의미하며, 교육이란 인생을 위한 준비라야 한다. 우리의 문화는 썩 잘된 것이 못된다. 우리의 교육·정치·경제는 언제나 전쟁으로 귀착되게 된다.

우리가 쓰는 약품은 질병을 없애지 못하고 있다. 우리가 믿는 종교는 역시 고리대금업자나 도둑을 없애주지 못하고 있다. 거만에 찬 인도주의자들은 아직도 사냥이라는 야만적 운동을 인정하는 대중의 의견을 묵인하고 있다.

시대적 발전은 라디오·텔레비전·전자학·제트기 등등 기계의 발전을 가져다 주었다. 새로운 세계 전쟁의 위협이 임박해지고 있다. 왜냐하면 세계의 사회적 양심이란 여전히 유치한 상태에 있기 때문이다.

오늘날의 문제를 생각해 보면 몇 가지 질문을 늘어놓을 수 있다.

왜 인간은 동물보다 훨씬 많은 질병을 갖고 있는 것처럼 보이는가? 왜 인간은 서로 미워하고 전쟁에서 살인을 하는가? 동물은 그렇지 않은데 왜 암은 늘어나는가? 왜 자살이 그리 많은가? 수많은 불결한 성범죄자들은? 왜 반유태주의자를 증오하는가?

왜 성적 문란이 일어나며 심술궂은 농담을 하는가? 왜 사생아로 태어나서 사회적 치욕을 받아야 하는가? 왜 오랜 역사를 지속해온 종교가 사랑과 희망, 자선을 상실했는가? 왜 우리가 만족하는 문화의 우수성에 대한 끊임없는 의심이 일어나는가? 등등이다.

내 직업이 청소년을 다루는 교사이기 때문에 나는 이런 질문들을 하는 것이다. 내가 궁금하게 여기는 것은 프랑스 어나 고대 역사, 이런 과목이 인생의 본래적인 성취라는 크나큰 문제에 비교한다면 그리 대단한 것이 못되기 때문에, 이런 과목들에 대한 토의를 통하여 인간 생활에 무슨 이점을 가져올 수 있을 것인가 하는 점이다.

우리의 교육은 얼마만큼이나 실천성이 있으며 자기 표현을 할 수 있게 해주는가? 심지어는 유희 중심의 교육제도로 잘 알려진 몬테소리마저 인위적인 방법에 의해서 아동의 학습을 실천 중심으로 하는 제도에 불과하다. 결국 아무런 창의적이 못되는 교육제도인 것이다.

어린이들은 가정에서 늘 가르침을 받고 있다. 어느 가정에서나 새로 산 소방차가 어떻게 작동하는가를 아이에게 설명하느라고 극성을 떠는 어린애 같은 어른이 꼭 있게 마련이다.

어린애가 벽에 걸려 있는 것이 무언지 살펴보고 싶어하면 그 애를 의자에 놓아주는 사람이 있다. 성인이 장난감 소방차가 작동하는 것을 일러줄 때마다 그 아이로부터 생활의 즐거움 즉 발견의 기쁨을 박탈하게 된다. 이것은 어려움을 스스로 극복하는 기쁨의 박탈이다.

얼마나 좋지 못한 일인가? 그것은 결과적으로 아이로 하여금 너는 모자라니까 도움을 받지 않으면 안된다라는 것을 인식시켜 주는 것이 된다. 학부모들은 학교 생활에 있어서 학습이란 측면이 그리 중요하지 않다는 사실을 쉽사리 납득하지 못한다. 어린이들도 어른처럼 자기가 배우고 싶은 것을 배운다.

상주는 것, 채점, 시험 이 모든 것은 올바른 인격 발달을 지연시키는 것들이다. 학자인 척하는 사람들이 주로 책을 통한 학습만이 교육이라고 내세우고 있다. 학교에서 책이란 가장 중요하지 않은 교재이다.

모든 어린이에게는 읽고, 쓰고, 계산하는 것만 필요할 뿐 그 나머지는 연장·찰흙·운동·극장·페인트 그리고 자유 등이 필요한 것이다. 청소년들이 하는 학교 공부의 대부분은 단순한 시간·정력·인내의 낭비에 불과하다. 그뿐 아니라 청소년들의 유희 즉 놀 수 있는 권리의 박탈이라 할 수 있으며, 젊은 아이의 어깨 위에다 노인의 머리를 얹어놓는 것이나 다름없다.

내가 교사 양성대학(사범대학)에서 강의를 할 때 남녀 학생들이 쓸데없는 지식은 많이 가지고 있으면서도 성숙되어 있지 않은 것을 보고 놀라지 않을 수 없었다. 그들은 아는 것이 많고, 논리적으로도 뛰어나며 고전도 제법 인용할 줄 안다.

그런데 자기들의 인생관에 대해서는 대부분이 어린애였다. 그들은 지식 위주로 교육 받았을 뿐 느낄 수 있는 교육은 받지 못했기 때문이다. 이런 학생들은 친절하고 명랑하고 열의가 있으나 정서적인 요소, 즉 느낄 수 있는 힘이 결여되어 있다. 나는 이런 중요한 것을 갖추지 못한 현실에서 살고 있는 학생들을 위해서 한 마디 해주는 것이다.

그들이 배우고 있는 교과서는 인간의 성격이나 사랑·자유·자기 결정 같은 것은 다루지 않는다. 학교 제도는 그런 식으로 운영되고 있으니 교과서 학습만을 최고로 표준으로 삼아 달성하려고 노력한다.

이것은 곧 지식 위주의 두뇌와 정서 위주의 심정을 분리시키는 일밖에 안된다. 이제 우리는 학교 공부라는 개념에 대해서 생각해 볼 필요가 있다. 모든 어린이는 수학·역사·지리·과학·예술·문학을 꼭 배워야 하는 것으로 생각한다. 그런데 대개의 어린아이들은 이런 과목에 대해서 별로 흥미를 갖고 있지 않다는 것을 깨달아야 한다.

이러한 사실은 새로 들어오는 여러 학생들에게서도 나타나고 있다. 이 학교는 무엇이든지 자유롭게 하는 곳이라고 소개하면 아이들은 소리지른다. 산수도 잘못하고 공부를 못해도 괜찮구나 하는 것이다.

내가 학습을 비난하는 것이 아니라 다만 유희 다음에 학습이어야 된다는 것을 말할 뿐이다. 학습을 흥미있게 하기 위해서 유희를 곁들이는 식이어서는 안된다는 말이다.

학습은 중요하다. 그러나 누구에게나 그런 것은 아니다. 니진스키(소련의 유명한 무용가)는 성 패더스버그에 있는 학교 시험에 사실은 합격할 수가 없었는데, 문제는 이 시험에 통과하지 못하면 주 정부에서 주최하는 발레에 출연할 수 없게 되는 것이었다.

그는 딴데 신경을 많이 쓰는 까닭으로 해서 학교 교과 공부를 할 능력이 없었다. 그런데 그의 자서전에 보면 답안지를 주고 시험을 치게 했다는 것이다. 만일 니진스키가 진짜 자기 실력으로 그 시험을 치렀다면 그는 불합격 되었을 것이며, 니진스키 같은 훌륭한 무용가는 이 세상에 알려지지 않았을 것이다.

독창력이 있는 사람은 자기의 독창력과 천재성에 알맞는 방법이나 수단을 강구하기 위하여 자기가 원하는 것을 배우게 된다. 우리가 강조하는 교실의 학습 과정에서 얼마나 많은 창의성을 말살시키고 있는지 상상도 할 수 없다.

나는 기하 공부 때문에 밤마다 우는 여학생을 본 일이 있다. 그 어머니는 딸이 대학에 진학하기를 원했으나, 그 여학생은 예술에만 마음이 끌렸다. 그 여학생이 7번이나 대학시험에서 낙방했다는 소식들 듣고 나는 오히려 기뻤다. 아마 그 어머니는 딸이 오랫동안 갈망했던 분야로 진출하도록 허락했을 것이다.

얼마 전에 서머힐에서 3년간 지냈고 영어를 완전히 구사할 수 있었던 14살 난 여학생을 코펜하겐에서 만났다.

「너희 영어반에서 네가 가장 우수하지?」

하고 말했더니 그 여학생은 안타깝게 인상을 찌푸리고는,

「아니예요. 나는 반에서 꼴지예요. 영어 문법을 모르거든요.」

이 여학생의 대답이야말로 어른들이 생각하고 있는 교육이 과연 어떤 것이라는 것을 잘 설명해준다.

엄격한 규율 밑에서 대학을 마치고 상상력이 부족한 교사가 된 변변찮은 학자, 형편없는 의사 또는 무능한 법률가가 된 사람들이 차라리 기술자나 벽돌 쌓는 사람이나 혹은 일급 경찰관으로 풀렸더라면 오히려 훌륭한 전문가가 되었을지도 모른다.

15살이 될 때까지 책을 읽을 줄 모르는 남학생이 만지기를 좋아하더니 결국 훌륭한 기사이자 전공이 된 사실이 있다. 수업 시간, 특히 수학과 물리 시간에 거의 출석한 일이 없는 여학생들에 대해서는 감히 독단적으로 이야기 하고 싶지는 않다.

이런 여학생들은 흔히 바느질로 시간을 보냈으며 나중에 실제로 이들 중 몇 사람은 양재나 재단사업을 시작했다. 양재사가 될 사람을 이차방정식이나 보일의 법칙을 배우게 한다는 것은 불합리한 교육 과정이라 할 수밖에 없다.

《유희 방법》이라는 책을 쓴 콜드웰 쿠크는 유희를 통해서 영어를 가르친 방법을 소개했다. 그 내용은 훌륭했지만 학습이 무엇보다도 가장 중요하다는 이론을 내세운 각도에서 뒷받침하는 것에 불과했다. 쿠크는 학습은 중요하지만 쓴 환약과 같아서 환약에 바르는 설탕같은 유희를 이용해서 해야 한다는 것이다.

아이들이 무엇인가를 배우지 않는다면 시간 낭비라고만 생각하는 관념은 지시에 의한 학습에 불과하다. 이런 학습 방법이야말로 수많은 교사나 장학사들의 시야를 가로 막는 것이다.

50년 전의 표어에 '실천을 통한 학습'이라는 것이 있었다. 그런데 오늘날의 표어는 '유희를 통한 학습'이라고 한다. 유희란 이와 같이 목적을 위한 수단으로만 사용되어야 한다. 무엇이 좋은 목적이 될 수 있느냐 하는 것은 나도 모른다.

만일 어떤 교사가 흙투성이가 되어 노는 아이들을 보고 지금 강뚝이 무너진다고 떠들어댄다면, 그 교사는 무슨 생각으로 그런다고 보는가? 강뚝이 무너진다고 해서 어린아이와 무슨 상관이 있겠는가? 소위 교육자라는 사람들이 어린이에게 무엇인가를 가르쳐만 준다면, 그가 정말 배워야 할 것을 배우고 안 배우고는 상관없는 것으로 알고 있다. 물론 인간 대량생산 공장이라고 볼 수 있는 학교에서는 교사가 수업하는 것 외에 무엇을 하겠는가? 또 가르치는 것 자체가 무엇보다도 제일 중요하다고 믿게 될 수밖에 없는 것이다.

안타깝게도 교실의 벽과 교도소 같은 건물 때문에 교사들의 시야가 좁아지는 것이며, 그들로 하여금 교육의 본질을 파악하지 못하게 하고 있다. 교사가 하는 일이란 아동의 목 윗 부분 즉 두뇌만을 다루는 것이지 정서나 육체에 대해서는 상관 안해도 되는 것으로 생각하고 있다.

나는 젊은 교사들 가운데서 이런 것에 대한 반기를 드는 거대한 움직임을 기대한다. 고등 교육이나 대학의 학위라고 해서 사회악과 부딪치는데는 별 차이가 있다는 것이 아니다. 배운 사람의 신경질이 못 배운 사람의 신경질보다 나을 게 하나도 없다.

전세계 각 국에서는 자본주의쟈나 사회주의자나 혹은 공산주의자에 의해서 청소년을 교육하기 위한 훌륭한 학교들이 설립되고 있다.

그러나 훌륭한 시설을 갖춘 실험실이나 작업실은 존이나 피터 혹은 이반과 같은 아이들로 하여금 정서적 장애를 극복하거나 또는 부모나 학교 교사 그리고 현대 문화의 세찬 압력에 의해서 조장된 사회악을 극복해 나가는데 하나도 도움이 되지 못하고 있는 것이다.

서머힐 졸업생에게 생긴 일들

미래에 대한 부모들의 공포심은 자녀들의 건강을 위해서도 좋지 못하다. 이러한 공포심은 부모인 자기보다는 자식들이 많이 배워야 한다는 욕망으로 나타나고 있다. 즉 부모는 윌리로 하여금 제가 하고 싶을 때 책을 읽고 공부하게 놔두는 것이 아니라, 낙제하지 않도록 하기 위하여 강제로라도 공부시켜야 한다고 초조하게 생각한다.

그러한 부모들은 의문을 가지고 이런 말을 한다.

「만일 내 아들이 12살이 되어도 책을 읽을 줄 모른다면 무슨 재주로 인생에서 성공할 수 있으며, 18살이 되어서 대학 입학시험에 낙방을 하면 미숙련 직업 외엔 다른 직업을 구할 수 없을 것이 아니냐.」

그러나 나는 진보가 없거나 진보가 아주 늦은 그런 아동을 지켜보아 왔다. 어린이가 무슨 곤란을 당하거나 또는 상처를 입지만 않는다면, 결국에는 인생에 있어서 성공할 수 있다는 것은 의심할 여지도 없다. 물론 무식한 사람은,

「흥. 당신은 트럭 운전사가 된 것이 인생의 성공이라 하겠군!」 하고 말할 것이다. 그러나 내가 말하는 성공의 기준이란 즐겁게 일하고 긍정적으로 살 수 있는 능력이다. 이와 같은 정의에 비추어 볼 때 서머힐에 다니는 대부분의 학생들은 인생의 성공자라고 할 수 있다.

톰은 5살 때 서머힐에 와서 17살에 졸업했는데, 이 기간동안 그 아이는 단 한 과목도 수업을 받아 본 적이 없다. 그는 많은 시간을 작업장에서 물건을 만드는데 보냈다. 부모들은 그의 장래에 대한 염려로 불안해했다. 그러나 그는 책 읽는 것을 배울 마음은 전혀 내지 않았다.

그가 아홉 살 되던 어느 날 저녁의 일이다. 그가 잠자리에서 데이비드 카퍼휠드라는 책을 읽고 있는 것을 보았다.

「얘야, 누가 독서하는 것을 가르쳐 주었니?」 하고 물었다. 그는 간단히 대답했다.

「내 스스로 배웠죠.」

수년 후 그는 나에게 와서 묻기를, 「$\frac{1}{2} + \frac{2}{5}$는 어떻게 계산하나요?」 해서 나는 일러주었다. 그런 후 좀더 알고 싶으냐고 물으니까 '아니오' 하고 거절했다. 나중에 그는 영화사 스튜디오의 사진사로 취직이 되었

다. 그가 맡은 일은 배우고 있을 때 우연히 나는 어느 만찬회에서 그의 고용주를 만나게 되었다.

그래서 톰이 어떻게 하고 있느냐고 물었더니 그는,

「우리 직원 중에서 제일 훌륭한 소년이랍니다. 그 애는 걷는 법이 없고 언제나 뛰어다니죠. 주말에는 좀 딱할 정도죠. 토요일과 일요일엔 아예 스튜디오를 떠나지도 않으니까 말입니다.」

잭크도 책을 읽을 줄 몰랐다. 아무도 그 아이를 가르칠 재간이 없었다. 심지어는 그 아이가 읽기 공부를 시켜달라고 해도 B와 P, L과 R을 구별 못해서 읽기를 배우지 못한 채 17살 때 학교를 졸업했다.

오늘날 잭크는 연장 제조 전문가가 되었다. 그는 금속 세공에 대해서 이야기 하기를 좋아하며 글도 읽을 수 있다. 내가 알기로는 기계에 관한 잡지만 주로 읽고 가끔 심리학에 관한 서적도 읽는다. 그는 소설을 읽은 적이 없다고 나는 생각한다.

그렇지만 그는 문법적으로 틀리지 않게 말하며 그가 가지고 있는 일반 지식도 상당하다. 그 소년에 대해서 아무것도 알지 못하는 미국인 방문객이 나에게 ‘잭크는 굉장히 영리한 아인데요’하고 말했다.

다이앤은 귀여운 소녀였는데 흥미도 없으면서 많은 수업을 받았다. 그러나 그 소녀는 학습엔 아무런 관심이 없어 나는 그 소녀가 무엇을 하게 될 것인가 하고 궁금하게 여겨왔다.

그녀가 16살 때 학교를 졸업했는데 어떤 장학사가 그 아이를 본다면 교육을 잘못 받았다고 할 것이다. 그러나 지금 다이앤은 런던에서 새로운 요리법을 가르치고 있다. 그 소녀는 요리 부문에 전문가가 되었다. 더 중요한 사실은 다이앤은 그것으로 행복하게 산다는 것이다.

어떤 회사가 그 회사의 입사 자격을 적어도 대학 입학시험에 합격한 사람으로 한다는 것이었다. 나는 로버트를 취직시키기 위하여 그 회사의 책임자에게 편지를 냈다.

〈이 소년은 어떤 시험에도 합격한 일이 없습니다. 이 아이는 학업을 위한 머리가 없기 때문입니다. 그러나 용기가 있는 아입니다.〉

그런 로버트는 취직이 되었다.

13살 된 위니 후레드라는 신입생이 내게 와서 자기는 모든 학과에 흥미가 없다고 말했다. 그래서 서머힐에서는 무엇이든지 하고 싶은 것을 할 수 있는 자유가 있다고 했더니, 그 소녀는 너무 기뻐서 소리를 질렀다. 덧붙여 '네가 오기 싫으면 학교에 오지 않아도 괜찮다'고 말해 주었다. 그 소녀는 열심히 자기가 좋아하는 대로 즐겁게 지내기도 하고 수 주일간은 계획한 대로 생활을 할 수 있었다.

얼마 후 나는 그 소녀가 권태를 느끼게 된 것을 알아 차렸다.

「무엇이든지 좋으니 나에게 가르쳐 주세요.」

「그러지! 무엇을 배우고 싶으냐?」

「모르겠어요.」

그후 수 개월이 지났다. 그리고 나서 그 소녀가 나를 찾아와 말했다.

「대학 입학 시험에 합격해야겠어요. 공부하고 싶어요.」

그녀는 매일 아침 나와 그외 여러 선생님과 함께 공부했다. 그녀의 공부는 잘 되었다. 학과목들은 재미가 없었으나 목적 의식이 그 아이의 흥미를 유발했다는 것이 확실했다. 위니 후레드는 스스로 자신을 개척해 나가는 것이라는 것을 깨달았다.

재미있는 점은 아무런 구속을 받지 않는 아이들은 수학 공부에 열중한다는 점이다. 그들은 지리나 역사를 또 좋아한다.

제 본성대로 자라는 이런 아이들은 개설되는 학과목에서 흥미있는 것만을 고른다. 그리고는 글 외의 여러 가지 재미있는 것에 대부분의 시간을 보낸다. 즉 목공·금속 세공·페인팅·소설 읽기·연극·공상의 날개를 펴는 것, 그리고 재즈곡을 듣는 것 등이다.

여덟 살 난 톰은 계속 내 방에 드나들면서 '이제, 전 무얼해야 되죠?' 하고 물었지만, 아무도 그에게 무엇을 하라고 말해 줄 사람은 없다. 6개월 후 톰의 근황을 알고 싶어 그의 방에 가 보았을 때 그는 종이 속에 파묻혀 있었다. 그는 지도를 만드는데 시간을 보내고 있었다.

어느 날 뷔엔나 대학에서 교수 한 분이 서머힐을 방문했다. 그는 톰한테 가더니 여러 가지 질문을 했다. 조금 후 그 교수는 나한테 와서 '내가 저 소년을 지리에 관해서 시험해 보았더니 내가 들어본 적이 없는 곳들을 말합디다'라고 했다.

이제는 몇몇 낙제자들에 관해서도 언급해야겠다.

바벨은 15살 먹은 스위스 아이로 약 일 년간을 같이 있었다. 같이 생활하는 동안 흥미있는 공부라고는 전혀 발견하지를 못했다. 그 소녀는 너무 늦어서 서머힐에 온 것이다. 10년 동안이나 그 소녀는 교사가 결정해 주는 대로 따르는 생활을 해온 것이다.

그 아이가 서머힐에 왔을 때는 이미 모든 자기의 독창력을 잃어버린 뒤였다. 그 아이는 권태를 느꼈다. 다행한 것은 부유한 집이었기 때문에 숙녀로서 생활을 할 수 있는 가망은 있었다.

또 유고슬라비아에서 온 자매가 있었는데 11살짜리와 14살짜리였다. 학교 생활은 그들의 흥미를 끌지 못했다.

그들은 크로아티아 말(주 : 로아티아는 유고의 한 주)로 내 험담을 하느라고 거의 모든 시간을 보냈다. 나는 듣고 싶지는 않았지만 어떤 아이는 내 험담하는 것을 듣고 와서 통역을 해주곤 하였다.

이런 경우 다른 아이들처럼 자기가 원하는 것을 배울 수 있게 해줄 수 있다는 것은 아마도 기적적인 일이다. 우리가 대화를 나눈 것이라고는 다만 미술과 음악뿐이었으니까.

수 년에 걸쳐서 서머힐 출신 학생이 기계 분야로 진출할 경우 입사 시험은 치르지 않아도 되었다. 그들은 직접 실습 훈련소로 나갔다. 그들은 대학에 들어가기 이전에 사회를 내다보는 성향을 지니고 있었다.

한 학생은 선상 안내원으로 세계 일주를 했다. 두 학생은 케냐에 있는 커피 농장을 택했다. 한 학생은 오스트레일리아에 갔고, 또 한 학생은 멀리 떨어진 기안나에 가게 되었다.

데릭 보이드는 바로 자유 교육에서 장려하는 모험심이 강한 전형적인 소년이다. 그는 8살에 서머힐에 와서 18살에 대학 입학시험에 합격한 뒤 서머힐을 졸업했다. 그의 아버지는 그 당시 그를 대학에 보낼 만한 여유가 없었다. 데릭은 대학에 진학을 할 수 있을 때까지 세계 여행을 하며 시간을 보내야겠다고 생각했다.

그래서 그는 런던 부두에서 직업을 구하기 위해 이틀을 보냈다. 화부라도 좋으니 아무 직업이나 구하려 했으나, 상당히 많은 유자격 선원들도 직업을 구하지 못한다는 말을 듣고 안타깝게 집으로 돌아갔다.

그런데 얼마 후 동창생으로부터 스페인에 살면서 운전수를 구하고 있는 영국 숙녀 한 사람을 소개 받았다. 그는 기회를 포착한 셈이다.

그는 스페인으로 가 그 숙녀의 집도 지어주고, 증축도 해주고, 유럽 전역을 운전해 주게 되어 마침내 대학에 진학했다. 그 숙녀는 그의 대학 등록금 문제를 해결해 주었다. 2년 후 그 숙녀는 1년간 케냐에 가 있자고 하여 그곳에 가서 집도 짓고 운전도 하게 되었다. 그래서 그는 의학 공부를 케이프타운에서 마치게 되었다.

래리라는 아이는 12살이 다 되어 우리 학교에 와서 16살에 대학 입학시험에 합격했는데 타이티에 과일을 재배하러 가버렸다. 그러나 보수가 나쁘다는 것을 알고 뉴질랜드에 가서 택시운전을 비롯해서 온갖 일을 다했다. 그리고 나서 부리스베인 대학에 진학했다.

얼마 전의 일이다. 그의 대학 학장이 나를 방문하게 됐는데, 그는 래리가 열심히 공부하고 있다고 칭찬을 했다.

「방학 때는 모든 학생들이 귀향을 합니다만, 래리는 제재소에 노동자로 일하로 나갔답니다.」

래리는 지금 영국 에섹스에서 개업 의사로서 일하고 있다.

좀 나이가 든 소년들은 모험심을 나타내지 않는다. 거기에는 그럴 듯한 이유가 있지만 내가 그것을 다 기술할 수는 없다. 우리 아이들 중에서 성공한 학생은 항상 가정이 좋은 아이들이다.

레크, 잭크, 래리의 부모들은 철저히 학교 일에 공감하기 때문에 그런 집 아이들은 학교와 가정 둘 중 어느 쪽이 옳으냐 하는 문제로 갈등을 일으킴으로써 갖게 되는 권태 같은 것은 느껴본 일이 없었다.

서머힐에서 그간 천재가 나왔느냐 하면 그렇지 않다. 다소 창의력이 있는 사람은 있었으나 아직 유명하게 된 사람은 없다.

그리고 약간의 우수한 예술가, 명철한 음악가가 있었고, 대성한 작가는 없었으나 능숙한 가구 디자이너, 캐비닛 제작자, 수 명의 남녀 배우와 순수과학을 하는 과학자나 수학자 등이 배출되었다.

숫자로 볼 때 1회의 45명 재학생 중 일반적인 사회 진출은 창의력이 필요한 분야와 순수 학문 분야로 되어 있다. 그러나 내가 늘 하는 말은 자기 본성대로 자라나는 아이들이라 해도 한 세대만 보아서는 많은 것들을 장담할 수 없다.

서머힐에 있는 몇몇 아이들은 수업을 많이 하지 못하는데 대한 죄의식을 느낀다. 시험이 곧 직업의 관문인 현실 세계에서는 어쩔 도리가 없으니 말이다. 일반적으로 말해서 자유 위주의 교육방법은 12살 이하의 아동에게는 틀림없이 좋다. 그러나 12살 이상의 아동은 주입식 교육을 벗어나 자유 위주의 교육을 바꾸는데는 상당한 시간이 걸린다.

서머힐의 개별 지도

과거 나의 주 업무는 가르치는 것이 아니라 개별 지도를 담당하는 것이었다. 대부분의 어린이들에겐 심리적 관심을 필요로 하였는데, 타교에서 전학 오는 어린이들이 늘 있어서 개별 지도는 쉽게 자유스러운 학교 분위기에 적응하도록 하는데 도움이 되었다. 그러나 학생이 성격적으로 융통성이 없으면 자유스러운 환경에 적응할 수가 없다.

개별 지도라고 해야 가끔 난로가에 앉아 얘기하는 것이었다. 나는 담뱃대를 물고 앉았고 아이들도 원한다면 담배를 피울 수 있었다. 담배란 냉냉한 분위기를 깨어주는 수단이 되기 때문이었다.

언젠가는 14살 된 남학생한테 얘기 좀 하자고 했다. 그는 전형적인 사립 학교에서 서머힐에 전학해온 지 얼마 안 되는 학생이었다. 그는 손가락이 니코틴으로 노랗게 물들어 있기에 내 담배갑을 꺼내서 그 아이에게 권했더니,

「고맙습니다. 그런데 선생님, 전 담배를 피우지 않습니다.」

「한 대 피워라. 너 거짓말쟁이구나.」

결국 그는 담배 한 대를 받았다.

나는 일석이조의 효과를 본 셈이었다. 교장으로서 엄격하고 도의적인 교육자로서 행세해야 할 학생에게 담배를 권함으로서 담배 피우는 것을 허용했고, 그 아이한테 거짓말쟁이라고 부름으로서 내가 그 학생과 같은 또래의 입장에서 상대하게 되었던 것이다.

따라서 교장도 점잖빼지 않고 기탄없이 얘기한다는 것을 보여줌으로써, 그 학생이 가지고 있는 권위에 대한 갈등을 해소시켰다. 그 학생과의 첫 대화를 할 때 본 그의 얼굴 표정을 묘사할 수 있었으면 좋겠다. 그 학생은 도난 문제로 전에 다니던 학교에서 퇴학을 당했다.

「난 네가 좀 행실이 좋지 않은 아이라고 들었는데……, 철도회사를 속여먹는데 무슨 방법이 제일 좋을까?」

「선생님, 저는 한번도 철도회사를 속여본 일이 없어요.」

「오호, 그래서 안되지. 한 번 해봐야지. 나는 여러 가지 방법을 알고 있단다.」

그에게 몇 가지 방법을 얘기해 주었다. 그랬더니 그는 놀라서 입이 벌어졌다. 그는 틀림없이 자기가 정신병원에 온 것으로 착각했을 것이다. 학교 교장이 더 나쁜 사람이 되는 방법을 일러주고 있지 않은가? 여러 해가 지난 뒤 그 아이는 나에게 와서 처음 만났을 때의 대화는 자기 인생에 큰 충격을 주었다고 말했다.

어떤 아이들에게 개별 지도가 필요한가? 그것은 몇 가지 사례를 들어 답할 수 있다. 유치원 교사인 루시가 와서 페기라는 아이는 굉장히 불행해 보이고 반사회적인 것으로 보인다고 말했다.

「그래요? 나한테 와서 개별 지도를 받으라고 하죠.」

페기가 내 사무실에 와서 자리에 앉으면서 말했다.

「나는 개별 지도를 원하지 않아요. 개별 지도는 받아서 무엇해요?」

「그렇다, 네 말이 옳다. 시간 낭비지. 개별 지도는 그만두자.」

그 여학생은 잠시 생각하더니만 살그머니 말했다.

「그런데요. 아주 조금은 상관없어요.」

때때로 불행한 감정은 다른 아이들과 싸울 때 복바쳐 오른다. 집에서 오는 편지에 형제나 자매가 새 인형과 자전거를 샀다는 내용이 적혀 있으면 더욱더 이런 감정이 복바쳐 오른다.

개인 지도가 끝나고 페기는 퍽 행복하게 밖으로 나갔다.

이 학교에 새로 들어오는 학생에 대한 개별 지도는 쉬운 일이 아니다. '갓난아기란 의사가 갖다주는 것'이라고 알고 있는 11살박이 아이를 그런 거짓과 공포감에서 벗어나게 한다는 것은 힘든 일이었다. 본래 그런 아이들은 자위 행위에 대한 죄의식을 가지고 있다. 어린이가 행복을 찾으려면 그런 죄의식은 없어져야 한다.

대개의 경우 조그만 어린이들은 규칙적인 개별 지도를 필요로 하지 않는다. 규칙적인 개별 지도를 이상적으로 하게 되는 경우는 아동이 개별 지도를 요구해 올 때이다. 나이 든 몇몇 아이들은 개별 지도를 요청한다. 어떤 때는 드물게 어린아이들도 요청할 때가 있다.

16살 된 찰리는 제 또래의 친구들에 대해서 굉장히 열등 의식을 갖고 있었다. 언제 그렇게 되었느냐고 물었더니, 아이들하고 목욕할 때 보니 자기의 성기가 다른 애들 것보다 훨씬 작았기 때문이었다고 했다. 그래서 그 애한테 어떻게 공포감을 갖게 되는지를 설명해 주었다.

그는 7남매 중 막내로, 막내 누이와의 나이 차가 10살이었는데 그 가정은 여자들만 있었다. 그의 아버지가 죽고나자 큰 누이가 가장 노릇을 하게 되었다. 그래서 찰리는 자기도 누이처럼 통솔권을 갖기 위해 일상 생활에서 자기 자신을 여성과 동일시한 것이다. 결국 찰리는 10회의 개별 지도를 받고 난 뒤 나에게 오는 것을 중단했다.

찰리는 자위 행위를 하면 어른이 되어서 성 불능자가 된다고 들어왔기 때문에, 성 불능에 대한 그의 공포증은 신체적으로 커다란 영향을 끼쳤다. 이러한 공포증을 고치게 된 것은 성 불능에 관한 어리석은 거짓말이나 죄악감을 없애주었기 때문이었다. 찰리는 그후 1~2년 후에 서머힐을 떠났다.

실비아의 아버지는 딸을 칭찬해 본 일이 없는 엄격한 아버지이다. 칭찬은커녕 오히려 자기 딸을 꾸짖고 왼종일 성가시게 잔소리만 했다.

실비아의 인생에서 단 하나의 소망은 아버지의 사랑을 받는 것이었다. 그 아이는 자기 이야기를 하면서 안타깝게 눈물을 흘렸다.

이 소녀의 경우는 도와주기 힘든 사례였다. 딸의 정신 분석만으로서는 그 아버지의 마음을 바꿀 수 없었다. 실비아가 커서 집을 떠날 수 있는 날이 오기 전에는 해결 방안이 없었다. 나는 그 아이한테 단순히 아버지를 피하기 위해서 나쁜 남자하고 결혼할 위험성이 있으니 주의하라고 일러주었다. 그러자 그 아이가 물었다.

「나쁜 남자란 어떤 남자인가요?」

「너의 아버지 같은 사람, 즉 너를 변태 성욕적으로 취급하는 남자 말이야.」

실비아의 경우는 슬픈 사례였다. 서머힐에서는 생각이 깊고 친절한 소녀로서 누구의 감정도 상하게 하질 않는 그런 아이였다. 그러나 집에서는 나쁜 아이로 되어 있다. 정신 분석이 필요한 것은 딸이 아니라 분명히 그의 아버지였다.

또 해결할 수 없는 사례로는 어린 플로렌스의 경우였다.

이 아이는 사생아였는데 본인은 모르고 있었다. 내 경험으로는 모든 사생아는 무의식적으로 자신이 사생아라는 것을 알게 된다. 그는 자신의 신분에 대해서 뭔가 의심쩍은 것이 있음을 알고 있었다. 나는 그 어머니에게 따님이 가지고 있는 증오나 불행을 치료하는 유일한 방법은 사실을 다 얘기해주는 것이라고 말해 주었다. 그런데 그녀는,

「니일 선생님, 나는 감히 그럴 순 없어요. 사실 얘기를 해준다 해서 나한테는 별다를 것 없어요. 그러나 내가 그 아이한테 얘기해 주면 그 아이는 그 얘기를 혼자서만 간직하고 있지 않을 겁니다. 그러면 그 애 외할머니는 자기 마음대로 그 아이와 절교하고 말 겁니다.」

플로렌스가 구제되려면 할머니가 돌아가실 때까지 기다리는 수밖에

없었다. 진실이 드러나지 않을 때는 아무것도 할 수 없는 법이다.

전에 같이 있던 20살 난 남자아이가 다시 찾아와서 잠시 같이 지내게 되었는데 개별 지도를 해달라는 요청이 들어왔다.

「네가 여기 있었을 때 여러 차례 해주었잖니?」

「알고 있습니다. 그 당시는 개별 지도를 싫어했는데 지금은 받고 싶어요.」

요즘에는 규칙적인 임상치료는 다루지 않는다. 정상적인 아이들에게는 출산이나 자위 행위에 대한 의문을 다 풀어주었고, 또 어떻게 해서 가족간에 증오와 시기가 일어나게 되는가를 다 설명해 주었으니 더 이상 할 일이 없다.

어린아이의 신경증을 치료한다는 것은 감정을 완화시켜 주는 일로, 어린아이에게 정신병학 이론을 자세히 설명해 주거나, 정신착란증이 있다고 직접 말해주는 그런 방법으로는 치료가 될 수 없다.

그 다음에 11살된 죠지라는 남자아이가 있었다.

그 아이의 아버지는 글라스고우 근처의 동네에서 소규모로 장사를 하는 소매상인으로, 그는 그 가족의 건강을 돌봐주는 주치의가 보내서 나한테 오게 됐는데, 죠지가 가지고 있는 문제는 격렬한 공포증이었다. 그는 집 떠나는 것을 두려워했다. 심지어는 동네에 있는 학교에 가는 것도 겁냈다. 어쩌다가 집을 떠나야 할 때가 있으면 무서워서 비명을 질렀다.

그의 아버지는 아들을 서머힐까지 억지로 데려왔는데 아이가 눈물을 흘리고 매달려서 그는 도무지 집으로 돌아갈 수가 없었다. 그래서 그 아버지 보고 며칠간 같이 있어 달라고 부탁했다.

나는 의사한테서 그 사례에 관한 내력을 들었는데 내 견해로는 그 의사의 설명이 정확했고 상당히 유용했다고 본다. 아버지를 집에 돌아갈 수 있게 한다는 일이 심각해졌다. 죠지를 달래봤으나 그는 눈물을 흘리고 목메인 소리로 집에 가고 싶다는 것이었다.

「여기는 꼭 감옥과 같아요.」

하고 목메인 소리로 말했다. 그가 눈물을 흘리든 말든 상관하지 않고 나는 얘기를 계속했다.

「네가 4살 때 말이다. 너의 어린 동생이 부속병원에 실려가서 돌아올 때는 관 속에 들려서 왔었지. 네가 집 떠나는 것을 무서워 하는 건 그와 똑같이, 즉 네가 관에 넣어져서 집으로 돌아가게 될까 봐 그러는 거야. 그러나 중요한 점은 그게 아니다, 애 죠지야, 네가 네 동생을 죽인 거야.」

그랬더니, 그는 난폭하게 반항하며 나를 차버리겠다고 위협했다.

「네가 정말로 그를 죽였다는 것이 아니다. 죠지야, 너는 엄마가 너보다 동생을 더 사랑한다고 생각했지. 그래서 가끔 네 동생이 죽었으면 하고 바랬지. 그런데 그가 정말 죽었을 때 넌 무서운 죄의식에 빠졌어. 그것은 네가 바라던 대로 바로 그대로 그를 죽였다고 생각했기 때문이야. 그래서 넌 네가 만일 집을 떠나면 하나님은 네가 지은 죄의 대가로 너를 죽일 거라고 생각하고 있기 때문이다.」

그의 울음은 멈췄다. 그 다음날, 비록 정거장에서 한번 소동은 일어났지만 아버지를 집에 돌아가게 했다. 죠지는 얼마 동안 향수병을 이겨내지 못했다. 그런데 18개월이 지나자 집에 가서 방학을 보내겠다고 떼를 썼다. 그리하여 혼자서 런던을 지나 여행을 했으며 서머힐에 돌아올 때도 혼자서 여행을 했다.

결국 정신요법이란 어린아이들이 콤플렉스를 느끼지 않고 자유롭게 생활할 수 있을 때에는 불필요한 것이다. 그러나 죠지의 경우와 같은 사례는 자유만으로는 해결할 수 없는 문제이다.

과거에 나는 도벽이 있는 아이들을 위한 개별 지도를 한 일이 있는데, 결국 치료된 경우도 있었지만 어떤 아이들은 개별지도를 거절하기도 했다. 그런데 3년쯤 지나고 나니까 역시 치료가 되었다.

서머힐에서 이런 문제들을 치료해주는 것은 바로 개개인들에 대한 진실한 사랑·인정 그리고 자유이다.

우리 학교 45명의 학생 중에서 몇 명만 개별 지도를 받는다.

정신요법은 창의력이 필요한 학과를 통하여 더 효과를 올릴 수 있다고 생각한다. 그래서 나는 아이들에게 수공이나 연주 또는 무용 등을 더 많이 하도록 시킬 작정이다.

내가 밝혀두고 싶은 것은 나의 개별 지도는 단순히 정서적 불안을 해소시키는 것이다. 어린아이가 행복하지 않아 보이면 개별 지도를 해주지만, 책 읽기를 싫어하고 수학을 싫어하는 아이에게 정신분석 요법을 써서 고쳐주려고 하지 않는다. 책을 잘못 읽은 것은 엄마가 '네 형처럼 훌륭하고 영리한 애가 되어야 한다'고 끊임없이 들볶아서 그럴 경우도 있고, 산수를 싫어하는 것은 전에 담임했던 산수 선생을 좋아하지 않는 데서 비롯됐다는 사실이 개별 지도 과정에서 나타나기도 했다.

자연히 나는 많은 어린이들의 상징적인 아빠가 되었고, 내 아내는 상징적 엄마가 되었다. 남학생들은 저의 어머니에 대한 사랑을 나의 아내에게 주고, 저희 아버지에 대한 증오를 나에게 나타낸다. 그런데 남학생들은 여학생처럼 그렇게 쉽게 증오를 나타내지 않는다.

남학생들은 사람보다는 물건에 화풀이를 하기 때문이다. 남학생은 성이 나면 공을 차버리는데, 여학생은 그들의 상징적 엄마에게 궂은 말을 해버린다. 그렇지만 사실은 여학생들이 심술궂게 말하고 또 같이 생활하기 힘든 것은 어느 일정한 시기에만 그런데 그것은 사춘기 이전과 사춘기 초기에 그렇다.

그렇다고 여학생 누구나가 이런 단계를 거치는 것은 아니다. 대부분의 학생들은 전에 다니던 학교에 따라 그 행동이 다르며, 또 자기 어머니가 가지고 있는 권위에 대한 태도에 따라 다르기도 하다.

나는 개별 지도에서 학생들의 가정과 학교에 대한 반응 관계를 지적했다. 나에 대한 어떠한 비난도 아버지에 대한 것으로 해석했고, 내 아내에 대한 모든 비난은 어머니에 대한 것으로 간주하였다.

나는 이러한 관계를 객관적으로 분석하려고 노력했다. 만약 주관적으로 분석했다면 어린이들에게 불공평하게 되었을 것이다. 그러나 제인의 경우처럼 주관적 해석이 불가피한 경우도 없지 않다. 13살 된 제인은 여러 아이들을 보고, '니일이 오라고 한다'고 애기를 하면서 돌아다녔다.

그러자 아이들이 찾아와서는 '제인이 그러는데 날 오라고 하셨다죠?' 하는 것이었다. 나중에 제인을 만나서 다른 애들 보고 나한테 가보라고 하는 것은 네가 나를 만나고 싶어하는 것이라고 말해주었다.

개별 지도에 사용한 기술은 특별한 방법은 없다. 나는 가끔 '네가 거울을 들여다볼 때, 네 얼굴이 좋더냐?'라는 질문으로부터 시작했다.

대답은 언제나 '아니오'였다. '네 얼굴의 어느 부분을 제일 싫어하니?' 그 대답은 언제나 '코'라는 것이다.

얼굴이란 곧 외부 세계에 관련해서 생각하면 사람의 전체라 할 수 있다. 우리가 사람을 생각할 때는 그 얼굴을 생각한다. 또 우리는 사람과 대화를 할 때는 그 사람의 얼굴을 쳐다본다. 즉 얼굴은 자신의 내부를 말해주는 사진이 된다. 어린아이가 자기 얼굴을 싫어하는 것은 자기 자신을 싫어한다는 뜻이다.

다음은 얼굴에 대한 것을 떠나서 그 자신에 관한 것으로 질문을 바꾼다. '네 자신에게서 무엇을 제일 미워하니?'라고 나는 묻는다. 흔히 그 대답은 신체에 관한 것인데, '내 발이 너무 커요', '몸이 너무 뚱뚱해요', '키가 너무 작아요', '내 머리' 등등이다.

나는 내 의견을 좀처럼 표시하지 않는다. 남자든 여자든 뚱뚱하든 호리호리하든 의견 표시를 한 일이 없다. 만일 신체에 관해서 관심이 있으면 더 애기할 것이 없을 때까지 신체에 관해서 애기한다. 그런 다음에 개성에 관한 것으로 넘어간다. 그리고 나는 가끔 문제를 낸다.

「내가 몇 가지를 써 놓겠으니, 이것으로 자기 자신을 잘 평가해 봐라. 그리고는 네가 합당하다고 생각되는 점수를 매겨라. 예를 들면 너는 경기 능력·용기 등등에 대해서 100점 만점에서 네 자신에게 몇 점을 줄 수 있겠는가?」

그리고는 질문 사항에 대한 응답을 시작하게 한다. 14살짜리 남학생에게 준 것을 소개하면 다음과 같다.

- 잘 생김 : 오, 그렇게 잘 생기지는 못했고 약 45%
- 두뇌 : 음, 60%
- 용기 : 25%
- 성실성 : 나는 동무를 낮추어 보지 않는다 — 80%
- 음악성 : 0%
- 수공 : (명확한 대답이 없음)
- 증오 : 이것은 너무 곤란한데, 아니 이것은 대답할 수 없어.
- 경기 : 66%
- 사회적 감정 : 90%
- 백치성 : 오, 약 190%

어린이의 대답을 보면 논의할 꺼리가 많아진다.

우선 자아부터 시작하는 것이 좋다. 자아란 흥미를 일깨워주는 것이기 때문이다. 그 다음 가족에 관해서 논의했는데, 어린이는 가족에 대해서는 까다롭지 않게 그리고 재미있게 얘기를 했다.

어린아이들하고 하는 개별 지도이니 만큼 그 기술은 즉흥적이다. 나는 어린아이들이 이끄는 대로 따라갔다.

6살 먹은 마가레트하고 처음으로 전형적인 개별 지도를 한 일이 있었다. 그 아이가 내 방으로 와서 말했다.

「개별 지도를 원하는데요.」

「좋아.」

「개별 지도란 무엇인가요?」

「먹는 것은 아니지.」

「내 주머니에 캐러멜이 있었는데, 어디 있나 보자. 아! 여기 있군.」
하고 나는 그 소녀에게 캔디를 주면서 물었다.

「너는 왜 개별 지도를 받고 싶니?」

「에버린도 받았으니까, 나도 받고 싶어요.」

「좋아 시작하지. 무엇부터 얘기하고 싶니?」

「나는 인형을 갖고 있어요. (주춤하다가) 난로 선반 위에 있는 저 인

형 어디서 구했어요? (대답도 기다리지 않고)선생님이 오시기 전엔
이 집에 누가 살았나요?」

 그 아이의 질문을 듣고 보니 무언가 중요한 사실을 알고 싶어하는
모양이다. 나는 출생에 관한 사실이 아닌가 하고 짐작했다.

 「어린애들은 어디에서 오니?」
하고 내가 갑자기 물었더니 마가레트는 일어서서 문으로 걸어갔다.

 「난 개별 지도가 싫어요.」
하고는 나가버렸다. 그런데 며칠 뒤 그 아이는 다시 와서 개별 지도를
요청했다. 그래서 우리는 개별 지도를 하게 되었다.

 여섯 살 난 토미도 성기에 관한 이야기만 하지 않으면 개별 지도를
싫어하지 않았다. 세 번 만난 중에서 처음 그가 화가 나 나가는 것을
보고 그 이유를 알았다. 그의 관심은 오직 성기에 관한 얘기로, 자위
행위의 금지 때문에 희생당한 아이 중의 한 사람이었다.

 많은 아이들은 별로 개별 지도를 받은 일이 없다. 그들은 개별 지도
를 원하지도 않았다. 이런 아이들은 부모에게서 거짓말이나 훈계같은
것을 들어온 것이 아니고 비교적 정상적으로 자라온 애들이었다.

 정신요법이라고 해서 단번에 치료하는 것은 아니다. 치료받은 사람
도 대개 일년 동안은 그리 많은 효험을 볼 수 있는 것이 아니다. 그렇
기 때문에 심리상태가 완전하지 못한 나이 많은 학생들이 학교를 졸업
한다 해서 나는 조금도 비관적으로 생각하지 않는다.

 톰은 그가 다니던 학교에서 낙제를 해 서머힐에 오게 되었다. 그 아
이한테 1년간 집중적으로 개별 지도를 해주었지만 아무런 효과가 없었
다. 그가 서머힐을 졸업할 때 그는 인생 실패자가 될 것같이 보였다.
그런데 일년 후 그의 부모로부터 톰이 갑자기 의사가 되겠다고 결심하
고 대학교에서 열심히 공부하고 있다는 편지를 받았다.

 빌은 더 가망이 없는 사례였던 것 같다. 그에 대한 개별 지도를 나는
3년간 했다. 그가 학교를 떠날 때는 18살이었으면서도 아무런 목적 의
식이 없는 청년이었다. 그는 일년이 넘도록 직업을 바꾸다가 농부가

되기로 결심했다. 내가 들은 소식에 의하면, 그는 자기가 맡은 일을 열심히 잘 하고 있다는 것이었다.

개별 지도는 하나의 재교육이라 할 수 있다. 그 목적은 바로 도덕성과 공포증에서 초래되는 모든 콤플렉스를 없애주는 것이다.

개별 지도란 자유가 가져다 주는 이 점을 이해시키기 전에 부모로부터 들어온 거짓말이나 훈계에서 오는 문제들을 해줌으로써, 단순히 재교육의 과정을 촉진시켜 주는 활동이라 할 수 있다.

자치 운영

서머힐은 민주적 행태를 갖춘 자치 운영 학교이다.

사회 생활이나 집단 생활에 관련된 모든 것, 규칙 위반에 대한 처벌에 관한 것 등은 토요일 저녁에 열리는 학교 총회에서 투표로 결정한다. 교직원과 학생은 누구라도 나이에 상관없이 한 표를 던질 수 있다. 나의 투표나 7살 먹은 아이의 투표나 비중이 똑같다.

어떤 사람은 넌지시 웃으며 '그래도 당신의 발언이 더 세겠지, 안 그런가?' 하는 사람도 있을 것이다. 언젠가 회의 때 내가 16살 이하의 어린이는 흡연하지 않도록 해야 한다고 제안한 일이 있다. 담배란 일종의 마약이므로 해로울 뿐 아니라 대개는 어른의 기분을 내려고 해보는 것이라고 내 의견을 내세웠다.

반대 의견도 진술했다. 투표를 했는데 대다수에 의해서 내 제안은 부결되었다. 그런데 내 제안이 부결된 후, 16살 먹은 남학생이 12살 이하의 어린이는 담배 피우게 하지 말아야 한다는 제안을 내놓았는데 그의 동의는 통과된 것이다. 그러나 그 다음 주 총회에서 12살 먹은 남학생이 새로 정한 금연 규칙을 철회할 것을 제안했다.

「우리는 모두 엄격한 학교 애들처럼 변소에 앉아서 남몰래 담배를 피우고 있는데, 이것은 서머힐의 이념에 전적으로 상반되는 것이다.」

그의 주장은 많은 박수 갈채를 받았으며 그 금연 규칙은 철회되었다. 이상과 같은 사례를 통해서 나의 발언권이 어린이보다 더 세지 않다는 것이 분명히 설명되었다.

한번은 아이들이 취침 규칙을 어기고 소란을 피우다 다음날 아침까지 졸려서 방에서 나오지 않는 것을 보고, 나는 그런 위법자는 매번 규칙 위반할 때마다 호주머니 돈 전부를 벌금으로 내야 한다고 제안했다. 그러자 14살 된 남학생이 취침시간이 지난 뒤 자지 않는 사람에겐 매시간 1페니씩 벌금을 내도록 하자는 제안을 했다. 나도 약간의 득표는 했으나 상당한 수의 표가 그 학생에게 갔다.

서머힐 자치 운영은 관료성이 없다. 회의 때마다 의장이 바뀌는데, 전 의장이 지명하고 서기가 하는 일은 자원에 의해서 하게 된다. 취침시간 감독관은 여러 주간에 걸쳐서 사무실에 있는 경우가 거의 없다.

우리의 민주주의는 많은 규칙을 만드는데 손색이 없는 훌륭한 것들이다. 예를 들면 늘 직원이 그 일을 하지만 생명 구조원의 감독없이는 바다에서 수영하지 못하게 하는 것이라든지 또 지붕 위를 올라가지 못하게 하는 것 따위이다.

취침시간을 잘 지키지 않으면 자동적으로 벌금을 내야 한다. 공휴일 전의 목요일이나 금요일 수업은 휴강할 것인가 하는 것은 학교 총회에서 거수로써 결정한다.

총회의 성과는 주로 의장의 능력에 달려 있다. 45명의 드센 어린이들의 질서를 유지한다는 것은 쉬운 일이 아니기 때문이다.

의장은 소란 피우는 회원들에게 벌금을 부과할 권한이 있다. 그러니까 의장이 약할 때는 벌금을 내게 하는 일이 굉장히 잦다.

직원도 토의에서 손을 들어 의사 표시를 할 수 있다. 나도 그렇다. 나는 중립을 지켜야 할 때가 많지만 실지로 규칙 위반으로 비난받던 한 남학생이 나에게는 말해주지만 변명을 잘해서 규칙 위반을 한 혐의를 모면한 사례가 있었다. 이와 같은 경우 난 언제나 개인편을 들어주지 않으면 안된다. 나도 물론 다른 사람과 똑 같이 투표할 때 투표하고 필요할 때는 내 자신이 제안도 한다. 한 가지 전형적인 예가 있다.

한번은 휴게실에서 축구를 해도 괜찮은지에 대한 문제를 제기해 왔다. 그 휴게실은 내 사무실 아래에 있어서 내가 집무할 동안 축구를 해서 시끄러운 소리가 나는 것은 좋지 않다고 설명했다.

그래서 실내 축구는 하지 못한다는 제안을 내놓았다. 내 안은 몇몇 여학생과 나이가 많은 남학생 그리고 대부분의 직원들의 지지를 받았다. 그런데도 내 제안은 통과되지 못했다. 그것은 내 사무실 아래에서 벌어지는 요란한 발과 난투 소리를 계속 참고 견디어야 한다는 것을 의미했다. 결국엔 수차에 걸친 총회에서 많은 공론이 벌어진 뒤에야 나의 제안이 대다수에 의해 지지를 받아 휴게실에서의 축구를 못하게끔 되었다. 이것이 성인과 마찬가지로 어린이에게도 적용된다.

그런가 하면 자치 운영제도에 해당되지 않는 학교 생활의 부문도 있다. 즉 내 아내가 침실 설비를 계획하거나 메뉴를 마련하거나 또는 고지서를 발송하고 지불하는 일 따위이다. 내가 교사를 임명하고, 내 생각에 적합하지 않으면 교사를 면직시키는 일들이 바로 그런 것이다.

서머힐 자치 운영의 기능은 법칙 제정에서만 그치는 것이 아니라 지역 사회의 사회적 특성에 관해서 토의하기도 한다.

매 학기 초 취침시간에 관한 규칙이 투표에 의해서 제정되는데, 학생들은 각자 연령에 따라 취침하게 된다.

그 다음엔 일반적인 행동에 관한 문제가 나타난다. 체육위원회, 학기 말 무용위원회, 극장위원회, 취침시간 감독관, 그리고 교외에서의 불미스러운 행동을 보고하는 교외 지도원들이 선출된다.

이제까지 제시된 논제들 중에서 가장 열띤 것이 음식에 관한 것이다. 식사시간에 늦은 사람을 위한 추가 급식제도를 없애자는 나의 제안 때문에 회의를 한 일이 한두 번이 아니다.

편식의 기미가 있으면 엄격하게 취급했다. 그러나 음식 낭비 문제가 제기되었을 때에 회합은 흥미가 없었다. 음식에 대한 어린이들의 태도는 개인적이고 자기 중심적이다.

학교 총회에서 일반적인 학사에 관한 토의는 피했다. 아이들은 특히 현실적이기 때문에 이론에 대해선 권태를 느낀다. 아이들은 구체성을 좋아하지 추상적 개념은 좋아하지 않는다. 한번은 욕설을 법칙으로써 없애도록 하자는 의견을 내고는 내 나름대로의 이유를 제시했다.

「왜 새 학부형이 될 사람 앞에서까지 욕설을 해 손해를 보게 하나? 이건 도덕 문제가 아니라 순전히 재정 문제다. 너희들이 욕설을 하면 나는 학생을 놓치게 된다.」

14살 된 한 남학생이 내 질문에 대답했다.

「니일은 쓸데없는 말을 하고 있습니다. 만일 그 부인이 그런 일로 정말 충격을 받았다면 서머힐을 믿지 않는다는 것을 알 수 있으니, 비록 자기 아들을 입학시킨다 하더라도, 아들이 첫날 학교 갔다 와서 '무슨 학교가 지옥 같애'라고 말하기만 하면 그 어머니는 아들을 퇴학시킬 것입니다.」

결국 회원들은 그의 말에 찬성했기 때문에 내 제안은 부결되었다.

학교 총회에서 가끔 어린이들이 집적거리고 싸움하는 문제를 가지고 실랑이를 벌인다. 우리 사회는 싸움하기가 곤란한 곳이다. 학교 운영회에서 만든 싸움에 관한 규칙이 게시판에 밑줄이 그어져 붙여져 있는 것을 볼 수 있다.

〈모든 폭력은 엄격하게 다룬다.〉

그러나 서머힐에서는 싸움이 다른 일반 학교에서와 같이 그렇게 많지 않고, 그 이유도 단순하다. 성인의 규율 밑에서 어린이는 증오자가 된다. 어린아이가 성인에 대한 증오를 표현하면 혼나니까 그것을 어리거나 약한 애들한테 화풀이 하는 것이다.

하지만 이런 일이 서머힐에서는 거의 일어나지 않는다. 아주 가끔 싸우는 일이 있어 그 원인을 알아 보면 제니가 페기 보고 바보라고 불렀기 때문이라는 것이 고작이다.

어떤 때는 도난 건이 학교 총회에서 거론된다.

도난에 대한 처벌은 없지만 언제나 배상을 하게 되어 있다. 어린이들은 가끔 나한테 와서 물어본다.

「죤이 데이비드의 동전을 훔쳤어요. 이것은 심리 분석 문제인가요. 그렇지 않으면 총회에 제출할까요?」

만일 개별적인 관심을 가져주어야 할 심리 분석 문제라고 생각되면 나에게 맡겨두라고 한다. 만일 죤이 행복하고 모든 것이 정상적인 어린이인데 뭔가 하찮은 것을 훔쳤을 경우엔 절도죄로 고발되게 놔둔다. 가장 곤란한 경우는 훔친 것을 다 물어 내느라고 그의 호주머니 돈(용돈)이 줄어드는 것이다.

학교 총회는 어떻게 운영되는가?

매 학기 초 첫 총회에서 의장을 선출한다. 그 총회가 끝나면 의장은 다음 의장을 지명한다. 이러한 절차는 한 학기 동안 계속된다. 누구든지 불평이나 고발 혹은 의견 제시, 또는 규칙 제안 등이 있으면 제출할 수 있다. 전형적인 예를 보면, 짐은 자기의 고장난 자전거를 고치지 않았는데 주말에 아이들과 자전거 여행은 가고 싶고 해서 잭크의 자전거에 있는 페달을 떼어갔다.

증거를 충분히 고려하여 내린 총회의 결정은 그 페달을 잭크에게 돌려주게 하고 짐은 여행가는 것이 금지되었다. 곧 이어 의장이 물었다.

「반대 의견 있습니까?」

짐은 일어서서 큰소리로,

「재미있게 됐군.」

했다. 말 그대로 재미있다는 것이 아니다.

「이것은 공정하지 못해!」

그는 언성을 높였다.

「나는 잭크가 그 낡아빠진 헌 자전거를 사용하는 줄 몰랐단 말야.」

그 자전거는 여러 날 동안 숲속에 내팽개쳐 있었다.

「페달을 내놓으라는 건 상관없지만, 벌칙만은 불공정하다고 생각해. 내가 여행을 금지하는 제지를 받아야 할 이유는 없다고 생각해.」

그 뒤 가벼운 논의가 있었다. 짐은 집에서 용돈이 매주 오는데 요즘 6주 동안 용돈이 오지 않아서 돈이 떨어졌다는 것이 알려지게 되었다.

총회의 투표에 의해서 그에 대한 판결은 취소되었다.

그러나 문제는 짐을 위해서 무엇을 할 것인가였다. 논의 끝에 짐의 자전거를 고쳐주기 위해서 기부금을 걷기로 결정했다. 학급 친구들은 짐의 자전거에 쓸 페달 살 돈을 거두었다. 그래서 짐은 즐겁게 여행할 수 있게 되었다.

대개 학교 총회의 판결은 위반자에 의해서 수락되어야 한다. 그러나 그 판결이 수락되지 않고 다시 상소되면 의장은 맨 마지막 순서에 거론하게 한다. 그리하여 재심하게 되는 경우 사건은 좀더 주의깊게 고려되며, 일반적으로 당초의 판결은 피고의 불만족을 참작하여 경감된다. 그래서 어린이들은 만일 피고가 불공평하게 판결을 받으면 사실대로 밝혀질 수 있는 기회가 있다는 것을 알고 있다.

서머힐에 있는 어린이들 중 학교에 대한 반항이나 증오 때문에 규칙을 위반하는 자는 없다. 학생들이 항상 순순히 벌 받는 것을 보면 참 기특하다는 마음이 든다.

어느 학기에 큰 남학생 네 사람이 불법적인 일을 했다고 해서 총회에 고발당했다. 그것은 저희들의 양복장에 있는 의복들을 모두 팔았기 때문이다. 이런 것을 금지하는 규칙이 통과된 지는 오래다.

그 행위는 학교는 물론이지만 그 옷을 사 보내준 부모들에 대한 도리가 아닐 뿐 아니라, 전에 사준 옷을 다 팔고 집에 돌아가면 부모들은 학교에서 잘 돌봐주지 못해서 그렇게 되었다고 원망하게 되기 때문이다. 네 학생들은 4일간 운동장 밖에 못나가고 매일 저녁 8시에 취침해야 되는 벌칙을 받았다. 그들은 불평없이 그 판결을 수락했다.

서머힐 학생들이 저희 학교 민주주의에 대한 성실성을 보면 기특하다. 민주주의에 대한 공포도 없고 원망하지도 않는다.

어느 남학생이 약간 반사회적인 행동을 했다 해서 장시간 논란 끝에 판결을 받은 일이 있었다. 흔히 판결받고 벌칙을 끝낸 학생이 차기 총회의 의장으로 선출된다.

아이들이 가지고 있는 정의감에 감탄하지 않을 수 없다. 그리고 학생들의 관리 능력도 대단하다. 교육과 마찬가지로 자치 운영은 아이들에게 매우 유익하다. 어떤 위반 사항에 대해서는 자동적으로 벌금 규칙의 적용을 받게 되어 있다. 승락을 받지 않고 남의 자전거를 탔을 경우는 은화 6펜스를 벌금으로 내야 한다.

마을에 나가서 욕설하는 것(학교 운동장에서는 마음대로 욕설을 할 수 있다. 극장에서의 나쁜 행동, 지붕 올라가는 것, 식당에 음식 흘리는 것 등의 규칙을 위반하는 경우엔 자동적으로 벌금을 내야 한다.

벌칙이란 거의 벌금형으로 용돈을 일주일 걸러서 전해주거나 혹은 영화를 못보게 하는 것이 벌칙이다. 판사 역할을 하는 어린이들에 대한 이의가 자주 들려오는데 그것은 너무 심하게 벌을 준다는 것이다.

그러나 나는 그렇게 생각하지 않는다. 오히려 반대로 그들은 인정있고 관대하였다. 그동안 서머힐에서 심한 판결을 내렸던 경우는 전혀 없었다. 그리고 주어진 벌칙을 보면 항상 위법 사실에 대하여 전혀 엉뚱한 것은 아니었다.

세 여학생들이 다른 학생들의 취침을 방해한 벌칙으로, 그 여학생들은 일주일간 매일 저녁 종전보다 한 시간 일찍 잠자리에 들어야 했다.

두 남학생은 다른 남학생들한테 흙덩이를 던졌다고 해서 비난받았다. 그들에 대한 벌칙은 하키장을 평평하게 고르도록 흙을 나르는 손수레를 끌어야 했다. 하지만 총회 의장은 가끔 벌 줄 것이 없다고 결정하는 수가 있다.

우리 비서가 진저라는 아이의 자전거를 허락없이 탔다고 해서 재판을 받았는데, 그 결과 비서와 전에 그 자전거를 허락없이 탄 일이 있던 다른 두 사람의 직원은 교대로 10분씩 진저의 자전거를 밀면서 잔디밭 주위를 돌아야 한다는 판결을 받았다.

네 명의 어린 남학생들이 새 실습장을 짓고 있는 사람의 사다리를 올라간 탓으로 쉬지 않고 10분간 그 사다리를 오르내리라는 명령을 받게 되었다. 그러나 총회를 운영하는데 있어서 어른들의 충고를 구하는 일은 없다. 단 한번 그런 경우가 있었다는 것을 기억하고 있다.

세 여학생들이 주방을 침입해 총회에 의해서 벌금을 내게 했다. 그런데 그 여학생들은 그날 밤 다시 주방을 침입해 총회는 벌로 극장에 가지 못하게 했다. 그런데도 그 여학생들은 또 주방을 침입했다.

총회는 어떻게 해야 할지 몰라 의장이 나한테 의논하러 왔다.

「그들에게 각각 2펜스씩 사례금을 주어라.」

「뭐라구요? 왜요, 그렇게 하면 전학생이 주방을 침입할 텐데요.」

「안 그럴 거야. 한번 해봐라.」

그래서 의장은 그렇게 했다. 세 여학생 중에서 두 학생은 돈을 받지 않고 거절했다. 그리고는 세 여학생은 다시는 주방 침입을 하지 않겠다고 자신있게 말했다. 그들은 약 두 달 동안 그런 짓을 하지 않았다.

총회에서 욕심꾸러기 같은 소행을 다루는 경우는 그리 많지 않다. 욕심을 부리는 기미가 보이면 학교 사회에서는 눈총을 받게 된다.

제 자랑만 하는 11살 된 남학생의 경우, 총회 때면 타당치도 않은 것을 장황하게 설명함으로써 관심을 끌려고 했다. 어쨌던 그가 일어서려고 했을 때 총회 회원들은 소리 질러서 그를 잠자코 앉아 있게 하였다. 그 아이는 진지하지 않았기 때문에 무안을 당했다.

이상에서 서머힐은 자치 운영제도가 잘 되어오고 있다는 것이 증명됐다고 본다. 사실 자치 운영제도가 없는 학교는 진보주의 학교라고 부를 수 없다. 그런 학교는 적당주의 학교이다. 어린이들 스스로 사회생활을 영위할 수 있도록 완전한 자유를 누리지 못한다면 자유란 없는 거와 다름없다. 상사가 있는 상황에서는 진정한 자유란 있을 수 없다.

이것은 엄격한 상사보다는 인정 많은 상사의 경우에 더욱 그렇다. 즉 혈기왕성한 어린이는 딱딱한 보스에게는 반항할 수 있지만, 부드러운 보스는 어린이를 무기력하게끔 연약하게 만들고 또 뚜렷한 감정을 나타내지 못하게 만드는 것이다.

학교의 훌륭한 자치 운영은 가끔 조용한 생활을 좋아하는 상급생들이 개구쟁이 학생들의 무관심과 반대 같은 것을 제지할 수 있어야만 가능하다. 이러한 나이가 많은 학생들은 흔히 득표 수가 많은데, 이들은 진정으로 자치 운영을 원하고 또 그에 대한 신념을 가지고 있다.

12살까지의 어린이들은 스스로 자치 운영을 잘 해나가지 못할 것 같다. 그들은 아직 사회적 연령에 이르지 못했기 때문이다. 그러나 서머힐에서는 일곱 살 된 학생도 학교 총회를 빠지는 일은 극히 드물다.

어느 해 봄 자치운영회에는 곤란한 일들이 생겼다. 학교 사회에 관심이 많았던 몇몇 상급생들이 대학 입학시험에 합격하여 졸업하게 되어서 학교에 남은 상급생의 숫자가 너무 줄어들었다.

대다수의 학생들은 개구쟁이 나이 단계였다. 비록 그들이 입으로는 사회적이지만, 학교 사회를 이끌어 나갈만큼 나이가 들지는 못했다.

그들은 꽤 많은 법칙을 통과시켰으나 무슨 법칙이 통과됐는지 잊어버렸고 또 위반했다. 몇몇 안되는 나이 많은 상급생들은 개인주의적이어서 자기들끼리 생활하는 경향이 농후했기 때문에, 학교 직원들이 학교 규칙 위반을 제지하느라고 무리하게 활동하지 않으면 안되었다.

나는 상급생들이 취침 규칙을 어기고 밤 늦게까지 앉아 있고, 또 하급학생들이 단체 생활에 어긋나는 짓을 해도 방관함으로써 그들이 반사회적은 아니나 비협조적이고 이기적인 점에 대해서 심하게 꾸중하지 않으면 안되겠다고 느꼈다. 솔직히 말해서 나이 어린 학생들은 자치 운영에 대해서 관심이 덜하다. 그들에게 맡겨두면 자치기구도 제대로 이끌어나갈지 의심이다. 그들의 가치는 물론 태도도 우리와는 다르다.

어린이에게 엄한 규율을 가한다는 것은 성인이 한가하고 조용하게 지낼 수 있는 가장 편리한 방법이다. 누구든지 훈련 교관이 될 수 있다. 조용한 생활을 보장할 수 있는 그 외의 이상적인 방법이 무엇인지 잘 모르지만, 서머힐에서 그간 시행착오를 통하여 해온 일들은 성인들이 조용히 지낼 수 있게 해주지 못했다.

그렇다고 어린이들에게 무질서한 생활을 하게 해준 것도 아니다. 아마 궁극적인 평가라면 행복이겠는데, 이 기준에 의하면 서머힐은 자치 운영에서 교사와 학생간에 훌륭한 타협안을 발견한 것이 됐다.

서머힐에는 좀처럼 해결될 수 없는 하나의 고질적인 문제라면 개인

대 학교 사회의 문제이다. 사람을 괴롭히거나 남에게 물을 끼었고, 취침 규칙을 위반하고, 남에게 늘 미움받는 문제 여학생한테 어린 여학생들이 꾀임을 받았을 때는 직원과 학생들이 모두 분개한다.

주모자인 진은 학교 총회에서 공격을 받았다. 자유를 허가증처럼 오용한다고 심한 언사로 비난을 받았다.

방문자인 한 심리학자가 나에게 말했다.

「모두의 잘못입니다. 그 여학생의 얼굴이 불행해 보입니다. 그 여학생은 사랑을 받은 적이 없는 것 같습니다. 그리고 이와 같은 공개 비난은 어느 때보다도 더 그 애로 하여금 사랑의 결함을 느끼게 할 것입니다. 그 여학생은 단지 사랑이 필요할 뿐입니다. 다른 것이 필요한 게 아닙니다.」

「부인, 우리는 그 여학생을 사랑으로써 고쳐보려고 애써왔습니다. 수 주일간 사회 생활에 어긋나는 생활을 한데 대해서 오히려 상도 주었습니다. 우리는 애정을 베풀었고 참고 견뎌 주었습니다만 그 소녀는 반응이 없었습니다. 오히려 그 소녀는 우리를 바보로 보고 자기의 과격성에 비해서 소홀히 단속하는 것이라고 취급했습니다. 우리는 학교 사회 전체를 한 개인 때문에 희생시킬 수 없습니다.」

이에 대한 완벽한 답은 나도 모른다. 내가 아는 것은 진이 15살이 되면 사회 생활에 맞는 소녀가 될 것이고, 나쁜 아이의 주모자가 되지 않을 것이라는 것 뿐이다.

나는 대중의 의견을 매우 신봉한다. 어느 누구라도 몇 년을 계속해서 미움을 받거나 비난을 받는 어린이는 없다. 학교 총회에서 비난하는 것은 단순히 한 사람의 문제아 때문에 많은 어린이들을 희생시킬 수 없다는 것이다.

한번은 6살 난 어떤 남학생이 있었는데, 서머힐에 오기 전 조그마한 아이들만 매우 귀찮게 건드리고 파괴적이며 증오에 찬 아이였다. 그래서 너댓 살 된 아이들은 귀찮아서 견디지 못하며 울고 다녔다.

학교 사회는 그들을 보호하기 위해서 어린이를 귀찮게 하는 아이를 제지하기로 했다. 왜냐하면 그런 아이를 키워 놓은 그 부모의 실수가 사랑과 관심을 기울여 잘 키운 아이에게 영향을 끼치면 안 되는 것이기 때문이었다. 자주 있는 일은 아니었지만 한 어린이는 쫓아보내지 않으면 안 되었던 경우도 있었다. 그것은 그 아이 하나 때문에 다른 아이들이 학교가 지옥같다고 생각했기 때문이었다.

내가 이런 얘기를 하게 되는 것은 유감스러운 일일 뿐만 아니라 어린이를 쫓아보내지 않고 잘할 수 있었는데 실수라도 한 것 같은 애매한 기분이 들기도 하지만 그 당시는 다른 방법을 알 수가 없었다.

여러 해를 지내는 동안 자치 운영에 대한 나의 긍정적인 견해가 혹 변하지 않았나 하고 생각했지만 전체적으로 봐서 그렇지 않았다. 자치 운영없이는 서머힐을 내다 볼 수가 없다. 자치 운영은 항상 인기를 받아 왔다. 자치 운영제도야 말로 방문객들에게 보여줄만한 우리 학교의 한 부분이다. 그런데 총회 때 14살 된 여학생이 나에게 자치회에도 곤란한 때가 있다고 소곤거렸다.

「변기에 여자 생리대를 넣어 변기를 막히게 하는 여학생들에 관한 문제를 거론해야겠는데… 그러나 보세요. 저 많은 방문객들이 있으니 말이에요.」

그래서 나는 그 여학생에게 방문객은 걱정 말고 그 문제를 제안하라고 권고했다. 그 학생은 그렇게 했다. 실제적인 공동 생활에서 얻는 교육의 이점을 강조할 수밖에 없다. 서머힐 학생들은 자치 생활을 위해서는 죽음을 무릅쓰고라도 끝까지 투쟁할 것이다.

내 견해로는 매주 열리는 단 한번의 학교 총회가 학교 교과보다 더 가치가 있다고 생각한다. 그 회의야말로 대중연설의 실제 현장이며, 결과야 어떻든 의식하지 않고 말을 잘한다. 거기서 나는 가끔 읽지도 쓰지도 못하는 어린이한테 뜻 깊은 얘기를 듣기도 한다.

서머힐에서 민주주의를 실현하기 위한 다른 방법은 없다고 생각한다. 자치 운영이야말로 정치적 민주주의보다 더 공정한 민주주의임에 틀림없다. 어린이들은 서로 관대하고 자기만을 위한 이익을 주장하려하지 않기 때문이다.

그 외에도 진정한 민주주의라고 할 수 있는 이유가 있다. 즉 법칙은 공개 회의에서 결정되고, 선출된 대표자 때문에 말썽이 일어나는 경우는 없다. 무엇보다도 자치운영회는 자유로운 아이들로 하여금 앞을 내다보게 하는 힘을 길러준다. 그들이 결정한 법칙은 표면적이 아니라 본질적이나 마을에서의 행동을 규제하는 법칙은 비교적 자유를 인정하지 않는 문화와 타협적이다.

외부 세계인 도심지에서는 사소한 일에 대한 염려 때문에 귀중한 정력을 낭비하고 있다. 말하자면 화려한 옷을 입어서 되나, 혹은 쓸데 없는 소리를 해서 되나 등과 같은 것이 인생에 있어서 대단한 일이라도 되는 것처럼 여기고 있다.

서머힐은 인생에 있어서 아무 소용이 없는 피상적인 것들로부터 피함으로써, 시대적으로 앞선 공동사회 정신을 갖게 할 수도 있고 또 가지고 있다. 사실 가래가 좋지 못한 삽일 경우, 도랑을 파는 사람이야말로 가래가 좋지 못한 삽이라는 사실 그대로를 말할 수 있는 것이다.

남녀 공학

대부분의 학교에서는 남학생과 여학생을 분리하도록 되어 있다. 특히 기숙사는 말할 것도 없고 애정 관계는 맺지 못하게 한다. 서머힐에서도 그런 것을 조장하지는 않으나 그렇다고 말리지도 않는다.

서머힐에서는 남녀 학생이 스스로 어울리며 이성간의 관계는 아주 건전하다. 사람은 이성에 대한 공상이나 망상만을 가지고 성장하는 것이 아니다. 서머힐은 모범적인 어린 남학생과 여학생들이 형제 자매가 되어 하나의 큰 가족을 이루고 있는 곳이 아니다. 만일 그렇다면, 나는 단호하게 남녀 공학을 반대할 것이다.

실제적인 남녀 공학 ─남녀 학생들이 수업시간은 같이 앉지만 침식은 다른 숙소에서 하는 그런 공학이 아닌 ─에서는 이성에 대한 이상한 호기심 같은 것은 거의 없다.

서머힐은 엿보기를 잘하는 아이가 없기 때문에 다른 학교처럼 성 때문에 걱정하는 일은 없다. 때때로 우리 학교에 오는 성인들 중에,

「그런데 학생들은 서로 같이 자지 않나요?」

하고 의심스러워 한다. 그래서 아니라고 대답하면 남녀를 불문하고,

「아니, 안 그래요? 나이가 몇인데, 나 같으면 재미 좀 보겠는 걸.」

하고 말하곤 한다. 이런 사람들은 남녀 학생들이 같이 공부하기만 해도 꼭 성적으로 문란해지는 것으로 생각하는 부류의 인간들이다.

그렇다고 해서 자기들은 남녀 공학을 반대한다고 내세우지도 않는다. 오히려 남녀 학생들은 학습 능력에 있어서 차이가 있기 때문에 같이 공부해서는 안된다고 합리화 한다.

학교는 남녀 공학이어야 한다. 그것은 인생이 남녀 공존이기 때문이다. 그런데 임신의 위험성 때문에 많은 교사나 부모들은 남녀 공학을 염려한다. 실제로 남녀 공학의 학교장들이 그런 일이 일어날까 염려되어서 밤잠을 이루지 못한다는 이야기는 듣지 못했다. 이성이 같이 지내는 상태에서는 대개 연애를 할 수 없다.

성에 대해서 염려하는 사람에게는 이 사실이 좋은 정보가 될지는 모르겠지만, 대체적으로 젊은이들이 사랑을 할 수 없다는 것은 인간의 커다란 비극이다.

어느 유명한 사립 남녀 공학의 몇몇 청소년들에게 혹시 그 학교에서 애정 사건 같은 것이 있는가 하고 물었더니, 그들은 놀란 표정으로 '남녀 학생간에 우정을 맺는 수는 있지만, 그것이 절대로 애정 사건이 되지는 않습니다'라고 말했다.

나는 그들의 캠퍼스에서 몇몇 멋쟁이 남학생이나 예쁜 여학생을 보았기 때문에, 그 학교는 학생들에게 연애 반대 사상을 가지도록 강요하고 있고, 또 고차적인 도덕적 분위기 때문에 성 관계가 금지되고 있다는 것을 알 수 있었다.

언젠가 한 진보주의 학교장에게, '학교에서 애정 사건 같은 것이 있

느냐?'고 물었더니, 그 교장은 탐탁치 않은 질문이라는 듯 '없습니다. 우리는 문제아를 받아들인 적이 없습니다'라고 했다.

남녀 공학을 반대하는 사람들은 남학생은 여성화 되고, 여학생은 남성화 된다고 해서 반대할지 모른다. 그러나 그들의 속셈은 도덕적인 공포, 사실은 세심한 공포 때문이다.

사랑에 의한 섹스는 이 세상에서 가장 큰 즐거움인 것이며 가장 큰 기쁨이기 때문에 억압된다. 그외 여러 가지 운운하는 것은 핑계이다.

어렸을 때부터 서머힐에 다니고 있는 나이 많은 학생들이 성적 문란에 빠지지 않을까 하고 염려하지 않는 이유가 있다. 그것은 내가 가르치고 있는 아이들은 성에 대한 억제에서 오는 부자연스런 관심을 가진 애들이 아니라는 것을 알고 있기 때문이다.

수년 전 두 학생이 동시에 우리 학교에 왔는데, 17살 된 남학생과 16살 된 여학생이 사립학교에서 왔다. 그들은 서로 사랑하는 사이로 늘 함께 지냈다.

그런데 어느 날 밤 늦게 그들을 만났다. 그래서 말했다.

「너희들 무얼하고 있는지 알 수 없구나. 도덕적으로는 상관없다. 왜냐하면 도덕적 문제가 아니기 때문에, 그러나 경제적인 입장에서 무관할 수 없다. 만일 케이트 네가 어린애를 갖게 된다면 우리 학교는 끝장나는 거야.」

나는 이 문제를 가지고 장황하게 더 늘어놓았다.

「보아라, 너희들은 이제 막 서머힐에 왔다. 이곳에 왔다는 것은 너희가 하고 싶은 것을 할 수 있는 자유가 있다는 것을 의미한다. 너희가 학교에 대해서 특별히 느끼는 점이 없다는 것은 무리가 아니다. 만약 너희가 7살 때부터 이 학교에 다녔다면 너희들의 일에 대해서 간섭하지 않았을 것이다. 너희들도 서머힐에 애착을 갖고 이 학교의 중요성도 생각해야지.」

이것이 이런 문제를 해결하기 위한 유일한 방법이었다. 다행히도 나는 두 번 다시 그들에게 그 문제를 언급하지 않아도 되었다.

일

서머힐에서는 12살 이상 된 모든 어린이와 직원은 매주 2시간씩 일하도록 하는 규칙이 있는데, 한 시간에 5센트씩을 지불했다. 만일 작업을 하지 않았을 때는 10센트의 벌금을 물었다. 교사를 포함해서 몇몇 사람이 벌금을 냈으나 불평이 없었다.

일을 할 때 대부분의 시선은 시계에 가 있었다. 작업에는 놀이 내용이 없기 때문에 모든 사람은 권태를 느꼈다. 그래서 그 작업 규칙이 재검토 되었으며 어린이들은 만장일치의 투표로 그 규칙을 철폐했다.

수년 전 서머힐에 치료소 하나가 필요했다. 그래서 벽돌과 시멘트로 된 적당한 건물 하나를 짓기로 했다. 누구 한 사람도 전에 벽돌을 쌓아 본 사람이 없었으나 그대로 착수했다.

몇몇 학생들이 기초를 파고 또 헌 벽돌담을 허물어서 벽돌을 마련했다. 그런데 어린이들이 임금 지불을 요구해 왔으나 이를 거절했다. 결국엔 이 치료소는 교사들과 기타 방문객들에 의해서 세워졌다.

그 일은 아이들에게 대해서는 신통치 않은 일로 학교 부속치료소의 필요성을 느끼지 못했으며 아무런 관심이 가질 않았다. 그러나 얼마 후 자전거 보관소가 필요했을 때는 교직원의 도움없이 저희들끼리 보관소 하나를 지었다.

어린이들의 사회적 책임감이란 18살 또는 그 이상이 될 때까지 발달되지 않는다. 그들의 흥미란 즉시적으로 자신들의 미래를 내다본다는 것은 실상 어려운 일이다.

나는 이때까지 게으른 아이를 본 일이 없다. 게으름이란 흥미의 결핍이나 건강의 빈약성을 말한다. 건장한 어린이는 게으를 수가 없다. 건장한 아이는 종일 무엇인가 할 것이 있다.

한번은 아주 건강한 아이인데 게으르다고 인정받는 아이를 본 일이 있다. 그 아이는 수학이 재미없었는데 학교 교과 과정에 의해서 공부하지 않으면 안 되었다. 물론 그는 수학을 공부하고 싶지가 않았기 때문에 수학 선생님에게 게으른 아이로 취급되었던 것이다.

감자를 심거나 양파밭의 풀을 뽑는데 17살 먹은 아이들한테 도움을 얻는다는 것은 어려운 일이지만, 그 아이들이 자동차를 고치거나 차를 닦거나, 라디오 세트를 제작하는데는 여러 시간 걸려도 잘 해낸다.

이러한 사실을 이해하기까지는 상당한 시간이 걸렸다. 나도 애들과 같은 경험을 한 일이 있는데, 바로 내가 스코트랜드에 있는 형 집의 밭에서 땅을 파고 있을 때였다.

일이 재미도 없었고 나에게 아무런 의의도 없는 밭을 파고 있다는 것이 잘못된 일이 아닌가 하고 생각하게 되었다. 그러니 나의 밭이 어린 학생들에게는 아무런 의의가 없을 것이고, 반면에 자전거나 라디오는 그들에게 큰 의의가 있는 것이다.

진정으로 남을 위해서 이로운 일을 한다는 것은 쉽지 않으며, 또 이기적인 요소를 결코 버릴 수도 없는 것이다.

조그마한 어린이들은 10대들에 비해 일에 대한 태도가 다르다. 서머힐에 있는 3살부터 8살까지의 어린이들은 트로잔(트로이의 목마)처럼 시멘트를 반죽도 하고 모래도 나르며 벽돌 씻는 일을 한다.

그것도 보수에 대한 생각없이 일하는 것이다. 그들은 자기들 자신이 성인이 된 것처럼 생각하고, 또 그들이 하는 일을 보면 마치 자기들이 꿈속에 간직해 오던 일들을 실현시키는 것 같았다.

그러나 8, 9살부터 19살까지의 아이들은 손으로 하는 일은 싫어한다. 대개 청소년들은 똑같은 경향을 가지고 있다. 그러나 어떤 아이는 어린 시절부터 시작하여 일생 동안 노동자로 지내는 경우도 있다.

사실 성인들은 아이들에게 심부름을 시키는 것이 예사이다. 어린아이들은 누구랄 것 없이 여러 번 심부름 시키는 것을 싫어한다.

대부분의 어린이들은 아무런 대가없이 부모들이 먹여주고 입혀준다는 것을 알고 있다. 부모들이 돌보아주는 것을 어린이들은 자신들의 당연한 권리라고 생각하면서도, 부모가 몸소 하고 싶어하지 않는 수많은 자질구레한 일들을 자신들이 해야만 되고 또 그렇게 하는 것이 당연한 것으로 알고 있다.

내 의견으로는 건전한 문명 사회에서는 학생들이 적어도 18살이 될 때까지는 일(노동)을 시키지 않는 것으로 알고 있다.

대부분의 남녀학생들은 18살 되기도 전에 많은 일을 하게 되는데, 그들이 하는 일은 그들에게는 하나의 놀이와 같은 것이며 어른의 입장에서 보면 비경제적인 일로 볼 수 있다.

학생들이 시험 준비 때문에 해야 할 상당히 많은 공부의 양을 생각만 해도 나는 맥이 빠진다. 전쟁 전 부다페스트에서 거의 50페센트나 되는 학생들이 입학 시험이 끝난 뒤 신체적으로 심리적으로 건강이 나빠졌던 것으로 나타났다.

서머힐 졸업생들이 직장에서 부지런히 일하고 있다는 소식을 계속 받고 있는 이유가 있다면, 그것은 서머힐의 여러 남녀 학생들이 자기들 나름대로의 세계에서 생활해왔기 때문이다.

아직 나이가 많지 않은 성인으로서 그네들은 자기도 모르게 어린 시절의 유희에 대한 무의식적인 동경같은 것이 없이 생활의 현실에 맞부딪칠 수 있는 능력을 가지고 있기 때문이기도 하다.

놀 이

서머힐은 놀이를 가장 중요시 하는 학교이다. 어린이 놀이나 고양이 새끼들이 왜 장난을 하는지는 모르겠으나 아마 활동력 때문이리라 생각한다. 놀이라고 해서 운동 분야나 잘 조직된 놀이라는 것을 뜻하는 것이 아니라 오히려 공상이라는 점에서 놀이를 생각해 본다.

조직적인 놀이는 숙달, 경쟁, 팀워크를 수반하지만 아이들 놀이에는 숙달이나 경쟁 같은 것은 필요하지 않으며 팀워크를 같은 것은 거의 필요없다. 어린아이들은 총 쏘는 갱놀이나 칼 싸움을 잘한다.

영화가 나오기 훨씬 전에는 아이들은 갱놀이를 많이 했다. 이야기 · 영화 등이 놀이의 종류에 영향을 미치겠지만, 모든 놀이의 근본적인 동기는 모든 아이들의 마음 속에서 우러나오는 것이다.

서머힐의 6살짜리 아이들은 하루 종일 환상적인 놀이에 묻혀 있다. 어린아이들에게 있어서 현실과 공상은 매우 가깝다.

10살짜리 소년이 유령처럼 차리고 나타나면 아이들은 깜짝 놀라 소리를 지른다. 그들은 그것이 토미라는 것을 알 뿐 아니라, 그가 그 종이를 뒤집어 쓰는 것을 보았는데도 그 유령이 다가오면 모두 한결같이 겁에 질려 소리를 지르는 것이다. 어린아이들은 공상 속에서 생활하고 있으며, 이러한 공상을 실제의 행동에까지 끌고 간다.

8살에서 14살 사이의 소년들은 갱놀이를 하는데, 항상 사람들과 부딪히거나 나무로 만든 비행기를 타고 하늘을 나는 시늉을 한다. 마찬가지로 어린 소녀들도 갱놀이 단계를 거치지만 권총이나 칼 같은 것을 사용하지 않고 비교적 사람에 관한 것이 많다.

메어리의 갱단은 빌리의 갱단을 싫어한다. 그래서 한바탕 싸움이 벌어지면 나중에는 거친 말들이 오가게 된다. 소년들이 상대편의 갱을 적으로 생각하는 것은 장난할 때 뿐이다. 그래서 소년들이 소녀들보다 어울려 생활하기가 훨씬 수월하다고 할 수 있다.

나는 공상의 경계가 어디서부터 시작하여 어디서 끝나는지 알 수가 없었다. 어떤 아이가 인형에게 장난감 접시에다 식사를 갖다준다면 그 순간 아이는 인형이 살아있다고 믿는 것일까? 흔들 목마를 과연 진짜 말이라고 생각할까? 한 소년이 '꼼짝 마'하고 외치고는 총을 쏠 때 그는 진짜 총이라고 생각하거나 혹은 그렇게 느끼는 것일까?

아이들은 자기의 장난감을 실제와 같다고 생각하고 있다. 생각이 부족한 어른이 쓸데없이 참견하여 그들에게 공상이라고 일러주므로써 갑자기 현실 세계로 돌아오게 되어버린다고 믿고 싶다. 인정있는 부모라면 결코 어린이의 환상을 깨뜨리지 않을 것이다.

소년들은 일반적으로 소녀들과 어울리지 않는다. 그들은 갱놀이나 하고 술래잡기를 하며, 나무에 집을 짓거나 땅을 파고 참호를 만든다.

소녀들은 어떤 놀이를 조직적으로 하는 일은 거의 없다. 오랜 전통을 가진 선생이나 의사놀이는 자유스러운 아이들에게는 잘 알려져 있지 않다. 그들은 권위자의 흉내를 낼 필요가 없다고 느끼기 때문이다.

어린 소녀들은 인형을 갖고 놀지만 좀 나이든 소녀들은 물건보다는 사람과의 접촉에서 더 많은 재미를 느끼는 것 같다. 그래서 우리는 가끔 혼성 하키팀을 편성했다. 카드놀이와 다른 실내 놀이들도 대개는 혼성으로 이루어진다.

아이들은 시끄러운 것과 진흙을 좋아한다. 그들은 계단 위에서 소란을 피우고 시골뜨기처럼 고함을 지르며, 가구 같은 것은 아랑곳 하지 않는다. 아이들이 술래잡기를 할 때는 그들이 노는 곳에 포오틀랜드의 꽃병이 있어도 그들은 그것을 보지도 않고 밟고 넘어간다.

어머니들이 자기 아이를 데리고 충분히 놀아주지 않는 경우가 너무 많다. 어머니들은 유모차에 장난감 곰을 넣어주면 한두 시간 동안은 아기가 잘 놀 수 있다고 생각하고, 아기들이 간지르고 안아주는 것을 좋아한다는 것을 잊어버리고 있는 것 같다.

이런 시절이 곧 개구쟁이 시절이라는 것이 당연하다고 생각한다면, 우리는 이 사실에 대해 도대체 어떤 태도를 취해야 할 것인가? 우리는 이런 사실을 무시하고 까맣게 잊고 있다.

놀이란, 어른에게는 시간 낭비이기 때문이다. 그러므로 우리는 수업을 위한 교실 수나 많고 값비싼 기구들을 갖춘 큰 도시 학교를 세운다. 그러나 아이들의 유희 본능을 위하여 배려한 것이라고는 겨우 콘크리트로 된 조그마한 장소이다.

사실대로 지적하면 문명의 폐단이란 어린이들로 하여금 충분한 놀이를 하지 못하게 했다는 사실에 기인하는 것이다. 달리 말하면 모든 어린이들은 어른이 되기도 전에 어른스럽게 자라온 것이다.

놀이에 대한 성인들의 태도도 제멋대로이다. 어른들이 어린이들의 시간표를 계획한다. 즉 9시부터 12시까지 학습, 그리고 나서는 한 시간 동안의 점심시간, 다시 3시까지 수업이라는 식으로……. 그러나 자유분망한 어린이에게 시간표를 만들라고 하면, 그는 분명히 대부분의 시간을 놀이에 다 넣고 수업에는 단 몇 시간만을 할당할 것이다.

공포란 어른들이 어린이들의 놀이에 대해서 가지는 반감에 뿌리를 두고 있다. 나는,

「만일 우리 아이가 하루 종일 놀기만 하면 무엇을 배울 것이며, 또 어떻게 시험에 통과할 것인가요?」

걱정이 되서 하는 질문을 수백 번이나 들어왔다.

「만약 당신의 아이가 놀이를 인생의 한 요소라고 간주하지 않는 학교에서 5~6년, 혹은 7년간 공부하는 대신에 2년이라도 집중적으로 학습을 하면 놀고 싶은대로 논다 해도 대학 입학고사를 통과할 수 있을 거요? 즉 어린이가 시험에 통과하기를 원한다면 말이오!」
라는 나의 대답을 받아들이는 사람은 극히 소수에 불과하다.

남자 아이들은 발레리나나 라디오 기술공이 되고 싶어 할지도 모른다. 또한 여자 아이들은 의상 디자이너나 보모가 되고 싶어 할는지도 모른다. 그렇다. 어린이 장래에 대한 공포가 어른들로 하여금 어린이들의 놀이에 대한 권리를 박탈하게끔 만들고 있다.

그러나 그 속에는 그 이상의 것이 있다. 놀이를 인정하지 않는 사실 이면에는 막연한 도덕 사상과 어린이 노릇하는 것을 탐탁치 않게 생각하는 점, 그리고 어린이에게 하는 훈계 등의 암시가 숨어 있다.

자기들의 어린 시절에 대한 그리움을 잊어버린 부모, 즉 어릴 때의 노는 방법과 공상하는 방법을 잊어버린 부모들은 똑똑한 부모가 되기 힘든다. 어린이가 유희 능력을 상실했을 때 그는 정신적으로 죽는 거나 같고 누구든지 그와 접촉하는 것은 위험스런 일이다.

이스라엘 출신의 교사들에 의하면 학교란 열심히 공부하는 것을 기본으로 하는 지역사회의 한 부분이라는 것이다.

한 교사가 말하기를 10살짜리 아동들은 벌로써 정원을 파고 노는 것을 못하게 하면 울어버린다는 것이다. 만일 내가 감자를 캐지 못하게 한다 해서 울어버리는 10살짜리 아동이 있다면, 나는 그 아이가 정신적으로 결함이 있지 않나 하고 의아해 할 것이다.

어린 시절은 개구쟁이 시절이다. 이러한 진리를 무시하는 지역사회 체제가 있다면, 그 사회는 그릇된 방법으로 교육을 하는 것이다.

내가 볼 때 이스라엘 식의 교육 방법은 경제적 필요성 때문에 어린 이다운 생활을 희생시키는 것이다. 그것은 필요할지 모르지만 그러한 제도를 이상적인 지역사회 체제라고는 감히 말할 수 없다. 마음대로 놀 수 있도록 허용되지 않은 아이들이 갖게 되는 손해를 평가한다는 것은 흥미있는 일이지만 또한 가장 어려운 일이다.

나이가 들면 들수록 그리고 더욱 더 세련되어 갈수록 사람들은 어떤 종류의 행렬이든지 간에 점점 매력을 잃어간다. 나는 장군들이나 정치 가들, 그리고 외교관들이 국가 행렬에서 권태 외에 무엇을 얻을 수 있 는지 의심스럽다. 자유 분망하고 마음껏 놀이를 하고 자라난 아동들이 대중적 성격을 지니지 않는다는 몇몇의 증거가 있다.

옛날 서머힐 사람들 중에서 군중 속에서 쉽사리 그리고 열광적으로 기뻐할 수 있는 유일한 사람들은 공산주의적 교육을 하는 부모를 가진 가정 출신들이었다.

연극

겨울의 일요일 밤 서머힐에서는 연극을 하는 밤으로 되어 있다.

이곳에서는 연극이 항상 공연되고 있다. 나는 6주일 동안 계속해서 일요일 저녁마다 완전히 연극 프로그램으로 꽉 차 있는 것을 알았다. 그러나 때때로 드라마에 대한 한 차례 열광의 파동이 지나면 몇 주 동 안에는 공연이 없다.

관람하는 학생들은 아주 비판적이 아니다. 관중들은 런던의 관중보 다도 처신을 더 잘하고 있으며 관람 태도도 훌륭하다. 야유하는 소리, 발구르는 소리, 그리고 휘파람 소리 같은 건 거의 없다.

서머힐의 극장은 약 100명을 수용할 수 있는 정구 경기장을 개축한 것으로 이동무대가 있는데, 이것은 계단과 플랫 홈을 만드는데 쓰는 상자로 이루어진 것이다.

배경은 없고 회색 커튼만 있다. '울타리 사이로 마을 사람들을 들여 보내다'라는 연극 신호가 있게 되면 배우들은 커튼을 옆으로 젖힌다.

이 학교에서는 서머힐 작품만 공연되는 것을 전통으로 삼고 있다. 따라서 학생 작품의 부족이 생길 때에 한해서 교사의 작품이 공연될 수 있다는 것을 불문율로 정하고 있으며, 의상은 출연자 각자가 책임 지는데 언제나 잘 되고 있다.

우리 학교 연극은 비극보다는 희극이나 익살 광대극에 치우치는 경 향이 있으며, 비극을 연출할 때도 잘 해낸다. 어떤 때는 정말 훌륭한 비극을 연출한다.

남학생들보다 여학생들이 극을 더 많이 쓴다. 조그만 남학생들도 저 희들 나름대로 극을 만들어 내는데 대개는 대본을 쓰지 않는다. 대본 은 실상 필요없다. 왜냐하면 연출자마다 주요 대사는 언제나 '손들엇' 정도이다. 이런 연극에서는 흔히 벨을 울리며 커튼이 시체 위에서 내 려지게 된다. 어린 소년들은 본래 철저해서 비타협적이기 때문이다.

13살 먹은 대픈이라는 여학생이 셜록 홈즈 극을 제공해 주곤 했는 데, 어느 순경이 경사의 부인과 함께 달아나버렸다. 왓슨의 도움으로 경사는 순경의 숙소까지 부인을 추적했다. 거기에서 놀랄 만한 광경을 목격하게 되었다. 그 순경은 그 부정한 여자를 팔에다 안고서 소파 위 에 누워 있었고, 그럴 동안에 화류계 여자들이 방 한 가운데에서 물결 모양의 춤을 추고 있었다.

이처럼 대픈은 자기의 극에다가 항상 승화된 생활을 끌어왔다.

14살 또래의 소녀들은 가끔 시가로 연극을 쓰는데 이러한 것들 중에 는 대단히 훌륭한 것들도 있다. 물론 교사 전원과 아동 전부가 글을 쓰 는 것은 아니다.

표절극에 대해서는 대단한 혐오감을 품고 있다. 전에 언젠가 한 개 의 극이 프로그램에서 누락되어서 나는 급히 임시 변통으로 하나를 써 야만 했을 때, 제이콥스의 이야기 중 하나를 주제로 하여 썼다. 그러자

'모방자, 사기꾼 같으니라고'하는 고함이 튀어나왔다.

서머힐의 아동들은 극화된 이야기를 좋아하지 않는다. 뿐 아니라 다른 학교에서는 흔한 고상한 내용의 극도 원하지 않는다. 우리 학생들은 셰익스피어 역을 좀처럼 맡지 않는다.

그러나 나는 어떤 때에는 셰익스피어의 단막극 율리시저 같은 것을 미국의 갱단을 배경으로 삼고, 언어는 셰익스피어 언어와 탐정 소설 잡지에서 나오는 언어를 혼합하여 쓰고 있다.

메어리가 클레오파트라 역할을 맡아서 무대 위의 모든 사람들을 칼로 찌르고 나선 칼날을 보더니, '스텐레스 강철이구나'라고 크게 외치고는 그 칼을 자기의 가슴에 찔렀을 때 그는 많은 갈채를 받았다.

학생들의 연기력은 높은 수준이다. 서머힐 학생들에게는 무대 공포증 같은 것은 없다. 어린 아동들의 연기는 볼만하다. 그들은 완전하리만큼 성실하게 그들의 역할을 해내고 있다.

여학생들은 남학생들보다 서슴치 않고 연극을 한다. 정말 10살 미만의 소년들은 '갱놀이'의 연극 외에는 거의 연극을 하지 않고 있다. 또 어떤 아이들은 연극을 하게 되지도 않고, 또한 연기를 하고 싶은 욕망조차 느끼지 않고 있다.

우리는 오랜 경험을 통해서 가장 나쁜 배우는 생활 속에서 연극을 하는 사람임을 발견했다. 그러한 아이는 결코 자기 자신에서부터 벗어날 수 없으며, 또 무대에 서게 되면 자아 의식적이 되는 것이다.

자아 의식이라 함은 잘못 사용된 용어일는지도 모른다. 왜냐하면 그것은 다른 사람들이 당신을 의식하고 있는 것을 의식하고 있음을 의미하기 때문이다.

연기는 교육에서 필요한 부분이다. 그것은 주로 자기 과시인 것이다. 그러나 서머힐에서는 연기가 단순히 자기 과시적일 때에는 그 연기자는 칭찬받지 못한다. 한 사람의 배우가 되기 위해서는 자기 자신을 딴 사람과 동일화시키려는 강렬한 힘을 소유해야만 한다.

성인들에 있어서의 동일화라는 것은 결코 무의식적이 아니다. 성인들은 그들이 연기하고 있음을 알고 있기 때문이다. 그러나 어린 아이들이 정말로 연기하고 있음을 알고 하는지 의문스럽다. 흔히 연극에서 한 어린이가 등장하여 '너는 누구냐?' 하면 '나는 사원의 유령이야!'라고 대답하는 대신, '난 피터야'하고 대답하는 일이 종종 있다.

어린 아동을 위해 쓰여진 극 중의 하나에 실제로 음식을 가득 차려 놓은 식사 장면이 나왔다. 배우들이 다음 장면으로 넘어가기 위해서는 얼마간의 시간과 주의를 요하였다. 그 아동들은 관중들에게는 완전히 관심이 없는 채로 음식을 먹느라고 정신이 없었던 것이다.

연기란 자신감을 얻는 하나의 방법이다. 하지만 연기를 결코 하지 않는 어린이 몇 명이 나에게 와서 그들의 연기를 싫어하는 이유는 그들이 열등감을 느끼기 때문이라고 말했다.

여기에 내가 아직 아무런 해결책을 찾지 못한 어려움이 있다. 일반적으로 그런 아동들은 다른 것, 즉 그들의 우수성을 보여줄 수 있도록 노력할 수 있는 것을 찾는다.

곤란한 경우는 연기를 좋아하고는 있지만 연기를 할 수 없는 어떤 소녀의 경우이다. 이런 소녀가 배역진에서 거의 빠지지 않는다는 점이 이 학교의 교육 방법에 있어서의 좋은 면을 대변해 주고 있는 것이다.

13∼14살 된 소년 소녀들은 연애하는 역할을 맡지 않으려고 한다. 그러나 어린아이들은 무슨 역이든지 기꺼이 한다. 15살 이상의 상급생들은 코메디일 경우에는 연애하는 역할을 맡는다. 다만 한두 명의 상급생이 심각한 사랑에 대한 역할을 맡을 만할 것이다.

연애를 하는 역할은 사랑에 대한 경험이 없고서는 잘 해낼 수 없다. 그런데 실제 생활에서는 고뇌라는 것을 전혀 모르는 아동들이 슬픈 장면에 있어서도 찬탄할 정도로 연기를 잘 할 수 있다.

나는 버지니아가 연습을 하는 동안 울고 있는 것을 보았으며, 슬픈 역할을 하고 있을 때 눈물을 흘리는 것을 보았다. 이러한 사실은 모든 어린이가 상상 속에서 고뇌를 맛보고 있다는 것을 말해주고 있다.

사실 죽음은 모든 어린이의 공상 속에서 일찌감치 등장하고 있다.

어린이를 위한 연극은 어린이들의 수준으로 되어야 한다. 어린이들로 하여금 실제의 공상적 생활에서 멀리 벗어난 고전적 연극을 하게끔 하는 것은 그릇된 일이다.

독서와 마찬가지로 그들의 연극은 그들의 나이에 알맞는 것이어야 한다. 서머힐의 아동들은 스코트 딕켄트나 혹은 잭 커레이의 작품은 거의 읽지 않는데, 이것은 영화 시대에서 살고 있기 때문이다.

한 어린이가 극장에 가면 1시간 15분 만에 웨스워드 호 만큼이나 긴 얘기, 독서를 하면 여러 날 걸리는 얘기, 사람이나 경치에 대한 지루한 묘사가 없는 얘기를 들을 수가 있다. 그리하여 그들의 연극에서 아이들은 엘시노어의 이야기 같은 것은 좋아하지 않고, 그들 자신의 환경에 대한 이야기를 원하고 있다.

서머힐의 아동들은 자신들이 직접 쓴 연극을 공연하지만, 그럼에도 불구하고 주어진 기회만 있으면 진짜로 훌륭한 연극에 대해서 열광적으로 반응하고 있다.

어느 겨울 나는 일주일에 한 번씩 상급생들에게 바리·입센·스트린드버그·체홉의 작품을 읽어주었으며, 셔우와 글래스워지의 것이나 실버크드와 보텍스 같은 몇몇 현대극도 읽어주었다. 가장 훌륭한 서머힐의 남녀 연기자들은 입센을 좋아했다.

상급생들은 무대 기술에 흥미를 느꼈으며 독창적인 견해를 지니고 있다. 옛날부터 극작에는 등장 인물이 변명을 하지 않고는 결코 그냥 무대를 퇴장할 수 없는 관습이 있다.

극작가가 아버지를 나가게 하는 장면이 필요할 때는 아내와 딸이 아버지 흉을 보게 하면 아버지는 점잖게 일어나서 '아참 정원사가 양배추를 다 심어 놓았나 가 봐야겠구나' 하고는 발을 질질 끌며 나간다.

어린 서머힐 극작가들은 보다 더 직선적인 기법을 가지고 있다. 즉 한 여학생이 나에게 와서는 '실생활에서는 방에 있다가 나갈 때 아무런 변명도 하지 않고 나가죠'라고 물어본 거와 같이 실제로 여러 사람이 그렇게 하며, 또 서머힐 무대에서도 역시 그렇게 하고 있다.

서머힐에서는 극예술 가운데 소위 즉흥극이라고 부르는 특수 분야에 전문성을 가지고 있다. 나는 다음과 같이 전문 과제를 마련한다.

〈가상의 외투를 입는다. 그것을 벗어 옷걸이에 걸어 놓는다. 한 아름의 꽃을 집어들고서는 꽃 중에서 엉겅퀴를 찾는다. 아버지(혹은 어머니)가 돌아가셨다는 전보를 뜯어본다. 철로가에 있는 식당에서 서둘러 식사를 하고는 기차를 놓치지 않으려고 조바심 한다.〉

어떤 때는 연기에 말이 들어간다. 예를 들면 내가 책상에 앉아서 발표하기를 아래 위치에 있는 이민관이라고 발표한다. 어린이마다 가상의 여권을 가지고 있어야 하며, 내가 묻는 말에 대답할 수 있어야 한다. 이건 아주 재미있다. 다시 나는 유망한 배우를 면접하는 영화 프로듀서가 되기도 하고, 혹은 비서를 찾고 있는 사업가가 되기도 한다. 한번은 내가 서기 한 사람을 모집하는 광고를 낸 사람이 되었다.

그런데 어린이 중에서 서기라는 단어의 뜻을 아는 사람이 하나도 없었다. 한 여학생은 서기란 단어가 매니큐어사란 뜻인 것처럼 연기를 하게 되어 결국 훌륭한 희극이 되고 말았다.

즉흥극이란 학교 연극에서는 창의적인 측면인 것이며, 생동성 있는 측면이다. 서머힐에 있어서 우리의 연극은 무엇보다도 창의성 위주로 해왔다. 누구든지 연극을 쓸 수는 없지만 연기는 아무나 한다. 다만 어린이들은 독창적이고 토착적인 극만을 연출하는 전통이 재연출이나 모방보다는 창의성을 주장해주는 것이라는 것을 알고 있어야 한다.

무용과 음악

춤이란 일정한 규칙에 맞추어 추게 되어 있다. 이상한 것은 군중을 이루는 개개인들은 모두가 한결같이 법칙같은 따위를 싫어하면서도 그 군중을 하나의 규칙으로 받아들인다는 사실이다. 나에게 런던의 무도실은 영국이 어떤 것인가를 상징해 주고 있다. 하나의 개별적이며 창조적인 쾌락이 되어야 할 춤이 딱딱한 걸음으로 전락해 가고 있다.

모든 부부들은 똑같이 춤을 춘다. 대중의 보수주의는 본래대로의 춤을 못추게 한다. 그러나 춤의 즐거움이란 발명의 즐거움이다. 발명이 없어져버릴 때에는 춤이란 기계적이며 따분한 것으로 되어버린다.

영국의 춤은 감정과 창조성에 대한 영국 사람의 공포감을 충분히 표현해 주고 있다. 만약 춤과 같은 즐거움을 가진 자유의 여지가 없다면 점점 심각해져 가는 인생 속에서 어떻게 즐거움을 갖게 되기를 바랄 수 있겠는가? 만일 어떤 사람이 제 나름대로의 춤 스텝을 감히 창조하지 못하면서 종교적·교육적·정치적 계급만 만들어 놓는다면 그는 견뎌내지 못할 것이다.

서머힐에서의 모든 프로그램에는 춤이 포함되어 있다. 그것은 항상 소녀들에 의하여 준비되고 진행되며 훌륭한 춤을 춘다. 그들은 고전 음악에 맞추어서 춤추는 것이 아니라 항상 재즈곡에 맞추어 춘다.

우리는 저시윈의 〈파리의 미국인〉이라는 음악에 맞추어 발레춤을 추었다. 내가 그 이야기를 썼고 소녀들은 춤으로써 그것을 표현해 냈다. 나는 런던의 무대에서 그보다 형편없는 춤들을 보아왔다.

춤이란 섹스에 대한 무의식적인 관심의 좋은 배출구이다. 무의식적이라는 것은 아름다운 소녀라도 춤을 형편없이 추면 춤 파트너를 많이 가질 수 없기 때문이다. 거의 매일 밤 우리의 거실은 어린이로 가득 채워진다. 이때 축음기를 돌리는데 가끔 의견 충돌이 생긴다.

아이들은 듀크 엘링통이나 엘비스 프레슬리를 원하지만, 나는 그런 것들을 싫어한다. 나는 라벨, 스트라빈스키, 저시윈을 좋아한다. 그래서 나는 재즈에 싫증이 나서 여기는 내 방이므로 내가 좋아하는 음악을 틀어야 된다고 주장해서 그것을 법으로 만들어버렸다.

로센 카바리어 삼중주나 메이스터싱거 5중주라면 방 분위기를 가라앉힐 수 있다. 그러나 고전 음악이나 고전 회화를 좋아하는 아동은 거의 없다. 의미야 어떻든간에 그들을 고상한 취미로 끌어올리려고 시도하지 않는다. 실제로 베토벤을 좋아하든 재즈를 좋아하든 그것은 인생의 행복에는 상관이 없다. 만약 학교가 그 교과 과정 속에 베토벤을 제외하고 재즈만을 넣는다면 보다 큰 성공을 거둘 수 있다.

서머힐에서 재즈 악단에 감명을 받은 소년들이 3명 있는데 이 소년들은 악기를 다루게 되었다. 2명은 클라리넷, 1명은 트럼펫을 구입했다. 학교를 졸업하자마자 그들은 로얄 음악 학교에서 공부하기 위해 그 곳에 가버렸다. 오늘날 그들은 전적으로 고전 음악만을 연주하는 오케스트라에서 모두 연주를 하고 있다. 음악적 기초에 있어서 이런 진보를 한 이유는 그들이 서머힐에 있을 동안 듀크 엘링톤, 바하나 또는 그외 어느 작곡가들의 음악을 듣는 것이 허용되었기 때문이다.

운동과 경기

대부분의 학교에서는 운동이 의무적이다. 심지어 시합을 관람하는 것조차도 의무적이다. 서머힐에서는 경기를 수업과 마찬가지로 선택하게 되어 있다.

이 학교의 어느 한 소년은 10년 동안 한번도 경기를 하지 않았으나 경기를 하라는 이야기를 들어본 적이 없다. 그러나 대부분의 아동들은 놀이를 좋아하고 있다. 하급생들은 놀이를 구성하지 않는다.

그들은 갱놀이나 북아메리카 토인놀이를 하고 나무로 된 집을 만든다. 어린아이들이 대부분 그런 놀이를 한다. 협동할 단계에 이르지 않았기 때문에 그들은 놀이를 위해서 놀이를 구성할 수 없다. 조직적인 놀이나 운동을 하는 시기는 때가 되면 자연히 오는 것이다.

서머힐에서 주요 놀이는 겨울에는 하키, 여름에는 테니스이다. 어린이들이 어려워 하는 점은 복식 테니스에서의 훌륭한 팀워크를 만드는 것이다. 아이들은 하키에서의 팀워크는 당연한 것으로 받아들이지만, 두 명의 테니스 선수들이 하나로 뭉치지 않고 개별적으로 행동하고 있는 경우를 가끔 볼 수 있다.

팀워크는 17살쯤 되면 좀더 쉽게 이루어진다. 수영은 나이를 막론하고 인기가 높다. 사이즈웰의 해변은 아동을 위한 훌륭한 비치가 못 된다. 왜냐하면 바닷물이 항상 만조이기 때문이다. 어린이들이 끔찍히 좋아하는 바위와 풀이 많은 길게 펼쳐진 모래밭은 우리의 해변가에서는 찾아볼 수 없다.

이 학교에서는 인위적 체조란 없으며 그것이 필요하다고도 생각하지 않는다. 아동들은 경기, 수영, 춤, 자전거 타기에서 필요한 모든 운동을 하고 있다. 자유분망한 아이가 과연 체육수업에 참가할는지 의심스럽다. 우리가 하는 실내 경기는 탁구, 장기, 카드놀이이다.

어린 아동들은 물장난을 할 수 있는 풀장, 모래 파는 곳, 시소 그리고 그네를 가지고 있다. 모래 파는 곳은 날씨가 따뜻한 날에는 항상 모래 파는 아이들로 가득차 있다. 나이 어린 아이들은 나이 많은 아이들이 모래 파는 곳에 와서 놀고 있다고 항상 불평하고 있다. 우리는 상급생을 위한 모래장을 만들어야 할 것 같다. 모래와 진흙 장난의 시기는 우리가 생각하고 있던 것보다 오래 계속되고 있다.

우리는 운동에 대한 시상을 일관성 있게 다루고 있지 않는 점에 대해 언쟁과 논쟁을 벌여왔다. 일률적으로 못하는 이유는 상이나 평점을 학교의 교육 과정 속에 도입하는 것을 단호하게 거절하는데 있다.

시상을 반대하는 주장의 핵심은 무슨 일이든지 그 일 자체를 위해서 해야지 상을 목적으로 해서는 안된다는 점이다. 이것은 틀림없는 사실이다. 그래서 우리는 가끔 왜 테니스에 대해서 상을 주는 것은 옳고, 지리에 대해서 상을 주는 것은 옳지 않으냐 하는 질문을 받는다.

그에 대해 테니스는 원래 경쟁적이고 다른 적수를 무찌르는데 목적이 있기 때문이라고 대답한다. 그러나 지리 공부는 그렇지 않다. 내가 만약 지리에 관해서 알고 있다면 다른 아이들 보다도 덜 알고 혹은 더 알고 하는 것 따위에는 정말 관심조차 기울이지 않는다.

적어도 서머힐에서만은 어린이들이 경기에 대한 상은 원하고 있으나, 교과목에 대해서는 원하고 있지 않다는 것은 나는 알고 있다. 그러나 서머힐에서는 경기에서 이긴 선수들을 영웅으로 만들지 않는다. 후레드가 하키팀의 주장이라고 해서 학교 총회 시간에 더 많은 발언을 할 수는 없다.

서머힐에서의 운동은 그들 나름대로 적절하게 이루어진다. 경기를 한 어린이라 해서 결코 깔볼 수 없으며, 또 결코 열등생이라 생각할 수 없다. '살고 싶은 대로 생활하라'하는 것이 자유분망해지고 싶은 어린이들에 대한 이상적인 표현을 가진 모토이다.

내 자신은 운동에 대해 별로 흥미가 없으나 훌륭한 운동가 정신(스포츠맨 쉽)에 대해서는 대단한 흥미를 갖고 있다.

만약 서머힐의 교사가 '애들아! 운동장에 나와라'하고 재촉한다면 서머힐의 운동 정신은 왜곡된 것이 될 것이다. 오직 놀 수도 있고 혹은 놀지 않을 수도 있는 자유가 주어질 때 인간은 진정한 운동가 정신을 발전시킬 수 있는 것이다.

영국 문교부 장학사 보고

이 학교는 혁신적인 과정을 통하여 여러 교육 실험이 이루어지고 있고, 또한 이미 발간이 되어 널리 알려져서 토의의 대상이 되고 있는 학교장의 교육 이론들이 그대로 실천에 옮겨지고 있는 학교로서 세계적으로 유명한 학교이다.

이런 학교를 둘러보는 일은 힘들지만 재미있는 일이다.

이 학교는 장학사들이 잘 알고 있는 다른 학교에 비하여 그 행정면에 있어서 많은 차이점이 있기 때문에 힘든 것이다. 뿐 아니라 주어진 교육적 가치를 단순히 관찰하는 것이 아니고 평가할 수 있는 기회가 되기 때문에 흥미있는 일이기도 하다.

이 학교의 학생들은 모두 기숙사 생활을 하고 있으며, 일년의 공납금은 120파운드이다. 교사들에게는 낮은 봉급을 지급하고 있는데도 불구하고(나중에 다시 언급하겠다), 교장 선생님은 현재의 액수로는 학교 운영이 어렵다고 생각하면서도 학부형들의 경제적인 사정을 알고 있는 관계로 좀처럼 공납금을 인상하지 않고 있다.

다른 기숙사 학교에 비해 공납금이 싸고 또 교직원 비율이 높다. 한 가지 장학사들이 놀란 것은 학교장의 경제적 애로에 대한 불평이었다.

회계장부나 경비 지출에 대한 정밀한 분석에 의해서 손실없이도 경비 절감을 할 수 있으므로, 유능한 자의 경비 분석을 받는 것도 좋을 듯하다. 재정난은 있더라도 학생들에게 흡족하게 급식되고 있다.

이 학교에서 실행되고 있는 원리들은 교장 선생님이 저술한 책을 읽은 사람들에게는 대단히 잘 알려진 것들이다. 어떤 것들은 처음 발표된 이후로 계속 인정을 받아왔고, 어떤 것들은 점차로 여러 학교에서 큰 영향을 미치고 있다. 그런가 하면 어떤 것들은 대다수의 선생님들과 학부형에 의해서 의심받고 반대를 받고 있는 것도 있다.

이 학교의 시행 사항을 장학사 나름대로의 객관적이고 올바른 평가를 하기는 하지만, 개인적인 입장에서 이 학교의 원리와 목표를 살펴보지 않고서는 공정한 평가를 하기는 힘든 일이었다.

이 학교 운영의 주 원리는 자유이다. 그 자유란 결격이 없는 자유이다. 이 학교에는 생활 안전과 행동에 관한 규칙이 많은데 이것은 어린이에 의해 만들어졌고, 아주 엄격한 것들인 경우에는 교장이 승인하게 되어 있다.

예를 들어 구명교사가 없을 때 아이들은 수영을 할 수 없으며, 어린 학생들은 상급생의 보호없이는 학교 운동장 밖으로 나갈 수 없다.

이러한 법규와 또 그외 규칙들은 아주 절대적인 것이어서 위반자는 벌금제도에 의해서 벌을 받고 있다. 그러나 어린이들에게 주어진 자유의 정도는 장학사들이 여태껏 보아 왔던 어느 학교보다 훨씬 컸으며, 그 자유는 또한 실질적인 것이었다.

예로, 대부분의 학생은 규칙적으로 수업시간에 출석하고 있으나, 어떤 아동은 한번도 수업시간에 출석하지 않고도 실제로 13년 동안 이 학교에 다녔으며, 지금은 정밀도구를 만드는 전문가가 되어 있다.

이런 극단적인 사례는 이 학교의 아동에게는 진정한 자유가 주어지고 있고, 또 그 결과가 좋지 않다 하더라도 퇴학당하지 않는다는 것을 말해주고 있다. 그러나 이 학교는 무정부적인 제멋대로의 원칙에 따라서 운영되고 있는 것은 아니다. 아동이 의장을 맡고 있는 정기적인 모임인 학교 입법부에서 이런 법규들이 제정되고 있으며, 이 모임에는 희망하는 선생님들과 학생들은 누구라도 참가할 수 있다.

이 모임에서는 토론을 할 수 있는 분위기가 보장되고 있으며, 광범위한 법규를 제정하는 기구인 것이다. 한번은 어느 선생님의 해고에 관해 토의했는데, 결과적으로 아주 훌륭한 판단을 내려준 일도 있었다. 그러나 그런 경우는 드물고, 정상적으로는 그 학교 사회 속에서 일어나고 있는 매일매일의 일상적인 문제를 주로 다루고 있다.

장학사들은 장학 시찰 첫날에 어떤 회의에 참가하게 되었다.

주요 토의 문제들은 그 기구가 만든 취침 법규와 그리고 허용되지 않는 시간 이외의 부엌 출입통제를 강화하자는 것들이었다.

이러한 문제들은 아주 질서 정연하고도 사람의 차별없이 열성적으로 자유롭게 토의 되었다. 비록 다소 성과없는 토의에 많은 시간은 허비하지만 학생들 자신의 문제를 스스로 처리하는 방법을 배울 수 있으므로, 아동들에게는 허비된 그 시간보다 훨씬 더 가치가 있다는 학교장의 의견에 장학사들은 동감이었다.

대다수의 교사나 학부형들이 섹스 문제에 있어서 아동들에게 완전한 자유를 주기 꺼려한다는 것은 명백한 사실이다.

학교장과 매사에 의견을 같이 하는 사람이라도 이 섹스 문제에 있어서는 의견을 달리 할 것이다. 그런 사람은 아마 성 지식은 자유로이 주어져야 하며 죄와는 분리되어야 하고, 오랫동안 실시된 금지 사항들이 아동에게 많은 해를 끼쳤다는 교장 선생님의 견해를 아무런 의심없이 받아들일지도 모른다. 그러나 그들은 남녀 공학의 경우 교장 선생님보다 훨씬 더 많은 신경을 쓰게 될 것이다. 확실히 그렇게 하지 않을 것이라고 자신 만만하게 언급하기는 어렵다.

사춘기 집단사회에서 성적 충동은 발생하게 마련이며, 그 충동이 어떤 타부(금기)에 둘러싸여 결코 없어지지 않는 것이다. 사실 이러한 감정들은 불같은 것이다. 따라서 학교장이 동의하듯이 그런 감정을 표현하는 것이 바람직할는지는 몰라도 표현할 수 있는 완전한 자유는 있을 수 없다. 분명히 말할 수 있는 것은 자연스럽고, 순진하고, 비이기적인 소년 소녀들을 한데 모아 놓는다는 것이 어려운 일이다. 또한 그들 사이에서 일어날지도 모른다고 생각했던 불행스러운 일이 이 학교가 28년동안 유지되는 동안 한번도 발생하지 않았다는 점이다.

여기서 상당히 논란이 되고 있는 문제에 대하여 언급해야겠다. 즉 여하한 종류의 종교 생활이나 종교적 가르침이 이 학교에 없다는 점이다. 그러나 이 학교에는 종교에 대한 금지사항은 없으며, 만약 학교 입법부가 종교를 소개하고자 한다면 소개할 수 있다.

마찬가지로 한 개인이 그것을 원한다면 아무도 그를 방해하지 않는다. 학생들은 모두가 카톨릭 정교주의를 받아들이지 않는 집안의 출신이며, 사실 그들은 종교에 대한 욕구를 나타내고 있지는 않았다.

한 가지 지적할 수 있는 것은 많은 기독교의 원리가 이 학교에 적용되고 있으며, 어느 기독교 신자라도 인정할 수 있는 것이 많다.

종교 교육이 결여되고 있다는 사실을 만 이틀동안 장학 시찰에 의해서 판단하기란 힘들다. 보고의 일반적인 내용을 소개하기에 앞서 개괄적인 학교 문제에 대한 설명이 필요하다.

이것은 이 학교의 조직과 활동에 있어서 뒷받침이 되고 있는 진정한 자유의 배경에 대한 것이다.

1. 조직

이 학교에는 4살부터 16살까지의 학생이 70명 있다. 그들은 네 개의 독립된 건물에서 생활하고 있으며, 여기에 대해서는 건물편에서 다시 이야기 될 것이다. 이 장에 있어서는 좁은 의미의 교육에 대해 언급이 될 것이다. 이 학교에는 연령보다는 오히려 능력에 많은 비중을 두고 조직된 6개의 학급이 있다. 이 학급은 일주일에 다섯 번, 오전 40분 동안에 걸쳐 아주 평범하고 보편적인 시간표에 맞추어 공부하고 있다.

그들에게는 일정한 교실과 그들을 가르치는 교사가 정해져 있다. 다른 일반적인 학교의 형태와 유사하면서 다른 점은 학생은 어느 누구든지 꼭 진급한다는 보장은 조금도 없다는 점이다.

장학사들은 교실에 드나들며 질문함으로써 이 학교에 관한 여러 가지 일들을 알아내는데 애를 많이 썼다.

학생들은 나이가 많을수록 수업에 참가하는 율이 높아갔으며, 또 일단 아동이 어떤 특별 수업에 참가하려고 마음을 먹으면 아주 규칙적으로 그렇게 하고 있는 것으로 나타났다. 더욱더 알아 내기가 어려운 것은 교과목과 학업 활동간의 균형이 바람직하냐 하는 것이었다.

많은 어린이들이 학교 수료증을 받게 되기 때문에 학생들의 과목 선택은 시험을 꼭 보게 하여 결정하며, 나이가 어린 학생들에게는 완전히 선택의 자유가 주어져 있다. 전반적으로 이 제도의 결과는 그렇게 인상적이지 못했다. 어린이들은 아주 참신한 의욕과 흥미를 가지고 학습을 하고 있지만, 그들의 성취도는 다소 미흡한 것이 사실이다.

장학사들의 의견에 의하면 이 제도 자체에서 오는 필연적인 결과가 아니고, 그 제도가 다소 잘못 운영되어 가고 있기 때문이라는 것이다.

그 원인으로서 나타난 몇 가지를 보면 다음과 같다.

① 저학년 학생의 학습 활동을 감독하고 통합해 줄 수 있는 훌륭한 교사가 부족하다.

② 일반적으로 수업의 질적 문제이다. 저학년을 위한 수업은 알기 쉽게 잘 되고 효과적이며, 또 상위 학급에서도 훌륭한 수업이 진행되고 있는데 반해 8, 9, 10살 먹은 아동을 격려하고 자극시켜 줄만한 훌륭한 교사가 부족하다는 것이 두드러진 문제이다. 다소 놀랄 정도로 구식이고 딱딱한 방법이 사용되고 있어서, 상급 과정을 배워야 할 시기에 도달한 학생들은 상당히 불리한 점을 갖게 되므로, 교사들은 난점에 처하게 된다. 상급생을 위한 수업은 대단히 잘 되어 나가고 있으며, 그 중 한두 경우에는 정말로 훌륭하게 되어가고 있다.

③ 학생 개별 지도가 결핍되어 있다. 15살 먹은 여자아이가 전에는

거들떠 보지도 않던 불어·독어를 배우고 싶어 하는 것은 칭찬할 만한 일이나, 일주일에 독어 두 번, 불어를 세 번 배우게끔 하는 것은 대단히 무책임한 것이다. 이 아이의 진도는 그녀의 결심에도 불구하고 느리게 나아가고 있으며, 따라서 그녀에게는 그 과목에 더욱 더 많은 시간이 주어져야 한다. 학생들의 학습 지도 계획에 있어서 개인교수 제도를 채용하면 학생들에게 도움이 될 것으로 장학사들은 보았다.

④ 사생활의 결여이다. '서머힐은 학습하기에 어려운 곳이다' 이 말은 학교장의 말이다. 이곳은 활동을 위한 곳이며 주의와 흥미를 가질 만한 것들이 많이 있다. 자기 자신 혼자만의 방이 없으며, 게다가 조용하게 공부할 수 있도록 특별히 분리된 방도 없다. 결단력이 있는 학생이라면 어디서든지 조용한 곳을 찾을 수 있지만, 그런 결단력 있는 학생이 드물다.

이 학교에서 상급생을 안 받거나 불리하게 하는 점은 없는데도 16세 이상의 상급생 수는 얼마 안된다. 서머힐에는 유능하고 똑똑한 몇몇 학생이 늘 있는 편인데, 이 학교가 학문적인 면에서 학생들이 필요로 하는 것을 과연 얼마나 제공해 주고 있는지 의심스럽다. 그런가 하면 수업의 질도 좋고 우수한 학습 활동이 이루어지는 학급도 있다.

미술 작품은 현저하게 우수하다. 서머힐 아이들이 그린 그림과 전통적인 학교의 아동들이 그린 그림과 큰 차이가 있는지 알아내기는 어렵지만, 어떠한 기준에 놓고 보더라도 그 작품은 훌륭한 것이었다.

공예도 제법 다양한 작품들이 쏟아져 나왔다. 장학 시찰 기간 중에도 가마를 설치하는 작업이 계속되었으며, 초벌구이를 기다리고 있는 항아리들의 모양은 대단한 것이었다. 발판 달린 직조기의 설비로 말미암아 학생들은 훨씬 더 전도 유망한 공예술을 배우게 될 것이다.

많은 문학 창작품이 쏟아져 나왔는데 그 중에는 신문에 실리거나 연극 각본으로 쓰여져서 매학기마다 공연되었다. 이러한 희곡 작품에 대해서는 많이 들었으나 관습상 그 원고를 보존하지 않고 있으므로 그 작품의 질을 판단하기란 불가능하다.

최근에 맥버드가 소극장에서 공연되었었는데 모든 세트와 의상이 가정에서 만든 것들이었다. 더욱이 학생들 자신의 창작극을 공연하기를 희망했던 교장 선생님의 뜻에 반대하여 어린이들 스스로 이 작품을 공연하기로 결정했다니 놀라운 일이다.

체육 수업도 이 학교의 원리에 따라서 실시되고 있다.

의무적으로 경기를 해야 한다든가 또는 체육 훈련은 없다. 축구·크리켓·정구는 모두 열성적으로 하고 있고, 특히 축구는 교사 중에서 전문가가 있는 덕분에 상당한 기술을 가지고 있는 것 같다.

학생들은 마을의 딴 학교들과 경기를 한다. 방문했던 그날은 이웃에 있는 현대 학교와 크리켓 경기가 열리고 있었는데, 서머힐 측에서는 상대편 학교의 최우수 선수가 아파서 출전 못했다는 사실을 알고 자기들도 최우수 선수는 출전하지 않기로 했다.

상당한 시간을 옥외에서 보내고 있고 어린이들은 활동적이고 건강한 생활을 하게 되며 또 그렇게 보인다. 좀더 자세하고도 노련하게 관찰을 해보면 학생들이 정규적인 체육수업이 없기 때문에 오히려 손해를 보고 있는 점이 들어날지도 모른다.

2. 건물

이 학교는 충분한 오락을 제공할 수 있는 여건을 갖추고 있다. 전에는 개별 교실로 사용되었던 본관 건물에는 홀·식당·양호실·미술실·공예실, 여학생 기숙사와 같은 여러 목적으로 쓰이는 방이 있다.

나이 어린 학생들은 조그만 별채에서 잠을 자는데 그곳에는 교실도 있다. 기타 남학생들의 기숙사와 나머지 교실들은 정원에 있는 통나무집에 있는데, 그곳에는 몇 분의 교사용 침실이 있다. 이 건물의 모든 방문은 정원을 향해 열리게 되어 있다. 비록 교실들은 학생들에게는 적절하다 하더라도 모두 작아서 소집단 수업을 이곳에서 한다.

기숙사 중의 한 건물은 학생과 교사들을 위하여 특별히 고려를 한 점이 나타나 있는데, 그것은 요양소가 지어져 있는 것으로 한 번도 사용된 적이 없다. 침실 설비는 정상적인 표준에서 본다면 다소 원시적이긴 하지만, 이 학교의 학생 건강 기록이 양호하며 설비도 괜찮은 것으로 간주된다. 또 목욕탕도 충분히 이용할 수 있게 되어 있다.

정원에 있는 건물들은 처음 볼 때 유별나게 원시적이고 대중적으로 보이는 사실은, 이 학교의 중요한 특징의 하나인 휴게실 분위기 조성에 아주 안성맞춤이었다. 더구나 수업중에 방문한 장학관들이나 그외 방문객들이 수업에 지장을 주지 않고도 학생들이 공부하는 것을 볼 수 있게끔 되어 있다.

3. 교직원

교사들은 한 달에 8파운드의 봉급과 숙식을 제공받는다. 교사 채용은 교장의 큰 일이다. 교사가 될 사람은 이 학교의 원리에 신념을 가질 뿐 아니라 노련하고, 학생들과 동등한 조건으로 생활 할 수 있는 건전한 사람으로, 학문적으로 자격이 충분하고 상당한 특기의 기술이 있어야 한다. 또한 이러한 사람을 한 달에 8파운드 받고 일해 달라고 설득시키는 것도 교장의 큰 일이다. 서머힐에서 봉직하는데는 교사들이 다 방면으로 좋은 점을 갖추어야 되는 것은 아니다.

또 신념이나 공평심·성격·능력 등이 골고루 겸비 된다는 것은 드문 일이다. 이미 지적된 바와 같이 교직원의 요건이 다 똑같은 것은 아니나, 월급을 더 주는 많은 다른 학교 교사들보다는 훨씬 우수하다.

교직원 중에는 에딘버러 대학 영어 석사학위, 리버풀 대학 학사 및 석사학위, 캠브리지 대학 졸업증, 런던 대학 불어 및 독어 그리고 캠브리지 대학의 역사 전공 학사학위 등의 소지자가 있고, 4명의 교사는 교사 자격증을 소지하고 있다. 이외에도 미술과 공예과 교사 자격증을 가진 교사가 있는데, 이들은 아주 우수한 교사들이다.

교직원 보강이야 필요하지만, 현직 교사진으로서도 절대로 미약하진 않다. 만일 이들 교사가 교과 이수나 수업 참관에 의하여 경험을 넓히거나 새롭게 할 수 있고, 시대사조에 맞추어 나갈 수 있다면 그들은 칭찬받을 수 있을 것이다. 따라서 1년 96파운드의 월급으로 교사에 대한 유인 체제로 삼는다는 것은 무리한 일이며, 분명히 이러한 난점에 정면으로 봉착하게 될 것이 틀림없다.

교장 선생님은 깊은 신념과 성실성을 지닌 사람이다. 그의 신앙과 인내는 지칠 줄을 모른다. 그는 독재를 하지 않으면서도 강한 성품의 소유자가 될 희귀한 힘을 가지고 있다. 혹 그의 이념을 반대하거나 싫어하더라도 그에게 존경을 표하지 않고는 학교에서 그를 만난다는 것은 거의 힘든 일이다.

그는 유머적이고 성품이 온화하며 훌륭한 교장으로서 손색이 없는 풍부한 상식의 소유자이다. 그리고 그는 어린이들에게 자기들의 행복한 가족 생활을 본보임으로써, 다음에 어린이들이 실천에 옮길 수 있는 행복한 가족 생활을 어린이들과 같이 즐기며 꾸며 나가도 있다.

학교장은 교육을, 잘 살 수 있는 방법을 배우는 수단으로 봄으로써 교육에 대한 넓은 견해를 가지고 있다.

비록 그가 이 보고서에서 몇몇 사람의 비평을 받아들인다 하더라도 이 학교의 성패는 어린이들을 가르치는 특수한 기술과 능력보다도 키워주면 성장할 수 있는 그런 유형의 어린이에 달려 있다고 생각한다.

평가에 대한 이상의 논점에서 다음 몇 가지를 언급할 수 있다.

① 어린이들은 생기와 열의로 충만되어 권태와 무관심 같은 징조는 보이지 않는다. 학교는 만족과 관용적 분위기에 쌓여 있다. 상급생들의 사랑이란 곧 이 학교 성공의 증거인 것이다. 평균 30명의 학생들이 학기 말 연극이나 무도회에 참석하고, 또 많은 학생들은 학교를 방학 동안의 연락 본부로 삼고 있다. 초창기 이 학교는 대부분 문제 학생이 입학했으나 지금은 사방에서 오는 정상적인 학생들이 입학하고 있다는 것을 분명하게 지적해둘 가치가 있다.

② 어린이들의 태도는 밝고 명랑하다. 때로는 전통적인 예의범절은 부족할지 몰라도 우정, 여유있고 자연스러운 점, 수줍어하지 않는 점 등은 어린이로 하여금 다른 사람과 쉽게 사귀고 또 즐겁게 지낼 수 있

도록 해준다.

③ 주도성·책임성·성실성은 이 학교 제도에 의해서 장려되고 있으며, 실제로 이런 좋은 점들이 발전되어 가고 있다.

④ 서머힐 졸업생들이 일반 사회에 적응할 수 없다는 것은 근거없는 일이란 것을 많은 증거에 의해서 알 수 있다. 전체적인 것은 아니나 다음의 내용은 서머힐의 교육이 사회에서의 성공을 좋지 않게 여길 이유가 없다는 것을 말해줄 것이다.

즉 졸업생들은 각 분야에 진출했다. 즉 전기기계회사의 책임자, 폭격기 조종사, 간호원, 비행기 승무원, 클라리넷 연주자, 대학 연구자, 발레 댄서, 라디오 기술자, 국내 일간신문 투고 작가, 큰 기업체를 가진 시장조사 연구가가 되어 있다. 또 다른 사람들은 캠브리지 대학, 스칼라 로얄 대학, 런던 대학, 맨체스터 대학에서 경제학·역사·물리·현대어·예술 등 각 분야에 걸쳐서 학위를 취득했다.

⑤ 학교장의 투철한 교육관에 의해서 학생 흥미 본위의 교육, 과도한 시험에 의한 수업 위주의 교육이 아닌 바람직한 교육을 실현하기에 적합하게끔 되어 있다.

가장 현명한 방법에 의한 학문적 교육을 발전시킬 수 있는 상황을 조성한다는 것은 하나의 성공이라 할 수 있으나, 사실상 그런 교육의 발전은 이루어지지 않고 있어서 많은 기회를 상실하고 있다.

각 학년 또는 초급 학년 이상의 수업을 보다 더 충실히 함으로써 교육의 발전이 이루어질 수 있을 것이고, 학교장이 뜻하는 바의 실험도 그 성과를 올릴 수 있는 기회가 올 것이다.

이 학교의 모든 원리나 교육 방법에 관해서 몇 가지 의문점이 마음 한구석에 남아 있다. 좀더 친근하고 또 장기적으로 이 학교를 알고 지낸다면, 이러한 의문점도 가시게 되고 아마 다른 분야에 집중할 수 있을 것이다. 그리고 의심할 수 없는 것이 하나 있는데 그것은 아주 훌륭하고 가치있는 교육 연구가 이 학교에서 진행되고 있으니만치 모든 교육자들이 주목할 만한 일이다.

장학사들의 보고에 대한 학교장의 노트

우리에게는 다행히도 도량이 넓은 두 분의 장학사가 파견되었다. 우리는 곧 '미스터'라는 존칭을 쓰지 않았다. 이틀간의 방문 기간에 우리들은 아주 많은 우정어린 토론을 가졌다.

학교 장학사들은 수업 시간에 학생들의 불어 교과서를 집어들고는 학생들이 얼마나 알고 있는가를 보기 위해서 질문하는 것은 관습처럼 예사로 하는구나 하고 생각했다. 나는 그러한 훈련과 경험은 학과 공부 위주가 아닌 학교를 장학하는 데에는 아무 소용이 없는 것으로 판단했다. 그래서 나는 장학사 한 사람에게,

「당신은 서머힐을 실제적으로 장학 지도할 수 없어요. 왜냐하면 우리가 달성하려는 기준은 행복·성실성·균형과 사회성입니다.」

라고 했더니 그는 못마땅한 듯이 썩 웃더니 어쨌든 할 것은 해야 한다고 그들은 대꾸했다. 그리고 두 장학사들은 아주 태연하게 자기들 하고 싶은 대로 진행하고 있었다. 그런데 그들이 놀랜 일이 있다. 한 사람이 말하기를,

「교실에 들어가서 보니 학생들은 조금도 자기들에게 주의를 기울이지 않는 것을 보고 얼마나 희안한 충격을 받았는지 모른다. 수년간 수업 참관을 했으나 처음 있은 일입니다.」

그 두 장학사가 온 것이 우리에겐 다행한 일이었다.

그런데 보고서에 '장학사들은 재정난을 보고서 약간 놀랐다'라고 기록되어 있었다. 문제는 많은 부채 때문에 그런 것인데, 그것 뿐만이 아니다. 이 보고서에 매년 120파운드 받는 공납금에 대해 언급했기 때문에, 그 이후로 우리는 연간 공납금을 평균 250파운드(약 700불)로 인상함으로써 여러 해 동안에 올라간 물가에 대처하려고 노력해 왔다.

그렇게 했으나 건물 보수나 새 기구 구입 등을 할 여유가 없다. 한 가지 예를 든다면 서머힐에서의 파손은 훈련된 학교보다 훨씬 더 심하다. 서머힐의 아동들은 개구쟁이 시절을 경험할 수 있도록 허용되고

있으므로 자연히 많은 가구들이 파손되고 있다.

보고서에는 서머힐에 70명의 아동들이 있다고 씌어 있다. 현재는 45명의 학생으로 줄었는데, 이는 어느 정도는 공납금의 인상 때문에 기인된 것이다. 그리고 하급반 학생에 대한 불충실한 수업을 지적하고 있다. 벌써부터 우리는 그런 어려움을 지니고 있었다.

우수한 교사가 있을지라도 아동들이 마음대로 다른 일들을 할 수 있는 자유가 있다는 이유 하나만으로도 보통 공립학교와 같은 수업을 해나가기란 어려운 일이다.

만일 10살이나 12살 먹은 공립학교의 아동들이 수업 대신 나무에 기어오르거나 땅을 판다면 그들의 학력 수준도 우리와 마찬가지일 것이다. 그러나 우리 남녀 학생들의 학력 수준이 떨어지는 시기가 있다는 사실은 인정하는데, 우리는 어린이가 자라는 시기엔 학습보다 놀이가 더 중요하다고 생각하기 때문이다.

비록 우리가 저학년생들의 학력이 뒤떨어지고 있다는 점을 중시하고 있지만, 이들이 일년 후 상급생이 되면 상당히 좋은 점수로 옥스포드 대학 시험에 합격을 하고 있다.

학생들은 39개 과목의 시험을 보고 있는데, 개인별로는 평균 6 1/2 과목이다. 결과는 '아주 좋다'가 24명인데 이것은 70퍼센트 이상에 해당한다. 즉 서머힐의 저학년 학생들의 학력 수준이 일반 학교의 수준에 미달된다는 결점이 상급생이 되어서도 마찬가지로 낮은 수준에 머무는 것이 아니다.

나로서는 대기만성을 좋아한다. 나는 어린 4살에 밀톤의 시를 암송하는 총명한 어린이가 24살에는 건달이나 주정뱅이가 되는 것을 많이 보아왔다. 53살 된 사람이 인생에서 자기가 무엇을 해야 할지 모른다는 사람이 있으면 만나고 싶다.

나는 이런 예감이 든다. 즉 7살 된 소년이 장차 제가 무슨 일을 하는 사람이 되어야 할지를 분명히 안다면, 이 아이는 나중에 가서 인생에 대한 보수적 태도를 갖는 열등생이 될지도 모른다는 생각이 든다.

보고서 기록을 보면 '가장 현명한 방법에 의한 학문적 교육을 발전시킬 수 있는 상황을 조성한다는 것은 하나의 성공이라 할 수 있으나, 사실상 그런 교육 발전은 이루어지지 않고 있어서 많은 기회를 상실하고 있다'고 적혀 있다.

그러나 이것은 두 장학사들이 그들의 학문적 선입감에 사로 잡혀서 거기에서 벗어나지 못하고 있는 표현에 불과하다.

우리 학교 제도도 학생이 학문적 교육을 원한다면 시험 결과가 말해 주듯이 발전하게 되어 있다. 아마 보고에 나타난 장학사의 표현은 하급반 학생을 위하여 보다 더 충실한 수업을 해주면 결과적으로 입학시험을 지망하는 학생 수가 늘어날 것으로 본다는 의미인 것 같다.

그 보고서에 학문적 교육이란 것을 쓸 때가 아닌 것 같다. 학문적 교육이란 흔히 돼지의 귀로 비단 지갑을 만들려고 애쓰는 것과 같다.

서머힐 졸업생들에 대해서 학문적 교육의 결과란 과연 무엇일까 나는 궁금하다. 몇몇 졸업생들은 의상 디자이너·미용사·남성 발레 댄서·음악가·보모·기계공·엔지니어, 그리고 5, 6명의 예술가가 됐으니 말이다. 어쨌든 그들의 보고서는 공정하고 성실하고 또 관용적인 보고서이다. 내가 이 보고서를 발간한 이유는, 이 보고서에 나타난 서머힐에 대한 견해가 나의 것이 아니라는 것을 일반 독자들이 안다는 것이 좋은 일이기 때문이다.

이 보고서는 문교부로부터의 공식적 인정을 받은 것이 아니라는 것을 유의해야 한다. 개인적으로 볼 때 나 자신은 아무런 상관이 없다. 하지만 다음의 두 가지 점에서 문교부의 인정은 받아도 좋다.

첫째, 교사들은 주 정부의 퇴직수당 제도의 혜택을 받게 될 것이다. 둘째, 학부형으로서는 지방의회로부터 지원을 받을 수 있는 기회가 많게 되겠기 때문이다.

내가 꼭 기록해 놓고 싶은 것은 서머힐은 문교부와의 관계에서 그동안 아무런 문제가 없었다는 사실이다. 문교부에 대한 질의 또는 직접 방문을 할 때 늘 예의와 친절로 대해 주었다.

전쟁 직후 스칸디나비아의 한 학부형이 조립식 가옥을 세금없이 수입해서 건립하겠다는 것을 문교부가 허락해 주지 않았을 때 나는 좌절감을 느꼈을 뿐이다. 나는 유럽의 여러 국가 당국이 사립학교에 대해서 관심을 가져주는 것을 생각할 때, 개인적 모험을 최대로 허용해 주는 나라에서 살고 또 일하고 있는 것을 기쁘게 생각하는 바이다.

나는 학생들에게 아량을 베풀고, 문교부는 나의 학교에 대해서 아량을 베풀어주니 정말 나는 만족하다.

서머힐의 장래

이제 76살이 된 나로서는 교육에 관한 또 다른 책을 쓰지 않을 것이다. 그것은 새로이 말할 것이 없기 때문이다. 그러나 내가 생각나는 것이 있을 때는 써야 한다.

어린이에 관한 이론을 써오는데 40년이나 걸린 것은 아니다. 내가 써온 것의 대부분은 어린이들과 같이 지내고 또 관찰해 온 것에 의거하였다. 나는 프로이드나 레인 또는 그외 여러 사람에게서 영감을 받아온 것은 틀림없는 사실이나, 현실에 비추어 봐서 이론의 가치가 희박할 때는 나는 점차적으로 그 이론을 적용하지 않는다.

저자의 일이란 괴상하다. 방송처럼 저자는 자기가 보지도 않고 또 헤아릴 수도 없는 여러 사람에게 뭔가의 내용을 전달하는 것이다.

나의 얘기를 듣는 대중은 좀 독특하다. 소위 말하는 관리 대중은 나를 모른다. 영국방송공사는 교육에 관한 방송을 위해서 나를 초청할 생각은 해본 적이 없다. 그런가 하면 내가 나온 에디너러 대학을 포함해서 어느 한 대학도 나에게 명예 학위를 수여할 생각을 한 곳이 없다.

내가 옥스포드와 캠브리지 대학생에게 강연을 할 때 교수나 명사라곤 아무도 참석하지 않았다. 오히려 나는 그렇게 된 것이 괜찮다고 생각한다. 왜냐하면 관리들에게 인정받는다는 것은 바로 내가 시대에 뒤떨어졌다는 것을 말해주는 것처럼 느껴지기 때문이다.

내 편지를 런던 타임즈 사에서 한번도 실어주지 않아 한번 분개를 했었는데, 지금와서는 그네들의 거절이 고맙게 생각된다. 내가 인정을 받고 싶은 욕망이 식어졌다는 것을 내세우는 것은 아니다. 다만 연령이 가져온 변화인 것이다. 특히 가치관에서의 변화이다.

최근에 나는 600명을 수용하는 홀을 메운 700명의 스웨덴 사람들에게 강연을 했다. 그렇다고 의기양양해 하거나 자만심을 느끼지 못했다. '만일 청중이 10명 정도였다면 기분이 어땠을까?'하고 자문자답했을 때까지 나는 정말로 냉담했다. 자문에 대한 자답은 '불쾌'였다.

자만심이 없으니 억울할 것도 없게 된다. 야망이란 나이는 먹으면 시들어진다. 인정 받는다는 것은 그것과는 또 다른 문제이다.

《진보주의 학교의 역사》라는 책이 있어서 나의 업적은 무시한다면, 나는 그 책을 보고 싶어하지 않는다. 나는 인정받는 것에 대해서 정말로 냉담했던 사람을 만나본 일이 없다.

연령에는 우스운 점이 있다. 연령이란 발전에 있어서 제동작용을 하는 것으로 생각이 들어 여러 해 동안 젊은 학생·교사·부모들처럼 젊어지려고 애써 왔으나 이제 나는 늙었다. 나는 한 번도 생각지 않던 노인의 한 사람이 되고 보니 지금 느끼는 것은 전과 같지 않다.

최근에 300명의 캠브리지 대학생들에게 강연을 했는데, 그때 나는 내가 그 강당에서 제일 나이 어린 것처럼 느꼈다. 정말 그랬다. 나는 학생들에게 이렇게 말했다.

「왜 여러분은 나와 같은 늙은 사람이 여기에 와서 여러분에게 자유에 관한 얘기를 해야 할 필요가 있다고 생각합니까?」

요즘 나는 청춘과 나이에 관해서 생각하지 않는다. 나는 연령과 사람의 생각과는 아무런 관계가 없다고 생각한다.

나는 90 노인이 20대 청년 같은 분을 알고 있고, 60 노인이 20대로 보이는 사람도 있다. 나는 생기·열의·보수적 기질의 결여·죽음·염세주의에 대해서 생각해 본다.

나의 인격이 원숙해졌는지 아닌지 나는 모르겠다. 나는 종전보다도 더 어리석어져서 고통을 느끼고 지루한 애기에 대해서 화가 나며 개인 내력에 대해서는 흥미가 없다. 그런데 이 말년의 30년간 내 자신을 내가 너무 속여왔다. 나는 또한 사물에 대한 흥미가 줄었다는 것을 알았으며 무엇을 사고 싶은 마음이 적어졌다.

수년간 의복점 진열장을 들여다 본 적이 없다. 심지어는 유스톤 거리에 있는 내가 좋아하는 도구상에도 매력을 느끼지 못하고 있다.

만일 어린이들의 소란 때문에 옛날보다 더 피곤을 느끼게 된다 하더라도 나이 먹었으니 참지 못하겠다고는 할 수 없다. 나는 아직까지도 어린이가 옳지 않은 것을 해도 그대로 봐 줄 수 있고, 또 늙은이의 이상 심리를 잘 참아 넘길 수 있다. 그것은 언젠가 때가 오면 어린이도 훌륭한 시민이 될 수 있다는 것을 알기 때문이다. 나이는 공포감을 감소시킨다. 그런가 하면 용기도 감소시킨다.

수년 전만 해도 자기 뜻대로 하지 못하게 하면 높은 창문에서 뛰어 내리겠다고 위협하던 소년한테 뛰어내려 보라고 서슴치 않고 말할 수 있었는데, 지금도 그렇게 말할 수 있을는지 의문이다.

가끔 나에게 질문을 해오는 내용은, '서머힐은 당신 한 사람이 운영하는 것 아니오?' '당신 없이 학교가 운영될 수 있을까요?' 등이다.

서머힐은 한 개인에 의해서 운영될 수가 없다. 매일매일의 학교 업무에 있어서 내 아내나 교사들은 나와 다름없이 중요한 역할을 담당하는 사람들이다. 이 학교를 오늘의 모습으로 만들어 준 것은 바로 어린이의 성장에 대한 간섭이나 억압을 주지 않는 이념인 것이다.

서머힐은 세계 여러 나라에 알려져 있지 않다. 다만 몇몇 교육자들에게만 알려져 있다. 이 학교는 스칸디나비아에 제일 잘 알려져 있다.

40년 동안 노르웨이 · 스웨덴 · 덴마크에서 20여 명의 학생들이 들어왔고, 또 오스트레일리아 · 뉴질랜드 · 남아프리카 · 카나다 등에서도 여러 학생들이 들어왔다. 나의 저서들은 그 동안 일본어, 히브리 어, 힌두스탄 어를 포함한 여러 나라 말로 번역되어 왔다.

30년 전에 일본의 유명한 교육자인 세이시 시모다가 이 학교를 방문했으며 그가 번역한 나의 저서들은 꽤 잘 팔렸다. 동경에 있는 교사들은 우리 학교 교육 방법에 대해서 많은 토론을 했다고 들었다. 시모다 씨는 1958년에 다시 우리 학교에 와서 한 달 동안 있었다.

아프리카 수단에 있는 학교 교장 한 분이 말하기를, 서머힐이 자기 학교 교사들에게 상당한 관심을 모으고 있다는 것이다. 나는 번역, 방문, 서신 왕래에 대한 여러 사실들을 착각없이 서술하고 있다. 옥스포드 거리를 왕래하는 수천 명을 붙들고서 서머힐이라는 단어의 뜻이 무엇인가 물어보면, 한 사람도 알고 있는 사람이 없을 것이다.

만일 세계 여러 나라에서 서머힐의 교육 방법을 채택한다 하더라도 아주 오래 가지는 못하리라고 생각한다. 더 좋은 방법이 개발되기 때문이다. 세상 사람들은 반드시 더 좋은 교육 방법을 찾아야 한다. 왜냐하면 정치가 인간성을 구제해 주는 것이 아니기 때문이다.

사실 그렇게 한 적이 없다. 대부분의 정치적인 일간 신문들은 언제나 증오만으로 꽉 차 있다. 가난한 사람에 대한 사랑 대신에 부자를 증오하기 때문에 대부분이 사회주의적이다.

매사에 사회적으로 증오에 찬 국가의 한 구석을 차지하고 있는 가정이라면 어떻게 가족끼리 사랑하면서 행복한 가정을 꾸밀 수가 있겠는가? 그러니 내가 왜 교육을 시험이나 수업 또는 학습 위주로 생각할 수 없다고 하는지를 여러분은 알 수 있을 것이다.

오늘날 학교는 기본 문제를 잘 회피하고 있다. 즉 희랍 어나 수학 그리고 역사 등 여러 교과목들이 가정을 더욱 사랑으로 충만하게 해주는 것도 아니고, 어린이들을 억압에서 해방해 주거나 부모들을 노이로제에서에서 해방시켜 주는데 도움이 되지도 않는다.

서머힐 학교 자체의 장래야 중요하지 않을지 몰라도 서머힐의 이념은 장래 인류에게 상당히 중요한 것이다. 어린 세대에게는 자유로운 성장의 기회가 부여되치 않으면 안된다. 자유를 부여한다는 것은 바로 사랑을 주는 것이 된다. 따라서 세계는 사랑에 의해서만이 구제될 수가 있는 것이다.

II. 아동 양육

자유롭지 못한 어린이

세상에는 일정한 틀에 박혀서 여러 가지 조건과 훈련에 시달리며 억압받고 있는 어린이, 즉 자유롭지 못한 수많은 어린이들이 세계 도처에 많이 살고 있다. 그런 어린이는 우리 주위에서도 얼마든지 볼 수 있다. 그는 지루한 학교의 의자에서 침울하게 수업을 받고 졸업한 후에는 더욱 지루하게 회사나 공장에서 세월을 보낸다.

그의 성격은 유순하고 권위에는 두말없이 복종하고 비난을 두려워하며, 정상적이고 전통적이며 정확성을 기하고자 하는 욕망은 거의 열광적이다. 그는 자기가 배운 것을 아무 의문도 없이 그대로 받아들이고, 자신이 가진 콤플렉스나 공포감 또는 좌절감을 그대로 자식들에게 넘겨버린다.

심리학자들은 어린이에 대한 정신적 결함은 생후 5년 동안에 형성된다고 말하고 있다. 어쩌면 5년이 아니라 첫 5개월간 혹은 첫 5주간 심지어는 첫 5분 동안에 정신적 결함이 발생하여 어린이의 일생을 좌우한다고 할 수 있다.

부자유, 즉 구속은 출생에서부터 시작된다. 아니 이미 출생 이전에 형성될 수도 있다. 정신적으로 억압된 여자가 아이를 가졌을 경우, 그 영향이 신생아에게 미치지 않는다고 누가 단언할 수 있는가?

오늘날 대부분의 아이들이 생을 부정하는 환경 속에서 태어난다고

해도 과언이 아니다. 어린이에게 일정한 식사 시간표를 정하여 강요하
는 것부터 근본적으로 즐거움을 빼앗아버리는 것이다.

부모들은 아이들이 일정한 시간에 식사하도록 훈련되기를 원한다.
그것은 일정하지 못한 식사란 곧 젖먹을 때의 쾌감 정도 밖에 되지 않
기 때문이라 한다. 때문에 영양 문제를 좋은 이유로 삼고 있는데, 사실
본래의 동기는 어린이들을 즐거움보다는 의무감을 먼저 앞세우는 그런
사람으로 훈련시켜 놓으려는데 있다.

중학생인 존 스미스의 경우를 살펴보자.

그의 부모는 교회에 자주 빠지면서 자기 아들은 매주 주일학교에 가
라고 한다. 그 부모들은 서로 성적 매력을 느꼈기 때문에 합당하게 결
혼을 했다. 그러나 사실은 결혼을 하지 않으면 안되었다.

왜냐하면 결혼하지 않고서는 동거생활을 할 수 없었기 때문이었다.
흔히 있는 일로써 성적 매력만으로는 충분하지 않았다. 말하자면 서로
간의 성격 차 때문에 가정은 항상 긴장이 도는 곳으로 되어버렸으며,
때로는 부모들이 싸우는 소리가 크게 들려오기도 했다.

물론 온화한 때도 있었으나 존에게는 그것이 오히려 기현상으로 생
각될 정도였다. 반면에 부모들의 싸우는 소리 때문에 존은 충격을 받
아 까무라쳐 놀라고 쓸데없이 운다고 매맞기도 했다.

아주 어렸을 때부터 그는 규칙적인 생활을 해왔다. 식사 시간표 때
문에 그는 심한 좌절감을 느꼈다. 배는 고픈데 식사시간은 아직 한 시
간 더 있어야만 했다. 그리고 옷을 너무 두껍고 꼭 쪼이게 입혔다. 그
는 제 하고 싶은 대로 마음대로 할 수가 없었다.

식사 규칙에서 느낀 좌절감 때문에 그는 엄지손가락을 빨게 되었다.
그런 나쁜 버릇을 그대로 두면 안된다는 주치의의 말을 듣고, 그 엄마
는 존의 팔을 소매 속에 넣고 꼭 매어두거나 손가락 끝에 나쁜 냄새나
는 물질을 바르기도 했다.

그가 제 본래의 기능을 발휘할 수 있었던 때는 기저귀 찰 때 뿐이었
다. 그러나 기어다니게 되자 집안에서 '안돼', '더러워'라는 말을 쓰는

것이 예사였고, 청결에 대한 훈련이 철저하게 시작되었다.

또한 존이 손으로 성기만 만지면 손을 떼어놓곤 해서, 그는 성기 장난을 금지하면 똥에 대해 질색했던 것을 연상하게 됐다. 수년 뒤 그가 장성하여 세일즈맨으로 돌아다닐 때 그가 하고 다니는 애기의 내용은 주로 섹스와 화장실에 관한 농담뿐이었다.

그가 규칙적인 생활 훈련을 많이 받게 된 것은 이웃사람이나 친척들 때문이었다. 즉 그의 부모는 예의 바른 아이로 만들고 싶어서 친척이나 이웃이 오면 존에게 그동안 교육받은 것을 보여주게 했다.

아줌마가 초콜릿을 주면 '고맙습니다'해야 했고, 식사할 때 특히 주의해야 했으며, 어른들이 애기할 때에는 특별히 조심했다. 그가 입기 싫은 외출복도 이웃사람들에 대한 체면 때문에 입어야 했다. 이런 체면 위주의 훈련에 의해서 그는 자기도 모르게 거짓말을 하게 됐다.

어려서부터 그는 거짓말을 하기 시작했다. 하나님은 욕하는 아이를 귀여워하지 않는다고 들었으며, 철로 연변에서 왔다갔다 하면 차장한테 매맞는다고 주의를 들었다. 생명의 근원에 대한 그의 호기심은 서투른 거짓말 때문에 곧 사라졌고, 또 출생에 대한 호기심도 없어졌다.

그가 누이동생과 이웃집 소녀하고 성기를 만지며 놀다가 어머니한테 들켰을 때, 생명에 대한 그릇된 신념은 공포로 변했다. 혹독하게 매를 맞았다(직장에서 돌아온 아버지도 또 때렸다).

존은 영원히 잊을 수 없는 교훈을 받게 되었으니, 곧 섹스란 인간이 생각할 수조차 없는 추하고 죄많은 것이라는 것이었다. 가엾은 존은 사춘기가 될 때까지 섹스에 대한 관심은 억제해야 했으며, 영화에서 어떤 부인이 임신 3개월이 됐다고 말만 해도 실없이 웃곤 했다.

지적인 면에서의 존의 생활은 정상이었다. 그는 공부도 잘했고, 어리석은 듯한 교사가 조소하거나 벌주면 피하기도 했다. 그는 시시한 신문이나 케케묵은 영화, 싸구려 범죄 소설로부터 거의 쓸모없는 지식과 교양을 수박 겉핥기식으로 배워가지고 학교를 졸업했다.

존에게 콜게이트라는 명칭은 단지 치약을 연상시킬 뿐이며, 베토벤

과 바하는 엘비스 프레슬리나 비더벡크 밴드의 노래를 듣는 것을 방해
하는 사람에 지나지 않았다.

존 스미스의 부잣집 사촌인 워딩톤은 사립학교에 다녔는데, 그의 성
장 단계도 본질적으로 불쌍한 존과 비슷했다. 시시한 부류의 인생을
사는 점, 현상 유지에 얽매인 점, 그리고 사랑과 즐거움을 받아들일 줄
모른다는 점에서 그도 존과 꼭 같았다.

이 두 사람에 대한 이러한 묘사가 일방적인 풍자일까? 꼭 풍자라고
할 수도 없고, 또 그들에 대한 모든 것을 전부 묘사하지도 않았다. 그
들의 따뜻한 인간성에 대해서는 언급하지 않았으나 인간성이란 가장
나쁜 성격에서도 찾아볼 수 있다.

스미스 가족과 워딩톤 가족은 생활면에 있어서 대체로 점잖고 우정
있는 사람들로 유치한 신앙과 미신, 그리고 진실과 충성심도 가지고
있다. 이러한 사람들이 존을 법도 만들고 인정도 요구하는 시민이 되
게 하는 것이다. 그들은 동물을 죽일 때도 인정스럽게 해야 하며 애완
동물은 마땅히 보호되어야 한다고 주장하지만, 인간에 대한 몰인정에
대해서는 그런 주장을 하지 않는다.

그들은 잔인성이 드러나고 생각없이 비기독교적인 범죄, 규칙을 받
아들이며 심지어는 전쟁에서 사람들을 죽이는 것도 당연한 것으로 받
아들인다. 존과 그의 사촌은 사랑과 결혼에 대한 법칙은 어리석고 인
정머리 없으며 가증스럽기 짝이 없다고 생각한다. 그들은 사랑에 관
한 남자와 여자에게는 각각 다른 규칙이 있어야 한다고 주장한다.

또 그들의 결혼 상대자인 여자는 반드시 순결한 처녀일 것을 요구한
다. 만일 그렇다면 당신네들도 순결해야 하지 않느냐라고 하면 눈쌀을
찌푸리며 '남자는 달라'라고 말한다.

그들은 비록 용어조차도 들어본 적이 없지만 가부장 제도의 철저한
신봉자들이다. 그리고 그것이 계속 존립해야 할 필요가 있다는 것이
다. 그들은 개인 감정보다는 집단 감정의 경향을 띠고 있다.

그들은 다니기 싫던 학교를 졸업한 후, '학교 다닐 때 나도 매를 맞

았지. 그게 나에게는 참 이로운 것이었다’라고 하면서, 그들의 자식도 자기들이 다니던 비슷한 종류의 학교에 집어 넣으려 한다.

그 아이들은 건설적인 반항조차 하지도 않고 아버지의 의견을 받아들인다. 그리하여 가장 위주의 전통이 대대로 이어지게 되었다.

여기서 존 스미스의 인생 묘사를 좀더 완전하게 하기 위해 여동생인 메어리의 인생에 대하여 간단하게 살펴보아야겠다. 대체로 메어리의 억압된 환경도 그 오빠의 숨막히는 환경과 비슷했다.

그러나 그녀에게는 오빠에게도 없는 불리한 조건이 있었다. 가부장적인 사회에서 그녀는 남자보다도 낮은 대우를 받은 사람일 수밖에 없었으며, 그렇게 인식하도록 교육을 받아왔다.

오빠가 공부하는 동안 그녀는 집안 일을 거들어야 했다. 직업을 갖게 되어도 자신이 남자보다 낮은 봉급을 받게 된다는 것으로 알고 있었다. 메어리는 남성들이 만든 남성 우위의 사회 구조 속에서 열등한 자신의 지위에 대하여 아무런 반항을 하지 않는 것을 철칙으로 안다. 남자들이 볼 때 그녀는 대개 형식상으로 대접해 주면 된다고 생각한다. 좋은 매너를 갖는다는 것은 그녀만의 일처럼 되었으며, 사사건건 그녀는 냉담하게 취급받는다.

어느 남자가 그녀에게 결혼을 청할 때, 메어리는 될 수 있으면 예쁘게 보이도록 하는 것이 중요한 일이라는 것을 알게 된다. 그래서 그녀는 책이나 공부보다는 옷이나 화장품에 더 많은 돈을 소비하게 된다.

성적인 점에서도 그녀는 오빠처럼 무식하고 억압되어 있다. 가부장적인 사회에서는 여자란 깨끗하고 순결하고 천진난만해야 한다고 남자들은 고집한다.

여자가 남자보다 더 순결한 마음씨를 가져야 한다고 믿으면서 자라온 것은 메어리의 책임이 아니다. 남자들은 거의 신비로운 방법으로 그녀의 기능은 단지 출산일 뿐이며, 성적 쾌락은 오직 남자의 영역이라고 그녀가 생각하고 느끼도록 만들었기 때문이다.

메어리의 할머니나 어머니도 아마 남편이 요구하기 전에는 성 관계를 갖지 않았을 것이다. 메어리는 그런 단계에서는 벗어났다. 그러나 이것도 그렇게 믿고 싶다는 것 뿐이다. 그녀의 애정 생활은 임신의 공포 때문에 제약을 받는다. 왜냐하면 자기가 사생아를 낳게 되면 한 남자와 정당하게 결혼할 기회를 빼앗기게 된다는 것을 알기 때문이다.

인류가 조만간에 해결해야 할 커다란 과제의 하나가 성 에너지의 억제 및 인간 질병과의 관계에 대한 연구이다.

존 스미스가 신장병으로 죽거나, 메어리가 암으로 죽는다 하더라도 그들의 병이 인색할 정도로 억제된 정서 생활과 어떤 관련이 있을지도 모른다고 해도 아무도 놀라지 않을 것이다. 언젠가 인간은 모든 고통과 증오와 질병의 원인을 추적해서 본질적으로 인생을 부정하는 특수 형태의 문화에까지 거슬러 올라갈지 모른다.

엄격한 성격을 갖도록 훈련한다는 것은 생동보다는 구속된 인간의 체질을 갖게 하는 것이며, 그와 같은 치명적인 강직성은 인간 생활에 필요한 인체 기관의 생동력을 중단시킨다고 보는 것이 당연한 것 같다. 즉 구속하는 교육은 결국 인간으로 하여금 삶을 충분히 향유하지 못하게 한다는 것이다. 그런 교육은 삶에 있어서 감성이란 것을 거의 완전히 묵살해 버린다.

감성은 활동적인 것이기 때문에 교육에 있어서 표현의 기회가 부족할 때는 아동을 시시하고 심술궂고 증오에 가득찬 존재로 만든다. 이것은 머리만 발달시키는 교육에 불과하다. 만일 진실로 자유로운 감정의 표현이 허용된다면 지적인 발달에도 도움이 될 것이다.

개와 같이 인간의 성격도 틀에 박히듯 훈련할 수 있다는 것은 인간의 비극이다. 개보다 나은 동물인 고양이의 성격은 마음대로 길들일 수 없다. 개에게는 죄의식을 갖게 할 수 있으나 고양이에게는 그럴 수가 없다. 그러나 대부분의 사람들이 개를 더 좋아하는 이유는, 개가 꼬리를 흔들어 대며 순종하고 아첨하는 꼴은 주인으로 하여금 자신이 우월하고 가치있는 존재라는 것을 명백히 느끼게 해주기 때문이다.

육아 훈련은 개의 훈련과 매우 흡사하다. 매를 맞고 자란 아이는 채

찍 아래서 자란 강아지처럼 순종하며 커서는 열등 의식에 사로잡힌 어른이 된다. 우리는 개를 의도하는 대로 훈련시키듯이 그렇게 아이를 훈련시킨다.

이러한 개의 훈련과 같은 어린이의 양육에 있어서 개 격인 인간은 청결해야 하고 너무 큰소리를 내서도 안되며, 신호만 보내도 복종하는, 심지어는 어른이 필요하다고 생각하는 시간에 식사를 해야 한다.

몇년 전에 펜실베니아에 있는 여자 의과대학의 병원에서 발간된 임부를 위한 교육이라는 책에 있는 구절을 약간 인용하고자 한다.

〈아이가 손가락을 빠는 버릇을 고치기 위해서는 팔을 굽힐 수 없도록 두꺼운 종이 관에 팔을 넣어두면 된다.〉

〈불안과 질병과 나쁜 습관의 형성을 피하려면 성기를 철저하게 청결해야만 한다.〉

나는 의사들이 아동 양육에 있어서 잘못하는 점이 많기 때문에 비난한다. 의사들이 육아에 대한 훈련을 정식으로 받지 않았는데도 많은 어머니들은 의사의 말을 하느님의 말처럼 신봉한다. 만일 어린이가 자위 행위를 할 때 의사가 때리라고 하면, 어리석은 어머니는 의사 자신의 성에 대한 죄의식 때문이라는 것을 모르고, 오히려 어린이의 본성에 대한 과학적 근거에 의해 의사가 그렇게 지시한다고 생각한다.

나는 식사시간을 정하거나 손가락을 빨지 못하게 혹은 아이들과 어울려 노는 것까지 금지시키는 등 형편없는 처방을 하는 의사들을 비난한다. 문제아는 청결이나 성의 억제를 강요 당하는데서 나타난다.

어른들은 조용히 살아가기를 원하는 자신들의 생활 방식을 아이들이 당연히 그대로 따라야 한다고 생각한다. 그래서 복종과 예절과 온순함을 중시한다.

어느 날 나는 어머니가 세 살 먹은 어린애를 정원에 앉혀 놓은 것을 보았다. 그의 옷은 흠잡을 데 없이 말쑥했다. 그는 흙으로 장난을 치더니 옷을 좀 더럽혔다. 어머니가 달려와서 아이를 집 안으로 끌고 들어가 때려서 울리고는 다시 새옷으로 갈아 입혀 정원으로 내보냈다. 그는 십 분도 못 되어 옷을 버렸다. 결국 같은 일이 되풀이 되었다.

나는 그 어머니에게 아이가 평생 어머니를 미워하게 될 것이라는 것과 더 나아가서 삶 자체를 혐오하게 될 것이라고 말해도 소용이 없으리라는 것을 깨닫고 그만 두었다.

시내에 나가면 아이가 서너 번씩 넘어지는 것을 볼 수 있는데, 그때마다 어머니가 달려와 두들겨 패는 것을 보면 몸이 움추려진다.

철길 옆에 사는 모든 어머니는 아이에게, '윌리야, 네가 철로에 다시 나가면 감시원이 잡아간다'고 말한다. 대부분의 어린이들은 거짓말 투성이와 무지한 금지 속에서 길러진다.

많은 어머니들이 집에서는 아이를 잘 다루다가 사람들이 보는 앞에서는 사람들의 안목이 두려워서 아이들을 꾸중하거나 때리곤 한다. 아이는 애초부터 비정상적인 사회에 적응하도록 강요당할 수밖에 없다.

한번은 어느 해변 도시에서 강연할 때 나는 이렇게 말했다.

「어머니, 당신들은 아이를 때릴 때마다 당신이 아이를 미워하고 있다는 사실을 아십니까?」

심한 반발이 일어났다. 부인네들은 아주 무례하게 소리를 질렀다. 저녁 무렵이 되어 내가 어떻게 하면 우리들 가정에서 도덕적·종교적 분위기를 개선할 수 있는가에 대한 내 견해를 설명하자, 군중들은 깊은 관심을 보이며 달려들었다.

그것은 충격적인 일이었다. 왜냐하면 나는 대개 나와 같은 신념을 가진 사람들에게 강연을 했기 때문이다. 그러나 이 사람들은 아동 심리학에 대해서는 들어본 적도 없는 중산 노동자들이었다.

여기서 나는 얼마나 많은 사람들이 어린이의 자유를 구속하며, 그들 자신의 자유까지도 구속하고 있는가를 깨달았다.

문명이 바로 병이고 불행이다. 그리고 그 근원은 자유롭지 못한 가정에 있다. 아이들은 모든 폭력의 영향과 미움으로 약화되어 가고 있으며, 태어나는 순간부터 죽어가고 있는 셈이다.

젊음 자체가 바로 부정하기 때문에 그들은 인생에 대한 부정 관념

속에서 성장한다. 시끄럽게 하지 말라, 수음을 하지 말라, 거짓말 하지 말라, 훔치지 말라. 또한 그들은 인생의 모든 부정적인 면을 받아들이도록 교육된다. 노인을 존경하라, 종교와 선생과 시아버지를 존경하라, 아무것도 묻지 말라, 무조건 순종하라.

존경할 수 없는 사람을 존경하거나 이미 사랑하지 않는 사람과 법 때문에 같이 사는 것, 혹은 무서워 하는 신을 숭배하는 것 등은 미덕이 아니다. 가족을 속박하는 사람은 자기 자신도 속박의 노예가 될 수밖에 없음으로 이것은 비극인 것이다. 왜냐하면 감옥의 간수도 역시 감금당하게 되는 것이기 대문이다.

인간 노예는 증오에 대한 노예고, 그러한 사람은 자기 가족을 억압하고 결국에는 자기 자신의 인생도 억압하게 된다. 인간은 억압 때문에 희생된 자들을 벌하기 위하여 법정과 감옥을 만들어야 했다.

예속되어 있는 어머니는 방어를 위한 전쟁, 나라를 지키기 위한 전쟁, 민주주의를 지키기 위한 전쟁, 전쟁을 끝내기 위한 전쟁 등등 사람들이 부르는 대로 자기 아들을 전쟁터로 내보낼 것이다.

문제아란 결코 있을 수 없고 다만 문제 부모만이 존재할 뿐이다. 그보다 ‘문제 인간이 존재한다’라고 하는 것이 더 타당하다.

원자폭탄이 인생을 부정하는 사람에 의하여 조정되기 때문에 재난이 되는 것처럼, 어릴 적부터 팔이 묶이고 구속되어 자란 인간이 어떻게 인생을 부정하지 않을 수 있겠는가?

인간에게는 헤아릴 수 없을 정도로 많은 우호심과 사랑이 있으므로, 나는 새로운 세대가 어린 시절을 구속 당하지 않고 자란다면 그들은 서로 평화롭게 살아가게 되리라는 굳은 신념을 갖고 있다.

만일 새로운 세대가 오늘의 세계를 통제하게 될 때까지 오늘날의 세대, 즉 증오자들이 이 세계를 파괴하지 않는다면 말이다.

현 세대와 새 세대간의 싸움은 불공평하다. 왜냐하면 오늘날 세대 즉 인생의 증오자들이 교육과 종교와 법, 그리고 무기, 악독한 감옥까지 통제하고 있기 때문이다. 다만 소수의 교육자들만이 어린이들이 자유롭게 자라도록 노력하고 있을 뿐이다. 대부분의 어린이들은 인생을 부정하는 어른들의 가증할 만한 형벌제도에 갇혀 길들여지고 있다.

아직도 어떤 수녀원의 소녀들은 자신의 육체를 스스로 보지 않으려고 몸을 가리고 목욕을 한다. 여전히 소년들은 부모나 교사로부터 자위행위란 정신병이나 그밖에 모든 무시무시한 결과를 낳는 나쁜 행위라고 듣고 자란다.

최근에도 나는 열 달 정도 밖에 안된 아이가 목이 마르다고 우는 것을 그 어머니가 때리는 것을 보았다. 바로 이것이 메마른 인간과 생기에 찬 인간의 싸움이다. 어느 누구도 중립일 수는 없다.

중립은 죽음을 의미한다. 우리는 어느 한 쪽인가를 선택해야 한다. 전자는 문제아를 키우게 되고, 후자는 건강한 아이를 키우게 된다.

자유로운 어린이

세상에는 자율성이 있는 어린이가 극소수이기 때문에 그들에 대한 설명을 한다는 것은 시험적일 수밖에 없다.

지금까지 살펴온 결과는 우리로 하여금 어느 정당이 약속한 새로운 사회보다 질적으로 완전히 바뀐 새로운 문화를 생각하게끔 해준다.

자율성이란 인간의 본성이 선량하다는 신념을 의미한다. 즉 원죄가 결코 없었으며 또 없다는 신념 말이다. 아무도 완전히 자율적인 어린이를 본 적이 없다. 모든 어린이의 삶은 부모와 선생과 사회에 의하여 조작되고 있다.

내 딸 죠우가 두 살이었을 때 〈그림 포스트〉라는 잡지에 그 애의 사진과 함께 영국의 어린이 가운데서 가장 자유롭게 자라고 있는 어린이라고 소개된 적이 있다. 그것은 사실과 전혀 다르다. 그 애는 자율성이 없는 학교에서 지내고 있기 때문이다.

여기 있는 다른 아이들은 어느 정도 통제를 받아 왔었으며, 인위적인 성격 형성이란 아무래도 두려움과 미움이 따르기 마련이므로, 죠우는 결국 인생을 부정하는 아이들과 함께 생활하지 않을 수 없었다.

그 애는 동물을 두려워 하지 않게 양육되었지만 어느 날 농장에 차를 세우고 소를 좀 보자고 했더니, 죠우는 갑자기 무서워 하며 '아니 싫어. 소는 사람을 잡아 먹어'하고 소리를 질렀다.

이것은 자율적으로 자라지 못한 7살짜리 아이가 그 애에게 그렇게 말했기 때문이었다. 사실 공포는 한두 주일 이상 계속되지는 않았다. 덤불 속에 숨어 있는 호랑이 이야기의 영향은 그리 오래 가지 않는다.

자율성을 가진 어린이는 구속을 받고 자란 어린이의 영향을 비교적 빨리 극복한다. 죠우는 공포감이나 억압된 흥미를 오래 갖고 있지는 않았지만, 그 공포감이 그녀의 성격에 영향을 미쳤는지 어떤지에 대해서는 아무도 단언할 수 없다. 수많은 사람들이 죠우에 대하여 말했다.

「여기 아주 새로운 사실이 있으니 참 우아하고 균형이 잡혀 있는 행복한 어린이가 있어요. 이 아이 주위는 평화뿐 싸움이란 없을 거예요.」

그것은 사실이다. 그 애는 이 신경질적인 사회 속에서 자연적으로 자유와 방종의 경계를 아는 아주 자연스러운 아이이다. 그러나 자율적인 아이가 가진 위험 중 하나는 너무 우쭐하는 존재가 된다는 점이다.

모든 것이 자연스럽고 자유로운 곳, 즉 자율성 있는 어린이가 사는 곳에서는 어떤 어린이도 혼자만 뛰어날 수는 없다. 누구도 과시하도록 조장해서는 안된다. 그래야 금지가 없는 자유로운 아이들 사이에서 다른 아이가 뽐내도 질투가 일어나지 않는다.

죠우와 친구인 테드를 비교하면 죠우는 팔다리가 유연하고 자유롭다. 안으면 어린 고양이같이 몸이 보들보들하다. 그러나 불쌍한 테드는 감자 자루를 안은 기분이다. 그의 반응은 방어적이고 반항적이다. 그는 모든 면에서 반생명적인 기질을 나타내고 있다.

나는 자율적인 어린이는 그런 불쾌한 모습을 나타내지 않는다고 장담한다. 만약 그들이 어려서부터 부모에게서 구속과 억압을 받지 않았다면, 자라서 부모에게 반항할 이유가 무엇인가.

조금이라도 자유스러운 가정에서는 부모와 자식이 평등하다는 의식이 있어 부모로부터 벗어나려는 반항적인 노력은 일어나지 않는다.

자율성이란 심리적으로나 육체적으로 외부적인 규제가 없이 자유롭게 자랄 수 있는 어린이의 권리를 뜻한다. 즉 배가 고플 때 먹고, 깨끗이 하고 싶을 때 청결한 습관을 기르고, 매를 맞거나 강요당하지 않고 항상 사랑과 보호를 받는 것을 의미한다.

그러나 이념을 가진 많은 젊은 부모들이 그것을 오해하고 있다. 네 살 먹은 아이가 이웃집 피아노를 망가뜨리면, 그의 다정한 부모들은 '그것 참 멋진 자율성이 아니냐?'라는 듯이 의기양양한 미소를 짓는다.

어떤 부모들은 본성을 방해하는 것이라고 생각해 18개월 된 아이를 절대로 침대에 그냥 두지 않는다. 어린애는 밤늦게까지 있게 해서는 안된다. 어린이가 피곤하면 어머니는 간이침대로 아이를 데려간다. 그러면 아이가 점점 더 피곤해 하고 귀찮아 한다.

아이는 제가 필요한 것을 말로 표현할 수 없으므로 자러 가고 싶다고 말할 수는 없다. 대개 지치고 실망한 어머니들은 아이를 들어다가 야단을 치면서 침대에 옮기곤 한다. 또 어떤 젊은 부부는 어린애 방의 난로에 안전망을 씌우는 게 나쁘냐고 미안한듯이 묻기도 한다.

이런 모든 사례는 낡은 아이디어이건 새로운 아이디어 간에 상식과 결부되지 않으며, 그 사고방식은 위험한 것이라는 것을 말해준다.

어린애를 돌보는데 미련한 부모는 아이들의 침실 창문에 빗장을 치지 않고 그냥 두거나, 육아실 난로에 철망을 치지 않기도 한다.

그러나 자율성에 적극적인 관심을 가진 부모들은 학교에 방문하면 극약이 있는 조제실의 진열장을 잠그라든지 비상 탈출구에서 노는 것을 금지시켜 달라고 보호를 요구하기도 한다.

자유를 주장하는 사람들이 아직 그들의 기반을 이루지 못했기 때문에 전체적인 자유 운동은 무시당하고 있다.

얼마 전에 어떤 사람이 7살 된 문제아가 내 사무실 문을 차는 것을 꾸짖었다고 항의했다. 그는 그 아이가 문을 부수고 싶은 욕망에서 벗어날 때까지 오히려 미소로써 관대하게 대해주어야 한다는 것이다.

나도 몇 년간 파괴성을 가진 문제아에 대하여 그렇게 해왔다. 그것은 심리치료자로서 그렇게 한 것이지 친구로서 그렇게 한 것은 아니다. 만일 3살 먹은 아이가 붉은 잉크를 대문에 마구 칠할 때 아이가 자기 자신을 자연스럽게 표현하는 것이라고 생각해 내버려 두는 젊은 어머니가 있다면, 그 여자는 자율성의 의미를 잘못 파악하고 있다.

어느 날 한 부인이 7살 된 딸을 데리고 왔다.

「니일 씨, 저는 대픈이 태어나기 전부터 당신의 글을 모두 읽었습니다. 저는 꼭 이 아이를 당신이 쓴 대로 그렇게 기르고 싶습니다.」

나는 구두를 신은 채 내 그랜드 피아노 위에 올라 서 있는 대픈을 쳐다보았다. 그 애는 소파 위에서 스프링이 터지도록 힘껏 껑충거리며 뛰었다. 그 애의 어머니가 말했다.

「참 자연스럽지요. 바로 니일 씨, 방법으로 기른 아이예요!」

나는 얼굴이 붉어질까봐 두려웠다.

자유와 방종의 차이를 많은 부모들은 모르고 있다. 엄격한 가정에서는 아이들에게 권리를 주지 않는 반면에 버릇없이 키우는 집안의 아이들은 너무 많은 권리를 갖고 있다. 가장 적절한 가정은 아이와 어른이 동등한 권리를 가지는 집안이다. 학교도 마찬가지다.

자유란 아이를 말썽꾸러기로 만드는 것이 아니다. 만일 3살짜리 아이가 식탁을 뛰어넘으려 한다면 그렇게 하지 말라고 해야 한다.

그것이 옳은 일이라면 아이는 순종해야 한다. 그러나 한편 필요하다면 당신도 그 아이 말을 들어주어야 한다. 만일 조그만 아이들이 자기들 방에서 나가 달라고 한다면 나가야 한다.

아이들이 그들의 본성에 따라 행동한다면 어른 측에서도 희생을 감수해야 한다. 건전한 부모는 아이들과의 어떤 종류의 타협안을 갖고 있다. 그러나 그렇지 않은 부모는 아이를 난폭하게 대하거나 무관심하게 그들에게 너무 많은 자유를 주어 버려 놓는다.

사실상 부모와 아이들 간의 흥미 차이가 완전히 해결되지는 않는다고 하더라도, 서로 정직한 교환을 통하여 완화시킬 수는 있다.

죠우는 내 책상을 소중히 여기며 나의 타자기와 종이를 갖고 놀겠다고 억지를 쓰지는 않는다. 그 대신 나도 그 아이의 방과 장난감을 소중히 해 준다.

어린이들은 현명하고 사회 규율을 재빨리 받아들인다. 어린이에게 너무 자주 일을 시켜서는 안된다. 부모들은 아이가 놀이에 몰두해 있는데도, '지미, 물컵을 가져온'하는 따위 일로 자주 아이를 부른다.

대부분의 버릇없는 아이들은 잘못 다루어져서 그렇다. 죠우가 한 살쯤 되었을 때 내 안경에 무척 관심을 보이며 내 코에서 떼내려고 했다. 나는 조금도 귀찮은 표정이나 말을 하지 않았다.

그 애는 곧 내 안경에 대한 흥미를 잃고 더 이상 건드리려고 하지 않았다. 그때 만일 안돼라고 했거나 그 애 손을 때렸다면 안경에 대한 흥미는 사라지지 않고 나에 대한 공포와 반항이 되어버렸을 것이다.

나의 아내는 그 애에게 깨어지기 쉬운 물건을 갖고 놀게 했다. 그 결과 그 물건들이 자기가 갖고 놀 것이 아니라는 것을 알았다. 물론 자율성에도 한계가 있다.

6개월 된 아이가 불이 있는 담배에 데이도록 내버려 두어서는 안된다. 그렇다고 놀라도록 소리를 질러도 안된다. 가장 적절한 방법은 조용히 위험물을 제거하는 것이다.

정신적인 결함이 없는 아이라면 그는 곧 무엇이 흥미로운가를 알게 될 것이다. 흥분하거나 성난 말투로 꾸짖지 않고 자유롭게 내버려 두면 아이들은 모든 물건을 매우 신중하게 다루게 될 것이다.

어느 부부는 내 책을 읽고 그들이 아이들을 잘못 길렀다는 것을 알고는 양심의 가책을 받았다. 그들은 가족회의를 열고는 말했다.

「우리는 이때까지 너희들을 잘못 길러왔다. 이제부터 너희들은 너희들이 하고 싶은 대로 해라.」

그런데 아이들이 파손한 비용이 얼마나 됐는지 기억은 못하지만, 그들은 2차로 가족회의를 열어서 전번의 가족회의에서 결정한 자유 행동은 이제 하지 못하도록 했다는 것을 기억하고 있다.

아이들을 자유롭게 두어서는 안된다는 반론의 요지는 이렇다.

인생이란 어렵다. 그래서 아이들이 인생에 적응할 수 있도록 훈련시켜야 한다. 만일 그들이 하고 싶은 대로 내버려두면 어떻게 상사에게 복종할 수 있겠는가? 훈련을 받고 자란 다른 사람들과 어떻게 경쟁을 하며, 어떻게 스스로 자제할 수 있을 것인가?

아이들에게 자유를 허용하는 것을 반대하는 사람들은 근거도 없고 증명할 수도 없는 억측에서 출발하고 있다. 그 억측이란 아이들은 강제력 없이는 발전할 수도 자랄 수도 없다는 것이다. 그러나 서머힐에서의 39년간의 내 경험에 의하여 이러한 억측이 뒤집어졌다.

100명쯤 되는 아이들 가운데 멜빈이라는 아이의 예를 들어 보자. 그는 7살 때부터 17살까지 10년간 서머힐에 다녔다. 10년 동안 그는 한 시간도 수업을 받지 않았다. 17살이 되어도 읽을 줄을 몰랐다.

그러나 멜빈이 학교를 졸업하고 악기 제작자가 되자 그는 스스로 읽기를 배웠으며, 짧은 기간동안 필요한 모든 기능을 스스로의 노력으로 익혔다. 이제 그는 완전히 읽을 줄도 알고 급료도 상당히 많이 받고, 그리고 그의 직장에서 지도자가 되어 있다. 그는 손수 집을 지었으며, 가장으로서 매일 매일의 노동의 대가로 세 아들까지 거느리면서 가족을 훌륭하게 부양하고 있다.

비슷한 예로 해마다 서머힐에서는 거의 공부를 하지 않던 소년소녀들이 대학에 들어갈 결심을 스스로 하고 난 후부터는, 대학 입학시험에 합격하기 위한 길고 고된 준비 공부를 시작하곤 한다.

무엇이 그들로 하여금 그렇게 만드는 것일까?

좋은 습관은 아주 어릴 때 억지로라도 형성되지 않으면 커서는 길들일 수 없다는 일반적인 가설하에서 우리가 자라왔고 또 의심없이 받아들인 것이다. 그것은 단순히 그런 가설에 대한 도전이 없었기 때문이었으며, 나는 이 가설을 부정한다. 어린이에게 자유가 필요한 이유는 오직 자유 아래서만 아이들이 정상적인 방법으로 훌륭하게 자랄 수 있기 때문이다.

나는 예비 학교나 수녀원에서 온 아이에게서 속박으로 인하여 생기는 결과를 보았다. 그들은 허식적인 겸손과 예절을 갖추고 있었으며 불성실하기 짝이 없었다. 그들의 자유에 대한 반응은 당황하고 피곤한 것이었다. 한두 주일간은 선생님들에게 문을 열어주기도 하고, 선생님이라고 공손히 부르고 손도 잘 닦았다. 그들은 나를 존경의 눈초리로 바라보았으나 실은 그것이 공포감이라는 것을 쉽게 알 수 있었다.

자유 속에 수 주일이 지나자 그들은 비로소 진짜 자신의 모습을 드러내기 시작했다. 그들은 건방지고 예절도 없고 세수도 하지 않게 되었다. 그들은 과거에 금지당했던 일들을 모조리 하였다.

욕하고 담배를 피우고 물건을 부수었다. 그리고 그들의 눈과 목소리 속에는 항상 예의 바르면서도 불성실한 표정이 담겨 있었다.

그들이 이러한 불성실을 버리는데는 적어도 6개월이 걸린다. 그 후에는 그들이 권위라고 여겼던 것에 대한 복종심도 사라지며, 당황하거나 남을 미워하지 않고 자신의 생각을 표현할 수 있는 자연스럽고 건강한 아이가 된다. 아이가 어렸을 때부터 충분히 자유롭게 자라면 불성실이나 그런 행위의 단계를 거치지 않아도 된다. 서머힐의 가장 두드러진 특징은 바로 학생들간의 순수한 성실성이다.

인생에 대해서 성실성을 갖는다는 것은 가장 중요하다. 그것은 이 세상에서 가장 귀중한 것이다. 만일 당신이 성실한 사람이라면 모든 일이 당신에게 유리하게 되어갈 것이다.

모든 사람이 성실성의 가치, 즉 성실한 행동의 가치를 알고 있다. 우리는 정치가·법관·사장·교사·약사들로부터 성실성을 기대하지만 비성실한 사람이 되는 방법으로 아이들을 가르치고 있다.

서머힐에서 발견한 것 중 가장 중요한 것은 어린이는 성실한 존재로 태어난다는 것이다. 어린이를 처음부터 혼자 놀게 함으로써 그가 무엇을 좋아하는지 알 수 있다. 그 방법이 아이를 다루는 유일한 방법이다. 이 방법이 어린이에 대한 지식과 더 나아가 어린이들의 행복에 기여한다면 미래의 선구적인 학교는 이 방법을 채택할 것이다.

인생의 목적은 행복이다. 행복을 제약하거나 파괴하는 것은 인생의 적이다. 행복은 항상 선한 것을 의미하며, 극단적인 불행은 유대인의 박해, 소수인에 대한 가해, 전쟁과 같은 것이다. 나는 어린이를 위한 자유에 대해 왈가왈부하고 싶지는 않다. 자유로운 어린이와 반 시간만 같이 있어 보면 한 권의 책에서 논하는 것보다 훨씬 더 많이 납득이 갈 것이다. 즉 백 번 듣는 것보다 한 번 보는 것이 더 낫다는 말이다.

어린이에게 자유를 준다는 것이 쉬운 일이 아니다. 그것은 아이를 종교적·정치적·계급 의식을 교육시키지 않겠다는 것을 의미한다.

어떤 정당에 대해 격분하는 아버지나 하류 계급에 대해 화를 내는 어머니 밑에서 자란 아이가 진정한 자유를 누릴 수는 없다.

어린이를 우리의 생활 태도로부터 격리시켜 기른다는 것은 불가능한 일이다. 자기 아버지의 권위에 대한 공포 때문에 반대적 입장에 처하지 않는 한 푸줏간 집 아이는 채식주의를 역설할 수는 없을 것이다.

사회의 본질은 자유에 대하여 줏대적이다. 사회 즉 대중이란 새로운 사상에 대하여 보수적이고 그것을 미워하는 법이다.

유행은 대중이 싫어하는 자유의 전형이다. 대중은 획일적인 것을 요구한다. 도시에서는 샌들을 신고 다니면 이상하게 쳐다보고 시골에서는 창높은 모자를 쓰고 다니면 이상하게 여긴다. 올바른 일로부터 이탈하려는 사람은 극히 드물다.

영국 법에 ―대중을 위한 법― 밤 8시 이후에는 담배를 사는 것을 금하고 있다. 한 개인으로서는 이 법을 인정하지 않지만 개인의 집단으로서는, 그것이 어리석다는 대중을 위한 것이므로 받아들인다.

대중은 살인자를 교수형에 처하거나 범인을 감옥이라고 부르는 살아있는 죽음으로 보내는 것에 대해 책임감을 느끼지 않는다. 대중은 양심을 갖고 있지 않기 때문에 야만적인 행위, 즉 사형이나 감옥 제도를 가지고 있다.

대중은 생각하지 않고 오직 느낄 뿐이다. 대중에게 있어서 범죄는 위험한 것이므로 그것을 방지하는 가장 쉬운 길은 위험한 자를 죽이거나 감옥에 가두어버리는 것이다. 우리의 케케묵은 형법은 근본적으로 공포에 바탕을 두고 있다. 그리고 우리의 억압적인 교육제도도 근본적으로 공포 —새로운 세대에 대한 공포 —에 바탕을 두고 있다.

마틴 콘웨이는 《평화와 전쟁 속의 대중》이란 저서에서, 대중은 나이 많은 사람들을 좋아한다고 지적하고 있다. 전시에는 나이 많은 장군을 선택하며, 평화시에는 나이 많은 의사를 더욱 존경한다. 대중은 젊은이를 두려워하기 때문에 늙은 사람에 집착한다라고 했다.

대중 속에 있는 자기 보호본능이 새로운 세대가 갖고 있는 위험 —즉 새로운 자라나는 경쟁 상대자로서의 위험 —이 늙은 사람의 집단을 파괴할지도 모른다는 공포를 느낀다. 가장 적은 집단인 가정에서조차도 같은 이유로 어린이에게 자유를 주는 것을 거절한다. 어른들은 낡은 가치관 즉 낡은 감상적인 가치관에 집착한다.

20살이 된 딸에게 아버지가 금연을 강요하는데는 윤리적 근거가 있지 않다. 그 금지는 감정과 보수성으로부터 나온 것이며, 그러한 배후에는 이 애가 앞으로는 어떻게 될까 하는 공포감이 도사리고 있다.

대중은 도덕성의 보호자이다. 어른들은 젊은이에게 자유를 주기를 두려워한다. 젊은이들은 어른들의 원하는 대로 행동하지 않으면 어쩌나 하고 걱정한다. 어른의 생각이나 가치관을 아이들에게 강요하는 것은 어린이에 대한 커다란 죄악이다.

자유를 준다는 것은 어린이들이 원하는 대로 살아가도록 허용하는 것이다. 그러나 잘못된 교육·훈련·강의·강요 등으로 말미암아 우리는 진정한 자유의 단순성을 인식할 수가 없게 된 것이다.

자유를 대한 어린이의 반응이란 어떤 것인가?

영리한 어린이나 영리하지 못한 어린이나 간에 모두 전에 경험한 적이 없는 것을 받아들이게 된다. 그것은 규정하기 힘든 것들이나 그 중요한 외적 표지는 아이들에게 성실성과 사랑을 복돋워 주고 공격성을 완화시켜 주는 것이다.

아이들이 공포와 훈련에 처하지 않는 한 공격적이 되지 않는다. 38

년 동안 나는 서머힐에서 코피나게 아이들이 싸우는 것을 단 한번 밖에 본 적이 없다. 그러나 우리는 항상 주위에 꼬마 폭군을 두고 있다 ─학교에서 아무리 자유롭다고 해도 나쁜 가정의 영향을 완전히 없앨 수는 없다.

생후 1개월이나 몇년 동안 형성된 아이의 성격은 자유에 의하여 수정될 수 있으나 완전히 고칠 수는 없다. 자유의 적은 공포이다. 아이에게 성에 대해 말해주면 아이가 음탕해지지 않을까? 또 철저히 감독하지 않으면 부도덕해지지나 않을까? 아이들이 타락할까 봐 두려워하는 어른은 자신이 타락해 있기 때문이다. 이것은 마음이 불결한 사람이 두 개의 수영복 입기를 강요하는 것과 같다.

어떤 사람이 무엇인가에 의하여 충격을 받는다는 것은 그것에 매우 깊은 관심을 가졌다는 것을 뜻한다. 정숙한 체하는 사람은 실상, 자신의 벌거벗은 영혼을 내보일 용기가 없는 방탕자이다. 자유란 무지의 정복을 뜻한다. 자유인은 놀이나 의복의 제약을 필요로 하지 않는다. 자유인은 충격을 받지 않기 때문에 충격적인 일에 관심이 없다.

서머힐 학생들은 충격을 받지 않는다 ─그렇다고 죄악을 초월해 있어서 그런 것이 아니라 ─그들은 충격적인 일에 관심이 없으므로 대화나 농담에 그런 것이 소용되지 않기 때문이다.

사람들은 항상 나에게 이렇게 질문한다.

「당신의 자유로운 아이들이 어떻게 인생의 괴로움을 헤치고 살아갈 수 있겠습니까?」

나는 이런 자유로운 아이들만이 인생의 괴로움을 용감하게 제거할 수 있으리라 생각한다.

우리는 아이들의 이기적인 점 ─주지 않는 것 ─을 허용하여 어린 시절의 관심거리에 몰두할 수 있도록 자유롭게 놓아두어야 한다. 아이의 개인적인 흥미와 사회적인 흥미가 상충되면, 그의 개인적인 흥미를 우선적으로 인정해 주어야 한다.

서머힐의 전체적인 사고 방식은 '해방'이다. 즉 어린이에게 그의 자연적인 흥미대로 살 수 있도록 해주는 것이다.

학교는 어린이의 생활을 하나의 놀이로 만들어 주어야 한다. 그렇다고 장미밭에 길이 있어야 한다는 것은 아니다. 모든 것을 쉽게 만들어 준다는 것은 아이들의 성격 형성을 위하여 필요한 것이다.

인생 자체에는 많은 어려움이 있기 때문에 인위적으로 우리가 아이들에게 어려움을 줄 필요는 없다.

〈나는 권위로써 무엇을 강요하는 것은 나쁘다고 생각한다. 어린이는 스스로 꼭 해야겠다는 생각 — 그 자신의 의견 — 에 도달할 때까지 무엇이든지 강요되어서는 안된다.〉

인류의 저주는 외부적인 강요에서 비롯된다. 그것이 교황으로부터건 정부로부터건 혹은 교사나 부모로부터건 어느 것이나 마찬가지다. 그것이 극도의 파시즘이다.

대부분의 사람들은 신을 필요로 한다. 그러나 완전한 진리와 도덕적 행위만을 요구하는 우상에 의하여 다스려지는 가정이 어떻게 달라질 수 있겠는가? 자유란 다른 사람의 자유를 방해하지 않는 한 자기가 하고 싶은 대로 하는 것을 의미한다. 그 결과는 자제력이다.

국가의 교육 정책에 있어서 우리는 스스로 생활하도록 하지 않고 공포감으로서 설득시키려 한다. 그러나 어린이에게 돌을 던지지 말라고 하는 것과 라틴 어를 배우라고 강요하는 것은 커다란 차이가 있다. 돌을 던지지 말라는 것은 다른 사람과 관계가 있지만 라틴 어를 배우라는 건 그 아이 자신의 문제이다. 그러나 사회는 반사회적인 소년을 제한할 권리가 있다. 그는 남의 권리를 침해하기 때문이다.

그러나 한 소년에게 라틴 어를 배우라고 강요할 권리는 없다 — 라틴 어를 배우는 일은 개인적인 문제이다. 어린이에게 공부할 것을 강요하는 것은 어른에게 국법으로 종교를 강요하라는 것과 똑같이 어리석은 짓이다.

나는 어렸을 때 라틴 어를 배웠다. 배웠다기 보다는 차라리 배우도록 강요되었다. 그러나 나는 관심이 없어서 전혀 배울 수가 없었다. 그런데 21살 때 라틴 어를 모르면 대학에 들어갈 수가 없다는 것을 알았다. 1년동안 나는 대학 입학시험에 합격할 수 있을 정도로 라틴 어를 배웠다. 즉 라틴 어를 공부하게 만든 것은 바로 나 자신의 흥미이다.

모든 어린이는 그것이 더럽거나 깨끗하거나 상관없이 어떤 옷이든 입을 권리가 있으며 말을 할 권리가 있다.

나는 아주 어릴 때 욕설을 금지당하고 자란 아이들이 사춘기가 되어서 마구 욕설을 내뱉는 것을 오래동안 보아왔다. 놀라운 일은 수많은 아이들이 섹스를 두려워하고 미워하도록 양육되고 있지만 세상에는 신경병 환자가 많지 않는다는 사실이다. 이것은 곧 자연인은 주어진 약을 결국 극복할 수 있는 내적인 힘이 있다는 것을 의미한다.

성이나 그밖의 다른 것들의 자유화의 경향이 서서히 나타나고 있다. 내가 어렸을 때 여자들은 양말도 신고 길다란 옷을 입고 목욕하러 갔다. 오늘날 여자들은 다리와 몸을 드러내고 다닌다. 아이들은 어떤 세대보다도 자유롭다. 요새는 아이가 손가락을 빨지 못하도록 쓴 것을 바르는 경우도 학교에서 아이들을 때리는 곳도 거의 없다.

자유는 서서히 작용하고 있다. 어린이가 그것의 의미를 이해하려면 몇 년이 걸릴 것이다. 그 결과가 빨리 오기를 기대하는 사람은 치료가 불가능한 낙천주의자다.

그리고 자유는 영리한 아이들이 빨리 습득한다. 자유는 정서에 우선 관계되므로 아이가 우수하거나 둔하거나 상관없이 똑같이 받아들일 수 있다고 말하고 싶다. 그러나 그렇게 단언할 수는 없다.

우리는 학습의 차이를 인정한다. 자유스럽게 놀고 싶은 대로 오랫동안 놀던 아이가 어떤 때가 오면, 그 아이가 영리한 아이라면 국가시험에 통과하는데 필요한 공부를 하기 위하여 노력을 할 것이다.

훈련을 받고 자란 아이들이 8년이나 걸려서 할 수 있는 것을, 자유로운 아이들은 2년 남짓한 기간으로 성취할 수도 있다.

전통적인 교사들은 학생들을 계속 훈련시켜야만 시험에 합격할 것이라고 주장한다. 우리가 경험한 바에 의하면 우수한 아동에게 그렇게 하는 것은 큰 잘못인 것으로 나타났다.

자유로운 환경에서는 오직 우수한 자만이 공부에 전념할 수 있으며, 그것은 다른 여러 가지 일에 관심을 끄는 것이 많아서 무엇보다 힘들다. 엄격한 훈련 아래서는 우둔한 학생도 시험에 합격한다는 건 알지만, 그들이 장차 인생에 있어서는 어떻게 될 것인지 의심스럽다.

나는 모든 학교가 자유롭고 모든 학과목이 자유롭게 선택할 수 있게 된다면, 아이들은 스스로 자신의 수준을 깨닫게 될 것이라고 믿는다.

나는 아이가 기어다니며 물건을 뒤엎는 동안에도 부엌일을 해야 하는 피곤한 어떤 어머니가 화를 내며 하는 말을 들었다.

「어쨌든 자율성이란 게 뭐죠? 모두 유모가 있는 부잣집 마나님에게나 할 소리지! 나 같은 사람에겐 말뿐이고, 오히려 혼란스러울 뿐이라구요.」

또 어떤 사람은 이렇게 묻는다.

「좋아요, 그런데 어떻게 시작해야 하죠? 내 문제를 해결하려면 어떤 책을 읽어야 하나요?」

그 대답은 책, 신령의 말, 권위, 어디에도 없다. 대답은 옳지 못한 간섭으로 몸을 부자연스럽게 만들거나 인간성을 비뚤어지게 하는 일을 하지 않고, 아이라는 유기체와 그 인간성을 믿는 소수의 부모나 의사나 교사 가운데 있다. 우리는 인간성의 진실을 찾아내는 전문가가 아니다. 우리가 할 수 있는 것은 어린이를 관찰하면서 그들이 자유스럽게 자라도록 해주는 것 뿐이다.

사랑과 인정

어린이의 행복과 안녕은 우리가 그들에게 주는 사랑과 인정의 정도에 달려 있다. 우리는 반드시 어린이 편에 서 있어야 한다.

어린이 편이 된다는 것은 사랑을 주는 것을 말하는데 —소유적·감정적 사랑이 아니라 —우리가 그를 사랑하고 인정하고 있다는 것을 어린이가 느끼도록 행동하는 것을 뜻한다.

내가 알고 있는 많은 부모들은 아무런 대가도 바라지 않고 아이 편이 되어 많은 사랑을 주기 때문에 오히려 얻는 것이 많다.

그들은 아이들이 어른의 축소판이 아니라는 것을 알고 있다. 10살짜리 아들이 집에다가 '엄마 저에게 50센트를 보내줘요. 잘 있어요. 사랑하는 아빠'라는 편지를 쓴다. 이해하는 부모는 미소를 지으며 자기 자녀가 진지하고 두려움없이 자신을 표현하고 있구나 하는데, 바람직하지 못한 유형의 부모는 그런 편지를 탄식하며 이렇게 생각한다.

'애가 너무 이기적이야, 언제나 무엇인가를 요구만 한다니까.'

우리 학교의 올바른 학부모들은 아이들이 어떻게 지내느냐고 절대로 묻지 않고 직접 와서 본다. 그러나 그렇지 못한 부모들은 조급하게 질문을 해댄다.

「이제 좀 읽을 줄 압니까? 언제쯤 우리 애가 단정해질까요? 공부는 어때요?」

어린이에게는 믿음이 매우 중요한 문제다. 아이를 믿는 부모가 있는 반면에 대부분의 부모들은 그렇지 못하다. 부모가 아이를 믿지 않으면 아이는 당장 그것을 느낀다.

그들은 부모의 사랑이 그리 깊지 않다는 것도 알고 또 자기를 깊이 믿어주기 바란다. 부모가 아이를 인정하면 그들에게 무엇이든지 말해줄 수 있을 것이다. 인정은 억압감을 없애주기 때문이다.

그러나 문제는 부모가 자기 자신을 인정하지 못하면서 어린이를 인정할 수 있을까? 만일 자기 자신을 알지 못한다면 부모는 자신을 인정할 수 없다. 다시 말하면 부모가 자신과 자신의 내적인 동기를 인식하면 할수록 자신을 더 잘 인정할 수 있다는 것이다.

부모들이 자신과 아이의 본성을 많이 알면 알수록 아이들을 신경과민으로부터 자유롭게 하는데 도움이 된다. 다시 말해서 부모들은 그들의 낡은 신념과 예절과 도덕을 아이들에게 강요함으로써 아이들을 버린다. 즉 아이를 과거의 희생물로 만들어 버리는 것이다.

이런 것은 특히 어린 시절에 권위적인 종교를 강요받은 부모가 꼭 그대로 자기의 아이들에게 강요하는데서 볼 수 있다.

우리가 중요하다고 생각하는 것을 단념하는 것이 이 세상에서 가장 어려운 일이라는 것을 잘 안다. 그러나 우리가 행복과 발전을 얻기 위해서는 이러한 단념을 통해서만 가능하다.

부모들은 권위와 비판으로 가장된 미움을 버려야 한다. 그리고 공포로 인한 편협과 낡은 도덕관과 폭군적인 판단들을 버려야 한다. 더 간단히 말해서 부모는 한 개인으로 돌아와야 한다. 자신의 정확한 위치를 알아야 하지만 그것은 결코 쉬운 일이 아니다. 왜냐하면 사람이란 바로 자기 자신만일 수가 없다.

그는 그가 만나는 사람 또는 가치관이 같은 사람들과의 접촉을 갖는 존재이다. 부모들은 자기 부모의 권위를 부여한다. 누구든지 사람은 자기 아버지와 어머니의 속성을 가지고 있기 때문이다.

이러한 경직된 권위의 부과에서 증오가 생겨나고 증오와 더불어 문제아가 나온다. 이것이 곧 어린이를 인정하지 못하게 하는 것이다.

많은 소녀들이 나에게 말했다.

「엄마를 즐겁게 해드릴 수가 없어요. 엄마는 뭐든지 나보다 잘 하거든요. 바느질이나 뜨개질을 하다가 내가 실수만 하면 야단을 쳐요.」

아이들에게는 가르침보다 사랑과 이해가 더 필요하다. 그들이 본성대로 선량해지기 위해서는 인정과 자유가 필요하다. 아이들을 선량하게 하는 자유를 줄 수 있는 힘을 가진 부모야말로 진정 건강하고 사랑스런 부모인 것이다.

세상은 너무 많은 비난으로 인하여 고충받고 있다. 다시 말하면 너무 많은 증오 때문에 고통받고 있다고 하는 것이 나을 것이다.

사회의 증오가 범죄인의 문제를 만드는 것처럼 부모의 증오는 어린이를 문제아로 만들게 되는 것이다. 구원은 사랑 속에 있다. 그러나 어려운 것은 아무도 사랑을 강요할 수 없다는 점이다.

문제아를 가진 부모는 자기 자신에게 조용히 물어 보아야 한다.

'나는 내 아이를 진심으로 인정해 주었던가? 나는 그를 믿어 주었던가? 그리고 이해해 주었던가?' 나는 이론만 논하는 것이 아니다. 문제아가 우리 학교에 와서 행복해지고 정상적인 아이로 될 것을 나는 확신한다. 나는 이런 문제성을 치료하는데 있어서 중요한 것은 인정·믿음·이해심을 보여주는 것이라고 생각한다.

인정이란 정상적인 아이들에게 필요한만큼 문제아들에게도 필요하다. 모든 부모와 교사들은 다음 귀절을 명심하여 지켜야 한다.

〈당신은 어린이 편이 되어야 한다.〉

이 계명을 지킴으로써 서머힐을 성공적인 학교로 만들게 된 것이다. 우리가 틀림없이 어린이 편이 되면 그들도 무의식적으로 그것을 알아차리게 된다.

우리가 모두 선량한 천사는 아니다. 어른들도 화가 날 때가 있다.

내가 문에다 페인트를 칠하려는데 로버트가 살그머니 와서 그 페인트에다 진흙을 던진다면 나는 그에게 욕을 할 것이다. 왜냐하면 그는 우리 학교에 있은 지 오래 되므로 내가 하는 말이 그렇게 노엽게 들리지 않을 것을 알기 때문이다.

그러나 만일 그가 다른 학교에서 온 지 얼마 되지 않았고, 그의 진흙 장난이 권위에 대한 반발로 인정됐다면, 문 보다는 그 아이를 구하는 것이 더 중요하므로 그의 장난을 묵인했을 것이다.

아이가 다시 사회성을 갖도록 증오심을 벗겨주려면, 아이의 편에 서야 한다는 것을 신념으로 삼아야 한다. 그것은 쉽지 않다.

한 소년이 나의 소중한 선반 도구를 함부로 다루는 것을 보고 서 있었다. 내가 만일 그를 야단쳤더라면 그는 연장을 만질 때마다 매로써 위협하는 그의 엄격한 아버지와 나를 동일시했을 것이다.

이상한 것은 여러분이 어린이들한테 욕은 하면서도 여러분 자신이 어린이 편에 설 수 있다고 생각하는 것이다. 만일 여러분이 어린이 편에 서면 아이들은 그것을 알게 된다. 여러분이 감자나 구멍 파는 연장 같은 것에 대한 사소한 의견 충돌을 갖는다고 해서 기본적인 인간 관계를 방해하지는 않는다. 여러분이 권위나 도덕성을 개입시키지 않고 아이들을 다루면 아이들은 여러분이 자기들 편이라는 것을 느낄 것이다. 그러기 전에 그의 생활 속에 있었던 권위나 도덕성은 그의 행동을 제한하는 경찰과 같은 것으로 생각할 것이다.

8살 난 소녀가 내 옆을 지나가며 '니일은 미련한 바보야'라고 했다. 나는 그것이 그 아이의 애정의 부정적 표현이며 나에 대한 자기가 느낀 대로 표현하는 것이 만만하기 때문에 그렇게 말한 것으로 안다.

아이들은 자신이 사랑받고 싶은 만큼 남을 사랑하지는 않는다. 어른들의 인정은 한결같이 아이들에게 있어서 사랑을 의미하는가 하면 인정해 주지 않는다는 것은 증오를 의미한다.

서머힐의 교사들에 대한 아이들의 태도는 나에 대한 태도와 같다. 아이들은 선생들이 항상 자기네들 편이라는 것을 느끼고 있다.

이미 자유로운 아이들의 성실성에 관해 언급하였다. 이 성실성은 그들이 받고 있는 인정의 결과이다. 그들에게는 꼭 지켜야 할 인위적인 행동 기준이 없으며 제약하는 금기도 없고, 거짓말을 해가며 생활할 필요가 없다.

권위를 위주로 하는 학교에서 오는 신입생들은 내게 존칭을 쓴다. 그러나 내가 권위적인 존재가 아니라는 것을 알고 나면 존칭을 빼고 이름을 그대로 부른다. 그들은 절대로 나 개인의 인정을 받으려는 것이 아니고 학교 사회 전체의 인정을 원하는 것이다.

그런데 내가 스코트랜드 시골 학교 교장으로 있을 때, 한 아이가 늘 내 뒤를 따라다니며 거들어주고 교실을 청소하고 문을 열어주기도 하며, 나 개인의 인정을 받으려고 애를 썼다. 그 당시 내가 그에게 보스로 보였기 때문이다.

서머힐에서는 내게 인정을 받기 위해 무엇인가를 하는 아이는 없다. 비록 내가 잡초를 뽑을 때 몇몇 남녀 학생들이 도와주는 것을 본 방문객들은 달리 해석할지는 모르지만, 그런 일을 하는 동기는 나 개인과는 아무런 관계가 없다. 그런 특별한 경우들이 만든 학교 총회 규칙에서 12살 이상 된 아이는 누구나 매주 2시간씩 정원 일을 하도록 정했기 때문이었지만 이 규칙도 나중에는 없어졌다.

어느 사회도 인정에 대한 자연적 욕구가 있다. 범죄인은 사회의 여러 면에 대하여 인정의 욕구를 상실했거나, 사회에 대한 범죄라는 반대 행동으로 인정의 욕구를 충족시키려는 사람이다.

범인은 누구나 이기주의자다. 빨리 부자가 되고 싶어서 사회를 저주하는 것이다. 감옥은 그의 이기주의에 방패를 만들어 줄 뿐이다.

범인은 투옥 기간중 외로운 새처럼 되어 그를 처벌한 사회를 혐오하게 한다. 형벌과 감옥은 범인을 개심시킬 수 없다. 단지 죄인에 대한 사회의 증오심만 나타낼 뿐이다. 그가 다른 사람들로부터 인정을 받기 위해 사회성을 발휘할 기회를 사회가 박탈해버린 것이다.

이와 같은 해괴하고 비인간적 감옥제도는 비난받아 마땅하다. 감옥제도란 수감자의 내면에 있는 실리적 가치엔 아무런 감동을 주지 않기 때문이다. 그래서 어느 혁신적인 학교라 하더라도 가장 필수적인 요소는 사회적인 인정의 기회를 주는 것이다.

학생들이 감독관에게 인사하고 군대식으로 정렬하며, 교육감이 교실에 들어올 때 일어서는 등 이러한 상황 하에서는 진정한 자유가 있을 수 없다. 따라서 학생들은 사회적 인정을 받을 기회도 없게 된다.

호머 레인은 리틀콤원웰스에 전학해온 한 학생이 빈민촌에서 하던 수법으로 친구들의 인정을 받으려고 하는 것을 알게 되었다.

그는 상점에서 물건을 훔치거나 경찰에게 대든 일을 가지고 그 범행을 아이들 앞에 우쭐거렸다. 그러나 그는 그런 형태의 사회적 인정을 이미 극복한 아이들 앞에서 우쭐거린 것을 알고는 당황하기 시작했다.

그는 차츰 자연스럽게 사랑이 깃든 인정을 원하게 되어 그의 새로운 환경 속의 주위 사람들에게 인정을 구하게 되었다. 그리하여 레인에 의한 개별적 분석을 받지 않고 스스로 새로운 동료들과 적응했으며, 몇 달 안가서 그는 사교성 있는 아이가 되었다.

이번에는 매일 규칙적으로 5시 20분이면 집으로 돌아오는 평범하고 자상하며 인정많은 남편에게 얘기 좀 하겠다.

〈나는 당신을 압니다. 존 브라운 씨, 당신은 당신의 아이들을 사랑하고 싶고, 또 그만큼 그 아이들한테서 사랑을 받고 싶어하는 것으로 압니다. 5살 난 아들이 새벽 2시에 깨어서 이유없이 고집부리고 울 때는 아들이 귀엽다는 생각이 들지 않을 것입니다.

비록 당신은 왜 그러는지 바로 알지 못한다 할지라도 그 아이에게는 울 만한 이유가 있다는 것을 알아야 합니다. 화가 나더라도 참아야 합니다. 엄마의 목소리보다 아빠가 소리 지르는 것은 아이들에게는 더 무서운 법입니다. 그리고 아무 때나 화낸 소리를 지르면 어린애가 받는 공포감이 평생동안 영향을 줄지도 모르는 것입니다.〉

부모 교육을 위한 팜플렛에 '어린아이를 데리고 자면 안된다'라고 했는데 이런 말은 무시해도 좋다. 어린애는 많이 껴안아 주고 가능한 한 많이 애무해 주라. 어린아이들은 자랑꺼리의 수단으로 삼지 말아야 한다. 꾸중할 때처럼 칭찬할 때도 조심해야 한다. 어린아이가 있는 데서 너무 과장해서 말하는 것도 나쁘다.

「그래? 오, 메어리는 잘 지내고 있어. 지난 주에는 반에서 일등했지. 영리한 소녀야.」

이런 식으로 어린아이를 칭찬해서는 안된다.

「너, 참 좋은 연을 만들었구나.」

하는 것이 좋다. 손님에게 인상을 깊게 하려고 칭찬하는 것은 잘못된 일이다. 어린 거위 새끼들은 주위에서 칭찬해 주면 백조같이 목을 쑥 내민다. 이런 것은 아이들 자신을 위해서 비현실적이다.

아이들을 공상의 세계로 들어가게 해 현실에서 이탈하도록 조장해서는 안된다. 반면에 어린 아이가 실수했다고 해서 어루만져줘도 안된다. 비록 학교 성적이 나빠도 아무 말 하지 말라. 만일 친구와 싸워서 맞고 온다 해서 계집애 같은 놈이라고 해서는 안된다.

만일 '네가 네 나이 때는……'라는 말을 쓴 일이 있다면 큰 실수를 하는 것이다. 어린아이는 그 애 나름대로 인정해야지 성인의 이미지에 그 아이를 맞추려는 것은 피해야 한다.

인생도 마찬가지나 교육을 위해서 내가 가지고 있는 가정에 대한 좌우명은 '제발 사람은 제 마음대로 생활하도록 해라'이다. 이것이 어느 상황에도 적용될 수 있는 태도인 것이다. 이러한 태도야 말로 인내를 길러주는 유일한 태도라 할 수 있다.

인내라는 단어가 전에는 낯선 말이었다. 이 단어는 자유 위주의 학교에 대해서 가장 적절한 말이다. 우리는 어린이들에게 참을성을 보여줌으로써 인내하는 방법을 가르쳐 주는 것이다.

공포

다른 사람들로부터 받은 공포감 때문에 문제성을 지닌 아이들을 돌보아 주느라고 나는 많은 시간을 보내고 있다.

공포란 어린이의 생활에 있어서 끔찍한 것이 될 수 있다. 공포는 완전히 없어져야 한다. 즉 어른에 대한 공포, 처벌에 대한 공포, 멸시에 대한 공포, 신에 대한 공포 할 것 없이 모두 제거되어야 한다.

공포의 분위기에서는 증오만이 조장될 뿐이다. 우리들은 많은 것을 두려워하고 있다―빈곤·조소·유령·강도·사고·여론·질병·죽음 등의 두려움 등―인간의 생활 내용은 곧 인간의 공포에 대한 얘기뿐이다.

수많은 어른들이 밤에 다니기를 두려워하고, 많은 사람들은 경찰이 초인종만 누르면 불안해 한다. 또한 여행자들은 배의 침몰, 항공기의 추락에 대한 공포감을 가지고 있다. 철도 여행자들은 중간 객차를 원한다. '안전제일'이란 표현은 인간의 주된 관심을 나타내준다.

인류의 역사에는 살해를 두려워해 도망 다니고 숨던 시대가 있었다. 그러나 오늘날의 생활은 안전하게 되어 있으므로 자기 방위를 하기 위한 걱정은 더이상 필요하지 않다. 그러나 아직도 인간은 우리 조상들이 석기시대에 경험했던 이상의 공포감을 체험하고 있다.

원시인은 오직 거대한 체구를 가진 괴물에 대한 공포 뿐이었지만, 우리에게는 많은 괴물 즉—기차·배·비행기·강도·자동차 등이 있고, 그것들에 대한 공포가 있다. 우리에게 있어서 공포란 불가결한 것이다. 공포 때문에 나는 길을 건널 때 조심하게 된다.

본래 공포란 종족 보존의 목적을 위해 작용한다. 토끼나 말은 위험으로부터 도망하게 하는 공포감 때문에 살아 남게 된다. 야생 동물의 세계에 있어서 공포란 중요한 요소이다.

공포는 언제나 이기적이다. 즉 우리 자신의 생명이나 우리가 사랑하는 사람들을 위해서 걱정한다. 그러나 대개는 우리 자신의 생명에 대한 공포감이 크다.

어렸을 때 나는 우유를 가지러 캄캄한 밤에 농장으로 가는 것을 두려워했다. 그러나 누나와 같이 가면 죽어도 누나가 죽을 것이라는 생각 때문에 공포가 사라졌다. 공포감은 이기적임이 틀림없다. 왜냐하면 모든 공포는 결국 죽음에 대한 공포이기 때문이다.

영웅이란 공포감을 적극적인 에너지로 전환시킬 수 있는 사람이다. 그는 그의 공포에다가 고삐를 맨다. 무서움을 가져오는 공포는 군인에게 제일 괴로운 공포이다. 겁쟁이는 그의 공포감을 적극적인 행동으로 전환시킬 수 없다. 누구나 용기보다 겁을 더 가지고 있다.

우리들은 모두 겁쟁이다. 어떤 사람은 겁을 숨기고 어떤 사람은 노출시킨다. 겁이라는 것을 항상 상대적이다. 사람은 어떤 사물에 대해서는 영웅적일 수 있어도 다른 사물에 대해서는 겁을 낸다.

신병 시절에 수류탄을 던졌을 때 얻은 첫 교훈이 생각난다. 한 병사가 수류탄 투척 훈련을 하던중 그만 실수를 해서 폭발을 해 몇 사람이 쓰러졌다. 다행히 죽은 사람은 없었다.

그날의 수류탄 투하는 끝났지만, 그 다음날 수류탄 투하장으로 다시 갔다. 내가 첫 수류탄을 집어들자 손이 떨렸다. 하사관이 경멸하는 눈초리로 나를 노려보며 '못난 겁쟁이'라고 했다. 나는 그 말을 받아 들였다. 이 하사관은 굉장한 전공을 세운 병사였기 때문에 그는 육체적인 두려움을 모르는 사람이었다. 그러나 얼마 안가서 그는 나에게 털어 놓았다.

「니일, 네가 있으면 분대 훈련시키는 것이 싫다. 겁이 나서 늘 움추려 들거든. 왜냐하면 넌 석사학위를 갖고 있잖아. 나는 문법책을 찢어 버렸거든.」

어떤 아이는 날 때부터 용기가 있는데, 다른 아이는 왜 용기가 없이 태어나는가를 심리적으로 설명할 수 없다.

태아기의 조건과 관계 있을지도 모른다. 아이를 원하지 않는 산모에게서 아이가 태어날 때 산모의 걱정이 아이에게 옮겨질 수도 있다.

부모가 원하지 않았던 어린이는 겁이 많은 본성과 생애 대한 공포를 갖는 성격을 타고 나며 자궁 내에서 머물러 있고 싶어 할지도 모른다.

비록 아기 시절의 영향에 대해서는 어떻게 할 수 없다 하더라도, 많은 어린이들이 유아기의 훈련으로 겁쟁이가 되는 것만은 틀림없는 사실이다. 이런 종류의 겁은 예방할 수 있다.

유명한 정신분석학자가 한 젊은이의 경우를 내게 말한 적이 있다.

6살 때 그는 7살 된 어느 소녀에게 성적인 관심을 나타낸 것을 아버지에게 들켰다. 그의 아버지는 그의 성기를 철저히 감추게 하였다. 이것이 그 소년을 평생 겁쟁이로 만들었다.

그는 평생 동안 그 어린 시절의 경험을 반복하지 않으면 안되었다. 그는 어떤 형태로든지 처벌로서 매를 맞기를 바랐다.

그래서 그는 항상 금지된 사랑, 즉 결혼한 부인이나 약혼한 여자를 상대로 애정을 쏟았으며, 항상 그 여자들의 남편이나 애인이 달려들 것 같은 공포심에 차 있었다. 같은 공포감이 모든 일에 전이 되었다.

그는 항상 불행하고 겁많은 심정, 열등감, 그리고 위험만을 얘기하는 사람이 되었다. 조그마한 일에도 겁을 내고, 맑은 여름날에도 반 마일 정도 가면서도 우산을 들고 가야 했다.

어린이의 유아적인 성적 흥미에 대해 벌을 주면 그 아이는 틀림없이 겁쟁이가 된다. 위협적인 가혹한 고통도 역시 겁쟁이를 만든다.

프로이드의 심리학자들은 거세 콤플렉스에 대하여 많이 이야기 한다. 거세 콤플렉스란 것이 확실히 있긴 있다.

서머힐에도 성기를 만지면 그것을 잘라버리겠다는 말을 들은 소년이 있었다. 나는 이것이 소년 소녀들의 공통적인 공포라는 것을 알았다. 무서운 결과를 가져오는 공포이다.

왜냐하면 공포와 소원은 결코 먼 것이 아니기 때문이다. 흔히 거세의 공포란 거세에 대한 소원인 것이다. 수음에 대한 처벌로서의 거세, 혹은 유혹을 없애는 방법으로써의 거세에 대한 소원이다. 놀란 어린이에게는 섹스가 전부다. 어린이는 그의 공포에 대한 구실로서 섹스를 사용한다. 그는 섹스란 것이 음탕하다고 들어왔기 때문이다.

밤에 놀라는 어린이는 대개 자기가 섹스 생각을 하고 있는 것을 두려워하는 아이로 처벌 받을 짓을 했으니 악마가 와서 잡아 갈 것이라고 생각한다. 도깨비·유령·마귀들은 다만 변장한 악마이다.

공포는 죄의식으로부터 오는 것으로, 아이들에게 죄의식을 심어 주는 것은 부모의 무지이다.

어린이들의 공통적인 공포의 형태는 부모와 함께 자는 데서 시작한다. 4살짜리 아이가 자기로서는 이해할 수 없는 것을 보고 듣는다. 아버지는 어머니를 함부로 다루는 나쁜 사람으로 된다.

어린이의 변태 성욕은 이러한 어린 시절의 오해와 공포에서 비롯된다. 그 소년은 자신을 아버지와 동일시하여, 후에 섹스를 고통으로 연상하는 젊은이가 된다. 그는 자기 아버지가 어머니에게 했던 바와 같이 자기 애인에게도 그대로 할른지 모른다.

그럼 불안과 공포의 차이는 무엇일까? 호랑이에 대한 공포나 서투른 운전사에 대한 공포는 당연하고 건전한 것이다. 만일 우리에게 공포심이 없다면 우리는 모두 버스에 깔려 죽을 것이다. 그러나 거미나 쥐, 유령에 대한 공포는 자연스럽지 못하고 비정상적인 것이다.

그런 종류의 공포는 단순한 불안이다. 그것은 공포증이다. 공포증은 불합리하고 어떤 사물에 대한 과장된 불안이다. 공포증에서 경악을 일으키는 대상은 비교적 해롭지 않은 것이다. 그 대상이 일으키는 불안은 실제적이지만 그 대상은 하나의 상징에 불과하다.

오스트레일리아에서는 거미를 무서워하는데, 그 이유는 거미가 사람을 죽일 수 있기 때문이다. 그러나 미국이나 영국에서 거미를 두려워하면 그것은 불합리하므로 공포증이다.

거미는 다른 어떤 것에 대한 깊은 공포심을 상징하고 있다. 그러므로 아이들이 유령에 대하여 가지는 공포도 공포증이라 할 수 있다.

유령은 그 아이가 두려워하는 무엇을 상징한다. 그가 신에 대한 두려움 속에 자랐다면 그 무엇이란 죽음에 대한 공포일 것이고, 그의 가정이 그에게 섹스란 죄스러운 것이니 두려워하고 억제하라고 가르쳤다면 그 무엇인가 자기 자신의 성적 충동에 대한 공포일 것이다.

나는 한번 지렁이에 대한 공포증을 가진 여학생을 만나달라는 부탁을 받았다. 그 여학생 보고 그림 하나를 그리라고 하니까 남자의 성기를 그렸다. 그리고는 자기가 학교 수업을 끝내고 집에 돌아가는 길에 한 병사가 성기를 꺼내 보여주곤 했다는 애기를 해주었다. 이것이 그 애를 놀라게 한 것이었다.

그 공포가 지렁이로 바꾸어진 것이다. 그러나 이 공포증 증세가 시작되기 이전에 그 소녀는 공포증의 원인에 대해 이미 깊은 관심을 갖고 있었다. 바로 신경병적인 관심이었다.

이러한 신경병적인 관심은 성 문제에 대한 교육 자체 —혹은 교육의 부족— 로부터 초래된다. 그녀의 선배들이 성 문제를 신비와 비밀로 취급함으로써 그녀로 하여금 성에 대해 비정상적인 관심을 갖게 한 것이다.

그녀가 노출증 환자를 본 것은 확실히 잘못된 것이지만, 성 문제에 대해서 보다 나은 교육을 받았더라면 남성 성기에 대한 신경병적인 반응이나 지속적인 불안없이 그 시련을 감당할 수 있었을 것이다.

공포증은 아주 어린 아이에게서 가끔 나타나는 수가 있다. 엄격한 아버지 밑에서 자란 아들은 말이나 사자, 혹은 경찰에 대한 공포증을 가지게 되기 쉽다. 여기서 우리는 아이의 생활 속에 권위에 대한 공포를 심어주는 일이 얼마나 끔찍하고 위험한가를 다시 보게 된다.

아이의 생활에 있어서 공포에 미치는 가장 강력한 영향은 끊임없는 저주에서 온다. 흔히 거리에서 종종 엄마들이 '그만 둬 토미! 저기 순경이 온다!'라고 말하는 것을 듣는다.

이런 종류의 말이 빚어내는 조그마한 결과, 어머니가 거짓말쟁이라는 것을 아이가 일찌감치 알도록 하는 것이다. 그러나 아이들이 커서는 경관을 악마와 동일시하는 무서운 결과로 변하고 만다. 경관은 바로 그들을 붙들어서 캄캄한 감옥에 가두는 자라고 생각한다.

어린이는 항상 가장 나쁜 범죄와 공포를 관련시킨다. 그리하여 수음하는 아이는 경관에 대하여 비정상적인 공포감을 가지게 되며 경관에게 잡히면 돌을 던지기도 한다.

공포심이란 신과 악마를 응징하는 공포인 것이다. 공포심의 대부분은 우리가 가졌던 과거의 범죄 행동에 대한 생각에 근거를 두고 있다. 우리는 모두 환상으로 살인을 한다. 내가 5살 난 어린이에게 자기가 하고 싶어하는 것을 제지하면 마음 속으로 나를 죽이리라 생각한다.

나의 학생들이 하루에도 몇 번씩 장난하느라고 물총을 내게 겨누고는 '손들엇! 넌 죽었어!'라고 외치는데, 이것은 권위의 상징을 죽이고 그들의 공포심을 덜기 위해서 그러는 것이다.

나는 어느 날 아침 아이들이 총질하는 결과를 보기 위하여 일부러 권위적인 태도를 취했다. 그랬더니 그런 경우 나는 여러 번 살해되었다. 환상이 지나고 나면 공포가 나타난다. 즉 니일이 죽게 되었다면 나는 죄인이 되는구나, 그것이 내가 바랐던 것이니까.

우리 여학생들 가운데 어느 한 아이는 수영을 하면서 물 속에서 다른 학생들을 끌어당기기를 좋아했다. 나중에 그녀는 물에 대한 공포증이 생겼다. 수영을 좋아했지만 절대로 자기 키보다 깊은 곳에는 들어가지 않았다. 그녀는 많은 경쟁자를 환상 속에서 익사시켰기 때문에 이제는 다음과 같은 시구에 대하여 공포감을 갖게 되었다.

〈내 마음의 죄로 나는 익사하리라.〉

꼬마 알베르트는 아버지가 수영하는 것을 보면 공포 상태에 빠진다. 그는 항상 아버지의 죽음을 바랐기 때문에 두려운 것이다. 그는 그의 죄의식을 두려워한다. 어린이에게 있어서 죽음이란 단순히 그가 무서워하는 사람을 없애는 것을 뜻한다는 점을 알면, 아이들이 환상 속에서 사람을 죽인다는 사실은 그리 놀라운 일이 아니다.

나는 어른들이 그들의 아버지나 어머니의 죽음에 대해 그들의 책임이라고 무의식적으로 생각하고 있는 것을 보아 왔다.

이런 종류의 공포감은 부모가 욕을 하거나 매질을 하여 아이들의 증오심이나, 또 그로 인한 죄의식을 심어주지 않으면 생기지 않는다.

아직도 많은 학교에서 아이들에게 체벌, 혹은 그외 엄격한 벌을 주어 어린아이들에게 회복할 수 없는 잘못을 저지르고 있다.

많은 사람들이 다음과 같이 깊이 생각한다. '아이들이 아무것도 두려워하지 않으면 어떻게 그들이 착하게 된단 말인가?' 지옥이나 경관, 또는 벌에 대한 공포감에 달려 있는 선이란 사실 선이라고 할 수가 없다. 그것은 단지 겁일 뿐이다.

그렇다고 보상이나 칭찬 또는 천당 같은 것을 바라고 하는 선(착함)은 어떤 뇌물을 받고 하는 선행인 것으로 볼 수 있다. 오늘날의 도덕성이란 어린이들을 겁쟁이로 만들고 있다. 왜냐하면 도덕성 때문에 마음 놓고 생활하지 못하고 늘 인생을 두려워하도록 만들기 때문이다. 이것이 바로 교육받은 학생들이 실지로 가지고 있는 선에 대한 개념이다.

많은 교사들이 처벌하지 않고도 훌륭하게 교육을 하고 있다. 그러니 그렇치 못한 교사는 교육자로서 적합하지 못한 사람이니 교육계에서 물러나야 할 사람들이다. 어린이들은 우리를 두려워한 나머지 성인의 가치관을 받아들이는 것일는지도 모른다. 도대체 우리 어른들이 가진 가치관이란 것이 무엇인가.

나는 이번 주에 7불 주고 개를 샀고, 10불 주고 선반용 도구를 샀으며, 11불 주고 담배를 샀다. 사회의 악을 슬퍼하고 감동하면서도 물건사는 돈을 가난한 사람에게 줄 용의는 없었다. 그래서 나는 빈민굴은 이 세상에서 없어져야 할 증오의 대상이라는 것을 어린에게 일러주지 못하고 있다. 이렇듯 나 자신을 속이고 거짓말쟁이로 살아왔다.

내가 알고 있는 행복한 가정이란 아이들에게 도덕률을 앞세우지 않고, 그들의 자녀에게 솔직하고 정직하게 대해주는 부모를 가진 가정이라고 생각한다.

이런 가정에 공포가 깃들 리 없다. 아들과 아버지는 친구가 되고 사랑만 충만할 뿐이다. 그렇지 않은 가정에서의 사랑은 공포에 의하여 파괴된다. 점잖을 빼는 위엄과 강제적인 존경은 사랑을 멀리 하게 한다. 강제적인 존경에는 항상 공포의 뜻이 내포되어 있다.

서머힐에서는 부모을 두려워하는 아이들이 교사들의 휴게실에 자주 드나든다. 자유로운 부모 밑에서 자란 아이들은 교사들에게 가까이 하는 일이 없다.

공포를 갖고 있는 아이들은 항상 우리를 시험해 보려고 한다. 엄격한 아버지 밑에서 자란 11살짜리 어떤 소년은 내 문을 하루에 20번쯤 연다. 그는 문을 열어 들여다 보고는 아무 말도 없이 다시 문을 닫아버린다. 나는 어떤 때는 그 아이에게,

「난 아직 죽지 않았어.」

라고 소리친다. 그 소년은 그의 아버지가 받아들이지 않았던 사랑을 나에게 주려고 했던 것이다. 그리고 그는 이념적인 새 아버지가 없어질까봐 두려워했다. 이러한 공포 뒤에는 불만스럽던 아버지가 없어지기를 바라는 마음이 도사리고 있는 것이다.

당신을 사랑하는 어린이와 사는 것보다는 당신을 두려워하는 어린이와 함께 사는 것이 훨씬 수월한 것이다. 왜냐하면 두려워하는 어린이는 조용히 지내기 때문이다.

아이가 당신을 두려워하면 가까이 오지 않기 때문이다. 내 아내와 그리고 서머힐의 직원들은 아이들이 원하는 대로 인정해 주기 때문에 아이들로부터 사랑을 받는다. 아이들은 우리가 그들을 인정하고 있다

고 믿기 때문에 우리와 같이 가까이 있기를 좋아하는 것이다.

우리의 어린아이들은 천둥을 거의 두려워하지 않는다. 그들은 천둥이 심하게 치는 밤에도 조그마한 천막 속에서 잠을 잘 수 있다. 그들은 또한 어둠을 두려워하지 않는다.

때로는 8살 난 학생들도 들판에 천막을 치고 밤새도록 혼자서 잠을 자기도 한다. 자유는 공포감을 없애준다. 겁 많던 조그마한 아이가 튼튼하고 두려움 없는 젊은이로 자라나는 것을 나는 가끔 보아 왔다.

이런 것이 일반적이라고 말할 수는 없다. 왜냐하면 내성적인 성격의 아이들이 결코 용감해지는 경우는 없기 때문이다. 어떤 종족들은 평생 동안 그들의 유령을 버리지 않는다.

한 어린이가 공포를 받지 않고 자랐는데도 공포감을 갖고 있다면, 그것은 그 어린이 자신이 공포를 가지고 이 세상에 태어났을 것이다.

이런 유형의 공포를 다루는데 있어서 가장 곤란한 것은 태아기의 조건을 알 수 없다는 점이다. 임부가 가지고 있는 공포가 태아에게 옮겨지는지 혹은 안 옮겨지는지를 우리는 알 수 없기 때문이다.

어린이들은 그들 주위 세계로부터 공포심을 얻는다. 오늘날은 조그만 어린이들까지도 무서운 핵전쟁이 닥쳐올 것이라는 소리를 듣지 않을 수 없다. 그와 같은 일로써 공포를 연상한다는 것은 자연스러운 일이다. 그래서 섹스나 지옥에 대한 무의식적인 공포를 핵에 대한 공포에 포함시키지 않으면 핵에 대한 공포는 정상적인 공포이다.

그것은 공포증이 아니며 오래도록 가시지 않는 불안도 아니다. 건강하고 자유로운 아이들은 미래를 두려워하지 않는다. 그들은 기쁘게 미래를 예상한다. 그들의 자손들도 역시 미래에 대한 병든 공포심이 없이 인생을 살아가게 될 것이다.

빌헤름 라이히는 갑작스런 공포를 당하면 잠시 호흡을 죽이는데, 공포 속에서 자란 어린이는 한평생 숨을 죽이거나 또는 숨을 못 쉬는 인생을 지내게 된다고 지적했다.

잘 양육된 어린이는 호흡이 자유롭고 부드럽다는 것이다. 그것은 그가 인생을 두려워하지 않는다는 것을 뜻한다.

나는 그의 자녀를 미움이나 불신감으로부터 생기는 좋지 못한 공포 감에서 해방시켜 기르기를 원하는 아버지에게 하고 싶은 말이 있다.

집에서 아내가 아이들에게 '아버지가 집에 오실 때까지 기다려!'라 는 말을 해서 당신을 보스나 감독관이나 악마로 만들지 않도록 하라. 절대로 그렇게 해서는 안된다! 그것은 순간적으로 당신 아내에게 가게 될 미움을 당신한테 오게 하는 것이 된다.

당신 자신을 어떤 권위에도 앉히지 말라. 만일 당신의 아들이 당신 에게 어렸을 때 오줌싸개였는지, 혹은 자위 행위를 한 적이 있는지 물 으면 성실하고 용감하게 사실대로 말해 주어라. 만일 당신이 아이들의 보스가 되면 당신은 그들의 존경을 받긴 하겠지만, 그것은 참다운 존 경이 아니라 공포심에서 우러나오는 잘못된 존경심이다.

당신 자신이 아이들과 동등한 입장이 되어서 어릴 때 학교에 다닐 적에 얼마나 겁쟁이였나를 말할 수 있다면 당신은 진짜 존경을 받게 될 것이다. 그것은 사랑과 이해 뿐이며 공포심이 없는 그런 존경이다.

아이들이 콤플렉스를 느끼지 않도록 배려해서 기르면 부모가 비교 적 수월하게 된다. 어린이는 절대로 죄 의식이나 공포감에 의하여 길 러져서는 안된다. 물론 인간은 공포심에서 완전히 벗어날 수는 없다. 예로 문이 갑자기 꽝하고 닫히는 소리에 놀랄 수도 있다.

그러나 어린이에게 주어진 좋지 못한 공포 즉 처벌에 대한 공포, 분 노의 신에 대한 공포, 부모에 대한 공포는 제거할 수 있는 것이다.

열등감과 환상

어린이들에게 열등 의식을 주는 것은 무엇인가?

아이들은 자기들이 할 수 없거나 금지당하고 있는 것을 어른들이 하 고 있다는 것을 알고 있다. 남성 성기는 열등 의식과 관계가 많다. 어 린 소년들은 종종 성기의 크기에 대하여 부끄럽게 여긴다. 흔히 소녀들은 남근이 없다는 것에 대하여 열등감을 느낀다.

도의교육에 의해서 남근은 신비스럽고 금기로 취급해야 한다고 했기 때문에 남근을 힘의 상징으로 중시하게 됐다고 생각된다. 남근에 대한 억압된 생각은 환상을 통하여 펼쳐나간다. 부모가 너무 조심스럽게 감시하니까 그 신비스런 내용은 굉장히 중요한 것처럼 된다. 우리는 이러한 사실을 남근의 놀랄 만한 힘에 대한 얘기에서 알 수 있다.

알라딘이 자기 램프를 비볐다 — 자위 행위를 의미한다 — 그랬더니 그는 온세계의 즐거움을 모두 느꼈다. 이와 마찬가지로 어린이들은 배설 행위가 매우 중요한 것이라는 환상을 가지고 있다.

환상은 언제나 자기 중심적이다. 그것은 영웅이나 여걸이 되어 꾸는 하나의 꿈이다. 그것은 당연히 있어야 할 세계의 얘기이다. 우리 어른들이 술이나 소설이나 영화를 통하여 들어가는 세계를 어린이들은 환상의 문을 통해서 들어가는 것이다.

환상은 현실 도피이다. 자기의 소망을 충족시키는 세계, 끝이 없는 그러한 세계를 말한다. 정신 이상자는 환상의 세계를 여행한다. 그러나 환상은 정상적인 어린이에게도 아주 흔한 것이다.

환상의 세계는 꿈의 세계보다 훨씬 더 매력적이다. 꿈속에서는 악몽에 사로잡힐 때도 있지만, 환상 속에서는 어떤 통제를 할 수 있고 자아를 충족시킬 수 있는 것만을 상상한다.

내가 독일학교에서 교편을 잡았을 때 10살 된 유태인계 여학생이 있었는데 그 소녀는 많은 공포심을 가지고 있었다. 그 소녀는 수업에 지각을 할까봐 두려워했다.

처음 등교하는 날, 그녀는 커다란 책가방을 가지고 와서 책상에 앉더니 4,563,207,867 ÷ 4,379의 계산을 시작했다. 이 계산을 계속 3일간 했다. 내가 그녀에게 그런 셈을 하는 것이 재미있느냐고 물었더니, 수줍은 듯이 '예'하고 대답했다. 그리고 나흘째 되던 날, 그 고통스런 계산을 계속하고 있는 것을 보고 물었다.

「너 정말 그런 계산하는 것이 좋으냐?」

그녀는 울음을 터뜨렸다. 나는 조용히 책을 빼앗아서 다른 방에 치워 두고는 말했다.

「우리 학교는 자유스러운 곳이야. 너는 네가 하고 싶은 것을 얼만든지 할 수 있다.」

그녀는 행복해 보이기 시작했으며 온종일 학교 안에서 휘파람을 불며 다녔다. 공부는 하지 않고 휘파람만 불었다. 그리고 수개월 후 내가 스키를 탄 후 숲속을 지나 걸어오는데, 소리가 나서 보니 슬로비아가 있었다. 그녀는 스키를 벗어들고 웃고 중얼거리며 눈속을 걷고 있었다. 그 아이는 확실히 여러 배우들의 역할을 흉내내고 있었다. 내 옆을 지나면서도 나를 보지 못했다.

다음날 아침, 나는 그녀에게 숲속에서 얘기하고 있는 것을 들었다고 했더니 어리둥절 하면서 교실 밖으로 뛰어나갔다. 오후에 내 방 근처에서 서성거리더니 결국 들어와 이야기를 했다.

「선생님, 어제 일을 말하기가 곤란해요. 그러나 지금 얘기 할게요.」

그것은 이상한 얘기였다. 수년동안 그녀는 그룬월드라는 꿈속의 마을에 살고 있었다. 그녀는 나에게 그녀가 그린 마을의 지도를 보여주었으며, 심지어 꿈속의 집 설계도까지 보여주었다.

그녀는 각각 다른 성격을 가진 사람들을 그 마을에 살게 하고 있었으며 그들과 아주 친했다. 내가 그때 들은 것은 바로 한스와 헬머스라는 두 소년의 얘기였다. 그녀에게서 환상의 원인을 찾아내는 데는 여러 주일이 걸렸다. 슬로비아는 외동딸로서 친구가 없었기 때문에 친구가 있는 환상의 마을을 만들었던 것이다.

그녀의 환상에 대한 열쇠가 풀린 것은 그녀가 해준 얘기에서였다. 즉 헬머스가 농장을 침입했다고 해서 심하게 맞았다는 것이다. 그리고 그 농장은 마치 새로 솟아나는 자기 음부의 털처럼 보였다는 것이다.

그리고는 실토를 하는데 남자와 성 관계를 가졌다는 것이다. 그때 나는 이해했다. 즉 헬머스는 농장을 침입했다는 남자의 표상이었고, 또한 헬머스는 자위 행위를 하는 그녀 자신의 손을 나타낸 것이었다.

나는 그녀에게 그 환상의 배후에 놓여 있는 사실을 설명함으로써 그녀의 환상을 깨뜨리려고 하였다. 이틀 동안 그녀는 실의에 찬 채 방황하더니 울면서 말했다.

「나는 어젯밤에 그룬월드로 돌아가려고 했어요. 그러나 나는 돌아갈 수 없었어요. 당신은 내가 이 세상에서 가장 좋아하는 것을 망쳐버렸어요.」

열흘 후 선생님 한 분이 나에게 말했다.

「슬로비아에게 무슨 일이 있나요? 그녀는 온종일 노래를 부르고 기분 좋아 보이던데요.」

그 아이가 명랑해진 것은 사실이었으며 매사에 흥미를 갖기 시작했다. 그녀는 심지어 학과 공부에 대해 질문도 했으며 잘 배웠다. 그림도 그리고 스케치도 멋지게 했다. 결국 그녀는 현실로 돌아온 것이다.

그녀의 끔찍한 성적 경험과 고독이 아무런 유혹과 악인이 없는 환상의 세계로 인도했던 것이다. 그래서 백일몽 속에서까지 헬머스는 그녀의 천국에 침입했던 것이다.

또다른 소녀는 자기 자신을 멋진 여자 배우로 생각하는 백일몽에 잠기곤 했는데, 군중은 그녀에게 16번이나 앙코르를 청했다고 생각했다.

화를 잘내는 짐은 대소변의 환상에 대해서 말해주었다. 그는 힘에 관하여 섹스를 사용한다.

또 다른 9살 된 소년은 기차에 대한 환상을 갖고 있었다. 그는 항상 기관사이고 보통 왕과 여왕이(부모) 승객이 된다.

찰리는 항공편대나 전차부대를 가지고 있는 것처럼 상상한다. 짐은 부자인 자기 아저씨가 소년용 롤스로이스 차를 그에게 선물할 것이며, 또 그는 새 자동차에는 운전면허증이 필요없다고 말했다.

나는 언젠가 한번 여러 어린 아이들이 짐의 말을 듣고 4마일 떨어진 기차 정거장으로 걸어가는 것을 보았다. 그들은 짐의 아저씨가 그 정거장으로 차를 보내주기로 했으니 그것을 타고 돌아오려는 것이었다.

나는 짐의 상상 속에 있는 자동차를 찾기 위해 어린아이들이 괴로운 진흙길을 4마일이나 걸어 가서 크게 실망할 것을 알고 있었기 때문에 그들의 원거리 보행을 중단시키려고 했다. 나는 그들에게 그렇게 하면 점심을 굶게 될 거라고 말했다. 짐은 불안해 하면서 소리쳤다.

「우리는 점심을 굶고 싶지 않아요.」

그들을 돌보는 보모가 갑자기 보완책을 생각해 내더니 극장으로 데려가겠다고 했다. 그들은 입고 있던 비옷을 황급히 벗어던졌다. 짐은 매우 안심이 되었다. 왜냐하면 그에게 자동차를 선물한다는 아저씨는 다만 상상 속의 인물이라는 것을 그는 잘 알고 있었기 때문이다.

짐의 환상은 섹스와는 아무 관계가 없었다. 그가 서머힐에 입학한 이후 이런 식으로 다른 아이들에게 인상을 남기려고 했다.

며칠동안 어린이들 한때가 라임 항구에 배가 들어오는 것을 지켜보고 있었다. 짐은 그들에게 2척의 항해선을 보유하고 있는 다른 아저씨에 관해 이야기 했기 때문이다.

그 소년들은 짐더러 그 아저씨에게 모터 보트를 선물하도록 편지를 쓰라고 했다. 그들은 항해선이 보트를 항구로 끌고 들어오는 것을 보고 싶어 했다. 이렇게 해서 짐은 자기의 우월감을 충족시키려고 했다. 그는 가난하고 보잘 것 없는 남의 집에 맡겨진 아이였다. 그래서 그는 이 열등 의식을 환상으로 보완하려는 것이었다.

환상을 모두 없애는 것은 인생을 무의미하게 만들지도 모른다. 창조적인 모든 행동은 상상에 의해서 이뤄진다. 렌의 상상은 단 하나의 돌멩이가 놓여지기도 전에 바울 사원을 이미 지었음에 틀림없다.

간직할 만한 가치가 있는 꿈이란 그것이 현실적으로 이루어질 수 있는 꿈이어야 한다. 다른 종류 즉 지나가는 환상은 가능한 한 깨어져야 한다. 만일 그런 황상은 오래 추구한다면 어린이는 퇴보하게 된다.

어느 학교에서든지 소위 열등생이라는 아이는 대개 환상에 사는 아이다. 아저씨가 롤스로이스를 보내주기만 기대하고 있는 학생이 어떻게 수학에 흥미를 가질 수 있겠는가? 나는 학부모들과 함께 독서와 작문에 관하여 신랄한 토론을 때때로 해왔다. 어머니 한 분이,

「내 아들은 사회에 잘 적응할 수 있어야 합니다. 강제로라도 그에게 독서 지도를 시켜주십시오.」

「당신의 어린이는 환상의 세계에 살고 있습니다. 그 환상의 세계를 없애려면 아마 1년은 걸릴 겁니다. 그에게 지금 독서를 강요한다는 것은 바로 어린아이에게 대해서 죄를 저지르는 것과 같습니다. 그가 그의 환상의 세계에 대한 관심을 잊어버리기 전에는 절대로 독서에 관심을 가질 수 없습니다.」

그러나 내가 아이를 불러 엄하게 말할 수는 있다.

「너의 아저씨나 모든 자동차에 대한 환상 따위는 버려라. 모두 네가 만든 애기라는 것을 너도 알잖아. 내일 아침에 일기 공부해라. 안 하면 알지?」

이것은 죄악이다. 어린이의 환상을 다른 것으로 대체하기 전에 어린이의 환상을 깨뜨리는 것은 옳지 못한 방법이다. 가장 옳은 방법은 어린이로 하여금 그 환상에 대해서 애기하도록 격려해주는 것이다.

그렇게 하면 십중팔구는 그것에 대한 관심을 서서히 잃어버리게 될 것이다. 단 특별한 경우 환상이 아주 오래 된 것이면 그것을 깨뜨리기는 아주 어렵다. 그런 환상을 대체시킬 수 있는 것이 반드시 있어야 한다. 늘 건전하기 위해서는 어른이나 아이들이나 간에 자신이 우수할 수 있는 최소한 한 가지의 영역은 가지고 있어야 한다.

학급에서 우월감을 가질 수 있는 방법으로 첫째, 성적이 우수하거나 둘째, 학급을 지배할 수 있는 능력을 갖고 있어야 하는 것이다.

둘째 방법이 더 마음이 쏠리는 방법이다. 그래서 외향적인 성격의 어린이들이 쉽사리 우월감을 가질 수 있다. 우월감을 자기 환상 속에서 찾으려는 어린이는 보통 내성적인 성격의 어린이이다. 현실 세계에서 그는 자기의 우월감을 갖지 못한다.

그는 싸움도 못하고 경기에서도 이기지 못하며, 행동이나 노래나 춤도 모두 할 수 없다. 그러나 자기 자신 환상의 세계에서는 챔피언일는지도 모른다. 이기적 만족감을 추구하는 것은 모든 인간에게 있어서 불가결한 것이라 할 수 있다.

파괴성

　어른들은 어린아이들이 재산에 대한 관념이 희박하다는 것을 인식한다는 것이 매우 힘든 일로 알고 있다. 아이들은 물건을 고의적으로 파괴하는 것은 아니라 무의식적으로 파괴하는 것이다.

　언젠가 나는 정상적이고 행복한 여학생이 우리 직원실에 있는 호두나무로 된 벽난로 선반에 빨갛게 달군 부지깽이로 구멍을 뚫고 있는 것을 보고 왜 그러느냐고 물었다. 그랬더니 놀라면서 하는 말이 '생각 없이 그랬어요'라고 솔직하게 말했다. 그 여학생의 행동은 의식을 통제할 수 없는 일종의 상징적 행위였다.

　사실상 성인은 가치 있는 물건에 대한 소유욕이 있지만 어린이들은 그렇지 않다. 그래서 어른과 어린이가 같이 지낸다는 것은 물질면에서 충돌을 가져온다.

　서머힐에서는 잠자기 5분 전까지도 아이들이 난로불을 세게 피워 놓는다. 그들은 대체로 석탄을 듬뿍 듬뿍 넣는다.

　왜냐하면 나에게는 1년에 1천불이나 되는 돈이지만 그들에게 석탄이란 검은 돌멩이 밖에 안된다. 또한 그들은 전등과 전기요금을 연상하지 않기 때문에 필요없는 전기불도 켜놓는다.

　실제로 어린이에게는 가구가 눈에 보이지 않는다. 그래서 서머힐에서는 자동차 시트와 버스 시트를 낡은 것으로 사들인다. 한두 달만 지나면 그것들은 전혀 쓸모없는 물건이 되어버리는 것이다.

　가끔 식사시간에 어떤 어린이들은 식사 차례를 기다리면서 그의 포크를 거의 못쓰게 만들어버린다. 이런 짓은 무의식적으로 하게 되는 행동이다. 학생들이 소홀히 하거나 파손하는 것이 비단 학교의 물건만이 아니다. 어린이는 새 자전거를 3주만 지나면 비오는데 내버려둔다.

　9~10살 된 아이들의 파괴성은 단지 악의가 있거나 반사회적인 것

은 아니다. 단순히 개인 재산이란 관념이 그들에게는 아직도 실감이 들지 못하기 때문이다.

어린이들이 환상의 나래를 펴면 그들은 침대 시트나 담요를 가져다가 그들의 방에서 해적선을 만든다. 그러는 동안에 자기들의 시트는 새까맣게 되고 담요는 조각조각 난다.

검은 깃발을 말아 올리고 뱃전에 총질하며 노는데, 시트가 더러워지는 것하고 무슨 상관이 있겠는가? 진정으로 어린이를 자유롭게 생활하도록 하려면 남자가 됐든 여자가 됐든 백만장자가 아니면 곤란하다.

왜냐하면 선천적으로 타고난 어린이의 부주의성을 늘 경제적인 요소와 마찰을 하게 한다는 것을 좋은 일이 못되기 때문이다.

강압적으로라도 아이들로 하여금 물건을 귀중히 여기도록 해야 한다고 주장하는 교육자의 이론은 실감이 안난다. 그것은 바로 어린이의 유희 생활에 대한 희생이 되기 때문이다.

어린이는 자기 자신의 자유 선택을 통해서 가치관을 수립해야 된다. 어린이들이 물건에 대해서 무관심한 사춘기 이전의 시기를 벗어나게 되면 물건을 귀중하게 여기게끔 된다.

어린아이들이 물건에 대한 무관심 단계를 넘길 수 있도록 자유가 주어진다면, 그들은 좀처럼 모리배나 착취자가 되지 않을 것이다.

여학생들은 남학생들처럼 부수면서 화를 내지는 않는다. 그 이유는 그들 환상의 세계가 해적선이나 강도와는 거리가 멀기 때문이다. 그리고 남학생들의 경우는 이해가 가지만 여학생들의 경우는 거실이 너무 지저분하다. 그들은 남학생들이 찾아와서 어지러 놓았기 때문이라고 하지만 나는 납득이 잘 안간다.

수년 전 우리는 어린이 방을 따뜻하게 해주기 위해 침대 안을 비버털로 씌워주었는데 아이들은 그것을 집어뜯었다. 비버 섬유로 된 탁구실 벽은 마치 폭격받고 난 뒤의 베를린 시와 같이 보기 흉했다.

비버털을 집어뜯는 것은 코 후비는 것처럼 무의식적이었으며, 다른 형태의 파괴성과 마찬가지로 무언가 보이지 않는 동기, 즉 흔히 창의

성 같은 것이 있기 때문이다.

만일 남학생이 배의 용골을 만드는데 쇠조각이 필요하면 구할 수 있을 경우는 못을 사용하지만, 못이 없을 때에는 내가 쓰고 있는 값싼 연장 중에서 자기의 용골 크기와 같은 것을 골라 쓰는 것이다. 어린이들은 끌도 못처럼 쇠뭉치로 밖에 취급하지 않는다.

한번은 영리한 소년인데, 검은 타르를 지붕에 바르는 데 아주 값비싼 흰색 도료용 솔을 쓰고 있었다. 우리들은 아이들이 어른들과는 전혀 다른 가치관을 가지고 있다는 것을 알았다. 학교에서 어린이들의 정서 함양을 위해서 벽에다 훌륭한 그림을 붙이고, 멋있는 가구를 방에 넣어주면 망쳐버려서 처음부터 잘못 시작한 결과가 된다.

어린이들은 원시적이다. 저희들이 문화를 요구할 때까지는 가능한 한 원시적이고 비형식적인 환경에서 그들은 생활해야만 된다.

몇년 전 우리가 현재의 건물로 이사를 올 때 보기 좋은 참나무 문에다 칼을 던지는 아이들이 있어서 혼이 났다. 그래서 서둘러 두 개의 철도 화물차를 사다가 방갈로를 만들어줌으로써 우리의 원시인들은 마음대로 칼을 던질 수 있었다.

33년이 지난 현재에도 그 화물차는 그대로 남아 있다. 주로 12~16살 되는 남학생들이 거기에 살고 있다. 당시에 파괴벽이 있던 아이들이 지금은 장식도 하고 안온한 분위기를 좋아하는 소년들로 변모했다.

그들은 그들의 담당 구역을 아름답고 깨끗하게 간수된다. 불결하게 하고 있는 학생들은 주로 최근에 전학온 학생들이다.

서머힐에서는 전에 사립학교에 다니던 학생들이 누추하고 불결하며 기름투성이의 옷을 입고 다니기 때문에 누구든지 알아낼 수가 있다. 전에 다니던 학교에서 억압받았던 원시 지향성을 가진 어린이들로 하여금 그것으로부터 벗어나게 하는데는 시간이 걸리며, 그들이 자유로운 학교에 있어서 가장 골친 아픈 곳이다.

초창기에는 작업실을 언제나 어린이들에게 개방했는데, 결과적으로 모든 연장이 분실되거나 파손되었다. 그래서 내 개인 작업실과 학생들의 공동 작업실을 칸막이로 막아 문을 잠가버렸다.

그러나 나는 양심상 늘 괴로웠으며, 너무 이기적이고 반사회적인 것을 느꼈다. 그래서 결국 그 칸막이를 부숴버렸다. 6개월이 지나자 내 개인 작업실에 있던 그 좋은 연장들이 하나도 남은 것이 없었다.

어떤 소년은 철사로 된 꺽쇠를 자기 오토바이 고치는데 전부 써버렸다. 또 어떤 아이는 내 선반기계를 작동하고 있는 나사못 절단기에다 장난했다. 반들반들하게 닦아 놓은 놋쇠나 은제품에만 쓰는 망치를 벽돌 깨는데 쓰기도 했다.

연장들이 없어졌고 또 찾을 수가 없었다. 제일 안된 것은 수공업에 대한 흥미가 완전히 사라지게 된 점이다. 왜냐하면 상급학생들이,

「작업실에 가야 아무 소용이 없다. 연장이란 모두 못쓰게 되었으니 말이야.」

하고 불평했기 때문이다. 실지로 연장이 모두 못쓰게 되었다. 대패는 모두 날이 무디어졌고 톱은 이가 하나도 없었다.

나는 학생회에서 내 작업실에 다시 열쇠를 채우겠다고 제안해 동의를 얻었다. 그러나 방문객들에게 학교를 소개할 때마다 내 작업실을 일일이 열어야 하기 때문에 창피한 생각이 들었다. 그래서 늘 개방할 수 있는 별개의 작업실을 마련하여 집게·종이게·톱·끌·대패·망치 등을 마련해 놓았다. 약 4개월이 지난 어느 날 단체 방문이 있어서 학교를 소개하는데 내 작업실 문을 여니까 한 사람이 말했다.

「자유가 없는 것 같은데요?」

「아, 그런데요.」

「학생들의 작업실이 따로 있어서 온종일 개방하고 있습니다. 이쪽으로 오시죠. 보여드리겠습니다.」

그런데 작업실에는 집게 외에는 남은 것이라고는 하나도 없었다. 15,000평이나 되는 이 학교의 어느 구석에 끌이며 망치가 산재해 있는지 알 수가 없었다.

작업실 문제는 직원들의 걱정거리였다. 누구보다도 내가 제일 걱정

이었는데, 그것은 나에게 있어서 연장은 매우 중요하기 때문이다.

문제는 연장을 공동으로 사용한 것이 잘못되었다는데 있는 것으로 결론을 내렸다. 그래서 혼자 생각하기를 학생 각자가 자기 필요한 대로 자신의 연장 상자를 갖게 되면 문제가 달라질 것이 아닌가 했다.

나는 이 문제를 학생회의에 건의해 찬성을 받았다. 그 다음 학기에는 몇몇 상급생들은 자기 집에서 연장상자를 가져왔다. 그들은 연장을 잘 간수했으며, 또 전보다 훨씬 조심스럽게 다루었다.

서머힐에서 대부분의 문제를 일으키는 연령층은 광범위하다. 확실히 연장이란 아주 어린아이들에게는 별의미가 없다. 요즘 실과 교사들은 작업실을 잠가두고 있다.

나는 몇몇 상급생들이 원하면 내 작업실 사용을 기꺼이 허락했다. 그들은 훌륭한 작품을 만들려면 연장을 잘 다루어야 할 필요가 있다는 것을 알만한 연령에 도달했기 때문이다. 그들은 이제 자유와 방종의 차이도 이해한다. 그러나 지금도 서머힐에서는 문 잠그는 경우가 점점 늘어가고 있다. 이 문제를 어느 토요일 반 학생회에 상정했다.

「나는 문을 잠가두는 것을 좋아하지 않는다. 오늘 아침에도 손님이 와서 작업실·실험실·도기실 그리고 극장을 모두 열어놓지 않으면 안되었다. 그러니 여럿이 쓰는 방은 하루 종일 열어놓도록 할 것을 제안한다.」

상당한 이의가 빗발치듯 제기되었다.

「실험실에는 독약이 있으니까 잠가두어야 한다.」

「도기실은 실험실에 붙어 있으니 역시 잠가두어야 한다.」

「작업실 문은 열어 놓으면 안돼요. 전에 연장들이 어떻게 되었는지 보았죠!」

그래서 나는 주장했다.

「좋아, 그러면 최소한 극장만은 개방해도 되겠군. 이제 아무도 무대 위에 뛰어다니지 않을 테니.」

그러자 희곡작곡가, 남녀 배우들, 무대 감독자, 조명사 들이 모두 일어서더니 조명을 담당한 학생이 말했다.

「오늘 아침에 선생님이 문을 열어놔둬서 오후에 어떤 멍청이가 전등을 전부 켜놨어요. 매 왓트 당 9전이나 되는 전기 요금인데 3,000왓트를 전부 켰어요.」

그러자 다른 학생이 일어서서 말했다.

「꼬마들이 의상을 꺼내다가 입어요.」

결과적으로 문을 잠궈 놓지 말자는 나의 제안에 대해서 찬성한 사람은 나 자신과 7세의 소녀 두 사람 뿐이었다. 나중에 안 사실이지만 그 소녀는 7세의 어린이도 극장에 가도록 허락해 달라는 제의에 대한 표결인 줄 알고 손을 든 것이 우연히 나의 제안에 찬성하게 된 것이었다.

위의 여러 어린이들의 발언처럼 어린이들 스스로의 경험을 통해서 개인 재산은 소중히 다루어져야 한다는 것을 배우게 된다.

어른들은 애석하게도 어린이의 안전보다 물질의 안전에 더 염려를 한다. 한 인간의 피아노, 목수용 연장, 의복 등 수없는 물건들은 인간 자신의 한 부분이 되어버렸다. 대패 하나도 잘못 다루는 것을 보면 마음이 상한다. 이와 같은 소유물에 대한 애착은 흔히 어린이에 대한 사랑보다 크다. 매번 '놔두어라. 만지지 말고!' 라고 하는 표현은 곧 어린이보다 물건을 더 좋아한다는 것을 말해준다.

어른은 어린이들을 귀찮게 생각하고 있다. 어린이가 가지고 있는 소망은 성인의 이기적인 소망과 충돌되기 때문이다.

한때 어린 세 소년이 비싼 내 회중전등을 빌려갔다. 그들은 그 속을 보려고 분해하다가 결국 그것을 못쓰게 만들어버렸는데, 그들의 한 짓에 대해 내가 기쁘게 느꼈다면 거짓말이라고 할 수 있다. 나는 그 파괴 행위에 대해서 심리적인 면을 알고 있으면서도 불쾌했다.

나의 공상은 백만장자의 아들인 학생을 만나는 것이다. 그로 하여금 환상 속에서 온갖 실험을 다하도록 한다. 즉 무엇이든지 뜯어보도록 한다. 아버지 돈으로 신경질적인 어린이에게 자유를 허락한다는 것은 비용이 드는 일이기 때문이다. 예를 들어 건장한 아이라면 한결같이 식사하듯이, 텔레비전 세트에 못질하고 싶어하는 아이는 없다.

나는 강연할 때마다, '만일 어느 학생이 그랜드 피아노에 못질하려는 것을 보았다면 어떻게 하겠느냐'라는 질문을 받는다.

요즘은 어떤 사람이 그런 질문을 하는지 익숙하게 알아낼 수 있다. 그런 질문을 하는 여자들은 보통 앞자리에 앉아서 내 강의를 들으면서 때때로 못마땅한 듯이 머리를 흔든다.

질문에 대한 답은 '만일 당신이 그 어린아이에 대한 태도가 바르다면, 그 아이에게 어떻게 하든 상관없는 것이다'라고 한다.

못질을 했다고 해서 어린이에게 떳떳하지 못한 마음을 심어주지만 않는다면, 그 아이를 피아노에서 멀리 떼어놓아도 아무런 문제가 되지 않는다. 따라서 어린이에게 옳고 그르다는 도덕적인 판단을 주입시키려고 하지 않는다면 당신이 하고 싶은 대로 해도 아무런 해가 없다. '나빠, 옳지 못해, 더러워' 라는 말들을 사용하는 그 자체가 어린이에게는 해로운 것이다.

망치질 문제를 보면 어린이에게는 피아노 대신에 못질을 해야 할 나무판자가 있어야만 한다. 어떤 어린이라도 자기 자신을 표현할 수 있는 도구가 있어야 하며, 그 도구는 자기 것이어야 한다.

그러나 그 도구에 대한 화폐 가치와 어린이와 결부시키면 안된다. 문제아의 고질적인 파괴성은 정상아의 파괴성과는 많이 다르다.

정상적인 어린이의 파괴성은 증오나 불안에서 나타나는 것이 아니라 창의적인 환상이 짓궂은 방법으로 나타나는 것이다. 실지로 파괴성이 행동에 나타난다면 그것은 증오를 의미하는 것이다.

상징적인 의미로 그것은 살인과 같다. 이것은 문제아에게만 국한된 것이 아니다. 전시 군인에 의해서 가옥을 빼앗겼을 때 군인들이 아이들보다 훨씬 파괴적이었다. 파괴하는 것이 군인들의 업무를 볼 수 있느니만치 그것은 당연한 일이다.

창조는 생명과 같고 파괴는 죽음과 같은 것이다. 파괴적인 문제아는 반생명적이다. 불안에 사로잡힌 아이의 파괴성에는 여러 가지 내용이 내포되어 있다. 그 중 하나는 자기보다 더 사랑을 받는다고 생각하는 형제 자매에 대한 질투이고, 또 하나는 구속에 대한 반발이다. 또 다른 하나는 어떤 물건의 내부를 보고 싶어하는 호기심이라 할 수 있다.

우리가 주로 염려해야 할 것은 실지 물건의 파괴가 아니라 파괴를 통해서 표현하는 증오인 것이다. 그 증오는 어린이로 하여금 가학성 변태성욕환자로 만들게 되는 것이다.

이것은 아주 심각한 문제이다. 그것이 바로 인간이 나서 죽을 때까지 증오에 찬 세상의 고통을 가져다주기 때문이다.

물론 이 세상에는 사랑도 많다. 만일 사랑이 없다면 인간은 자포자기가 될 수밖에 없다. 부모나 교사가 된 사람은 누구나 할 것 없이 자기 자신에게서 사랑을 찾아내도록 성실하게 노력하지 않으면 안된다.

거짓말

만일 당신의 자녀가 거짓말을 한다면 그는 당신을 무서워하거나 아니면 당신을 모방하고 있는 것이다.

거짓말 하는 부모는 거짓말 하는 아이를 갖게 된다. 당신의 아이에게서 진실을 바라거든 그에게 거짓말을 하지 말아라.

이것은 꼭 도덕적 의미에서 하는 말이 아니다. 우리 모두가 때에 따라 거짓말을 하기 때문이다. 가끔 우리는 다른 사람들의 감정을 상하지 않게 하기 위하여 거짓말을 한다. 물론 이기주의자나 거만한 행동에 대한 비난을 받을 때 우리는 자신을 속이고 변명한다.

‘엄마가 골치 아프니까 조용히 해라’ 하고 거짓말로 조용히 시키는 것보다, ‘그렇게 법석떨지 마’ 하고 솔직하게 야단치는 것이 훨씬 낫다. 물론 아이들이 부모를 무서워하지 않을 때에만 그렇게 무난히 얘기할 수 있는 것이다.

부모들은 자기들의 위엄을 지키기 위해 종종 거짓말을 한다.

「아빠는 여섯 명의 남자하고 싸울 수 있죠. 그렇죠?」

「아니야, 내 이 뚱뚱한 몸과 약한 근육으로는 난쟁이와 싸워도 질 거야.」

라고 대답하는 편이 낫다. 아버지로서 자기 자녀에게 솔직하게 자기도 천둥이나 경찰을 무서워한다고 사실대로 말할 수 있는 사람이 몇이나 될까? 사람이 어려서 학교 다닐 때의 어리석었던 일을 자기 자녀들이 알지 못하게 하기 위하여 슬슬 감추지 않는 사람이 없다.

가족들이 거짓말을 하는데는 두 가지 동기가 있다.

하나는 아이들로 하여금 올바른 행동을 하게 하기 위한 것이고, 또 하나는 아이들에게 부모가 완전하다는 인상을 주기 위한 것이다.

'술 취한 적이 있어요?' '욕해 본 적이 있어요?' 등의 어린이 질문에 진지하게 대답해주는 부모와 교사는 과연 몇 사람이나 될까?

어린이들에 대한 두려움 때문에 어른들은 위선자가 되는 것이다.

내가 어린 소년이었을 때 아버지가 들소를 쫓으려고 담을 뛰어넘었는데 나는 그 사실을 용서할 수가 없었다.

어린이들은 그들의 환상 속에서 우리를 영웅과 기사로 만들고, 우리는 또 거기에 맞추어 가려고 안간힘을 쓴다.

언젠가 어린이들은 부모나 교사들이 거짓말쟁이이며 사기꾼이었다는 것을 알게 된다. 젊은이들의 부모들을 시대에 뒤떨어진 사람이라고 비난하고 멸시하는 시대가 올 것이다. 이러한 시대는 부모가 어떠한 사람이라는 것을 아이들이 정확히 알게 될 때 오게 된다. 그 경멸이란 어린이가 환상 속에서 바라는 부모에게 대한 경멸이다.

꿈속에서의 훌륭한 부모와 현실에서의 나약한 부모와의 차이는 어린이에게 대조적으로 나타난다. 시간이 지나면 어린이들은 동정이나 이해 때문에 현실의 부모에게 돌아가 환상이 사라진다.

만일 부모들이 처음부터 자신들에 관해서 사실대로 솔직하게 얘기해 준다면 아이들은 모두 쓸데없는 오해를 갖지 않을 것이다.

어린이에게 진실을 말해주는데 있어서의 애로점은 우리가 우리 자신에게 모든 진실을 말하지 못했기 때문이다. 즉 우리는 스스로 자신을 기만하고 이웃에게도 거짓말을 한다.

지금까지 씌여진 자서전은 모두 거짓말이다. 우리는 도저히 도달할 수 없는 도덕의 기준에 따라서 살도록 배웠기 때문에 거짓말을 하는 것이다. 어렸을 때 받은 교육은 뒤에 성인이 되어서 우리 자신을 숨길 수 있는 소재를 준 셈이다.

비록 간접적인 방법으로라도 어린이들에게 거짓말을 하는 성인은 어린이에 대한 참다운 이해가 없는 사람이다. 따라서 모든 교육 제도는 거짓말 투성이이며, 학교에서는 복종과 근면은 미덕이며, 역사나 불어 공부 즉 학과 공부가 교육이라고 거짓말만 가르쳐 오고 있다.

학생들간에는 고질적이고 습관화된 거짓말쟁이는 없다. 그들이 처음 서머힐에 입학했을 때 진실을 말하는 것이 두려워 거짓말을 한다.

학교가 순경(감시자)이 없는 학교라는 것을 알게 되자 거짓말 할 필요가 없다는 것을 알게 되었다. 어린이들이 하는 대부분의 거짓말은 공포감 때문에 하게 된다. 그러한 공포감만 없어지면 거짓말은 사라진다. 그렇다고 거짓말 하는 버릇이 완전히 없어진다고는 말할 수 없다.

어린아이가 창문을 깨뜨린 것은 말할지 몰라도 남의 냉장고 음식을 꺼내 먹었다거나, 또는 도구를 훔친 일은 말하지 않을 것이다. 거짓말을 완전히 없앤다는 것은 바랄 수 없다. 자유 또한 어린이들의 환상을 제거하지 못한다. 종종 부모들은 사실을 침소봉대하는 버릇이 있다.

어린 지미가 나한테 아빠가 승용차 한 대를 보내준다고 하길래 '나도 알고 있다. 문앞에 멋있는 차가 있더라'라고 했더니, '거짓말 말아요, 실은 내가 농담으로 그랬는데요'라고 그는 말했다.

비논리적이고 역설적인 것 같지만 나는 거짓말과 정직하지 못한 것을 구별지어 놓았다. 사람은 정직할 수도 있지만 거짓말쟁이이기도 하다. 즉 사람은 인생에 있어서 소소한 일에는 비록 정직하지 않을지라도 큰 일에 대해서는 정직할 수 있다.

그래서 우리가 하는 많은 거짓말들은 다른 사람의 고통을 덜어준다는 의미를 가지고 있다. 사실대로 말하는 것이 좋지 않을 경우가 있다.

만일 '선생의 편지는 너무 길고 분명하지 않아서 전부 읽을 수 없습니다'라고 답장을 쓴다든가, 혹은 소위 음악가라고 자칭하는 사람에게 '연주는 고마왔습니다만, 그런데 소곡을 망쳤습니다'라고 한다면 오히려 좋지 않은 것이 된다.

어린이로 하여금 진실 외에는 말 못하게 강요한다는 것은 바로 어린이를 인생에 있어서 거짓말쟁이가 되게 하는 방법이 되는 것이다.

나도 언제나 진실한 것만을 말하는 것은 어렵다고 생각한다. 그러나 어린이에게나 어린이 앞에서 거짓말하지 않겠다고 결심만 한다면 생각보다는 쉽게 지켜나갈 수 있을 것이다.

거짓말 중에서도 용서할 수 있는 거짓말이라면 생명의 위험에 처했을 때 하는 거짓말이다. 예로 어린이가 중병을 앓고 있을 때는 그의 어머니가 죽었다 해도 그 말을 하지 않아야 하는 것이 당연하다.

우리가 기계적으로 지키는 예의의 대부분은 생활상의 거짓이라 할 수 있다. 우리는 고맙지도 않은데 고맙다고 인사하게 되며, 존경하지도 않는데 모자를 벗어서 공손히 인사를 하는 따위이다.

거짓말 하는 것은 그렇게 나쁜 것이 아니나 거짓되게 생활하는 것은 커다란 재난과 같다. 정말 위험한 것은 거짓말을 하면서 살아가는 부모이다.

「나는 아들에게 언제나 정직하고 진실하게 행동하라고 당부했다.」라고 도둑질을 한 어떤 16살 된 소년의 아버지가 말했다.

그 남자는 자기 부인을 미워했으며 부인도 남편을 미워했는데, 가면적으로는 굉장히 사랑한다고 했다.

그의 아들은 자기 집에 무엇인가 잘못된 점이 있다는 것을 희미하게나마 느낄 수 있었다. 그러한 가정에서 자란 아이에게서는 대개 부정직성 외에는 아무것도 바랄 수 없다. 그 소년의 도벽은 자기의 가정에서 결여된 사랑을 보상하는 하나의 감정적인 방법이다.

어린이가 거짓말하는 것은 부모의 거짓말을 모방하는 것이다. 아버지와 어머니가 서로 사랑하지 않는 가정에서 자란 아이가 진실해질 수 있다는 것은 불가능한 일이다. 불행한 부부의 형식적인 가식은 어린이한테 속일 수 없다. 그래서 그 어린이는 가식이라는 환상의 비현실적인 세계로 자신을 몰고 가는 것이다. 어린이들은 그들이 잘 알지는 못해도 느낄 수 있다는 사실을 기억해야 한다.

교회에서는 인간이 죄인으로 태어났으나 속죄를 받아야 한다고 거짓말을 해오고 있고, 법률은 인간성이란 처벌의 증오를 받음으로써 개선된다고 거짓말 하고 있다. 의사나 약품회사들은 건강이란 약물 복용에 달려 있다고 거짓말을 계속하고 있다.

거짓말로 충만된 사회에서 부모로서 정직하게 된다는 것은 무엇보다 힘든 일이라는 것을 알 수 있다. 부모가 아이들에게 '자위 행위를 하면 사람 미치는 거다'라고 한다. 부모가 거짓말을 하는 것은 그것이 아이들에게 커다란 해를 준다는 점을 모르기 때문이다.

부모는 거짓말 할 필요가 없으며, 거짓말을 해서도 안된다. 거짓말을 모르는 가정 출신의 자녀는 총명하고 성실하다. 부모는 사실대로 어린이의 질문에 대답할 수 있다. 말하자면 어린 아기의 탄생에 관한 얘기도 어머니들끼리 하는 얘기처럼 해주어야 한다.

나는 38년이 지나도록 학생들에게 의식적으로 거짓말을 해본 적이 없으며, 실지로 거짓말을 할 생각도 가져 본 일이 없었으나, 언젠가 큰 거짓말을 한 일이 있다.

불행한 과거를 가진 어느 여학생이 일 파운드의 돈을 훔쳤다. 마침 세 남학생으로 구성된 도난방지위원회에서 그 여학생이 아이스크림이며 담배를 사느라고 그 돈 쓰는 것을 알게 되자 조사했다.

그 여학생이 '니일이 돈을 주었다'고 말하니까, 그들은 그 학생을 내게 데려와서 '리즈에게 돈 준 일이 있어요?' 하고 물었다. 그래서 상황을 눈치채고 '그랬다, 왜 그러니?'하고 상냥하게 말해주었다.

만일 내가 그 여학생을 구해주지 않았더라면, 그 여학생은 영원히 나를 신임하지 않았을 것이다. 그 여학생의 도벽은 사랑의 보상 행위이며, 이것이 결국은 다른 적대적 방향으로 나타난 것이다.

나는 항상 그 여학생 편을 들어주고 있는 것을 보여주어야 했다. 그 학생의 가정이 정직하고 자유로웠다면, 그러한 입장은 절대로 일어나지 않았을 것이다. 이 학생은 의도적으로 거짓말을 했으나 다른 경우엔 감히 거짓말을 하지 않는다.

어린이들이 자유롭게 크면 거짓말을 하지 않는다. 하루는 구내 경관이 내 사무실에 왔었는데 한 남학생이 와서,

「니일, 내가 휴게실 유리창 문을 깼어요.」

라고 하는 것을 보고 깜짝 놀랐다. 어린이들은 대개 그들 자신을 방어하기 위해서 거짓말을 한다. 공포로 가득찬 집안에는 거짓말이 많은 것이다. 공포심을 없애면 거짓말도 사라지게 된다. 그러나 공포에 근거를 두지 않은 거짓말도 있다. 즉 환상 때문에 거짓말을 하게 된다.

「엄마, 나는 소만큼 큰 개를 보았어요」

라는 말은 낚시꾼이 고기를 못 잡고서 고기가 도망갔다고 거짓말 하는 거나 똑같다. 이 경우 거짓말은 거짓말 하는 사람의 인격을 높여준다. 그런 거짓말에 대한 명백한 대응 방법은 그 분위기에 맞춰주는 것이다. 빌리가 자기 아버지가 롤스로이스 차를 가지고 있다고 하기에,

「나도 알아, 참 멋있는 차지. 너는 그 차를 운전할 수 있니?」

라고 대꾸했다. 이러한 낭만적인 거짓말이 출생 때부터 자제력을 가진 어린이에게도 있을 수 있는지 의심스럽다. 나는 그런 아이들이 허풍을 떨어 자기의 열등 의식을 과잉보상 할 필요가 없다고 생각한다.

사생아는 자신이 결혼하지 않은 부모 사이에서 태어났다는 것을 알지 못하더라도 자기가 다른 아이들과 다르다는 것을 알아챈다.

만일 그가 사실을 알게 되면 물론 많은 사람들처럼 결혼한 사이에서 태어났건 아니건 간에 상관없다는 태도를 갖지 않을 것이다.

무지한 부모들이 거짓과 금지로써 아이들에게 많은 피해를 준다는 것을 아는 것보다는 느끼는 것이 더 중요하다. 즉 상처를 입은 것은 머리보다 마음이다. 두뇌가 신경증을 일으키는 것이 아니라 감정이 일으키는 것이다.

양자를 들인 부모는 아이에게 양자라는 사실을 말해주어야 한다. 계모가 전처의 아들로 하여금 자기가 진짜 엄마인 것으로 믿게 한다는 것은 스스로 문제를 만들고 또 문제를 갖게 되는 것이다.

나는 청소년들이 알지 못했던 사실을 안 뒤 나머지 일생동안 아주 심한 정신적 충격을 받는 경우를 보았다. 우리 주위에는 항상 젊은이들에게 괴로운 진실을 말해주기를 즐기는 밉살스러운 사람들이 있다.

당신은 결코 어떤 어린이에게도 거짓말을 하지 않겠다는 결심을 함으로써, 항시 악의에 찬 참견을 하는 사람들로부터 어린이들을 보호해야 한다. 거기에는 어린이에게 절대적인 사실을 알려주는 방법 외에는 다른 방법이 없다. 만일 아버지가 전과자였으면 그것을 알아야 하며, 어머니가 바의 여급이었으면 딸은 그 사실을 알아야 한다.

「엄마, 우리 둘 중 누가 더 좋아요?」
라는 질문을 받았을 때 사실대로 이야기하는 것은 난처하다.

그때는 사실과는 다르지마는 '나는 너희들 모두를 똑같이 좋아한다'라고 대답하는 것이 보편적이고 좋은 대답이다. 이 경우는 거짓말 하는 것이 옳다. 왜냐하면 '나는 토미를 가장 좋아한다'라고 하여 좌절감을 준다는 것은 좋지 못한 결과를 가져오기 때문이다.

성에 관해서 정직하게 이야기 하는 부모는 다른 사실에 대해서도 정직할 것이다.

가정에서는 버릇이 나쁜 아이를 벌하기 위해서 순경이 온다든지, 담배를 피우면 키가 자라지 않는다든지, 어머니가 월경이라고 말하는 대신에 머리가 아프다고 하는 따위의 거짓말 하는 것은 흔한 일이다.

여교사 한 분이 우리 학교에서 런던에 있는 유치원으로 전출되었다. 그 여선생 반의 한 어린 학생이 그녀에게 어린이가 어떻게 출생하느냐고 물었다. 다음날 아침 5～6명의 어머니들이 화가 나 학교로 몰려와서는 그녀에게 심한 욕설을 퍼부으면서 해임하라고 요구했다.

자유스럽게 자란 아이들은 의식적으로 거짓말을 하지 않는다. 거짓말을 할 필요를 느끼지 않기 때문이다. 그는 보복의 두려움 때문에 자신을 보호하기 위해서 거짓말을 하지는 않을 것이다.

그러나 이러한 아이라도 환상에 의한 거짓말을 한다. 즉 결코 일어나지 않는 일에 대한 허풍을 늘어놓는다. 공포 때문에 거짓말을 한다는 점에 대해서 새로운 세대는 아무것도 숨기지 않을 것이라고 본다.

그 세대는 모든 문제에 솔직하고 정직할 것이다.

어휘에 있어서는 '거짓'이라는 단어가 필요없을 것이다. 거짓말이란 언제나 비겁이며, 그리고 비겁은 무지의 결과인 것이다.

책 임

많은 가정에서 부모들이 어린이를 영구적인 육아로서 취급하기 때문에 어린이의 자아는 억압되어 있다. 부모들은 자녀에 대한 지나친 열의 때문에 자녀들의 책임감을 약화시킨다.

'너 쉐타를 입어야 한다.' '아가야, 틀림없이 비 올꺼다'. '철로 가까이 가서는 안된다.' '세수 했니?' 등 지나치게 관심을 갖는다.

서머힐의 한 신입생 어머니가 내게 말하기를, 자기 딸이 더러운 버릇이 있어 하루에도 10번씩이나 세수하라고 말을 했다는 것이다.

그 여학생은 도착한 다음날부터 매일 아침 냉수 목욕을 하고 최소한 일주일에 두 번은 온수 목욕을 했다. 때문에 그 여학생은 얼굴이나 손이 항상 깨끗했다.

집에 있을 때 그 여학생의 불결이란 단순히 그 어머니의 상상 속에만 있었던 일이고 따라서 딸을 어린애로 취급했기 때문이었다.

어린이들에게는 무한정의 책임을 허용해야 한다. 몬테쏘리 학교에서 교육받은 유아들은 뜨거운 수프가 가득 담긴 국그릇을 운반한다.

우리 학교 어린 학생 중 7살 된 한 어린이는 온갖 종류의 도구, 즉 끌·도끼·톱·칼 같은 도구를 쓴다. 나는 그 아이보다 더 자주 손을 베곤 한다.

의무를 책임과 혼동해서는 안된다. 의무감이란 인생 후반기에 얻어져야 한다. '의무'라는 단어는 불길한 연상을 너무 내포하고 있다.

노부모를 모시고 돌봐야 한다는 의무감 때문에 자신의 인생과 사랑을 놓친 여자들은, 의무감 때문에 오랫동안 서로 사랑하지 않으면서도 비참하게 같이 살아오고 있는 부부를 나는 생각한다.

기숙사 학교에 다니는 학생이나 또는 여름 캠프에 간 많은 학생들이 집에 편지해야 한다는 의무감 때문에 귀찮게 생각하며, 특히 일요일 오후에 편지를 쓰게 될 때는 아주 지겨워 한다.

책임이 나이에 의해서 고려되어야 한다는 것은 하나의 오류다. 그 오류란 우리가 정치가로 부르는 연약한 노인들, 다시 말해 정적인 인간이라고 하는 사람들의 손에 젊은이의 생활을 맡기는 것이 된다.

그것은 가족 구성원의 각자가 자기보다 바로 손아래인 사람을 안내하고 보호해야 한다는 것을 가정하는 오류인 것이다.

「너는 토미보다 나이가 많으니 토미가 길에 나가 뛰어다녀서는 안된다는 것을 알아야 한다.」
라는 말을 이해할 정도로 6살 된 아들이 이성적이고 논리적인 아이가 못된다는 것을 부모로서는 알기 힘든 일이다.

어린이는 그가 아직 책임질 준비가 안된 일에 대해 책임지도록 요구당해서는 안되며, 또한 의사 결정을 하지 못하는 문제에 대한 책임을 지워서도 안된다. 이런 얘기는 상식적이다.

서머힐에서는 5살짜리 어린이에게 난로 철망을 원하는지의 여부에 대해서는 묻지 않고, 6살짜리 학생에게 열이 오를 때 밖에 나가야 되는지 안되는지 결정하라고 요구하지 않는다.

또한 어린이가 과로했을 때 자러 갈는지 안 갈는지 묻는 일도 없다. 어린아이가 아플 때 그에게 치료해 주기 위해서 그의 승락을 받는 것은 아니다. 그러나 어린이에게 권위 ─ 필요한 권위 ─ 를 부여한다는 것이 곧 연령에 적합한 책임을 부여해야 된다는 생각과 상충되는 것은 아니다.

부모가 자녀에게 주어야 할 책임량을 결정하는데 있어서 부모된 사람은 언제나 자기의 내적인 마음에 따라서 해야 한다. 부모는 자기 자신을 우선 반성해야 한다. 예를 들면, 어린이로 하여금 제가 입을 옷을 스스로 고르도록 하지 못하게 하는 부모는 어린이가 고르는 옷은 부모의 사회적 위치에 합당치 않을 것이라는 생각을 하는 사람일 것이다.

자녀의 독서나 영화 관람 혹은 친구 관계를 조사하는 부모는 자기의 생각을 압력으로 어린이에게 부과하려고 하는 사람이다. 그런 부모들은 단순히 가장 좋은 것을 알고 있기 때문이라고 변명하지만, 실지로 마음 속에 있는 동기는 권위주의자로서의 권력 행사를 하려는데 있다.

대체로 부모들은 어린이의 신체적인 안전을 고려해 가능하면 많은 책임을 주어야 한다. 이러한 방법만이 부모가 아이에게 자신감을 길러 줄 수 있다.

복종과 훈련

어린이가 왜 어른에게 복종해야만 되느냐고 물어올 때 나의 대답은 간단하다. 즉 어린이란 어른이 가지고 있는 권력 욕구를 충족시키기 위해서 복종해야 된다고 말해준다.

신발을 신으라고 해도 신지 않으면 발에 흙이나 물을 묻힐 것이며, 낭떠러지에 서 있을 때 소리치는 아버지의 말을 듣지 않으면 떨어질지도 모르니까 복종시켜야 된다고 할 것이다.

물론 생사의 문제가 달려 있을 때 어린이는 복종하지 않으면 안된다. 그러나 어린이가 생사 문제에 대한 불복종 때문에 꾸중이나 벌 받는 것이 많다고 보는가?

설사 그런 일이 있다하더라도 극히 드문 일이다. 그런 경우 부모는 '내 보배여, 무사하구나! 하나님, 감사합니다'하고 어린이를 껴안는다. 그러니 대개 어린이가 벌받는 것은 사소한 문제 때문이다.

복종이 요구되지 않는 집안에서는 아이들이 마음대로 뛰어다닐 수 있다. 만일 내가 어린아이한테 '내 책을 모두 가져와라. 그리고 영어 공부를 해라'고 했을 때, 어린이가 영어에 흥미가 없다면 영어 공부는 하지 않을 것이다. 이러한 불복종이란 어린아이 자신의 욕망과 표현인 것이며, 이것은 다른 사람에게 절대로 폐를 끼치는 것이 아니다.

그러나 만일 '정원 한복판에 꽃을 심었으니 누구든지 들어가서 뛰어다니면 안된다'고 하면 어린이들은 내 말을 받아들인다.

이것은 '누구든지 나한테 우선 물어보지 않고 내 공을 사용할 수 없다'고 한 데리크의 말을 받아들이는 것과 똑같다. 순종이란 주고 받는 문제 — 기브 앤드 테이크의 문제 — 이어야 하기 때문이다.

서머힐에서도 때때로 학생회의에서 통과된 규칙에 대해 불복종하는 경우가 있다. 그러면 어린이들은 스스로 어떤 행위를 취한다. 그러나 서머힐은 권위나 복종없이 운영되고 있다. 각 개인은 다른 사람의 자유를 침해하지 않는 한 자기가 하고 싶은 대로 할 수 있다. 그리고 이것은 어느 사회에 있어서도 실현되어야 할 목표이다.

자율하의 가정에는 권위가 없으며, 이것은 '내가 말한 것을 지켜야해'와 같은 말을 고집하는 큰소리가 없다는 것을 의미한다. 물론 권위라는 것이 실제 있다.

그러한 권위는 보호나 관심, 성인의 책임감이라고 불리워지지만, 때로는 복종을 요구하기도 하고 어떤 경우는 복종해 주기도 한다.

내가 내 딸에게 '진흙과 물을 거실에 가지고 들어와서는 안돼'라고 말할 수 있다. 이것은 내 딸이 나에게 '아빠, 내 방에서 나가줘요. 아빠가 여기 있으면 싫어요'라고 하면서 내가 아무 말없이 자기의 말에 복종할 것을 바라는 것보다 더한 것이 아니다.

부모가 어린에게 씹기 어려울 정도로 음식을 먹어서는 안된다고 요구하는 것도 일종의 벌이다. 흔히 어린이란 제가 먹을 수 있는 양보다 더 먹으려고 밥그릇을 가득 채운다.

어린이에게 자기 그릇에 담긴 식사를 다 먹어야 한다고 강요하는 것은 옳지 않다. 부모가 잠재적인 좋지 않은 감정이나 동기를 숨기지 않고 어린이의 동기를 이해하고, 그 제한점을 깨달음으로서 부모 자신을 어린이와 동일화하려는 힘이 곧 좋은 부모를 만드는 것이다.

어느 어머니가 그녀의 딸을 자기 말에 복종하도록 했으면 좋겠다는 내용의 편지를 보내왔다. 그래서 나는 그 딸에게 자신에게 복종(자신의 판단에 의해서)하라고 일러주었다.

그랬더니 그녀의 어머니는 자기 딸이 불복종한다고 말하는 것이었다. 그러나 내가 볼 때 그 딸은 언제나 복종적이었다.

복종심은 사회적인 예의로써 나타나야 한다. 어른들은 아이들에게 복종을 강요할 권리가 없다. 복종이란 자발적이어야 하는 것이다.

훈련은 어떤 목적에 대한 하나의 수단이다. 군인을 훈련시키는 것은 싸움을 하는데 있어서 효과적인 병사를 만드는데 그 목적이 있다.

그러한 모든 훈련은 개인을 어떤 수단에 종속시키는 것이며, 훈련이 철저한 나라에서는 생명이 귀중히 여겨지지 않는 것이다.

그러나 또 다른 행태의 훈련이 있다. 오케스트라에 있어서 제1바이얼린 연주자는 지휘자에게 복종한다. 그는 지휘자를 따라서 멋진 연주를 하려고 하기 때문이다. 차렷 자세와 같은 훈련만 바르게 하는 일등병은 대체로 군대의 효율성에 관해서는 관심이 없는 사람이다.

모든 군대는 주로 공포심에 의해서 통제되며, 또 군인 각자는 자기가 복종하지 않으면 처벌을 받을 것이라는 것을 알고 있다.

학교에서의 훈련도 교사만 훌륭하면 오케스트라의 훈련과 같은 것이 될 수 있다. 그러나 학교의 훈련은 군대의 훈련 양식을 따르고 있다. 이것은 가정에서도 마찬가지다.

행복한 가정은 오케스트라와 같은 것이며, 오케스트라에서와 같은 단체 정신을 즐길 수 있다. 즉 불행한 가정은 증오와 훈련에 의해서 통제되는 군대와 같은 것이다.

이상한 것은 단체 정신의 훈련을 하는 가정이 군대 정신의 훈련을 하는 학교에 대해서 흔히 수용적인 태도를 보이고 있다는 점이다. 가정에서는 맞아본 일이 없는 아이들이 학교에서는 교사한테 매를 맞는 경우가 있다.

만일 혹성에 사는 현인이 와서 많은 초등학교에서 오늘날까지도 초등 어린이들이 철자법이나 덧셈을 잘못한다고 벌 받는다는 것을 알면, 이 나라의 부모들은 천치가 아닌가 하고 생각할 것이다.

인정있는 부모들이 학교에서 어린이를 때리는 것을 방지하기 위하여 법정에 고소하면 대부분의 경우 법은 처벌한 교사 편에 서는 것이다. 만일 부모들이 원한다면 체벌은 없앨 수 있다.

그러나 대부분의 학교 교육 제도가 체벌에 적합하게 되어 있기 때문에 남녀 학생들은 체벌에 의한 훈련을 받는다.

어린이는 벌주는 것과 같은 좋지 못한 교육을 하는 교사를 채용한 부모들에게 보다는 벌을 주는 교사에게 증오심을 갖는다. 이러한 제도는 부모들에게는 적합하다. 왜냐하면 그들 자신이 인생을 즐기거나 사랑하도록 살아오지 않았기 때문이다. 그 부모들은 또한 집단 훈련에 대한 노예가 되었으며, 자유를 볼 수 있는 영혼의 안목이 없었다.

가정에서도 어느 정도의 훈련이 필요한 것은 사실이다. 일반적으로 그런 훈련의 형태는 가족 구성원 개개인의 권리를 보장해준다. 예를 들면 나는 내 딸 조이에게 내 타자기를 가지고 놀지 못하게 한다.

그러나 행복한 가정에서는 이러한 종류의 훈련은 대개 저절로 된다. 인생이란 주고 받는데 즐거움이 있다. 부모와 자녀는 서로 친구이며 협동해서 같이 일하는 동료이다. 불행한 가정에서의 훈련은 바로 증오의 무기로써 사용되며 복종이 한 가정의 덕이 된다. 자녀는 소유당하고 있는 재산이므로 어린이는 자기의 소유자에게 신임을 받아야 한다.

자녀의 읽기와 쓰기 학습에 대해서 매우 걱정하는 부모는 자신의 교육적 성취를 못했기 때문에 인생의 실패자라고 느끼는 부모이다.

엄격한 훈련을 신봉하는 부모는 자신을 인정하지 못하는 부모이다. 음탕한 얘기를 하면서 돌아다니는 쾌활한 사람은 자기 아들이 배설물에 대해서 얘기만 해도 엄하게 꾸짖을 것이다. 진실성이 없는 어머니는 거짓말 한다고 해서 자녀를 때린다. 나는 어느 남자가 입에 파이프를 물고 자기 아들이 담배를 피운다고 때리는 것을 본 일이 있다.

아버지가 12살 된 아들을 때리면서 '아니, 내가 욕하라고 가르쳤니? 이 쌍놈의 자식아!'라고 하는 소리를 들은 적이 있다. 그래서 내가 충고를 하자 그 사람은 조금도 주저없이 '내가 욕하는 건 다릅니다. 그 애는 아직 어린애잖아요'하는 것이었다.

가정에서의 엄격한 훈련은 바로 자기 증오에 대한 투사 방법이다. 성인은 자신의 인생에 있어서 완전하기 위하여 노력해왔고 비참하게도 완전에 이르기에는 실패했다. 때문에 자기 자녀에게서 그것을 찾으려고 시도하고 있다. 그리고 그가 실패한 것은 모든 것을 사랑할 수 없었기 때문이다. 그는 즐거움을 악마처럼 두려워했기 때문이다. 그것이 바로 인간을 악마라고 말하게 된 까닭이다. 즉 그 악마란 최고의 기분을 가진 자요, 인생과 희열과 섹스를 즐기는 자이다.

완전의 목적이란 이 악마를 정복하는 것이다. 이러한 목적에서 신비주의나 비합리주의, 종교와 금욕주의를 끌어내오는 것이다. 그리하여 육체의 시련은 구타나 성적 금욕과 무기력의 형태로 나타난다.

엄한 가정의 훈련은 넓은 의미에서 인생 자체의 활력을 감소한다. 복종적인 어린아이로서 자유로운 성인이 된 일이 없다. 자위 행위 때문에 벌받은 아이는 장차 성적 쾌감을 충분히 맛볼 수 없다.

부모는 자기가 떳떳한 인간이 되지 못한 것처럼 자식들도 실패하는 인간이 되기를 바라는 것이라고 말한 적이 있다. 실은 그것보다도 더한 편이다. 즉 억압형 부모는 누구나 일률적으로 자기 자녀가 자신이 일생에서 이루어 놓은 것보다 더하지 못할 것으로 단정한다.

생동력이 없는 부모는 자식을 생동력 있게 하지 못하며, 그러한 부모는 항상 미래에 대해서 지나친 공포감을 갖는다. 그래서 그의 생각으로는 훈련만이 자기 자녀를 구원해 줄 것으로 믿는다. 이와 같은 내적 신념의 결핍은 자기 자신으로 하여금 선과 진실을 강요하는 외적인 신을 요구하도록 한다. 그리하여 훈련은 종교의 한 부분이 된 것이다.

서머힐과 전형적인 학교와의 차이점은 어린이의 인격을 신뢰한다는 점이다. 우리는 토미가 의사가 되기를 원하면 그가 시험에 합격하도록 자진해서 공부한다는 것을 안다. 그러나 훈련 위주의 학교에서는 토미가 정해진 시간에 공부하도록 매를 맞거나, 억압 또는 강요당하지 않으면 그는 의사가 될 수 없는 것이 틀림없는 사실이다.

나는 대부분의 경우 가정에서보다 학교에서 훈련을 없애는 것이 훨씬 쉬운 일이라고 생각한다. 서머힐에서는 일곱 살 난 어린이가 사회성에 위배된 행동을 하면 전체의 학생들이 그것을 용인하지 않는다.

사회적 인정이란 모든 사람이 다 바라는 것이니만큼 어린이는 올바르게 처신하는 것을 배우게 된다. 그러면 훈육이란 것이 필요없게 된다. 가정에서는 많은 정서적 요인과 다른 환경이 개입되기 때문에 이것이 쉽지 않다. 가사일에 얽매인 주부가 성질이 까다로운 어린이를 사회적인 비난으로 다룬다는 것은 어려운 일이다.

매사에 피곤한 아버지가 새 화단을 밟아버린 어린이를 이와 같은 방법으로 한다는 것도 불가능한 일이다. 내가 강조하고 싶은 것은 어린이가 태어날 때부터 자율적으로 자란 가정에서는 훈련에 대한 일반적인 필요성이 나타나지 않는다.

수년 전 메인에 사는 윌헬름 리치라는 친구를 방문했다. 그에게는 3살 난 아들 피터가 있었다.

집의 문앞에 있는 호수는 매우 깊었다. 리치와 그의 부인은 피터에게 물가에 가서는 안된다고만 말했다. 피터는 지긋지긋한 훈련을 받지 않았고 부모에 대한 신뢰가 있었기 때문에 물 근처에는 가지 않았다.

부모들도 걱정할 필요가 없다는 것을 알았다. 권위나 공포로 훈련을 시키는 부모는 바로 그 호수 때문에 신경과민이 되었을 것이다.

어린이들은 거짓말에 익숙되어 있기 때문에 어머니가 물은 위험하다고 해도 그들은 믿지 않는다. 그래서 오히려 물가에 가려는 도전심이 발동한다. 훈련된 아이는 그의 부모를 괴롭힘으로써 권위에 대한 증오심을 표현할 것이다. 사실 대부분의 유치한 나쁜 버릇은 어린이를 잘못 다뤘다는 명확한 증거이다.

만일 가정에 애정이 깃들어 있으면 어린이는 부모의 말을 잘 따르지만, 가정이 증오로 차 있다면 그 아이는 아무것도 받아들이지 않는다. 아니면 그는 사물을 부정적으로 받아들인다.

그런 아이는 파괴적이며 무례하고 부정직하다. 어린이는 현명하다. 사랑에 대해서는 사랑으로 반응하고 증오에 대해서는 증오로 반응할 것이다. 그들은 집단 형태의 훈련에 쉽게 반응한다.

사악이라는 것은 토끼나 사자의 본성에 기본이 되는 것과 같이 인간의 본성에 있어서도 기본이 되는 것이다.

개를 묶어 두면 순한 개도 사납게 된다. 어린이를 훈련시키면 선량하고 사회적인 아이도 결국은 나쁘고 성실하지 못한 증오자로 되어버린다. 유감스럽게도 대부분의 사람들은 나쁜 어린이는 자기가 원해서 나빠진다고 한다. 그래서 신의 협조나 매에 의해서 어린이는 선량해질 수 있는 선택권을 갖게 된다고 믿고 있다. 그리고 만일 어린이가 그 선택권을 행사하기를 거부하면 그는 경멸로 인해서 고통받을 것이다.

어쨌던 오랜 전통을 가진 학교의 정신은 훈련이 표상하는 모든 것을 상징하고 있다. 얼마 전 내가 어떤 규모가 큰 남학교의 교장에게 그의 학교의 학생들은 어떤 유형의 학생이냐고 물었다.

그는 '어떤 창의력이나 이상없이 살아가는 그런 유형의 학생입니다. 그들은 왜 전쟁을 해야 하며 또한 무슨 전쟁인지 생각하지도 않고 총질하는데 가담하는 그런 학생들입니다'라고 대답했다.

나는 약 40년 동안 어린이들을 때린 적이 없다. 그러나 내가 젊은 교사였을 때는 분별없이 어린이를 심하게 때렸다. 지금의 나는 아이들을 절대로 때리지 않는다. 그 이유는 구타의 위험을 알고 있고, 또 구타 뒤에 숨어 있는 증오감을 잘 알기 때문이다.

서머힐에서는 어린이들을 동등하게 다루고 있다. 대체로 어린이란 성인과는 다르다는 것을 알고 있지만, 우리는 성인의 개성과 인격을 존중하는 것처럼 어린이의 개성과 인격을 존중한다.

성인인 빌 아저씨가 당근을 좋아하지 않는데도 다 먹어야 한다든지 또는 아버지는 식사 전에 손을 씻어야 된다고 강요하지 않는다.

그러나 어린이들에게는 부단히 그런 버릇을 고치라고 함으로써 그들로 하여금 열등 의식을 갖게 하는 것이다.

우리는 어린이 본래의 존엄성을 해치고 있는 것이다. 그것은 모두가 다 상대적인 가치관의 문제이다. 토미가 손을 씻지 않고 식사에 임했다고 해서 무엇이 실지로 문제가 되겠는가?

잘못된 형태의 훈련을 받고 자라난 어린이는 한평생 거짓된 인생을 살아간다. 그들은 결코 본연의 자신으로 돌아오지 못할 것이다.

그들은 아무 소용도 없는 기성 관습과 예절을 준수하는 노예가 되어 버리고 만다. 그러고 아무런 이의없이 입기 싫은 외출복을 입는다. 훈련을 받게 되는 주원인은 바로 책망에 대한 두려움이 있기 때문이다.

그들의 놀이 친구에게서 받는 벌칙에는 공포감이 없지만 어른의 처벌에는 공포감이 자동적으로 따르게 된다. 어른은 크고 힘이 세며, 바로 두려움 속에 솟아 있가 때문이다. 무엇보다도 가장 중요한 것은 어른이 곧 무서운 아버지와 어머니의 상징이기 때문이다.

38년 동안 나는 버릇이 나쁘고 건방지며 증오심에 가득찬 아이들이 서머힐의 자유스러운 분위기 속으로 들어오는 것을 보았다. 어느 경우가 됐든간에 점차적인 변화가 일어났다. 마침내 그 버릇 나쁜 아이들이 행복하고 사회적이고 성실하며 다정한 어린이로 변했다.

미래의 인간성은 장래의 부모에게 달려 있다. 만일 그들이 독단적인 권위로써 자기들의 자녀들이 가지고 있는 생활력을 파괴한다면, 범죄와 전쟁과 불운은 더욱 더 성행할 것이다.

만일 그들이 훈련 위주로 했던 부모의 뒤를 따라 그대로 하게 된다면 그들은 자녀들의 사랑을 잃게 될 것이다. 왜냐하면 자기가 무서워하는 것을 사랑할 사람은 아무도 없기 때문이다.

신경증은 부모의 사랑과 정반대 되는 훈련과 더불어 시작된다. 여러분이 어린이를 미움·처벌·압력으로 다루어서는 좋은 인간성을 가진 인간으로 만들 수 없다. 단 한가지 방법은 사랑의 방법뿐이다.

부모로부터 훈련을 받지 않는 사랑에 찬 환경만이 어린이들이 가지고 있는 대부분의 문제를 해결해 줄 것이다. 이것이 바로 내가 모든 부모들이 인식하기를 바라는 점이다.

만일 그들의 자녀에게 사랑과 개성을 인정해 주는 가정 환경이 주어진다면 불결·미움·파괴성은 결코 일어나지 않을 것이다.

보상과 처벌

어린이에게 보상을 함으로써 생기는 위험성은 어린이를 처벌함으로써 생기는 위험성만큼 극단적인 것은 아니다. 그러나 보상을 통해 어린이의 사기를 보이지 않게 손상시키는 점은 꽤 미묘하다.

보상이란 불필요한 것이며 부정적인 것이다. 어떤 행동에 대해서 상을 주는 것은 바로 그런 행동 그 자체는 해야 할 아무런 가치가 없다는 것을 선언하는 것과 같은 것이다.

미술가 중 금전적 보상만을 위해서 작품 활동을 하는 사람은 아무도 없다. 그가 받은 보상의 하나가 되는 것은 창의성에 대한 기쁨이다.

더구나 보상은 경쟁제도의 가장 좋지 못한 특징을 나타낸다. 다른 사람보다 더 좋게 되려고 하는 것은 좋지 못한 목표이다. 보상은 질투심을 조장시키기 때문에 어린이에게 나쁜 심리적인 영향을 준다.

어떤 소년이 동생을 싫어하게 되는 이유는 항상 어머니가 '네 동생은 너보다 더 잘 할 수 있어'라고 동생에 대한 칭찬을 하는데서 시작된다. 그 어린이에게 있어서 동생에 대한 어머니의 칭찬은 바로 자기보다 동생이 더 낫다는데 대한 보상을 의미한다.

사물에 대해서 어린이가 가지는 자연적인 흥미를 고려할 때, 우리는 보상과 처벌의 위험을 인식할 수 있다. 보상과 처벌은 어린이로 하여금 흥미를 갖게끔 하는 경향을 갖고 있다. 그러나 진정한 흥미는 전인적인 생활력이 되는 것으로서 완전히 자발적인 흥미라야 한다.

주의력은 하나의 의식적인 행위이기 때문에 주의력을 강제로 집중시킬 수가 있다. 칠판에 적힌 글자에 유의하고 동시에 해석에 대한 흥미를 가지는 것도 가능하다. 비록 주의력은 강요할 수 있어도 흥미는 강요할 수 없다. 아무도 나에게 우표 수집에 대한 흥미를 갖도록 강요할 수 없고, 나 자신 스스로 우표에 흥미를 갖도록 강요할 수도 없다. 그러나 보상과 처벌은 모두가 흥미를 갖도록 강요할 수 있다.

한번은 조그만 남학생들이 모여 있는 데로 가까이 가서,

「내 정원의 풀을 뽑는데 도와줄 사람은 없나?」

하고 물었더니 전원이 거절했다. 내가 그 이유를 물었더니 그들은 이렇게 대답했다.

「너무 지루해요.」

「그냥 자라는 대로 두어요.」

「낱말 맞추기 놀이에 바쁘단 말이에요.」

「정원 일은 싫어요.」

나도 풀 뽑기가 지루하다는 것은 알고 있다. 그리고 나 역시 낱말 맞추기 놀이를 좋아한다. 풀 뽑는 일이 아이들에게 관심없다는 것은 당연한 일이다. 그것은 내 정원이다. 흙에서 콩이 자라나는 것을 볼 때, 그 아이들이 자랑스러움을 맛보는 게 아니고 내가 자랑스럽게 느낀다.

채소값으로 돈을 모으는 것은 나 자신이다. 즉 그 정원은 내 자신의 이익에 영향을 주는 것이다. 관심이 어린이에게서 스스로 울어나오지 않는데 내가 그들에게 관심을 가지라고 강요할 수는 없다.

단 한 가지 방법은 시간 당 많은 돈을 주고 아이들을 고용하는 것이다. 그러면 그들과 나는 동등한 입장에 서게 된다. 나는 내 정원에 관심이 있고, 아이들은 얼마간의 돈을 버는데 관심이 있는 것이다. 언제나 관심이란 근본적으로 이기적인 것이다.

14살 난 마우드는 정원 일을 싫어했지만 내가 일하는데 자주 도와준다. 그 소녀는 나하고 같이 있고 싶어서 풀을 뽑는다. 이렇게 해서 그녀의 이기주의가 잠시 동안 충족되는 것이다.

데릭크 역시 풀 뽑기를 싫어하면서도 자발적으로 도와주는데, 그것은 그 아이가 탐내고 있는 내 포켓나이프를 재요청하려는데 있는 것으

로 안다. 그것이 그로 하여금 일에 관심을 갖게 한 것이다. 보상은 대개 주관적인 것이어야 하며, 하는 일에 있어서 자기 만족감이 충족되어야 하는 것이다.

사람들은 이 세상을 살아가는데 있어서 만족을 주지 못하는 여러 가지 일을 생각하게 된다. 즉 석탄 캐는 것, 나사못 꿰는 것, 하수도를 파는 것, 덧셈 하는 것 등의 일이다.

이 세상은 본래부터 즐거움이나 흥미가 없는 일로 가득차 있다.

우리는 인생에 있어서 지루한 일을 학교에서 적용시키려 하고 있다. 재미없는 과목에 아이들의 주의력을 강요하므로서, 우리는 어린이로 하여금 즐겁지 못한 일에 종사하도록 결정해주는 것이다.

만일 메어리가 읽기나 셈을 배우게 된다면, 그녀가 이러한 과목에 흥미를 가졌기 때문이지 공부를 잘해서 얻게 되는 새 자전거 때문은 아니다. 또한 어머니가 기뻐할 것이라는 이유도 아니다.

어떤 어머니가 아들에게 손가락을 빨지 않으면 라디오를 사주겠다고 했다. 그것은 모순된 일인가? 손가락을 빠는 것은 뜻대로 통제할 수 없는 하나의 무의식적인 행위이다.

그 애는 그 버릇을 고치기 위해 용감하면서도 의식적인 노력을 할지 모른다. 그러나 강요당한 자위 행위자처럼 그는 자꾸 실패를 되풀이하므로써 큰 죄의식과 심한 고통을 당하게 될 것이다.

어린이의 장래를 걱정하는 부모의 공포심이 물건을 사준다는 방법으로 표현하게 되면 위험하다. 즉 '네가 책 읽는 것을 잘 배우면 아빠가 스쿠터를 사줄 거야'하는 것은 좋지 않다.

이런 방법은 욕심 많고 이익만 추구하는 문화를 받아들일 태세를 갖추게 한다. 번쩍거리는 새 자전거 보다도 공부 안하는 것을 좋아하는 어린이가 한둘이 아닌 것을 보아온 사실을 말할 수 있어서 기쁘다.

말 잘 듣게 하기 위하여 물건을 사주는 또 한 가지 형태로, '엄마는 네가 늘 학급에서 꼴지만 하면 굉장히 기분이 나쁘게 돼'라고 말하는 것은 어린이의 정서에 영향을 주게 된다.

물건을 사주는 두 가지 방법은 모두 어린이의 순수한 흥미를 무시하게 된다. 나도 아이들로 하여금 우리 일을 하도록 시키고 싶은 마음 간절하다. 만일 어린이가 우리를 위해서 일하기를 원한다면 우리는 어린이의 능력에 따라 돈을 주어야 한다.

무너진 담을 다시 쌓기로 내가 결정했다는 사실만으로는 나를 위해서 벽돌을 가져다 줄 어린이는 아무도 없다. 그러나 손수레에 가득 채우고 한번 오는데 몇 센트씩 준다면, 어떤 학생은 기꺼이 나를 도울지 모른다. 어린이 자신의 흥미를 조장했기 때문이다. 그러나 어린이로 하여금 허드렛일을 시켜 매주 용돈을 만들게 하는 아이디어는 좋지 않다. 부모들은 무언가 받을 것을 기대하지 말고 주어야 한다.

처벌이란 공정한 입장에서 다루어질 수 없다. 어느 누구도 공정할 수 없기 때문이다. 공정이란 완전한 이해를 의미한다.

법관이 쓰레기 치는 사람보다 더 도덕적인 것은 아니며, 비교적 편견이 적은 것도 아니다. 매우 보수적이고 군국주의자인 법관은 '군대는 없어져라'고 큰소리쳤기 때문에 반군국주의자로 체포된 자에게 공정하기란 어려운 일이다.

성적인 위반 행위를 저지른 어린이에게 잔인한 교사는 성에 대한 깊은 죄의식을 갖고 있을 것이다. 동성애에 대한 무의식적인 성벽을 가진 법관은 법정에서 동성애로 고발당한 죄인에게는 매우 심한 언도를 내릴 가능성이 있다.

우리는 우리 자신을 알지 못하고, 우리 자신의 억눌린 노력을 인정하지 못하기 때문에 우리는 공정할 수 없다. 이것은 비참하게도 어린이에게는 불공평한 것이다. 그리고 성인은 자신의 콤플렉스를 벗어나서 교육하지 못한다.

우리 자신이 억압된 공포감에 휩싸여 있으면 어린이들을 자유롭게 만들 수 없다. 그로 인하여 우리는 우리 자신의 콤플렉스를 어린이에게 넘겨주는 것이다. 만일 우리가 우리 자신을 알려고 노력한다면, 다른 일 때문에 일어나는 우리의 분노를 발산시키기 위해서 어린이에게 벌을 준다는 것은 곤란한 일이라는 것을 알 것이다.

수년 전만 해도 나는 학생들을 자주 때렸다. 그것은 장학사가 온다고 했을 때 걱정이 되거나 혹은 내가 친구와 다투었기 때문이었다.

그 외에도 옛날 내가 잘못한 일들이 나로 하여금 자신을 이해하고 또 내가 정말 무엇 때문에 화를 냈던가를 깨닫게 해주었다. 그러나 지금은 처벌이 불필요한 것이라는 것을 알았다. 나는 어린이를 처벌한 적이 없으며, 또 그럴 마음이 들지도 않는다.

나는 근래에 신입생으로 반사회적(위반을 잘함)인 학생한테,

「너는 매사 미련하게 매 맞을 짓을 하고 있는데, 그것은 그렇게 오랫동안 매를 맞고 지내 왔기 때문이다. 그러나 그것은 시간 낭비하는 것이다. 네가 무슨 짓을 하더라도 나는 벌을 주지 않겠다.」
라고 나는 말했다. 그랬더니 그는 해로운 짓을 그만 두었으며, 더 이상 증오를 느낄 필요가 없었다.

처벌은 언제나 증오에서 하는 행위이다. 처벌 행위에 있어서 교사나 부모는 어린이를 미워하고 있다. 그리고 아이도 그것을 알아챈다.

매 맞은 어린이가 부모에게 보이는 양심의 가책이나 사랑은 진정한 사랑이 아니다. 그런 아이가 진정으로 느끼는 것은 죄의식을 느끼지 않으려는 가장된 증오의 감정이다. 아이를 때리는 것은 그를 환상의 세계로 이끌어가는 것이기 때문이다.

'우리 아빠가 죽었으면 좋겠는데……' 그 환상은 곧 죄의식을 갖게 되는데, 아버지가 죽기를 바라다니! 나는 얼마나 죄 많은 인간인가?

그리하여 아이가 자신이 죄인이라는 것을 인식하게 되면 그는 그 양심의 가책으로 아버지에게 귀엽게 보이려고 가장하지만 그 심층에는 증오감이 존재하고 또 머물러 있게 된다.

더욱 더 나쁜 것은 처벌은 언제나 악순환을 이룬다는 점이다. 매질은 증오감을 갖게 하고, 때릴 적마다 어린이에게는 더 많은 증오감을 불러 일으킨다. 또한 어린이의 누적된 증오감은 더욱 더 나쁜 행동으로 나타나고 부모는 그를 더욱 더 때리게 된다.

계속되는 매질로 인해 어린이에게 증오감은 가중된다. 그 결과 버릇이 나쁘고 우울하고 파괴적인 반응을 폭발시키기 위해 그는 잘못을 저지르게 된다. 감정의 반응도 사랑하는 감정이 없을 때 가능하다.

그래서 어린이는 맞고 후회하고 다음날도 꼭 같은 반복을 되풀이 한다. 내가 관찰한 바에 의하면 자율성에 의하여 양육된 어린이는 어떤 처벌도 필요하지 않으며, 이러한 증오의 순환도 거치지 않는다.

그는 결코 벌을 받지 않으며 나쁜 행동을 할 필요가 없다. 그는 거짓말을 하거나 물건을 부술 필요가 없다. 그의 몸이 더럽다거나 나쁘다는 말을 들을 일이 없다. 그는 권위에 대해 저항하거나 부모를 두려워할 이유가 없다. 그런 어린이들은 보통 순간적인 화를 낼지라도 결코 신경증이 되지는 않는다.

사실 무엇이 처벌이고 무엇이 처벌 아닌지 규정하기란 어렵다.

어느 날 어떤 소년이 내가 제일 좋은 톱을 빌려갔는데, 그 다음날 보니 그 톱은 비가 오는 바깥에 내버려져 있었다. 나는 그에게 톱을 다시는 빌려주지 않겠다고 말했다.

그것은 벌이 아니다. 벌은 언제나 도덕성을 포함하고 있기 때문이다. 톱을 밖에다 내버려두는 것은 톱에게는 나쁜 것이지, 그 행위 자체가 나쁜 것은 아니다. 어린이들에게 다른 사람의 물건을 빌려서 못쓰게 하거나, 다른 사람의 재산이나 사람에게 해를 끼쳐서는 안된다는 것을 인식시킨다는 것은 중요하다.

어린이로 하여금 버릇대로 하게 하고 남에게 손해를 입히더라도 제하고 싶은대로 하게 하는 것은 나쁘다. 그것은 버릇이 나쁜 어린이로 되게 하는 것이며, 그런 아이는 불량한 시민이 된다.

얼마 전 어린 남학생이 다른 학교에서 우리 학교로 전학을 왔는데, 그 학교에서 그 아이는 물건을 던지고 죽이겠다고 협박까지 하여 모든 아이들을 놀라게 했었다.

그는 나에게도 똑같은 성질을 부렸다. 나는 곧 그가 사람들을 놀라게 해 주의를 집중시키려는 목적으로 기질을 부린다는 것을 알았다.

어느 날 오락실에 들어가자 아이들이 모두 한구석에 모여 있고, 다른 모퉁이에는 손에 망치를 쥔 그가 자기에게 가까이 오기만 하면 누구든지 때리겠다고 협박했다. 나는 그 아이에게 날카롭게 말했다.

「그만둬, 우리는 너를 두려워하지 않아.」

그러나 그 아이는 망치를 놓고 나에게 달려들어 물고 차고 하였다.

「네가 나를 차고 때리고 할 때마다 나도 너를 때리겠다.」

라고 말하고 그렇게 했더니, 그는 맞서는 것을 포기하고 밖으로 뛰어나갔다. 이것은 처벌이 아니라 자기 자신의 만족을 위해서 다른 사람을 해치는 일은 할 수 없다는 것을 배우게 하는 필요한 학습이다.

대개 가정에서의 처벌은 일에 복종하지 않는데 대한 것이다. 학교에 있어서도 역시 불복종과 거만한 행위는 나쁜 버릇으로 간주한다.

내가 젊었을 때는 영국의 대부분 교사들 사이에 학생을 때리는 것이 허용됐기 때문에 나도 학생을 때리는 것이 버릇이 되었다. 내 말에 복종하지 않는 학생에게 대개 화를 냈었다.

내 조그만 품위가 손상 당하면 마치 아버지가 가정에서 폭군이 되듯이 학급에서 폭군이 되었다. 복종하지 않는다고 해서 처벌하는 것은 자신을 전지 전능한 존재와 동일시 하는 것이다.

그후 내가 독일과 오스트리아에서 교편을 잡았을 때, 영국에서는 처벌을 사용하느냐고 물을 때마다 나는 창피했다. 독일에서는 학생들을 구타하는 교사는 학부형으로부터 비난을 받고 처벌까지 받는다. 학교에서 학생을 때리는 것은 영국의 커다란 수치 중의 하나다.

언젠가 대도시에 사는 한 의사가 나에게 말했다.

「우리 도시에 있는 학교의 직위가 높은 교사로서 학생을 구타하는 비인간적인 사람이 있어요. 그 교사 때문에 신경성 어린이가 되어 나한테 데려오는 경우가 자주 있습니다. 그러나 나로서도 어떻게 할 수가 없습니다. 여론과 법률이 그 사람 편을 들고 있으니까요.」

솔로몬은 자기의 매에 관한 이론으로 그의 격언이 좋은 영향을 준 것보다 해를 더 많이 끼쳤다. 자기 반성을 할 줄 아는 부모는 어느 누구도 어린이를 때릴 수 없으며, 어린이를 때리고 싶은 마음조차 가질 수 없다. 다시 말하면 어린이를 때리는 것은 그것이 도덕성과 또 잘못됐다는 관념에 관련되어 있을 때에만 어린이에게 공포감을 준다.

만일 길에서 어떤 장난꾸러기 어린애가 진흙덩이를 내 모자에 던졌다고 해서 내가 그를 잡아 뺨을 한 대 때린다면 그 아이는 이러한 내 행위를 당연한 것으로 받아들일 것이다. 이런 경우 어린이의 마음에는 아무런 해를 끼치지 않는다.

내가 그 학교 교장을 찾아가 못된 장난을 한 어린이를 처벌하라고 요구한다면 그 아이에 대해서 좋지 못한 일이 될 것이다. 즉 그것은 바로 도덕적인 문제나 처벌의 문제가 된다. 그 어린이는 자기가 죄를 지은 것으로 느끼게 될 것이다.

그 뒤의 장면은 쉽게 상상할 수 있다. 즉 내가 모자에 진흙을 덮어 쓴 채 거기에 섰다. 교장은 앉아서 그 학생에게 무서운 눈초리를 하고, 소년은 고개를 떨어뜨린 채 서서 자기를 비난하는 자(교장)의 위엄에 눌려서 벌벌 떨고 있다.

내가 그 아이를 따라 거리를 뛰어나갔다면 나는 그와 같은 연배처럼 되었을 것이다. 내 모자가 벗겨지고 나니 나에겐 위엄이 없어졌으며, 나는 완전히 다른 사람이 되었다. 그 학생은 인생에 있어서 필요한 교훈, 즉 다른 사람을 때리면 그도 때린다는 것을 배우게 되었다.

처벌은 성급한 것과는 아무런 관계가 없다. 처벌은 냉정하고 비판적이며 대단히 도덕적이다. 처벌은 전적으로 죄인으로 선을 위한 것이다(사형의 경우 처벌은 사회의 선을 위한 것이다). 처벌은 인간을 신과 동일시 하는 행위이며, 도덕적 심판대에 인간을 올려 놓는 행위이기도 하다.

많은 부모들은 신이 보상과 처벌을 하는 이상 그들도 자녀를 처벌해야 하고 보상해야 한다는 관념으로 생활해 나가고 있다. 이러한 부모들은 정직하게 공정하려고 하며, 자기 자신의 선을 위해 어린이를 처벌한다고 스스로 납득하곤 한다.

벌 주면서 하는 말이 '네 기분 보다는 내 기분이 훨씬 더 나쁘다'라고 하는 것은 거짓말이기 보다는 자기 기만이다.

우리는 종교와 도덕이 처벌을 거의 매력적인 제도로 만들고 있다는 것을 기억해야 한다. 처벌은 양심을 좌우하기 때문이다. 죄인이 처벌을 받으면 '난 이제 죄값을 치렀다'라고 말한다.

내 강의 중 질문 시간에 한 나이 많은 학생이 일어나서 말했다.

「우리 아버지가 슬리퍼를 가지고 종종 나를 때렸지만 나는 그것을 서운하게 생각하지 않습니다. 만일 내가 맞지 않았더라면 어떻게 오늘의 내가 있었겠습니까?」

나는 '정확하게 현재의 너는 어떤 인물이란 말이냐?'라고 덮어놓고 물어본 일은 없다. 그러나 벌 주는 것이 반드시 심리적 손상을 주는 것이 아니라고 주장하는 것은 처벌에 관한 논란을 회피하는 것이다.

처벌이 개인에게 있어서 그의 일생을 통해 나중에 어떤 반작용을 일으킬지 알 수 없기 때문이다. 외설적인 노출로 체포된 많은 노출증 환자는 어려서 철없는 섹스 습관 때문에 받은 처벌의 희생자이다.

만일 처벌의 성과가 있다면 그것을 찬성하는 주장이 있을지도 모른다. 사실 어느 퇴역 군인이 말해줄 수 있듯이 처벌이란 공포심을 통해서 어떤 일을 금지시킬 수 있는 것이다.

만일 부모로서 어린이가 공포심 때문에 정신 못차리는 것을 만족스럽게 여긴다면, 그런 부모에 대해서 처벌은 성과가 있는 것이다.

벌 받고 자란 어린이들 중에서 아이들이 정신적 파멸이나 또는 생활력을 얼마만큼 잃게 되었으며, 또 몇 명이나 되는 아이들이 반항적이고 반사회적으로 되었는지 아무도 말할 수 있는 사람이 없다.

50년간의 교편 생활을 하는 동안 '내 자녀를 때려서 키웠더니 이제 좋은 아이가 되었어요'라고 하는 부모를 본 적이 없다. 반대로 '나는 애를 때려 키웠고 이치를 따졌으며, 매사를 도와주었더니 그 아이는 점점 나쁘게 자라더군요' 하는 슬픈 이야기는 여러 번 들었다.

처벌을 받은 어린이는 점점 더 좋지 않게 자란다. 더욱 더 나쁜 것은 그런 아이는 처벌을 일삼는 아버지나 어머니로 자라게 되어 증오의 악순환이 계속되는 것이다.

‘부모들은 다른 일엔 친절 위주인데, 왜 자녀가 다니는 학교가 잔인한 것은 묵인하는 것일까’하고 자문해 본다. 이러한 부모들은 기본적으로 자기 자녀들을 위한 훌륭한 교육에 관심이 있는 것같이 보인다.

부모들이 간과하고 있는 것은, 처벌 위주의 교사는 흥미를 강요하지만 그가 강요하는 흥미는 처벌에 관한 것이지 칠판에 적혀 있는 내용에 관한 것이 아니라는 점이다.

사실 학교나 대학에서 우수한 학생들이 나중에는 대부분 평범한 사람으로 되어버린다. 그들의 성적이 우수한 것은 대개 부모의 강권에 의한 것이며, 교과목에 대해서는 실제로 흥미가 없었던 것이다.

교사에 대한 공포와 교사들이 주는 처벌에 대한 공포심은 부모와 자녀 사이의 관계에 영향을 미치게 된다. 상징적으로 어느 어른이든지 어린이게는 아버지 또는 어머니가 되기 때문이다.

그래서 교사가 벌을 줄 적마다 어린이는 공포심과 증오감을 갖게 되고, 자기 아버지와 어머니에 대한 증오감이라는 상징 배후에 성인에 대한 증오감을 갖게 된다. 이것이 생각을 혼란시키는 것이다.

비록 어린이들이 그러한 감정을 의식하지는 못한다 할지라도 13살짜리 남학생의 말은 이를 증명한다.

「전에 다니던 학교장은 자주 나를 때렸는데도 나의 부모는 왜 나를 그 학교에 다니도록 했는지 이해할 수가 없어요. 나의 부모도 그 교장이 잔인한 폭군인 것을 알았는데도 부모님은 어떻게 하지 않았어요.」

훈계 형식의 처벌은 회초리로 때리는 것보다 훨씬 더 위험하다. 그러한 훈계가 얼마나 무서운 것인지 모른다.

그러나 ‘네가 잘못 했다는 것을 모르니?’하면 흐느끼며 고개를 끄덕끄덕 한다. 그러면 ‘잘못한데 대해서 미안하다’고 한다.

위선과 거짓말을 하도록 훈련시키는 훈계 형태의 처벌은 비교할 수 없을 정도로 나쁘다. 잘못하는 어린이를 위해서 그것도 그 아이가 있는 앞에서 기도한다는 것은 더 나쁘다. 그것은 용납할 수 없다. 그런 행위는 어린이로 하여금 깊은 죄악감을 일으키게 하기 때문이다.

체벌은 아니나 어린이의 발달에 지장을 주는 것으로써 또 다른 형태의 처벌은 잔소리 하는 것이다.

어느 어머니가 10살 먹은 어린 딸에게 온종일 잔소리 하는 것을 나는 얼마나 들어왔는지 모른다. '양지쪽에 가지 말아라, 아가? 제발 철길 가까이 가지마! 안돼, 오늘은 수영장에 들어가지 말아. 지독한 감기 들라!' 등등이다.

잔소리는 분명히 사랑의 표시는 아니다. 그것은 무의식적인 증오감을 덮어씌운 어머니 공포증의 표시이다.

배변과 화장실 훈련

서머힐을 방문한 손님들은 우리가 화장실에 대하여 애기하는 것을 들으면 이상한 인상을 가질 것이다. 나로서는 그것은 반드시 필요한 것이다. 모든 어린이들이 대변에 대하여 매우 관심이 크다는 것을 알았기 때문이다.

나는 나의 어린 딸을 관찰함으로써 많은 것을 배우게 될 것으로 예상했고, 어린이의 대변과 소변에 대해 많이 써왔다. 그러나 그 애는 관심도 없었고, 또 질색을 하는 것도 아니었으며 자신의 배설물을 가지고 놀려고 하지도 않았다.

그 애가 3살 때 그 애보다 한 살 위인 친구로 청결 훈련이 잘된 아이가 부끄러워 하면서 죄스러운 듯 낄낄거리면서 소변과 대변이 나오는 장난을 소개해 주었다.

그것은 좋지 못한 장난이었는데 간섭한다는 것은 위험한 억제가 된다는 것을 잘 알고 있었기 때문에 우리는 어떻게 할 수가 없었다. 다행히 내 딸 죠이는 제 친구 혼자서 하는 놀이에 권태를 느끼게 되어 대변놀이는 끝나버렸다.

어른들은 대변과 악취가 아이들에게 놀라운 것이 아니라는 사실을 깨닫지 못하고 있다. 어린이들이 양심에 죄책감을 갖게 되는 것은 어른들의 대변에 대한 놀라운 태도이다.

서머힐에 입학해 온 11살 된 여학생의 유일한 생활의 흥미가 변소였다. 그 학생의 재미는 열쇠구멍으로 변소를 들여다보는 것이었다. 나는 그 아이를 즐겁게 해주기 위해서 지리공부를 변소 애기로 바꾸어서 수업 시간을 보냈다. 10일이 지난 후에 내가 변소에 대한 애기를 하니까 '변소 애기는 듣기 싫어요. 변소 애기는 싫증나요'라고 말했다.

또 다른 남학생은 어느 학과에도 흥미를 못느꼈다. 배설물 같은 것에 너무 집착되었기 때문이었다. 그 학생이 그런 것에 대한 흥미를 갖지 않게 될 때, 수학에 흥미를 느끼게 될 것을 나는 알고 있었으며 사실이 그러했다.

교사의 일은 간단하다. 학생의 흥미가 어디에 있는가를 찾아내어, 그로 하여금 그것에 따라서 생활할 수 있도록 도와주는 것이다. 언제나 그렇게 해야 한다. 억압과 침묵은 어린이가 가지고 있는 쓸데없는 관심을 숨기게 하는 것밖에 안된다.

「당신의 이런 방법은 어린이들에게 불결한 마음씨를 갖게 하는 것이 아니오?」

라고 도덕가가 묻는다면, 나는 이와 같이 대답할 것이다.

「아니오, 소위 당신이 불결하다고 하는 것에 아이들의 흥미를 영원히 고착시키는 것은 당신네들의 방법이오.」

사람이란 흥미대로 생활해 봐야만 다른 새로운 것에 흥미를 가질 수가 있다.

「당신은 정말 아이들한테 화장실에 관하여 이야기 하도록 권한단 말이오?」

「그렇소, 그들이 흥미를 느끼고 있는 것을 알면 그렇게 하죠. 일주일 이상 그런 애기를 하는 경우는 심한 신경증세가 있는 애가 있을 때만이오.」

그러한 신경증적인 경우가 몇년 전에 있었다.

하루 종일 바지에 똥을 싼다고 해서 우리 학교에 보내온 어린아이가 있었다. 어머니는 그 아이를 때렸으나 포기 상태에 빠져서 결국 그 아이에게 똥을 먹게 했다.

그러니 우리가 다루어야 할 문제를 상상할 수 있을 것이다. 이 아이에게 어린 남동생이 있었는데, 동생이 태어나자 곧 문제가 발생했다.

이유는 명확했다. 그 아이가 생각한 것은 '내 동생이 내게서 어머니의 사랑을 빼앗았다. 만일 내가 동생처럼 기저귀에 똥을 싸듯이 바지에다 똥을 싸면 어머니가 다시 나를 사랑하겠지'라는 것이었다.

나는 그의 진정한 동기가 무엇인가를 자기 스스로 알게 하기 위하여 그에게 개인 지도를 해주었으나 치료는 그렇게 쉽게 되지 않았다.

일년이 넘도록 그 아이는 하루에 세 번씩 똥을 쌌다. 그러나 아무도 그에게 심한 말을 하는 사람이 없었다. 우리 학교 보모인 콜크힐 부인은 한마디도 나무라지 않고 그 더러운 것을 다 치웠다.

그러나 그가 정말 똥을 많이 쌀 때마다 잘했다고 했더니 보모는 나에게 항의를 했다. 내가 잘했다고 한 것은 바로 내가 그 아이의 행위를 용인하는 것을 의미하는 것이었다. 그 동안 이 아이는 미움받는 어리고 불쌍한 아이로 문제와 갈등이 많았다. 그러나 치료가 된 후 3년간 우리 학교에 더 다녔으며, 그는 아주 사랑스러운 아이가 되었다.

그의 어머니는 공부를 시켜야 한다는 이유로 서머힐에서 그 아이를 데려가 버렸다. 새 학교에서 일년을 보내고 다시 우리 학교를 방문해 왔을 때 그는 전혀 달라져 있었다. 즉 불성실하고 겁쟁이로 불행한 아이였다. 그는 서머힐에서부터 자기를 억지로 데려가버린 자기 어머니를 영원히 용서할 수 없다고 말했다. 그는 결코 그렇지 않을 것이다.

이상하게 여러 해 동안 그 학생만이 바지에 똥을 쌌다. 이와 같은 많은 사례는 사랑해주지 않는 어머니에 대한 증오에서 오는 것이다.

어린아이를 청결하게 하기 위해서 구태여 어린아이로 하여금 자기 신체 기능에 대한 확고하고 억압적인 관심을 갖도록 할 필요는 없다.

고양이 새끼나 송아지는 배설물에 관한 아무런 콤플렉스도 가지고 있지 않다. 어린아이의 콤플렉스는 그에 대한 교육의 방법에서 오는 것이다. 어머니가 '안돼 또는 더러워'하며 혀까지 차는 데서 옳고 그른 문제가 일어나는 것이다. 그 문제가 신체적 문제에 관련되었을 때 그것은 도덕적인 문제가 된다.

대변 문제가 있는 어린아이를 다루는데 있어서 좋지 못한 방법은 그 아이에게 더럽다는 것을 얘기해 주는 것이다. 이에 대한 옳은 방법은 진흙이나 찰흙을 줌으로써 배설물에 대한 그 아이의 흥미를 없애도록 해주는 것이다.

이런 방법으로 어린이는 억압받지 않고 자기의 흥미를 승화시키게 된다. 그는 흥미를 통해서 살게 되며 흥미를 소멸시키는 것이다.

한번은 어느 신문에 진흙을 반죽할 수 있는 어린이의 권리에 관해 언급한 일이 있었다. 유명한 몬테소리 학교 교육자가 그 기사를 보고 편지를 했는데, 자기의 경험에 의하면 어린이가 더 좋은 할 일이 있을 때는 진흙을 반죽하고 싶어하지 않더라는 것이다.

그러나 일단 흥미가 진흙에 몰두해 있을 때는 아무것도 소용없다. 문제 아이에게는 지금 무슨 행동을 하고 있는지를 말해주어야 한다. 그 아이가 가지고 있는 배설물에 대한 본래의 흥미를 없애지 않고는, 아이가 몇년 동안이고 진흙을 반죽할 가능성이 있기 때문이다.

대변에 관한 환상을 갖고 있는 8살 난 짐에게 나는 진흙 반죽하는 것을 권했다. 그러나 나는 항상 그가 진정 무엇에 재미있어 하는가를 이야기해 주었다.

이런 방법으로 치료를 서둘러야 했다. '너는 저것 대신 이것을 하는구나' 처럼 직접적으로 말해주지는 않았다. 다만 그에게 두 요소간의 유사성만을 상기시켜 주었다. 이것은 효과를 보았다.

말하자면 5살쯤 된 아이에게는 일일이 말해줄 필요가 없다. 그런 아이는 진흙놀이를 함으로써 환상을 쉽사리 없앨 수 있기 때문이다.

어린이에게 있어서 배설물은 공부해야 할 가장 중요한 과목이다. 이에 대한 어떠한 억압이든 간에 위험한 것이고 어리석은 것이다.

반면에 우리는 배설물에 대해서 너무 중요성을 부여해서는 안된다. 어린아이가 자기 배설물에 대해서 자랑하지 않는 한 잘했다고 말해주며, 어린애가 잘못해서 똥을 쌌다면 평상시와 같이 취급해야 한다.

배설은 아동에게는 창조적인 작업일 뿐 아니라 성인에게도 마찬가지이다. 성인도 가끔 그들의 배설에 대해 기쁨과 자만을 가진다. 상징적인 의미에서 이것은 커다란 가치를 지니고 있다.

강도가 금고를 털고 난 다음 카펫에 똥을 누는 것은 모욕을 주려고 그러는 것이 아니라, 단지 그가 훔친 것에 대해 가치있는 대치물을 남겨 놓음으로써 상징적으로 죄책감을 나타내고자 할 따름이다.

동물은 자연적인 기능에 대해서 무의식적이다.

자기의 배설물을 흙으로 덮어버리는 개나 고양이들의 자발적인 행위는 음식을 깨끗하게 해야 되기 때문에 오래 전부터 필요로 해온 본능적인 행위를 수행하는 것이다.

배설에 대한 인간의 도덕적인 태도는 부자연스러운 식사와 관련이 깊다. 말·양 그리고 토끼 등의 배설물은 깨끗하며 역겹지가 않다. 반면에 인간의 배설물은 질색하게 되는데 이것은 인간이 먹는 음식이 인위적으로 만든 불순한 음식이기 때문이다.

나는 간혹 인간의 배설물도 동물처럼 만지기 쉽게 되어 있다면, 아동들은 보다 더 정서적인 자유를 지니고 자라날 가능성이 있다고 생각한다. 인간의 배설물에 대해 성인들이 느끼는 혐오감이 어린이들의 심리 속에 부정적인 증오를 심어주는데 큰 구실을 하게 된 것이다.

배설 기관과 성 기관이 서로 근접해 있기 때문에 아동들은 둘 다 모두 더럽다고 결론 짓는다. 그러므로 부모들의 배설물에 대한 부정적인 태도는 어린이로 하여금 섹스를 똑같이 부정적인 것으로 간주하게끔 만든다. 그러므로 섹스와 배설물에 대한 비난은 억압을 형성한다.

어머니가 자기 어린이의 기저귀를 빨 때는 아무런 역겨움을 느끼지 않는다. 그러나 3년쯤 지나서 카펫 위에 어린애가 싼 똥을 치울 때는 상당한 역겨움을 느낄지 모른다.

어느 엄마라 하더라도 감정적인 분노를 어린이에게 나타내서는 안 된다는 것을 기억하므로써 배설물에 관한 문제를 신중히 다루어야만 한다. 그것은 아동의 성격에 깊이 영향을 주기 때문이다.

음 식

원래 전체주의는 육아에서 출발했다. 어린이의 본성에 대해서 간섭을 시작하게 된 것이 전체주의이다.

간섭의 시초는 흔히 음식 문제에서 온다. 간섭이란 신생아를 시간표에 의해서 먹이고 안 먹이는 데서부터 시작하게 된다.

이에 대한 피상적인 설명을 보면 어린아이를 시간에 맞춰 젖을 먹임으로써, 어른들은 일상 생활을 하는데 지장을 덜받고 불편하지 않기 때문이라고 한다. 그러나 실제로 그러한 동기는 신생아의 생활이나 또는 신생아의 선천적인 욕구에 대한 증오에 있는 것이다.

이렇게 미워한다는 것은 어린아이가 배고파서 우는 것을 듣고도 내버려두거나 대단치 않게 취급하는 가정에서 볼 수 있다.

자율이란 출생하자 맨처음 젖먹는 데서부터 시작된다. 모든 아기는 태어날 때부터 먹고 싶을 때 먹을 권리를 갖고 있다. 가정에서 분만을 한 경우 어머니는 아기가 원하는 대로 해줄 수 있다.

그러나 병원에서는 대부분 아기가 출생하자마자 어머니로부터 격리되어 육아실에 데려간다. 산모는 아기에게 젖을 먹이지 못하게 되어 있으며, 출생 직후 첫 24시간 동안은 우유를 주지도 못한다.

이러한 방법으로 해서 아기에게 평생 고치지 못할 상처라도 입히게 된다는 것을 아무도 모르는 일이다.

오늘날 어떤 병원에서는 아기가 산모와 같이 있도록 방을 주고, 입원하고 있는 동안 줄곧 산모가 직접 아기를 돌봐주도록 되어 있다.

이러한 것을 먼저 확인해 보지도 않고 산부인과 병원에 입원했다가는 꼼짝없이 그곳의 제도에 따라야 된다.

　아이를 자율적으로 기르고 싶은 산모는 신생아를 산모와 함께 두는 제도를 쓰지 않는 병원, 다시 말해서 신생아에 대해서 자율을 인정하지 않는 병원에 찾아가는 것은 경계해야 한다. 그런 잔인한 병원에 아기를 맡기느니 보다는 차라리 집에서 낳는 편이 훨씬 좋을 것이다.

　의사와 간호사들에 의해서 오랫동안 제도화 된 시간에 맞춰서 젖먹이는 방법은 그 동안 많은 공격을 받아왔는데, 그 공격의 효과가 컸기 때문에 많은 실무자들은 이 방법을 그만두게 되었다.

　시간표에 의한 식사법은 분명히 나쁘고 위험스럽다. 아기가 배가 고파 우는데도 시간표의 시간이 될 때까지 먹이지 않는다면 어리석고 잔인하고 반생명적 규율에만 얽매여 아기의 육체적 정신적 성장에 돌이킬 수 없는 해를 미치는 결과를 초래한다.

　아기는 먹고 싶을 때 먹어야 한다. 출생 초기 아기는 자주 먹고 싶어한다. 왜냐하면 많은 양을 한꺼번에 섭취할 수 없기 때문이다.

　밤에 아기에게 우유 대신 물 주는 것은 좋지 못한 방법이다. 밤에 아기가 배고파 하면 보통때와 다름없이 먹여야 한다. 2~3개월이 지나면, 아기는 스스로 먹는 양을 조절하게 된다.

　따라서 먹는 간격도 넓어진다. 3~4개월이 되면 밤 10~11시 사이에 먹고 싶어하며, 다음날 아침 5~6시 사이에 먹고 싶어한다. 물론 고정된 규칙이 있는 것은 아니다.

　모든 육아법에 수록되어야 할 한 가지 근본 원리는 아기를 울려서는 안된다는 것이다. 아기의 욕구는 그때 그때 해결해 주어야 한다.

　시간표에 의한 방법을 사용할 때 산모는 항상 아기보다 몇 걸음 앞서 있다. 그녀는 유능한 전문가처럼 그 다음은 무엇을 해야 하는가를 정확하게 알 것이다. 그러나 그런 어머니는 기계적이고 틀에 박힌 어린이를 기르게 될 것이다. 물론 그런 아기는 정상적인 발육을 희생당함으로써 부모에게는 덜 귀찮게 될 것이다.

　그러나 아기에게 자율법을 쓰면 산모는 순간 순간 아기에 대해서 새로운 사실을 발견하게 된다. 어머니는 항상 아기보다 한 걸음 뒤에 있어 긴밀한 관찰을 통해 아기에 관한 사실을 배우기 때문이다.

그래서 만약 아기가 잘 먹고 나서 반 시간이 지난 후 운다면 젊은 어머니는 시간표 기술자야 무슨 소리를 하든, 아기에게 무슨 문제가 있지 않나 하고 생각해야 할 것이다.

편안하지 못해서 그러는지, 배에 가스가 차서 그러는지, 먹고 싶어서 그러는지, 혼자 있기가 심심해서 어머니의 관심을 끌기 위해서 그러는 것인지, 어머니는 책에 쓰여 있는 원리대로 할려고만 말고 그때그때 사랑으로 아기의 요구에 응해야 한다.

모든 아기는 그대로 내버려두면 자신에 맞는 시간표를 만들기 마련이다. 이것은 모든 아기는 우유를 먹을 때 뿐 아니라 후에 일반 음식을 먹을 때도 자율적 능력을 가지고 있다는 것을 의미한다.

아동기 후기, 심하면 사춘기까지 계속되기도 하는 손가락 빨기는 시간표에 의한 식사 방법에서 오는 가장 명백한 결과라 할 수 있다.

빠다는 것은 두 가지 요소를 가지고 있다. 즉 음식을 먹고 싶어하는 것과 빠는 데서 얻는 쾌감이다. 먹을 시간이 다가오면 구강 내의 즐거움을 재촉하게 되는데, 이것은 배고픔을 느끼기 전에라야 만족되는 법이다. 아기가 배고파도 시간표의 시간이 안되었기 때문에, 울면서 기다려야만 한다면 이 두 가지 요소는 모두 만족되지 않을 것이다.

나는 산모실에서 어떤 어머니가 의사의 지시를 따르느라고 젖 먹일 시간이 아직 되지 않았다고 해서 아이를 젖가슴에서 떼어내는 것을 목격했다. 문제아를 만드는데는 이 이상 더 쉬운 방법이 없다.

몰지각한 의사와 부모가 아기를 길들이겠다는 허황된 생각으로 아기 본연의 충동과 행위를 간섭하여 즐거움과 천진스러움을 빼앗는다는 것은 믿기 힘든 일이다.

이러한 사람들은 이 땅에 있는 인류의 정신적 및 육체적 질병을 만들어 내는 사람들과 같은 사람들이다. 나중에는 학교와 교회는 기쁨 위주가 아니고 반자유적인 훈련 중심의 교육을 일삼게 될 것이다.

어느 어머니가 자율에 의하여 양육된 자기 어린애에 관해서 쓴 것이 있다. 애기가 딱딱한 음식을 먹기 시작해서부터 음식의 선택과 자기가 먹을 수 있는 분량을 그가 정하도록 했다.

그 아이가 어떤 야채를 먹으려고 할 때는 다른 종류의 야채를 주거나 혹은 심지어 후식을 주는 경우도 있었다. 아이는 후식을 다 먹고 나서 자기가 거절했던 야채를 먹는 경우가 자주 있었다.

때때로 아이가 전연 아무것도 먹지 않으려고 하는 때가 있었는데 이것은 배가 고프지 않다는 표시임에 틀림없었다. 그런 일이 있고 나면 다음번 식사 때는 아주 잘 먹었다.

어머니들은 아이보다 자기들이 어린이가 무엇을 필요로 하는지 더 잘 알고 있다고 생각하는 일이 왕왕 있다. 그건 그렇지 않다. 어린이 급식에 대한 이러한 사실은 쉽게 시험할 수 있다.

어느 어머니라도 식탁에 아이스크림·캔디·밀빵·토마토·상치와 딴 음식을 차려놓고 아이에게 먹고 싶은 것은 아무거나 먹으라고 하면, 간섭을 받지 않는 일반적인 어린이는 일주일 안으로 균형있는 영향을 취할 수 있도록 음식을 선택할 줄 알 것이다.

서머힐에서는 제일 나이 어린 학생에게도 매일 자기 마음대로 메뉴를 선택하도록 충분한 자유가 주어진다. 저녁 식사 시간에는 반드시 세 가지 정식 중에서 한 가지를 선택하도록 되어 있다.

물론 그 결과의 하나로 서머힐은 대부분의 학교보다 덜 낭비적이라는 사실이 나타났다. 그러나 이것은 우리가 의도했던 바가 아니다.

우리는 음식을 아끼는 것보다 아이를 아끼는데 더 역점을 두고 있기 때문이다.

아이들이 균형있는 영양을 취하도록 식사하면 그들이 용돈으로 사는 캔디가 해롭지 않은 것이다. 아이들의 신체는 설탕을 필요로 하기 때문에 캔디를 좋아하며 또한 그들은 설탕을 섭취해야 된다.

또한 아이가 베이콘과 설탕을 싫어하는데도 억지로 먹인다는 것은 불합리하고 잔인한 일이다.

내 딸 죠우는 항상 자기가 먹고 싶은 것을 고르도록 허락되었다. 감기가 들 때마다 우리 의견은 필요없이 과일만 먹고 과일즙만 마셨다. 나는 죠우처럼 먹는데 관심없는 아이는 이전에 본 일이 없다.

초콜릿통을 자기 식탁 위에 며칠 동안 놓아두어도 손도 대지 않았으며, 아무리 맛있는 음식을 차려 놓아도 그 아이는 관심이 없었다.

아침 식사를 하기 위해 앉았다가도 딴 아이가 와서 놀자고 부르면 음식을 그대로 두고는 나가서 식사하러 들어오지 않는 것이 예사였다. 그러나 그 아이의 몸이 항상 건강했기 때문에 걱정할 것이 없었다.

대부분의 부모들은 자신들이 좋아하는 식사 메뉴를 계획한다. 부모가 채식가라면 아이들에게 채소 음식을 줄 것이다. 그런데 나는 채식가 집안의 아이들이 고기를 맛있게 먹는 것을 가끔 목격한다.

영양학에 대해서 조예가 없는 문외한으로서 어린애가 육식가이든 육식가가 아니든 상관 없다고 생각한다. 그가 먹는 음식이 영양상 균형을 이루는 한 그의 건강은 좋게 될 수 있는 것이다.

서머힐에서 어떤 아이가 설사했다는 이야기를 들어본 적이 없으며, 변비에 대한 이야기도 들어본 적이 드물다. 우리는 여러 가지 채소를 날 것으로 먹고 있는데 때때로 신입생들은 날 채소를 먹기 꺼려한다.

대개는 시간이 경과함에 따라 그 아이들도 먹기 시작해서 결국은 좋아하게 된다. 어쨌던 우리 서머힐 어린이들은 대체로 정해져 있는 주방 요리에 대해서 무관심하다.

어린 시절 먹는 것이 기쁨을 주는 것이 되면, 또 그것은 대단히 중요하기 때문에 식탁 예절 때문에 그것이 지장을 받아서는 안된다.

한 가지 슬픈 사실은 서머힐에서 식사 예절이 가장 형편없는 어린이들은 가장 품위있는 가정 출신이라는 점이다. 가정이 엄하면 엄할수록 아이의 식사 예절 또는 다른 예절도 바르지 못하게 된다. 일단 그 아이에게 자기 마음대로 하도록 자유를 주게 되면 말이다.

어린이는 사춘기 때 자기 스스로 타고난 훌륭한 태도를 발전시킬 때까지 억압에서 벗어나 생활하도록 하는 것 외엔 다른 방법이 없다.

음식이란 어린이의 생활 중에서 가장 중요한 것이며 이것은 섹스보다 훨씬 더 중요하다. 아동의 위장은 자기 중심적이고 이기적이다. 자기 중심주의는 어린 시절에 속한다.

10살 먹은 소년이 양고기 음식에 대해 느끼는 소유욕은 늙은 추장이 자기 여자에 대하여 가지는 소유욕보다 훨씬 강하다.

서머힐처럼 어린이가 자기 중심주의대로 생활할 수 있는 자유가 허락될 때, 그 자기 중심주의는 점점 애타주의나 남에 대한 자연스러운 관심으로 바뀌어지는 것이다.

건강과 수면

38년 동안 서머힐에서는 아픈 일이 거의 없었다. 그 이유는 생활 과정에 충실했기 때문으로 육체를 무시하지 않기 때문이라고 생각한다.

우리는 식사보다 행복을 더 앞세운다. 서머힐을 방문하는 사람들은 아이들이 매우 건강하게 보인다고 말한다. 여학생들이 예쁘게 보이고 남학생들이 멋쟁이로 보이도록 만드는 것은 행복 때문이다.

야채를 날 것으로 먹는 것이 콩팥의 병을 치료하는데 중요한 역할을 할지도 모른다. 그러나 만일 병이 억압 때문에 생겼다면, 어떤 야채를 먹어도 정신적인 질병은 치유될 수 없다.

균형있는 식사 조절법을 사용하는 사람은 자기 아이들에게 규율성을 강요하다 보면 그 아이들의 성격을 비뚤어지게 하는 수가 있다.

반면 이런 면에 신경을 쓰지 않는 부모들은 자녀들에게 해를 끼칠 염려가 없다. 경험으로 봐서 성격이 비뚤어진 아이는 자유로운 아이보다 신체적으로 덜 건강하다는 결론을 내릴 수가 있다.

나는 서머힐의 많은 남자아이들이 부모의 키가 비교적 작은데도 불구하고 6피트나 되는 큰 키로 자라는 것을 알았다. 그것은 구속없이 자유롭게 자라도록 내버려두면 키도 충분히 클만큼 큰다는 것이다. 자위행위를 금하지 않은 이후에 남자아이들이 더 빠른 속도로 자라는 것을 나는 확실히 보아왔다.

다음은 수면 문제다.

의사들이 아이들은 상당한 정도의 잠이 필요하다고 하는 주장이 얼마나 신빙성이 있는지 모르겠다. 어린아이들에게는 맞는 말이다. 7살 먹은 어린애가 밤 늦게까지 자지 않고 있어도 가만두면 그 아이는 건강 때문에 고생할 것이다.

그 아이는 늦잠을 자야할텐데 종종 아침 늦게까지 충분히 잘 수 없는 경우가 있기 때문이다. 어떤 아이들은 일찍 자면 할 것을 못한다고 생각하기 때문에 자라고 하면 화를 낸다.

자유로운 학교에서는 취침 시각이 골치거리다. 이것은 하급생보다 상급생에게서 더욱 그렇다. 큰 애들은 캄캄한 한밤중을 좋아하는데 나도 자기 싫기 때문에 그들과 공감한다. 대부분 성인들의 이런 문제는 직업 때문에 해결이 된다. 출근 시간이 아침 8시라고 한다면, 새벽 3시경까지 앉아 있고 싶은 마음을 포기하게 된다.

행복이라든지 좋은 음식 등의 요인들이 수면 부족을 보충하여 균형을 취할 수 있도록 한다. 서머힐 학생들은 일요일 아침에 필요하면 점심까지 걸러가면서 수면 부족을 보충한다.

작업과 건강과의 관계에서 볼 때 내가 하는 일에는 두 가지의 동기가 있다. 나는 감자를 캘 때 이러한 생각이 들었다. 즉 감자 캐는 시간에 신문기사를 써서 그 돈으로 사람을 고용해 그 일을 하게 한다면 시간을 좀더 유익하게 사용할 수 있으리라고 생각했다. 그렇지만 나는 직접 감자를 캔다. 나는 건강을 유지하고 싶기 때문이다.

이것은 신문사에서 받는 돈보다 나에게는 더 중요한 동기이다. 자동차 판매 상인인 내 친구가 나한테 말하기를 기계화 시대에 땅을 파고 있으니 미련한 짓을 한다는 것이다.

그래서 나는 자동차가 국민의 건강을 해치고 있다고 말했다. 아무도 걷거나 땅을 파는 사람이 없기 때문이라고 말했다.

그 친구나 나나 건강 문제를 의식해야 할 연령이 되었다. 그러나 어린이는 건강 문제에 대해서는 의식하지 못한다. 몸을 건강하게 하기 위해서 땅을 파는 아이는 하나도 없다. 어떤 일을 하든 아이들은 오직 하나의 동기를 가지고 있다. 즉 그 당시의 흥미이다.

서머힐에서 우리가 누리고 있는 건강은 순서로 보아 자유, 좋은 음식, 그리고 신선한 공기의 덕택이다.

청결과 의복

자신을 청결하게 하는 문제에 있어서는 여자아이들이 대체로 남자아이들보다 더 단정하다. 서머힐의 남녀 학생들은 15세 경부터 외모에 신경을 쓴다.

반면에 14세까지는 소녀들이라 해도 소년들보다 별로 방을 깨끗이 하지 않는다. 소녀들은 인형에 옷을 입힌다, 광대복을 만든다 하여 바닥에 온통 쓰레기를 어질르지만 모두 창의적인 쓰레기다.

서머힐에는 씻기 싫어하는 여학생은 거의 없다. 밀드레드라는 9살 난 소녀가 하나 있었는데, 이 아이의 할머니는 청결에 대한 콤플렉스를 가지고 있어서 아이를 하루에 10번 정도씩 꼭 씻겼다.

어느 날 기숙사 보모가 나에게 와서 말했다.

「밀드레드는 1주일 동안이나 세수를 하지 않았답니다. 목욕도 하지 않으려고 하는데 이젠 냄새가 나기 시작해요. 선생님, 어떻게 하면 좋겠습니까?」

「나한테 보내세요.」

밀드레드가 곧 들어왔는데, 손과 얼굴은 매우 더러웠다.

「이봐, 이러면 안돼.」

「하지만 전 씻기 싫은데요, 뭐.」

「입 다물어. 누가 일일이 세수까지 하라고 일러주니? 거울 좀 쳐다봐. 너 얼굴 모습이 어때?」

그녀는 씽긋 웃으며 말했다.

「별로 깨끗하지 않군요, 그렇죠?」

「너무 깨끗해. 이 학교에서는 얼굴이 깨끗한 여학생은 있을 수가 없으니 나가라!」

그녀는 곧장 석탄 저장실로 가서는 얼굴을 새까맣게 칠하고 의기양양하게 돌아와서는 말했다.

「이만하면 되었습니까?」

나는 엄숙하게 그녀의 얼굴을 살펴보고는 말했다.

「아니야, 뺨에 하얀 부분이 남아 있어.」

밀드레드는 그날 밤 목욕을 했다. 그러나 나는 그녀가 왜 목욕을 했는지 그 깊은 뜻을 모른다.

사립학교에서 전학 온 17세 된 남자아이의 경우, 일주일이 되자 역에서 석탄을 싣는 인부들과 친하게 되어 그들이 하는 일을 도와주기 시작했다.

그 아이가 식사하러 돌아왔을 때 얼굴과 손이 온통 새까맣게 되어 있었다. 그러나 아무도 그것에 대하여 한마디도 하지 않았다. 아무도 상관하지 않았던 것이다.

그 아이가 그 전의 사립학교와 가정에서 하듯 깨끗이 하는 습관을 회복하는데는 수 주일이 걸렸다. 석탄 싣는 일을 중단하고 난 후 그 아이의 몸이나 옷은 다시 깨끗하게 되었지만 그 전과는 좀 달랐다.

그에게 청결이란 더 이상 강요할 수 없는 것으로 되었다. 그는 불결에 대한 콤플렉스를 갖지 않게 되었다.

윌리가 진흙 장난을 할 때 어머니는 이웃 사람들이 그 아이 옷이 더럽다고 비웃지 않을까 하고 걱정을 한다.

이런 경우 사회적인 요구 —사회가 생각하는 것을 아이 개인의 요구— 즉 놀이를 하고 무엇을 만드는 것에 기쁨을 느끼고 싶은 요구에 양보해야만 하는 것이다.

부모는 아이가 단정해야 한다는 점에 너무 강조하는 것 같다. 이것은 쓸모없는 미덕 중에 하나다. 청결에 대해서 자부심을 느끼는 사람은 인생에서 그리 값지지 않은 것을 중요시 하는 이등 인생이다. 가장 단정한 몸가짐을 한 사람이 마음이 가장 단정하지 못할 때가 있다.

이 말은 공원의 '쓰레기를 버리지 마시오'라는 경고 밑에 쓰레기 더미가 쌓여 있는 것처럼, 늘 자기 책상에 서류더미를 산재해 놓고도 묘연한 척하는 사람의 경우와 같다.

우리 가족 중 자율에 관한 가장 어려운 문제는 의복에 관한 것이다. 딸 죠우는 허락만 했다면 하루 종일 알몸으로 뛰어다녔을 것이다.

자율화 된 아이를 가진 부모의 보고에 의하면, 날씨가 추워지자 2살 된 딸이 제 발로 집에 돌아와서 두터운 옷을 달라고 하더라는 것이다. 우리는 이런 경험이 없었다.

죠우에게 자기 코와 뺨이 푸른색으로 변할 때까지 벌벌 떨면서도 옷을 더 입으라고 아무리 재촉한들 소용이 없었다.

「그 아이 자신의 신체 구조가 자신을 보호해 줄 것입니다. 떨게 내버려 두세요. 아무 탈없을 겁니다.」

용감한 부모 같으면 이렇게 말했을 것이다. 그러나 우리는 아이의 폐렴을 각오할 정도로 용감하지 못했기 때문에 강제로 입히고 싶은 옷을 입게 했다.

부모는 어린아이들이 입을 옷을 결정해 주어야 한다. 그러나 아이들이 사춘기에 달하면 스스로 옷을 고르도록 자유를 주어야 한다.

수많은 여자아이들은 자기 어머니들이 항상 저희들의 옷을 선택해 준다고 고집하기 때문에 골치를 앓고 있다. 대체로 남자아이들의 옷을 입히는 데는 신경 쓰이지 않는다. 만일 부모가 여유만 있다면 자녀들에게 의복 값을 주는 것이 상책이다. 그 돈으로 영화를 보든 캔디를 사먹든 그것은 저희들에게 달려 있다.

여러분의 자녀를 저희 친구들과 동떨어지게 하는 방법으로 옷을 입히는 것은 있을 수 없다. 동급생들은 모두 긴 바지를 입는데도 숙성한 남자아이에게 짧은 바지를 입힌다면 이것은 잔인한 것이다.

여자아이들은 머리를 길게 하거나 짧게 하든지, 자기 머리형을 어떻게 하든지 내버려 두어야 한다. 여자아이가 립스틱을 사용하고 싶어하면 왜 못하게 하는가? 개인으로는 보기 싫지만, 만일 나의 딸 아이가 그것을 좋아한다면 난 절대 금지하지 않겠다.

어린아이들은 본래 옷에 관심이 없다. 옷에 대하여 너무 신경과민인 부모를 가진 아이는 콤플렉스를 갖게 된다. 그 아이는 바지가 찢어질까 봐서 나무에 올라가는 것을 꺼려할 것이다.

정상적인 어린이들은 아무데나 옷을 벗어버린다. 쉐터 같은 것도 벗어 제끼고는 어디 두었는지 잊어버린다. 여름날 저녁 학교 운동장을 거닐다보면 반드시 신발이나 웃도리 같은 것을 몇 개씩 줍게 된다.

기숙사 학교에 다니지 않는 아이들은 이웃 사람들의 의견에 좇아가기 마련이다. 외출복이라고 하는 아주 보기 싫은 의복에 희생되는 수천 명의 아이들을 생각해 보자.

여러분들은 그 아이들이 빳빳한 칼라와 하얀 옷을 입고 공을 차거나 철문에 기어오르는 일은 삼가하면서 점잖게 걸어가는 모습을 볼 수 있다. 다행히도 이런 바보스러운 것이 점점 사라져가고 있다.

서머힐에서는 더운 여름날 남학생들과 선생님들이 상의를 입지 않은 채 같이 앉아 점심 식사를 한다. 아무도 상관하지 않는다. 서머힐에서는 사소한 일은 사소한 일로 보고 무관심하게 취급한다.

부모들이 돈에 대해서 콤플렉스를 가지는 것은 주로 옷 때문이다. 언젠가 서머힐에는 지독한 꼬마 도둑이 있었는데, 그 아이는 4년간 열심히 공부하고 선생님들의 무한한 인내심으로써 그 버릇이 고쳐졌다.

이 남자아이는 17세에 학교를 졸업했다. 그후 어머니의 편지에 '빌이 집에 도착했습니다. 그 아이가 양말 두 켤레를 빠뜨리고 왔군요. 우리 집으로 좀 보내주실 수 있는지요?'라고 써 있었다.

때때로 부모들은 자기 자식들을 돌봐주는 보모들에 대해 질투심을 나타내곤 한다. 어머니들이 서머힐을 방문하면 곧장 아이들의 옷장에 가보고 보모가 마땅하지 못하다는 투로 얼굴을 찡그리고 쯧쯧 혀를 차는 모습을 나는 보아왔다.

그런 어머니는 보통 자기 아이에 대해서 매우 걱정을 한다. 옷에 관한 걱정이란 학습이나 다른 모든 것에 대해서도 걱정이 된다는 것을 의미하기 때문이다.

장난감

내가 만일 장사할 생각이 있다면 나는 장난감 가게를 열 것이다.

아기 방마다 부서졌거나 소홀히 취급되는 장난감으로 가득 차 있다. 중산층 집안의 아이라면 누구나 과분할 정도로 많은 장난감을 갖게 된다. 사실 몇 센트 이상되는 장난감은 대부분 낭비적인 것이다.

한번은 죠우가 졸업생으로부터 걸어다니고 말하는 멋진 인형을 선물로 받았다. 그것은 확실히 값비싼 장난감이었다. 그와 동시에 어떤 신입생이 죠우에게 조그마하고 값싼 토끼 장난감을 하나 주었다.

죠우는 크고 값비싼 장난감은 반 시간 정도 가지고 놀았으나 값싸고 작은 토끼는 수주일 동안 가지고 놀았으며, 밤마다 그 토끼를 가지고 잠자리에 들었다.

죠우가 가졌던 모든 장난감 중에서 오랫동안 좋아했던 것 하나는 그 애가 생후 18개월 됐을 때 내가 사준 벨씨웰 씨라고 하는 오줌싸는 인형이었다. 어떻게 해서 오줌이 나오는가 하는 것은 조금도 흥미가 되지 않았다. 아마 그것은 인형의 등에 붙어있는 자그마한 구멍 즉 순수한 속임수 때문이었는지도 모른다.

그 애가 4살 반이 되었을 때 비로소 어느 날 아침 '난, 이제 벨씨웰 씨가 싫증이 나서 남에게 주고 싶어요'라고 말했다.

몇년 전 좀 나이가 든 어린이들에게 '여러분들은 여동생이나 남동생 때문에 언제 가장 성가시다고 생각합니까?'라는 질문지를 냈다. 그에 대한 대답은 거의 모두 하나같이 '나의 장난감을 부술 때'였다.

어린이에게 장난감이 어떻게 작동되는가를 일러줘서는 안된다. 그 아이가 스스로 문제 해결을 못하면 몰라도 그 이전까지는 어떤 방법으로도 아이를 도와서는 안된다.

자율적으로 길러진 아이는 장난감이란 놀이를 장시간 즐길 수 있다. 틀에 맞춰 기른 아이와 달리 장난감을 부수는 일이 없다.

개인 집에서나 또는 방음장치가 된 집에서 쓰지 않는 냄비 뚜껑이나 북채 대신으로 쓸 나무 스푼 같은 주방기구를 어린이가 가지고 놀지 못하게 할 아무런 이유가 없다.

어린이는 가게에서 파는 일반적인 장난감보다 이러한 것들을 더 좋아한다. 대개의 장난감은 신통치 않아 어린애를 졸음이 오도록 한다.

부모들은 모두 장난감을 너무 많이 사는 경향이 있다. 아이들이란 트랙터나 고개를 까닥까닥 하는 기린 등 어떤 기계장치를 한 물건을 보면 손을 뻗친다. 그러면 부모는 즉석에서 사주게 되고 아기 방은 장난감으로 가득차기 마련이다. 그런데 아이들은 사실 여기에 조금도 진정한 관심을 보이지 않는다.

요즘에는 창의적인 장난감을 정말 찾아보기 힘들다. 금속이나 나무로 된 짝 맞추기 장난감은 많으나 창의적인 장난감은 드물다.

짝 맞추기 장난감이란 단어 퀴즈라든가 수학적인 수수께끼 등과 같은 것이다. 아이들이 아닌 딴 사람이 이런 장난감을 만들었기 때문에 이것들을 풀이한다는 것은 전적으로 창의적일 수가 없다.

나 역시도 어떤 종류의 창의적인 장난감을 발명해 낼 수 없고, 또 그 분야에 관해서 제의할 것도 없다는 것을 고백한다. 그러나 장난감 세계는 장난감 제조업자보다 훨씬 더 아이들의 마음 속 깊이 가까이 접근할 수 있는 전문가를 기다리고 있다는 것은 틀림없는 사실이다.

소 음

아이들이란 원래가 시끄럽기 때문에 부모는 이러한 사실을 받아들여서 시끄러움을 견디는 법을 배워야 한다. 한 아이가 건강하게 자라나려면 많은 양의 시끄러운 놀이를 하도록 허용해야 한다.

지난 40여년 동안 나는 아이들의 소음 속에 살아왔다. 보통 나는 의식적으로 소음을 듣지 않는다. 주물공장에 사는 것을 이에 비유할 수 있다. 공장에 오래 있으면 끊임없는 망치소리에 익숙되어 괜찮게 될 뿐 아니라, 번잡한 길가에 사는 사람들은 교통 소음을 모르게 된다.

한 가지 다른 점은 망치소리나 교통 소음은 다소 연속음이지만 아이들의 떠드는 소리는 항상 변하고 귀에 거슬린다. 그러한 소음은 신경을 건드린다.

몇년 전 본관 건물에서 오두막집으로 이사를 하고 난 후 저녁의 평화로움을 실컷 맛보았는데, 정말이지 이것은 50여 명 정도 아이들의 시끄러운 소리에 수년간 시달려온 나에게는 그지없는 즐거움이었다.

서머힐의 식당은 시끄러운 곳이다. 식사 시간에 아이들은 동물처럼 큰소리로 떠든다. 그 때문에 여기서는 소음에 대해 콤플렉스가 없는 방문객들만이 아이들과 식사하도록 되어 있다. 아내와 나는 식사를 둘이서만 한다. 허나 아이들의 식사 주선을 하느라고 하루 2시간씩 보내고, 따라서 우리들도 소음으로부터의 휴식을 필요로 한다.

교사들은 일반적으로 시끄러운 소리를 싫어하거나 사춘기의 아이들은 나이 어린 아이들의 떠드는 소리를 별로 상관하지 않는다.

식당에서 하급생들의 떠드는 문제를 상급생들이 지적하면, 하급생들은 상급생들도 마찬가지로 떠들어댄다고 크게 항의를 한다. 떠드는 것을 제지하는 것은 신체적 기능에 대한 흥미를 제지하는 것만큼 아이들에게 큰 억압을 주는 것은 아니다. 소음은 결코 추한 것은 아니다.

'이제 그만 해'하고 외칠 때의 아버지 목소리는 더 이상 못참겠다는 아버지의 마음을 솔직하게 나타낼 뿐이지만, '아유, 더러워!'라고 어머니가 말할 때의 그 목소리는 어머니가 충격을 받았음을 나타내고 도덕적인 뜻이 있는 소리가 된다.

서머힐의 어떤 아이들은 해가 쨍쨍하고 날이 좋을 때는 하루 종일 뛰어논다. 그들의 놀이는 대체로 시끄럽다. 대부분의 학교에서는 놀이를 금지하는 것과 마찬가지로 떠들지도 못하게 한다.

　　스코틀랜드의 어느 대학에 입학한 우리 학교 졸업생 한 사람은 다음과 같이 말하고 있다.

　　「교실에서 학생들이 너무 떠들어대요. 서머힐에 있을 때는 10살 때 이미 그런 과정을 거쳤기 때문에 나는 이제 싫증이 나요.」

　　《푸른 샷터의 집》이라는 훌륭한 소설책은 에딘버러 대학생들이 연약한 강사를 놀리기 위해서 죤 브라운의 몸놀이를 발(足)로 하는 것이었다. 떠드는 소리와 놀이는 항상 붙어다닌다. 그러나 이러한 현상은 7~14세 사이에 가장 현저하다.

예 의

　　예의가 바르다는 것은 남을 생각하고 남을 느낀다는 뜻이다. 사람은 집단 의식을 가져야 하며, 자신을 타인의 입장에 둘 줄 알아야 한다.

　　예의가 있으면 남을 해치지 않는다. 그리고 예의가 바르려면 순수한 기호(taste)가 갖추어져야 한다. 예의는 무의식 속에 속하는 문제이기 때문에 가르칠 수도 없다.

　　반면 에티켓은 의식에 속하는 문제이기 때문에 가르칠 수 있으며, 예의의 겉치레에 불과하다. 음악회에서 옆사람과 이야기 해도 에티켓에 위배되지 않고, 험담이나 추문 또한 에티켓에 위배되지 않는다.

　　에티켓은 정찬에 임할 때는 정장하고, 숙녀가 식탁에 다가오면 일어서며, 식탁에 일어날 때는 '실례합니다'라고 말하도록 한다. 이것은 모두 의식적이고 외형적이며 무의미한 행위이다.

　　바르지 못한 예의는 정신적인 무질서에서 초래된다. 중상·추문·험담은 모두가 주관적인 생각에서 나오는 과실이다. 이런 행위는 자신에 대한 증오를 나타내며, 험담쟁이는 불행하다는 것을 증명해 준다.

　　만일 어린이들을 그들이 행복할 수 있는 세계로 안내할 수 있다면, 어린이로 하여금 증오감을 갖지 않게 할 수 있을 것이다. 다시 말하면, 이런 어린이들은 진정한 의미에서 바른 예의를 갖게 될 것이다. 즉 그들은 따뜻한 우정을 외부로 나타낼 것이다.

만일 어린이들이 나이프로 콩을 집어 먹는다 해서 이 아이들이 반드시 베토벤 교향곡 연주 중 얘기함으로써 남의 감정을 상하게 하는 무례를 범하지는 않을 것이다.

또 어린이들이 브라운 여사 앞을 지날 때 모자를 벗지 않았다 해서 이 아이들이 반드시 브라운 여사가 술 마시더라고 소문낼 것도 아니다.

한번은 강의를 하고 있는데, 노인 한 사람이 일어나더니 요사이 아이들은 예의가 없다고 불평을 했다.

「지난 토요일 내가 공원에서 산책을 하고 있었는데 두 어린이가 오더니, '여보세요, 아저씨'하고 한 아이가 말하더군요.」

그래서 나는 대답해 주었다.

「그것이 뭐가 잘못 됐어요? 만일 그들이 '여보세요, 신사분'했더라면 더 기뻤겠습니까? 사실은 당신의 마음이 상했다는 거죠. 당신이 생각하는 위엄이 침해됐다는 말이죠. 당신은 어린이로부터 예의를 원하는 것이 아니라 아첨을 원하는 겁니다.」

이러한 것은 다른 많은 성인에게도 마찬가지다. 이것은 순수한 독단에 지나지 않는다. 이것은 마치 봉건제도 하에서 아이들을 신하처럼 취급하는 것과 같다. 이것은 이기주의로 이런 형태의 이기주의는 아이들의 이기주의보다 훨씬 타당성이 없다.

아이들은 이기적이어야 한다. 그러나 어른들이란 자기의 이기심을 사물에 국한시켜야지 사람에게 적용해서는 안된다. 아이들은 저희끼리 잘못된 것을 고쳐준다. 내가 가르치는 학생 중에 어떤 한 아이는 식사 때 요란한 소리를 내는 버릇이 있어 딴 아이들이 그를 보고 비웃었다.

반면 한 꼬마가 잘게 썬 고기를 먹는데 나이프를 사용하면 딴 아이들은 그것이 좋은 방법이라고 생각한다. 그들은 서로 상대방을 보고 왜 나이프로 먹어서는 안되느냐고 묻는다. 입을 다칠지도 모른다고 대답을 하면 대부분의 칼은 무디다고 함으로써 논란은 일단 끝난다.

어린이들은 에티켓의 규칙에 대해 마음껏 의문을 갖도록 내버려둬야 한다. 완두콩을 나이프로 먹는 것은 개인적인 문제이기 때문이다.

그러나 그 아이들에게 사회적 예의라고 하는 것에 대해서 의문을 갖도록 허용해서는 안된다. 만약 한 아이가 진흙 투성이의 장화를 신고 응접실에 들어온다면 우리들은 그에게 고함을 지를 것이다.

응접실이란 성인에게 속하는 것이므로, 성인은 그 응접실에 들어갈 수 있는 사람이나 또는 들어갈 수 없는 사람을 구별할 권리가 있다.

사람들이 일반적으로 말하는 예의는 가르칠 필요가 없다. 그것은 기껏해야 관습의 잔재물이다. 귀부인이 나타나면 모자를 벗는다는 것은 아무 의미가 없는 관습이다.

소년 시절에 나는 목사님 부인 앞에서는 모자를 벗어들었지만 나의 어머니나 누나 앞에서는 그러지 않았다. 그들 앞에서는 위장할 필요가 없다는 것을 어렴풋이 깨달았던 것같이 생각된다.

아직 모자를 벗는 것과 같은 관습은 아무리 나빠도 해롭지는 않다. 어린이는 나중에 커서 관습을 지켜야 할 것이다. 그러나 나이 10살 정도 되면, 창피를 느끼게 하는 것은 어린이에게서 멀리 해주어야 한다.

예의는 결코 가르쳐서는 안된다. 7세의 어린이가 손가락으로 먹고 싶어하면 그렇게 하도록 내버려 두어야 한다. 어린이는 일정한 방법으로 행동하도록 시켜서는 안된다. 세상에 있는 모든 친척과 이웃을 잃는 한이 있더라도, 아이로 하여금 불성실한 행동을 하게 함으로써 평생 위축된 생활을 하도록 해서는 안될 것이다.

예의란 저절로 습득되는 행위이다. 나이 많은 서머힐 학생들은 비록 그들 중 몇몇은 12살인데도 자기 음식 접시를 핥곤 했지만, 훌륭한 예의를 가지고 있다. 어떠한 아이에게도 '감사합니다'라는 말을 강요해서는 안되며, 그렇게 하도록 권하는 것도 금물이다.

대부분의 부모나 그외 여러 사람들은 서머힐에 들어오는 평범하고도 틀에 박힌 듯한 성격을 가진 남녀 학생들이 예의면에서 깊이가 없는 것을 알고 놀랄 것이다.

훌륭한 예의를 갖춘 남학생들은 서머힐에서는 그들이 가지고 있는 불성실이란 필요없다는 것을 알고, 그런 예의를 완전히 버리게 된다. 음성·태도·행동 등에서 불성실성을 점차 버리는 것이 정상이다.

사립학교에서 온 아이들이 이런 습관을 버리는데 가장 오랜 시간이 걸린다. 자유로운 아이는 결코 남에게 무례한 짓을 하는 일이 없다.

학교 교사에 대한 존경심은 불성실성을 요구하는 인위적인 거짓말로 나는 생각한다. 사람이 정말 존경을 표할 때는 무의식에서 그렇게 하는 것이다. 우리 학생들은 저희들이 하고 싶으면 아무 때나 나를 보고 미련한 바보라고 부를 수 있다.

그들은 나를 존경한다. 내가 어린 인생을 존경하기 때문이지 학교 교장이기 때문이거나, 위엄있는 우상처럼 추켜 올려지기 때문이 아니다. 학생들과 나는 상호 존중하는 것을 서로 인정하기 때문이다.

한번은 의문을 품고 있는 어머니 한 분이 나에게 물었다.

「만일 내 아들을 이 학교에 보내면 휴일 때 집에 와서는 야만인처럼 행동하지 않을까요?」

「그렇소. 당신이 이미 아들을 야만인으로 길러왔다면요.」

라고 대답했다. 잘못 길러진 어린이가 서머힐에 들어와서 집에 다니러 가면 처음 1년동안은 야만인처럼 행동하는 것이 사실이다. 그 아이가 예의를 갖추도록 길러졌다면 기회만 주어지면 즉시 야만스런 행동으로 되돌아 갈 것이다. 이러한 현상은 인위적으로 가해진 예의라는 것이 아이에게 침투되는 깊이가 얼마나 얕은가 하는 사실을 입증해준다.

인위적인 예의는 자유가 주어졌을 때는 즉시 사라지는 위선적인 허식과 같은 것이다. 새로 들어오는 어린이들을 대체로 아주 놀랄만큼 훌륭한 예의를 보인다.

다시 말하면 그 아이들은 성실치 않게 행동한다. 서머힐에서는 시간이 지나면 어린이들은 정말 좋은 예의를 갖게 된다. 예의 범절 같은 것은 전혀 요구하지 않기 때문이다.

심지어는 '고맙습니다' 혹은 '제발, 또는 부디'와 같은 말을 강요하지 않는다. 그러나 방문자들은 '어린이들의 예의가 훌륭합니다'라고 항상 입을 모아 이야기 한다.

8세 때부터 19세까지 우리와 함께 생활했던 피터는 남아프리카에 갔다. 그의 여주인은 편지에서 '여기 있는 사람마다 그의 훌륭한 예의에 반하지 않는 이가 없답니다'라는 것이다. 하지만 그가 서머힐에 있는 동안 도대체 그에게 예의가 있었는지 없었는지조차 나는 전연 몰랐다.

서머힐은 계급이 없는 사회이다. 학생 아버지의 재산도 사회적 지위도 관계하지 않는다. 중요한 것은 학생의 개성이다. 그리고 가장 중요한 것은 개인의 사회성 즉 학교의 훌륭한 구성원이 되는 것이다.

서머힐의 훌륭한 예의 범절은 자치제도에서 우러나온다. 자치제도를 통해서 각 구성은 끊임없이 다른 사람의 견해를 보도록 되어 있다.

서머힐의 아이들은 말더듬이를 조롱하거나 절름발이를 놀리는 일은 없다. 그러나 예비학교(사립학교)의 학생들은 이 두 가지 짓을 다한다. '감사합니다', '실례합니다. 선생님 제발' 등을 사용하는 아이치고 남을 염려해 주는 아이는 거의 없다. 예의란 성실성의 문제이다.

서머힐을 떠난 후 공장에 취직한 잭크는 자기에게 나사나 볼트를 공급해 주는 사람의 성질이 나쁘다는 사실을 알았다.

잭크는 그것에 관해서 곰곰히 생각해 보고는 다음과 같은 사실에 문제가 있다고 결론지었다. 즉 사람들은 나사가 필요하면 그에게 가서 '여보게 빌, 반 인치 짜리 위트워드 나사 몇 개 던져'하고 소리친다.

그런데 빌은 신사복 차림이라 그가 평범한 기술자보다는 감정적 타격을 많이 받았다고 생각했다. 따라서 그 사람의 나쁜 성질은 자기가 생각한만큼 존경을 받지 못했기 때문에 형성되었다고 결론내렸다.

그래서 잭크는 나사나 볼트가 필요하면 빌한테 가서 말했다.

「브라운 씨, 죄송합니다만 나사가 좀 필요한데요.」

잭크는 나에게 말했다.

「내가 아첨한 것은 아니었습니다. 심리학을 사용한 것 뿐이었습니다. 그 사람에 대해서 안됐다는 생각이 들었습니다.」

'결과가 어떻게 됐니?'하고 내가 물어보았을 때 그는 '그 분은 공장에서 나만 잘 대해준답니다'라고 말했다. 나는 이것이야말로 학교 생활을 함으로써 아이들이 남을 생각하고 위할 줄 아는 예의를 갖추게 되는 좋은 사례라고 생각한다.

어린 학생들에게서도 바르지 못한 예의를 본 일이 없는데 그것은 의심할 것 없이 내가 그런 것을 바라고 있는 것이 아니기 때문이다.

그리고 나는 아직까지 어른들이 이야기 하고 있는 그 사이를 가로질러가는 아이를 본 적이 없다. 아이들이 나의 휴게실에 들어올 때 노크하는 일이 없다. 그러나 내 방에 방문객이 있으면 흔히 '미안합니다'하면서 조용히 돌아간다.

최근에 어떤 세일즈맨이 서머힐 아동들은 훌륭한 예의를 가졌다고 칭찬했다. 그는 나에게 말했다.

「나는 지난 3년 동안 자동차로 이 학교에 왔습니다. 그러나 차체를 흠내거나 차 안에 들어갈려고 하는 아이는 하나도 없었습니다. 남들은 이런 학교 학생들이라면 하루 종일 창문을 부술 것이라고 생각할텐데 말입니다.」

이미 서머힐 아이들이 방문객에 대해서 친절하다고 언급했는데, 우정이란 훌륭한 예의로 분류할 수 있다. 아무리 적개심이 많은 방문객도 이 학교에서 6개월 이상 공부한 학생에게 놀림을 당했다고 불평하는 것은 들은 적이 없기 때문이다.

서머힐에서 연극을 공연할 때마다 관중들의 훌륭한 예의는 잘 알려져 있다. 비록 훌륭하지 못한 공연일지라도 출연자들은 최선을 다했고 보는 것이 전체의 감정이며, 연기자를 책망하거나 멸시해서는 안된다고 생각한다. 예의 문제는 어떤 부모에게는 절대적인 공포로 여겨진다. 훌륭한 가정에서 자란 10세의 남자아이가 서머힐에 입학했다.

그 아이는 응접실에 들어올 때마다 노크했으며 나갈 때마다 문을 닫아주었다. 나는 그 버릇이 일주일 정도 갈 거라고 생각했으나 틀렸던 것이다.

단 이틀을 계속하고 그쳤던 것이다. 물론 나는 큰소리로 '문 닫어'라고 하는데, 이런 말을 하는 것은 그 아이의 예의를 훈련시키기 위한 것이 아니라 나 자신이 가서 문 닫기 싫으니까 하는 말이다.

예의란 성인의 개념이다. 어린이들은 교수 자식이나 짐꾼 자식이든지간에 예의에는 관심이 없다.

문명의 발전이란 세상에서부터 위선과 허식을 제거하는데서 성립된다. 우리는 어린이들로 하여금 성인의 허식적인 문화의 발자취보다 한 걸음 더 나아갈 수 있도록 자유롭게 키워줘야 한다.

어린이들에게서 공포와 증오심을 없애므로써 우리는 훌륭한 예의를 갖춘 신문명을 이룩하는데 기여해야 한다.

돈

돈은 대부분 아이들에게 사랑의 상징이 된다. 즉 빌 아저씨는 나에게 25센트를 주고, 마가레트 아주머니는 나에게 1달러를 주었다. 그러므로 아주머니는 빌 아저씨보다 나를 더 사랑한다는 것이다.

부모는 무의식적으로 이 점을 깨닫고 있다. 그래서 아이에게 많은 돈을 주어 그 아이를 망친다. 사랑받지 못하는 어린이가 하나의 보상으로써 용돈을 많이 받는 경우가 자주 있기 때문이다.

어느 누구도 인생에 있어서 돈의 가치를 인식하지 못하는 사람은 없다. 어디를 가나 우리는 돈의 가치에 얽매이게 된다. 즉 돈에 대한 가치는 우리 모두에게 하나의 위험이 된다.

「나는 세상에 있는 금을 다준다 해도 내 자식과 바꾸지 않겠어요.」라고 어느 어머니는 반 농담조로 말한다. 그러나 5분 뒤 그 어머니는 자기 자식이 10센트짜리 컵을 깼다고 아이를 때릴 것이다.

가정에서의 열 가지 훈련을 하는 근거는 바로 돈에 대한 가치에 있는 것이다. '그것에 손대지 마라. 그것은 돈이 많이 들었어' 등과 같다.

돈 때문에 자주 피해를 보는 것은 어른이 아니라 아이들이다. 나의 어머니는 우리 형제가 쟁반을 하나 깨면 때리곤 했다. 그러나 아버지가 쟁반을 하나 깨면 단순한 사고로 넘어가는 것이다.

부모는 자식에게 돈에 관한 관심을 주게 된다. '내 시계를 떨어뜨려 깼어요. 엄마한테 무서워서 말 못하겠어요'라고 하면서 어린이들이 놀라 우는 것을 수없이 들어왔다.

때때로 그 반대 현상을 볼 수 있다. 가정에 대한 반항심의 발로로서 남자나 여자아이가 일부러 물건을 깨는 일을 봤다.

그 아이의 마음 속에는 '나를 사랑해 주지 않는 부모니까, 이 물건을 다시 사는데 돈을 쓰게 해야지. 니일이 보내는 배상 청구서가 집에 배달되면 화가 치밀어 오를 거야'하는 마음이 있는 것이다.

서머힐에 있는 아이들의 어떤 부모는 자기 아이에게 너무 돈을 많이 보내주고, 또 어떤 부모는 너무 적게 보내준다. 이것이 항상 해결할 수 없는 문제점으로 등장한다.

서머힐의 어린이들은 매주 월요일마다 2센트짜리 동전을 나이대로 받는다. 그러나 어떤 아이는 우편으로 별도의 돈을 가질 수 있고, 어떤 아이는 그런 돈은 조금밖에 갖지 못하거나 전연 없는 아이도 있다.

학생총회 때 나는 여러번 학생들의 용돈을 한데 모아 쓸 것을 주장했다. 그 이유인즉, 어떤 아이는 25센트 밖에 없는가 하면 어떤 아이는 주당 5불씩 갖는다는 사실은 불공평하기 때문이다.

돈을 많이 갖는 학생 수가 항상 소수임에도 불구하고 투표에 붙여보면 나의 제의가 통과되는 경우가 결코 없었다. 일주일에 10센트씩 갖는 아이들이 자기네들보다 부유한 급우들의 수입을 억제하고자 하는 나의 제의를 열렬히 막아버리기 때문이다.

아이들에게 돈을 너무 많이 주는 것보다는 아주 적게 주는 것이 낫다. 특별 선물의 목적으로 자전거용 램프를 산다든지 하는 외에는 11살짜리 어린이에게 5불짜리 지폐를 주는 부모는 현명하지 못하다.

아이에게 돈을 많이 주는 버릇을 들이면 그 아이는 돈의 진가를 모른다. 그런 아이는 자기가 잘 간수하지도 않으면서 멋있고 값비싼 자전거나 라디오 세트 혹은 창의성 없는 비싼 장난감을 사려고 한다.

어린이에게 너무 돈을 많이 주면 아동의 상상의 세계가 방해를 받는다. 아이에게 20달러짜리의 보트를 사준다면, 이로 인해 아동은 나무토막에서 보트를 하나 만들어 내는 창의적 희열을 뺏기는 것이다.

꼬마 여자아이는 자기 손수 만든 누더기 인형을 소중히 여기지만, 잠을 자거나 꽥 소릴 내는 정교하고 값비싸고 고운 옷을 입힌 상품으로 된 인형은 싫어한다.

나이 어린 아이들은 돈의 가치를 모른다. 우리 학교 5살짜리 어린이들은 잔돈을 흘리고 어떤 때는 집어던진다. 이것은 어린이들에게 돈을 저축하라고 교육하는 것이 옳은 일이 아님을 나타내고 있다.

가정의 저금통은 너무 많은 돈을 아이들에게 요구한다. 아이들이란 오늘만 중요한 것인데 이러한 아이들에게 가정에서는 '다음날을 생각하라'고 가르치는 것이다.

7살 난 어린이가 7달러를 저금했다는 것은 아무런 의미가 없다. 특히 부모가 자신이 원하지 않는 물건을 사기 위해 그 돈을 은행에서 빼가지나 않나 하고 생각한다면 의미가 없다.

유 머

일반적으로 학교에서 특히 교육적인 잡지에서는 유머가 너무 없다. 유머가 위험한 점도 있다는 것을 안다. 어떤 사람은 인생에 있어서 심각한 문제를 모면하기 위해서 유머를 사용한다.

왜냐하면 그 어려운 문제에 당면하여 곤궁에 처하는 대신 쉽게 웃어넘길 수 있기 때문이다.

어린이들은 그런 목적으로 유머를 사용하지 않는다. 그들에게 있어서 유머와 재미는 우정과 동료애를 의미한다. 이런 것을 알고 있으면서도 엄격한 교사는 학급에서 유머를 없애버린다.

「엄격한 교사가 유머 감각을 가질 수 있을까?」

하는 의문이 생기지만 그렇게 될 수 없다고 생각한다. 나는 매일 유머를 쓰며, 아이들을 만나면 농담한다. 그러나 심각한 문제가 있을 때는 내가 정색을 한다는 것을 어린이들은 모두 안다.

부모든 교사든 어린이를 잘 다루기 위해서는 그들의 생각과 감정을 이해할 수 있어야 한다. 그리고 유머 감각이 있어야 하며, 그것도 어린이다운 유머가 있어야 한다. 어린아이한테 유머를 쓰면 그 아이는 자기가 사랑 받고 있다고 느낀다. 그러나 유머는 결코 상대방을 깎아내리거나 비판적이어서는 안된다.

어린이들의 유머 감각이 어떻게 자라는가를 보면 기쁘다. 유머라기보다 재미라고 부르는 것이 나을 것이다. 어린이는 유머보다는 재미있는 기분을 갖기 때문이다.

데이비드 바톤은 사실상 서머힐에서 태어난 것과 마찬가지다. 그 아이가 세 살 적에 내가 그에게,

「난 여기 방문객인데 니일을 찾고 싶은데 어디에 있느냐?」

하고 물으면 데이비드는 멸시조로 나를 빤히 쳐다보고는,

「바보, 그 사람이 당신 아니예요.」

하고 대답했다. 데이비드가 7세 때의 어느 날 정원에서,

「데이비드 바톤에게 내가 좀 만나보고 싶어 한다고 해라. 그 아이는 저기 오두막집(기숙사)에 있을 거다.」

하고 말했더니 그는 활짝 웃으면서 '맞아요'라고 대답하고는 오두막집으로 달려갔다. 그리고 2분 만에 돌아와서는 '안 온다고 합니다'라고 가볍게 미소를 지으며 말했다.

「그 이유를 말하더냐?」

「예, 자기 호랑이에게 먹이를 준답니다.」

데이비드는 7세 때부터 이렇게 사람을 놀릴 줄 알았다. 레이몬드가 9세 때 나는 그에게 앞문을 가져간 죄로 용돈의 반을 벌금으로 물리겠다고 했더니 울었다. 그래서 나는 실수했구나 하고 생각했다.

2년 후 그는 나의 농담을 알아 차렸다. 시내 가는 길에 3살짜리 셀리

를 만나서 서머힐에 가는 길을 물으면 7~8살 먹은 여학생들은 엉터리로 길을 일러준다.

방문객을 데리고 학교 구경을 시킬 때 기숙사(오두막집)에 있는 아이들을 나는 '돼지'라고 보통 소개한다.

그러면 그들은 돼지처럼 꿀꿀거린다. 한번은 그 돼지라는 말이 어울리지 않았던지 8세의 여자아이가 '그런 농담은 오히려 고리타분하지 않아요?'했다. 나는 그대로 받아들이지 않을 수 없었다.

여학생들은 남학생 못지 않게 유머 감각을 가지고 있다. 그러나 남학생처럼 자신을 보호할 목적으로 유머를 쓰는 일이 거의 없다.

몇몇 남학생들은 유머로 자기 자신을 잘 방어했다.

데이브라는 어린이가 반사회적인 활동을 했다 해서 심문을 받는 것을 봤다. 그 아이는 증거 제시를 우스꽝스럽게 했기 때문에 친구들의 환심을 사서 벌을 가볍게 받게 되었다.

여자아이란 자기가 나쁘다는 사실을 알면 절대 이런 짓을 하지 않는다. 아무리 개화된 가정에서도 여자아이는 사회가 여성에게 과하는 그런 열등감을 갖게 된다.

적절하지 않은 때에 어린이에게 유머를 하거나 위신을 손상시켜서는 안된다. 어린이가 정말 불평을 하면 진지하게 대해야 된다.

열이 나는 아이에게 농담하는 것은 잘못이다. 그 어린이가 회복기에 들어갔을 때 의사인 척하거나 혹은 장의사인 척한다면 그 어린이는 농담을 받아들일 것이다.

아마 어린이들은 농담으로 대접받고 싶어하는 것 같다. 왜냐하면 유머는 우정과 웃음을 포함하고 있기 때문이다. 심지어는 명언을 배우는 상급생들은 남을 헐뜯는 위트는 사용하지 않는다. 서머힐이 성공하게 된 여러 가지가 서머힐에서의 재미있는 생활 때문인 것이다.

Ⅲ. 섹 스

섹스 태도

서머힐에 오는 학생 중 섹스나 신체 기능에 대하여 병적인 태도를 갖지 않은 학생을 본 적이 없다. 아기가 어디에서 나오는지를 사실대로 들어온 현대적인 부모의 자녀들도 종교적 광신자들의 자녀와 똑같이 섹스에 대해서 숨기는 태도를 가지고 있다.

섹스에 대한 새로운 지도법을 찾아내는 것은 부모나 교사들에게 가장 어려운 과제이다. 우리는 섹스 금기의 원인에 대해 거의 모르기 때문에 단지 섹스의 기원에 대해 위험한 추측만을 할 수 있다. 섹스 금기의 원인이 나에게 직접적인 관심거리는 아니다. 섹스 금기는 사실은 억압된 아동을 치료하기 위해 위탁받은 사람에게 큰 관심사가 된다.

어른들은 유년시대에 지도를 잘못 받았다. 우리는 섹스 문제에 대해 결코 자유로울 수 없다. 의식적으로는 자유로울 수도 있고, 어린이의 성 교육을 위한 사회의 성원이 될 수도 있다.

그러나 무의식적으로는 어렸을 때 우리가 섹스 증오자나 공포자로 만들어진 대로 오늘날도 그대로 남아 있다는 사실이 두려운 것이다.

내가 가지고 있는 섹스에 대한 무의식적인 태도는 나의 인생 초기에 있어서 스코틀랜드 부락 사람들이 나에게 준 청교도적 태도라 믿고 싶다. 아마 성인을 위한 구원은 없을 것 같다.

그러나 우리에게 강요되었던 섹스에 대한 무서운 생각을 어린이들에게 강요하지 않는다면 어린이를 구원할 기회는 있다.

인생 초기에, 어린이들은 섹스의 부도덕은 가장 큰 죄악이라는 것을 배운다. 부모는 항상 성 도덕에 대한 과오를 가장 심하게 벌한다.

‘모든 것을 섹스로 본다’고 한 프로이드를 조롱하는 사람은 바로 성에 대해 이야기 하기를 좋아하거나 비웃기를 잘하는 사람이다.

군대에 있었던 모든 사람들은 누구나 군대 용어가 성적 용어라는 것을 안다. 거의 모든 사람들은 일요신문에서 성 범죄나 이혼 사례의 음탕한 기사를 읽는 것을 좋아하고, 대부분의 남자들은 클럽이나 술집에서 들은 이야기를 집에 와서 그들의 아내에게 이야기 한다.

섹스에 대한 이야기를 듣고 좋아하는 것은 우리 자신이 섹스 문제에 대해서 불건전한 교육을 받았다는데에 기인한 것이다. 달콤한 성적 흥미는 억압에서 생겨나며 프로이드 말처럼 비밀을 누설하는 것이다.

어린이의 성적 흥미에 대해 어른이 비난하는 것은 위선적이고 기만적이다. 그 비난은 죄 의식을 다른 사람에게 씌우는 일종의 투사다.

그들의 부모들은 섹스의 위반에 대해서 가혹하게 벌한다. 자기들이 강하게 또 불건전하게 섹스 위반에 흥미를 가지고 있기 때문이다.

육체가 십자가에 못 박힌 그림이 왜 인기가 있을까? 종교인들은 성욕이 인간을 천하게 하는 것이라고 믿는다. 육체를 비열한 것으로 여긴다. 즉 육체는 인간을 사악하게 만드는 유혹물이라는 것이다.

학교 교실의 컴컴한 구석에서는 출생에 관한 얘기를 주제로 삼고, 일상 생활에서는 생활의 솔직한 내용을 덮어나가기 위해서 점잖은 얘기만 하는 것은 모두가 육체에 대한 증오 때문이다.

프로이드는 섹스를 인간 행위에 있어서 가장 큰 힘으로 보았다. 정확하게 인간 생활을 관찰해 온 사람은 누구나 이에 동의할 것이다. 그런데 도의 교육은 섹스를 더욱 강조하고 있다.

어린이가 자기 성기에 손을 댔을 때 어머니가 그 손을 떼어주는 것은 섹스가 이 세상에서 가장 신비롭고 흥미진진한 것으로 만든 금단의 열매로 만드니까 열매는 매혹적이고 유혹적으로 되는 것이다.

성 금기란 어린이를 억압하는 기본적인 악이 되는 것이다. 나는 섹스란 단어를 생식만을 나타내는 좁은 의미로 쓰지 않는다.

젖 먹이 아기의 엄마가 자기 몸의 어느 부분에 불만이 있거나 혹은 아기의 신체적 쾌감을 방해하면 그 젖먹이 어린이는 불행하게 된다.

섹스는 성에 대한 모든 부정적인 태도를 형성하는 기초가 된다. 성에 대한 죄악감이 없는 어린이는 종교나 혹은 어떠한 종류의 신비주의도 필요로 하지 않는다.

섹스에 대한 공포나 수치를 느끼지 않는 자유로운 어린이는 섹스를 큰 죄악으로 고려하지 않기 때문에, 자기가 용서를 빌어야 할 대상자로 신을 찾지도 않는다. 즉 그는 섹스를 죄악으로 생각하지 않는다.

여섯 살 때 여동생과 나는 서로의 성기를 알게 됐으며, 자연적으로 서로 장난하였다. 어머니한테 들켜서 심하게 맞았으며, 몇 시간 동안 깜깜한 방에 갇혔다. 그런 다음 무릎 꿇고 하나님께 용서를 빌었다.

내가 어릴 때 받은 충격을 극복하는 데는 수십 년이 걸렸다. 실로 나는 그 충격을 완전히 극복했는지 어떤지는 의심스럽다.

오늘날의 많은 어른들이 그와 유사한 경험을 가졌겠는가? 또한 얼마나 많은 어린이들이 그러한 취급 때문에, 인생에 대한 자기들의 자연적인 사랑을 증오와 공격으로 바꾸고 있을까?

어린이들은 성기를 만지는 것이 나쁘거나 혹은 죄악인 것이며, 자연적으로 보는 대변은 역겨운 것이라고 들어오고 있다.

섹스의 억압 때문에 고통 받는 어린이는 누구나 나무판자처럼 딱딱한 복부를 가지고 있다. 억압된 어린이의 호흡을 잘 살펴보고, 새끼 고양이가 숨쉬는 아름답고 우아한 모습을 쳐다 보아라.

어느 동물도 뻣뻣한 복부를 가진 동물은 없으며, 섹스나 혹은 배변에 대해서 수줍어하는 동물도 없다.

윌헤름 리히는 《성격 분석》에서, 도덕적 훈련은 사고 과정을 왜곡되게 할 뿐 아니라, 뻣뻣한 자세나 골반의 위축이 되게 하여 신체 자세에까지 영향을 주게 된다고 지적했다.

리히의 말에 동의한다. 수년간 서머힐에서 여러 어린이를 다루는 동안 공포심이 근육을 뻣뻣하게 하지 않으면 어린이들은 아주 품위 있게 걸어다니고, 뛰고, 달리며 논다는 것을 관찰했다.

그러면 어린이에 대한 섹스 억압을 방지하기 위해서 할 수 있는 일은 무엇인가? 그것은 어린 시절부터 어린이가 자기 신체의 어떠한 부분을 만지더라도 자유롭게 내버려두어야 한다.

내 친구인 한 심리학자는 4살 난 아들에게 말하기를, '바브야! 낯선 사람과 같이 있을 때는 너의 고추를 갖고 놀면 안된다. 그들은 그것을 나쁘게 생각하니까 정원이나 집에 있을 때만 해라'라고 했다.

이에 대해서 친구와 얘기한 결과 섹스의 증오자로부터 어린이를 보호한다는 것은 불가능한 일이라고 생각했다.

한 가지 마음 놓을 수 있는 것은 만일 부모가 인생에 대한 진실한 신념을 가졌다면, 자녀들은 대체로 부모들이 세운 기준을 받아들일 것이며, 외부 사람들이 정숙한 체하는 것을 배척하게 될 것이다.

마찬가지로 다섯 살 난 아이가 바다에서 수영복을 입지 않고는 수영을 하지 못한다는 것을 알게 된다는 단순한 사실조차도 무언가 섹스에 대한 의혹을 갖게 한다.

오늘날 많은 부모들은 자위 행위에 대해서 금지를 하지 않는다. 그들은 그것이 자연적이라고 느끼며, 또한 그것을 억압했을 때의 위험을 알고 있다. 이것은 훌륭한 일이며 또 잘하는 일이다.

이런 개화된 부모 중의 어떤 사람은 그 다음 단계에 대해서는 주저한다. 즉 어떤 사람들은 자기네들 아이들이 다른 남자아이들과 함께 섹스 장난을 해도 꺼리지 않지만, 어린 남자아이가 여자아이와 섹스 장난을 하면 완고한 태도를 갖는다.

만약 생각이 많은 어머니가 나와 내 동생간의 섹스 장난을 묵인했더라면, 우리 남매는 섹스에 대해서 건전한 정신을 지니고 자랄 수 있는 좋은 기회가 되었을 것이다.

나는 성인 생활에 있어서의 많은 무기력과 냉담이 바로 어렸을 때 이성과의 섹스 관계에 대한 간섭에서 시작되는 것이 아닌가 생각한다. 따라서 많은 동성연애는 동성 섹스 장난의 억제나 이성과의 섹스 장난의 금지에서 시작되는 것이 아닌가 한다.

어렸을 때 이성간의 섹스 장난은 건전하고 안전성 있는 성인의 성생활에 이르는 왕도라고 생각한다. 어린이들이 섹스에 대한 도의교육을 받지 않으면 난잡하지 않은 건전한 청년이 된다.

이치에 합당한 젊은이의 애정 생활에 대해 논쟁하는 경우는 없다. 거의 모든 논쟁은 억압된 정서나 생활에 대한 증오, 즉 경건하고 도덕적이며, 방편적이고 멋대로이며, 호색적인 것들에 기초를 두고 있다.

만약 젊은이들이 사회의 선배들에게 허가를 받지 않고는 성적 본능을 발휘하는 것이 금지되어야 한다면, 왜 자연이 인간에게 강한 성적 본능을 주었는가의 질문에 답할 사람은 없을 것이다.

또 그런 가운데 몇몇 사회 선배들은 성적 매력으로 가득찬 필름을 돌리는 회사나, 여자로 하여금 남자들을 기쁘게 할 수 있는 여러 가지 화장품을 파는 회사, 혹은 색욕적인 그림을 만들거나 독자들을 유혹하는 소설이 있는 잡지를 발간하는 회사에 한 몫 끼어 있기도 한다.

청소년기의 성 생활은 오늘날 현실적이지 못하나 앞날의 건강을 위해서는 올바른 길이 된다. 이와 같은 나의 의견을 글로서 표현할 수는 있으나, 만일 서머힐에서 청소년 학생들이 남녀가 같이 자는 것을 인정한다면 우리 학교는 당국에 의해서 제제를 받을 것이다.

내가 생각하고 있는 것은 사회가 섹스 억압이 얼마나 위험하다는 것을 인식하게 될 먼 앞날이다. 나는 서머힐 학생들이 신경증 증세가 없을 것이라고는 기대하지 않는다. 오늘날 사회에서 콤플렉스 없는 사람이 없을 테니까. 나의 바람은 다음 세대에서는 인위적인 성 금기로부터 자유스럽게 되어 생을 사랑하는 세계의 풍조가 되는 것에 있다.

피임 용구의 발명은 장기적으로 볼 때, 그 결과에 대한 공포가 성 도덕에 있어서의 가장 강한 요인이 될는지 모른다는 점을 보아 새로운 성 도덕을 가져올 것이다. 자유롭게 되기 위해서는 사랑은 그 자체가 안전한 것으로 느껴져야 한다.

오늘날 젊은이들은 진정한 의미의 사랑을 할 기회가 없는 것 같다.

부모들은 자녀들이 성적으로 문란한 생활을 하지 못하도록 하기 때문에 젊은 연인들은 안개 낀 숲이나 공원, 자동차를 찾아야만 한다. 그러한 모든 것이 젊은이들에게 과중하게 부담을 주고 있다.

여러 환경에 의해서 젊은이들은 사랑스럽고 기쁜 일들을 흉하고 죄스러운 것, 보기 싫은 눈초리나 추한 것으로 또한 창피한 웃음으로 바꾸어놓지 않을 수 없다. 섹스 행위를 규제하는 금기와 공포심은 공원에서 어린 소녀를 강간하고 목 졸라 죽이는 성 도착자나 유태인과 흑인을 학대하는 변질자를 만드는 금기와 공포심과 똑같은 것이다.

이성간의 성 행위를 금지시키면 그 대상이 가족에게로 옮아간다. 자위 행위는 가족에게 밀착된다. 또한 자위 행위의 금지에 의해서 어린이는 부모에 대한 관심을 갖게 된다.

어린이의 손이 성기에 갈 때마다 어머니가 때리면 아이의 성 충동은 어머니에게서 형성된다. 그래서 어머니에 대한 숨은 태도는 욕망과 혐오, 사랑과 증오 중의 한 가지로 나타나게 된다. 억압은 자유가 없는 가정에서 자주 일어난다. 억압한다는 것은 성인이 권위를 자신이 보유하는데 도움이 될지 모르나 그 대신 성인에게 신경 과민을 주게 된다.

만일 이웃에 사는 소년이나 소녀에게 가기 위해서 정원의 담을 넘어갈 정도로 섹스의 자유를 억압하면 가정의 권위는 흔들릴 것이며, 부모와의 유대는 약해지고 그 아이는 자동적으로 정서적인 면에서 가족을 떠나게 될 것이다. 이것은 터무니 없는 소리 같지만 가족간의 유대는 권위있는 상태를 유지하기에 필요한 기둥이 된다.

그것은 마치 매음이 혈통있는 집안 출신의 훌륭한 소녀의 도덕을 지키기에 필요한 방위 수단이 되었던 것과 같다. 성 금기를 폐지하라. 그러면 젊은이들은 권위의 영향을 받지 않게 될 것이다.

부모들은 그의 부모들이 보여준 대로 하고 있다. 즉 품행이 방정하고 정숙한 자녀를 양육하는데 있어서 자기들의 과거 일은 편리하게 잊어버리고 있다. 즉 어렸을 때의 모든 비밀스런 섹스 놀이와 외설적 이야기들은 잊어버리고, 또 자신들의 무한한 죄 의식 때문에 억압을 했던 부모들에 대한 괴로운 반항을 잊어버리고, 아무 일 없었다는 듯이 꾸미며 자녀 양육에 임하고 있는 것이다.

부모들은 수년 전에 괴로운 밤을 겪게 했던 자기들의 죄 의식과 똑같은 죄 의식을 자기 자녀에게 주고 있다는 것을 깨닫지 못하고 있다.

인간이 가지고 있는 심각한 '신경증 증세'는 어렸을 때 성기에 손대지 못하게 하는 데서 시작된다.

성인이 된 후에 나타나는 무기력·냉담·불안은 어릴 때 손가락 빨고 싶은 것을 못하게 하도록 손을 매놓거나, 성기를 만지지 못하도록 손을 잡아당기고 때리는 때부터 시작되는 것이다.

성기에 손을 대도록 내버려두었던 어린이는 섹스에 대해 경건하고 행복한 태도로 자랄 기회를 갖는다. 조그만 어린이들간의 성 유희는 자유스런 것이며, 얼굴을 찡그리지 않아도 되는 건전한 행위이다. 오히려 그것은 건전한 청소년기나 성인기를 위해서 격려 되어져야 한다.

만일 부모들이 자녀들이 어두운 구석에서 섹스 놀이를 한다는 사실을 모르고 있다면, 그들은 모래 속에 머리를 박고 있는 타조와 다를 바없다. 이런 종류의 은밀히 숨어서 하는 놀이는 성인이 된 후의 생활에서도 죄를 낳게 하며, 이러한 어린이가 부모가 되었을 때 성 유희에 대해 비난이 항상 합세하는 죄를 범한다.

성 유희를 밝은 곳으로 끌어내는 것만이 건전한 것이다. 성 유희가 정상적인 것으로 받아들여진다면 세상에서 성 범죄는 결정적으로 줄어들 것이다. 도덕만을 주장하는 부모들은 이러한 사실을 알 수도 없으며 느끼지도 못한다. 즉 성 범죄나 모든 성 부도덕은 유년기의 섹스를 인정하지 않은 데서 온 직접적인 결과이다.

유명한 인류학자인 말리노브스키는 남녀 문제에 충격을 받은 선교사가 남녀 학생들의 기숙사를 따로 각각 분리해 놓을 때까지는 트로브리안더스 가운데 강간도 성 범죄가 없었다고 말하고 있다. 어린아이들은 성에 대한 억압을 받지 않았기 때문이다.

오늘날 부모들에게 주어진 문제로 다음의 두 가지가 있다.

즉 우리 부모들은 우리 자녀가 자라서 우리처럼 되기를 바라는가? 만일 그렇다면 강간과 성 문제에 의한 살인, 불행한 결혼과 신경증 증세를 가진 자녀들이 공존하는 현사회가 계속되어야 하는가?

첫번째 문제의 대답이 '예'라면, 두번째도 똑같은 대답이 나오게 될 것이다. 이 두 가지 대답이야말로 원자탄에 의한 파괴 행위를 가져오게 할 것이다. 왜냐하면 사회가 이 두 대답대로 되면 계속되는 증오가 일어날 것이며, 그 증오의 표현은 전쟁으로 나타나기 때문이다.

나는 도덕만을 강조하는 부모들에게 다음과 같이 질문하고 싶다.

원자폭탄이 투하되기 시작하는데도 자녀들의 성 유희에 대해서 걱정하겠는가? 원자탄의 위력이 생을 불가능하게 하는데도 딸의 처녀성이 크게 중요하다고 생각하겠는가? 아들이 장렬한 전사를 위하여 징집되는데도 모든 억압이 어렸을 때에 유익하다는 얄팍한 신념을 주장할 것인가? 경건하지 못한 기도를 하고서 신으로부터 당신의 생명과 자녀들의 생명이 구원을 받을 수 있을 것인가?

여러분 중의 몇몇 분은 현재 생활은 단지 시작에 불과하고 내세에서는 증오도 전쟁도 섹스도 없을 것이라고 대답할 것이다. 그렇다면 이 책을 덮어야 한다. 서로 통할 수 없기 때문이다.

나에게 있어서 영생이란 하나의 꿈, 즉 이해할 수 없는 꿈이다. 왜냐하면 인간은 기계 분야의 발명을 제외하고 실제로 모든 것에서 실패했기 때문이다. 그러나 그 꿈은 아주 좋은 것은 아니다. 나는 구름 속에서가 아니라 지상에서 천국을 보고 싶다. 가슴 아픈 일은 대부분의 사람들이 똑같은 것을 원한다는 것이다.

그들은 원하기는 하지만 그것에 도달하려는 의지가 없다. 그 의지는 매질과 섹스 타부를 어렸을 때부터 고집한 탓으로 잘못되어 버렸다.

부모에게는 형편에 따라 거취를 취하거나 중립적인 입장이란 있을 수 없다. 죄악과 비밀이 따르는 섹스와 개방적이고 건전하고 행복한 섹스 중에서 어느 하나를 선택해야 한다. 만일 부모가 일반적인 도덕 기준을 택한다면, 그들은 섹스가 잘못 취급되는 사회의 불행을 불평하지 말아야 한다. 그 불행이란 도덕 관습의 결과이기 때문이다.

부모가 자녀들에게 주는 자기 증오는 전쟁으로 나타나는 것이기 때문에 부모는 전쟁을 미워해서도 안된다. 인간은 이러한 죄와 아동기 때 얻은 근심 때문에 정서적으로 병들어 있다. 정서적 병폐는 우리 사회의 모든 곳에 있는 것이다.

죠우가 여섯 살 때, 윌리는 어린애 중에서 제일 큰 음경을 가진 애인데, 어떤 여자 방문객이 음경 얘기하는 것은 버릇없는 짓이라고 했다. 나는 죠우에게 그것은 버릇없는 짓이 아니라고 말해주고, 그 방문객이 무식하고 어린이에 대한 이해력이 부족한 점을 욕했다.

나는 정치나 예의에 관하여 선전하는 것은 참을 수 있으나 누구든지 어린이로 하여금 섹스에 관하여 죄악감을 갖도록 하는 자가 있으면 가혹하게 한바탕 해주고야 만다.

우리 모두가 가지고 있는 섹스에 대해 곁눈질하는 태도나 음악 감상실에서 킬킬거리는 웃음, 변소 벽에 쓰는 음담패설에 관한 낙서 등은 어릴 때 자위 행위를 억압하는데서 일어나는 죄악감이나 남몰래 둘이서 성 유희 충동을 일으키게 하는데서부터 생기는 것이다.

가정마다 비밀로 하는 성 유희가 있다. 그런 비밀과 죄책감 때문에 형제 자매들에게는 많은 병적 애착이 평생을 통해 계속되므로 행복한 결혼을 불가능하게 한다.

만일 5살 된 남매간에 하는 성 유희를 자연스러운 것으로 받아준다면, 그들은 각자 가족 외의 섹스 대상자에게 자유롭게 다가갈 것이다.

섹스에 대한 증오의 극단적인 형태는 가학성 음란증에서 볼 수 있다. 건강한 성 생활을 하는 사람은 감히 동물이나 사람을 괴롭힐 수 없고 감옥을 찬성하지 않는다.

성적으로 만족된 어머니는 사생아의 어머니를 비난하지 않는다. 물론 나도 비난을 받고 있다. 즉 이 사람의 머리에는 섹스로만 가득차 있군. 섹스가 인생에 있어서 전부가 아닌데, 우정이 있고 일이 있고 기쁨과 슬픔도 있다. 왜 섹스만을 생각하느냐고 비난을 한다.

나는 대답한다. 섹스는 인생에 있어서 가장 큰 기쁨을 가져다 준다. 사랑으로 충만된 섹스는 그것이 서로 주고 받는 최고의 형태이기 때문에 무아경의 최고 형태인 것이다. 그러나 아직도 섹스는 증오의 대상이 되고 있다.

만일 섹스가 증오의 대상이 되지 않는다면, 어머니들은 자녀의 자위 행위를 금지시키려고 하지 않을 것이며, 아버지들은 전통적인 결혼 외의 성 생활을 하지 못하게 금지하지 않을 것이다.

또 흥행 쇼에서 음란한 농담이 없어질 것이며, 대중은 도색 영화나 소설책을 보느라고 시간 낭비를 하지 않을 것이다.

섹스란 바로 사랑의 실현인 것이다. 거의 모든 영화가 사랑을 다루고 있다는 사실은 인생에 있어서 섹스가 가장 중요하다는 것을 증명해 주는 것이다. 주로 이런 영화에 대해 흥미를 갖는다는 것은 신경병 증세이다. 즉 성적 죄 의식이나 성적으로 좌절감을 가진 사람들이 갖는 흥미인 것이다.

성적 죄 의식 때문에 자연스럽게 사랑을 하지 못하므로 그들은 사랑을 낭만적으로, 나아가서는 멋있게 꾸며 놓은 영화에 몰려든다.

성적으로 억압된 사람은 대리 물건에 의해 성에 대한 흥미를 극복해 나간다. 남녀를 불문하고 실생활의 모방한 영화를 보기 위해, 일주일에 두 번씩 영화관에 앉아 있는 것을 지겨워하는 사람은 아무도 없다.

대중 소설을 읽는 경우도 마찬가지이다. 대중 소설은 섹스 문제나 범죄를 다루며, 흔히 두 가지의 복합 문제를 다룬다.

인기 있는 소설 《바람과 함께 사라지다》는 남북전쟁의 비극이나 노예제도의 배경 때문이 아니라, 피곤에 시달리고 자기 중심적인 한 소녀의 애정 관계를 중심으로 한 소설이기 때문에 명작이 된 것이다.

여자들의 성적 매력을 나타내는 몸매, 각선미나 곡선미를 노출시킨 광고나 각종 쇼, 겉으로는 나타내지 않으나 내부적으로는 복잡하게 얽힌 상류 사회의 애정 생활, 그리고 모든 섹스 이야기들—이 모든 것은 섹스가 인생에 있어서 가장 중요하다는 것을 명백하게 보여주고 있다. 동시에 그러한 것들은 소설이나 영화, 각선미를 보이는 쇼들과 같이 섹스에 대한 장식물로 인정받고 있다는 것을 밝혀주고 있다.

로렌스 씨는 클럽 회원인 여자 친구에게 접근하기를 꺼리는 섹스에 억압된 한 청년이, 할리우드의 어느 여배우에게 자기의 섹스 감정을 모두 쏟고서는 수음하려고 집으로 가는 내용으로 된 섹스 영화의 부당성을 지적한 바 있다.

물론 로렌스 씨는 수음이 잘못됐다는 것을 의미하는 것이 아니라, 영화 배우에 대한 환상과 더불어 수음하려고 하는 것은 불건전한 섹스라는 것을 지적하는 것이었다.

건전한 섹스가 되기 위해서는 자기 주위에 있는 짝을 찾아야만 한다. 억압된 섹스를 조장하는 수많은 기성업자들을 생각해 보자.

즉 의상 상인·립스틱·상인·교회·극장과 영화·인기있는 소설가·양말 공장인들이 있다. 성적으로 자유로운 사회라고 해서 멋있는 의복을 없애게 될 거라고 하는 것은 어리석은 얘기이다.

여자는 사랑하는 남자 앞에서 제일 좋게 보이기를 원하며, 모든 남자는 여자와 데이트 할 때 품위있게 보이려 한다. 때문에 겉으로 드러나지 않는 것은 잠재적 성 도착증이다. 그래서 성적으로 억압된 남성들은 가게 진열장의 여자 속옷을 더 이상 들여다 보지 않을 것이다. 성에 대한 관심이 억압된다는 것은 얼마나 불행한 일인가.

세상에서 가장 큰 즐거움이 바로 죄 의식으로 바뀌어져 있다. 이러한 억압이 인간 생활의 모든 면에 침투해서 인생을 왜소하고 불행하며 가증스럽게 만드는 것이다.

섹스를 증오하면 바로 인생을 증오하는 것이나 마찬가지이다.

섹스를 증오하면 이웃을 사랑할 수 없다. 만일 섹스를 증오하면 그 사람의 성 생활은 최악의 경우 생식력이 없어지거나 불감증이 되고 기껏해야 불만족 상태로 끝날 것이다. 그래서 자녀를 가진 부인들이 하는 공통적인 말은 '섹스란 과대 평가된 유희이다'라는 것이다.

만일 섹스가 불만족스럽다면 그 여파는 다른 형태로 나타난다. 왜냐하면 성 충동은 없애기 힘들 정도로 강하기 때문이다. 말하자면 근심이나 증오로 나타나게 된다. 성 행위를 하나의 주는 것, 즉 성적 욕구 만족을 느끼도록 해주는 것으로 간주하는 성인은 많지 않다.

한편 성교 불능이나 불감증으로 괴로워하는 사람의 비율은 몇몇 전문가가 주장한 바와 같이 70퍼센트까지는 되지 않을 것이다. 많은 남자에게 성교는 점잖은 강간이며, 많은 여자에게 성교는 참아야 하는 하나의 피곤한 의식인 것이다.

수천 명의 기혼 부인들이 평생동안 성교시 흥분의 절정을 느껴보지 못했으며, 심지어는 교육받은 많은 남성들은 여자가 성교에서 흥분의 절정을 느낄 수 있다는 사실도 모르고 있다.

이러한 사회 체제에서는 성욕을 충족시켜 준다는 것은 극히 어렵고, 섹스 관계는 어느 정도 잔인하고 음란하게 되지 않을 수 없다.

고통을 당하거나 또는 여자를 때려야 하는 성 도착자들은 잘못된 성 교육의 탓으로 증오의 변형된 형태 외에는 사랑을 베풀 줄 모르는 그런 사람들의 극단적인 예이다.

서머힐의 나이 많은 학생들 중 원하는 사람은 전적으로 성 생활을 인정한다는 나의 주장을 나의 대화나 저서를 통해서 알고 있다.

나의 강의 시간에 서머힐에서는 피임약을 제공하는지, 만일 하지 않는다면 왜 제공하지 않느냐고 질문한다. 이것은 우리 모두에게 있는 깊은 감정을 건드리는 하나의 오래된 말썽 많은 질문이다.

내가 피임약을 제공하지 않는 것은 내가 가지고 있는 나쁜 양심의 문제이다. 어떤 방법으로든지 타협한다는 것은 어려운 일이고 놀라운 일이기 때문이다. 반면에 합당한 연령의 이상이나 이하의 아동에게 피임약을 제공한다는 것은 바로 나의 학교를 폐쇄해야 되는 결과가 된다. 사람이 법이 있기 이전에 훨씬 앞서서 실천을 우선 할 수는 없다.

어린이의 자유에 관한 비평에서 번번히 제기되는 질문으로 왜 당신은 어린이로 하여금 성교를 보지 못하게 합니까? 하는 것이다. 이에 대한 대답으로 어린이에게 상처나 또는 심한 정신적 충격을 주기 때문이라는 것은 거짓이다.

말리노브스키에 의하면 트로브리안더스 종족의 어린이들은 부모들의 성교 뿐 아니라, 출생과 죽음을 당연하게 보는데도 그 아이들은 나쁜 영향을 받지 않는다고 한다. 성교를 본다는 것이 자율적인 아동에게는 좋지 못한 정서적 영향을 끼치는 것이 아니라고 나는 생각한다.

위의 질문에 대한 솔직한 대답은 우리 문화에 있어서 사랑이란 대중적인 문제가 아니라고 말하는 것이다.

많은 부모들이 섹스를 죄악으로 여기는 종교적 혹은 부정적인 견해를 가지고 있다. 그렇다고 어떻게 할 수는 없다. 그러한 사람들의 견해는 우리가 가지고 견해로는 바꾸어지지 않는다.

그러나 그들이 어린이들의 자유를—생식적인 것이든 다른 것이든 간에—침해할 때는 그들과 싸워야만 한다.

다른 부모들에게 내가 말하는 것은 16살 난 딸이 혼자 살고 싶다고 할 때 골치를 앓게 된다는 것이다. 그 딸이 밤 늦게 들어오면 어디 갔다 왔느냐고 물을 수가 없다.

만일 그 딸이 자율적으로 양육되어 오지 않았다면, 우리가 우리 부모에게 거짓말했듯이 그 딸도 똑같이 부모에게 거짓말을 할 것이다.

내 딸이 16살이 되면 어떤 철부지 남자와 사랑에 빠진 것을 알게 될 것이고 걱정이 많아질 것이다. 그렇다고 어떻게 할 수 없다는 것도 알고 있다. 나 자신 어떻게 하겠다는 생각을 갖지 않게 되기를 바란다.

내 딸아이가 자율적으로 양육되어 왔기 때문에 바람직하지 못한 남자와 사랑에 빠지리라고는 생각되지 않으나 알 수 없다. 많은 좋지 못한 동료애란 기본적으로 부모의 권위에 대한 반항이라고 나는 믿는다.

즉 '나의 부모는 나를 믿지 않는다. 그렇지만 상관없다. 나는 내가 하고 싶은 대로 할 것이다. 비록 부모들이 좋아하지 않는다 해도 자기들이 참아야 한다.'

사람들이 가지고 있는 공포심은 딸이 유혹당할까 봐 그러는 것이다. 그러나 여자들은 일반적으로 유혹되는 것이 아니라, 유혹의 파트너인 것이다. 만일 딸을 손아래 사람으로서 복종자가 아니라 친구로서 지내 왔다면 16살의 시기는 어렵지 않게 넘길 수 있다.

아무도 다른 사람의 인생을 살아줄 수 없는 것이며, 정서적인 문제와 같은 본질적인 것에 대한 경험을 넘겨줄 수 없다는 진리를 알아야 한다. 무엇보다도 가장 기본적인 문제는 섹스에 대한 가정의 태도이다. 만일 그 태도가 건전하다면 안심하고 딸에게 자기 방을 주고 열쇠를 줄 수 있을 것이다. 그리고 그 태도가 불건전하다면 그녀는 그릇된 방법 —어쩌면 나쁜 사람과의 교제로 섹스를 추구할 것이고 부모는 어떻게 할 수가 없게 된다.

아들의 경우도 마찬가지다. 아들에 대해서는 그렇게 걱정하지 않을 것이다. 임신할 수 없기 때문이다. 그러나 그릇된 섹스에 대한 태도로 말미암아 쉽사리 자기 인생을 그르칠 수가 있다.

사실 행복한 결혼 생활을 해야 한다고 생각하는 자체가 놀라운 일이다. 어렸을 때 섹스를 불결한 것으로 알았다면 결혼 첫날밤에도 불결한 감정을 씻어버릴 수 없는 것이다.

성 관계가 실패되면 결혼 생활에 있어서 모든 것이 실패된다. 섹스를 증오하도록 양육된 불행한 부부는 서로 미워하게 되며, 그 자녀들은 낙오자가 된다. 왜냐하면 어린이에게 필요한 평화로운 생활을 가져다 주는 가정의 온정을 받지 못하기 때문이다. 부모들은 자기들이 가지고 있는 성적 억압을 무의식적으로 자녀들에게 주게 된다. 가장 나쁜 문제아는 이러한 부모를 가진 아이들인 것이다.

성 교육

자녀가 섹스에 관한 질문을 할 때 진실되게, 부모가 꺼리낌없이 대답해 준다면 성 교육은 자연스런 아동기의 일부가 될 것이다.

비과학적 방법은 좋지 않다. 내가 아는 어느 청년이 이런 방법으로 섹스 교육을 받았는데, 그 청년은 누가 꽃가루라는 단어를 사용하는 소리만 들어도 얼굴이 붉어진다는 것이다. 물론 섹스에 관한 사실상의 지식도 중요하지만 더욱 중요한 것은 정서적 내용이다.

의사는 섹스에 관련되는 해부학에 관한 것은 모두 알고 있으나, 그렇다고 해서 의사들이 남양군도의 사람들보다 더 사랑을 잘하는 사람이라고 할 수 없다. 대부분 아마 그들만 못할 것이다.

아빠는 왜 그렇게 하느냐는 질문에 아빠의 그것을 엄마의 그것에 넣는 거라고 설명해도 어린아이는 크게 관심을 가지지 않는다. 자기 자신의 성 유희가 허용되어 온 어린이는 왜 그러느냐고 물을 필요도 없을 것이다. 자율적인 어린이에게는 성 교육이 필요하지 않다.

왜냐하면 가르친다는 용어 자체가 알아야 할 것을 전에 소홀히 했다는 것을 말해주는 의미가 있기 때문이다.

만일 어린이가 자신이 가지고 있는 모든 질문에 대해서 개방적이고 합리적인 답을 모두 얻음으로써, 저절로 갖게 되는 호기심이 충족된다면 섹스란 특별히 가르쳐야 하는 그런 것으로 나타나지 않을 것이다.

그래서 우리는 어린이에게 소화기관이나 배설 기능에 관한 수업을 시키지 않는다. 성 교육이라는 용어 자체가 성 행위가 금지되고, 또 신비스런 것으로 되었다는 사실에서 나오게 된 것이다.

공립학교 교과 과정에 성 교육을 포함시킨 것은 도덕성에 의해서 성적 억압을 조장하게 되는 위험한 기회를 제공하는 것이 된다. 단순히 성 교육이라는 용어만 보아도 겁많은 교사는 해부학이나 심리학에 관한 형식적이고 어색한 수업만을 하게끔 되어 있고, 그런 교사는 주제가 금지된 영역을 벗어나지 않았나 하고 겁먹게 된다.

대부분 공립학교에서 사랑과 출산에 관한 사실을 가르치면 파면당할 위험성이 따른다. 대중 의견 특히 어머니들이 참지 않을 것이다.

어머니가 여교사에게 추잡하고 무종교적이며 음란한 것을 가르침으로 해서 자녀를 버려놨다고 주장하면서, 여교사에게 비참한 꼴을 보여주겠다고 협박하는 사례를 많이 알고 있다. 한편 자유스런 어린이에게 그가 알고 싶어 하는 섹스에 관한 모든 지식을 일러주는데 있어서 유일한 애로점은 내용을 명확하게 해주는 방법을 알 수 없다는 점이다.

어린이는 왜 모든 수말이 종마가 아니며, 또는 모든 숫양이 거세한 숫양이 아닌지 알고 싶어 한다. 그러나 이에 대한 대답은 4살짜리 어린이가 이해할 수 없는 개념 때문에 쉽지 않다. 거세한다는 것은 간단한 용어로 설명할 수 없는 과정이기 때문이다.

그러므로 부모는 거짓말이나 회피하는 방법으로는 아무 진전이 없다는 것을 명심하여 가능한 한 최선을 다해 자녀 교육을 해야 한다. 될 수 없다는 것을 기억해 그가 할 수 있는 최선을 다하여야 한다.

다섯 살 난 소년이 아버지의 주머니에서 콘돔을 발견하고는 서슴치 않고 무어냐고 물었다. 그의 아버지가 간단 명료하게 설명해주자 그 소년은 뚜렷한 감정의 표현없이 알아들었다.

그러나 어떤 경우에는 어린이가 묻는 문제가 너무 어려워 좀더 나이가 든 뒤에 설명해준다고 해서 무슨 문제가 있다고 볼 수 없다. 결국 우리는 다른 여러 문제에 대해서도 이와 같은 방법으로 좀더 크거든 설명해 준다고 하는 수가 있다.

예를 들면 어린애가 기관차는 어떻게 움직이는가를 묻거나, 누가 신을 만들었느냐고 물었을 때 부모는 대답 대신 아직 이해하기 힘들다고 말해줄 수도 있다. 어리석게도 어린이에게 너무 장황하게 설명해주는 것보다는 대답을 미루는 것이 보다 좋고 안전한 방법인 것이다.

15살 먹은 한 스위스 소녀가 한 말이 기억난다.

「10살 먹은 아이카르트라는 애는 의사가 아기를 데려온다고 생각하고 있어요. 그런데 나는 아기가 어디에서 오는지 오래 전부터 알고 있었어요. 어머니가 나한테 얘기해 주셨어요, 어머니는 그것보다 더 많이 얘기해 주셨어요.」

그 소녀에게 무엇을 더 아느냐고 물었더니 동성연애와 성욕도착에 관해서 말해 주었다. 이것은 불필요한 내용을 설명해준 어리석은 사례가 되었다. 그 어머니는 어린아이가 질문한 문제에 대해서만 대답했어야 한다. 어린이의 본성에 대해서 무식한 탓으로 그 어머니는 어린이가 새겨 듣지 못하는 것까지도 너무 많이 얘기해준 것이다. 결과적으로 그 딸은 신경병적인 애로 되어버렸다.

그러나 출산의 비밀에 대해서 물어보는 어린이에게 일부러 거짓말을 하는 어머니 보다는 위에서 얘기한 현명하지 못한 어머니가 차라리 낫다. 어머니가 거짓말 한 것을 어린이는 곧 알게 되기 때문이다.

어린이가 궁금하게 생각한 내용을 알게 될 때 친구를 통해 전부는 모르고, 반쯤 정도 추잡한 방법으로 들었을 때 그 어린이는 어머니가 거짓말을 하지 않으면 안됐는지 알게 된다.

그것이 바로 현대 사회의 출생에 대한 태도이다. 그것은 음탕한 일이며 부끄러운 일이다. 임부가 임신한 몸을 감추려고 임복을 입는다는 사실은 우리가 말하는 도덕을 충분히 파괴할 것이다.

아기에 관한 사실대로의 내용을 자녀들에게 얘기해 주는 어머니 중 많은 사람은 섹스에 관해서는 거짓말을 한다. 그것은 성교가 상당히 기분좋은 것이라는 것을 말하지 않으려고 한다.

아내와 나는 딸 죠우의 성 교육에 관해서 두 번 다시 생각해 본 일이 없다. 죠우가 노처녀 방문자에게 말하기를,

「아빠가 엄마한테 수태하도록 했기 때문에 내가 세상에 태어났는데, 아가씨는 누가 수태하게 했느냐?」

라고 묻는 것이었다. 그것은 참 애매한 순간이었으나 실은 아주 단순하고 분명하며 재미있게 볼 수 있는 일이었다. 그런데 자율적인 어린이는 꽤 어려서부터 재치있게 배운다는 것을 알게 되었다.

죠우가 3살 반 됐을 때 그런 말을 할 수 있었고, 다섯 살 때는 사람에 따라서 할 수 있는 말과 하지 말아야 할 말이 있다는 것을 알았다.

죠우와는 달리 어려서부터 자율적으로 양육되지 않은 다른 어린이들에게도 죠우와 같은 영리한 것을 본 일이 없다.

프로이드가 조그만 어린이들에게도 성욕 가능성이 있다는 것을 발

견한 이래, 그것을 밝혀낼만한 연구가 충분히 되어 있지 않다.

많은 저서들은 어린아이의 성적 능력에 관해서 논의해 오고 있지만, 내가 아는 범위 내에서는 자율적인 어린이에 관하여 저작한 사람은 한 사람도 없다. 우리 딸이 자기 자신의 섹스나 혹은 부모나 친구들의 섹스에 대해서 뚜렷한 관심을 나타내는 것은 아니다. 죠우는 늘 우리가 침실이나 화장실에서 벌거벗고 있는 것을 보았다.

어린이가 성인의 생식기를 보거나 그 생식기의 본능적인 기능을 보았을 때, 난처하게 생각하도록 하는 본능적이고 무의식적이며 본래 타고난 수줍음이 있다고 주장하는 심리학자들의 이론에 나도 동감한다.

그런데 죠우의 경우는 그렇지 않다는 것을 입증해 주었다. 그런 기성 이론, 즉 자위 행위에 대해서 본래적인 죄 의식이 따른다는 것과 같은 이론은 아무 근거가 없다.

자율적인 자녀를 가진 부모들은 성 교육에 관한 위험하고 어리석은 실수나, 섹스를 오류나 죄악으로 연관시키는 실수는 피할 수가 있다. 그러나 다른 면에서 오는 위험이 없다고 자신할 수는 없다.

자율에 관한 얘기가 나오기 이전의 옛날 어떤 부모들은 자기 자녀들에게 섹스란 신성한 것이고 정신적인 것이며, 두려운 마음과 신비적이고 종교적인 태도로 대해야 하는 것이라고 가르쳤다.

현대의 부모는 그런 옛날 교육 방법을 쉽게 따라갈 사람들이 아니나, 어딘가 그와 유사한 방법에 사로잡힐지는 모른다. 즉 새로이 발견된 신이나 되는 것처럼 성적 기능에 대한 숭배와 같은 것에 꼼짝 못하게 될지도 모른다.

너무 모호해서인지는 몰라도 명백하게 밝히기는 곤란하나 내가 느낄 수 있는 것은 섹스에 딸려 있는 신성같은 것, 섹스를 언급할 때 음성에서 나타나는 약간의 변화같은 것이라 할 수 있다.

이런 태도는 호색성에 대한 공포심을 나타내준다. 즉 만일 내가 두려워하는 마음으로 섹스에 관해서 얘기하지 않으면, 사람들은 섹스를 농담으로 여기는 사람으로 날 오해할 것이다.

진지한 젊은 부모들이 나이 먹은 사람들과 다를 바 없이 신체의 부분이 신성하다고 말하는 것을 보고 나는 마음이 약간 혼란됐다.

섹스는 오랫동안 비천한 농담으로 되어 왔기 때문에 정반대의 입장으로 바뀌어진 지금은 언급할 수도 없게끔 되었다. 그것은 너무 나쁜 것이어서가 아니라 너무 좋은 것이기 때문이다. 그러한 태도야말로 전에 없던 섹스에 대한 공포심과 억압감을 가져다주는 것임에 틀림없다.

만일 어린이가 섹스에 대한 건전한 태도와 그에 부수되는 건전한 애정 생활을 향유하도록 하려면 섹스가 이 땅 위에 존재해야 한다.

섹스 자체에 만사가 포함되어 있다. 섹스를 최고 전능의 영역으로 올림으로써 그 가치를 높히려고 하는 온갖 노력은 나리꽃에 페인트 칠을 하려는 것과 같은 쓸데없는 노력이다.

어린이들에게 섹스란 신성한 것이라고 말해주는 것은, 단순히 죄인들은 지옥에 간다는 옛날 애기의 변형에 불과하다. 만일 사람들이 먹는 것, 마시는 것, 웃는 것도 신성하다고 한다면 섹스를 신성하다고 하는 표현에 동감할 수 있겠다.

그러나 우리는 섹스만을 골라서 신성하다고 하니 우리 스스로가 자신을 기만하고 나아가서는 자녀들을 잘못 지도하는 것이 되었다. 어린이야말로 신성한 것이다. 즉 무식한 교육 방법에 의해서 버려져서는 안된다는 의미에서 어린이들은 신성하다.

섹스에 대한 종교적인 증오가 서서히 사라지자 또 섹스를 증오하는 다른 것들이 생겨났다. 어린이에게 도표를 보여주며 열성을 내는 성교육자는 벌과 꽃가루에 관해서 얘기해 주면서,

「보다시피 섹스란 바로 과학인 것이다. 아무것도 흥분할 것 없는 것이다. 그렇지 않은가?」

라고 말하는 것이다. 우리 모두는 섹스에 대하여 중간 입장을 취할 수 없도록 조건지워져 왔다. 즉 우리는 지나친 섹스 찬성자이거나 혹은 섹스 반대자인 것이다.

섹스 찬성자가 되는 것은 좋으나, 유년기의 섹스 교육 반대자에 대

한 항의자로서 섹스 찬성자가 되는 것은 신경병적으로 될 가능성이 있다. 그러므로 우리는 섹스에 대한 건전한 태도, 즉 어린이들이 섹스를 자연스럽게 받아들이도록 아무 간섭을 하지 않고 인정해주는 그런 태도를 찾아야 할 필요가 있다.

만일 이런 것이 애매모호하고 불가능한 것으로 들린다면 젊은 부모가 된 사람은 부끄러운 것, 구역질나게 하는 것, 그리고 도덕 감정 같은 것을 나타내지 않도록 해야 한다.

또한 섹스 관계에 대해서 애기할 때 이웃 사람들을 가르치려 하거나 또는 비위 맞추려 하는 것은 피해야 한다. 그러면 어린애의 섹스 태도는 자기 육체에 대한 억제나 증오같은 것 없이 자라게 될 것이다.

왜냐하면 그런 어린이의 섹스는 교육 혹은 경고 그외 어느 것에도 따라야 할 필요가 없기 때문이다.

만일 우리가 어린이로 하여금 섹스에 대해서 나쁘게 보지 않도록 할 수 있다면, 어린이는 도덕주의자나 남을 가르치는 것만 아는 사람이 아니라 도덕성이 풍부한 성인으로 자라날 것이다.

자위 행위나 동성연애는 모두 비생산적이다. 왜냐하면 이런 것은 이기적인 것이기 때문이다. 새롭게 자라나는 도덕성 있는 어린이는 섹스의 두 가지 기능을 수행해야 된다는 것을 알게 될 것이다. 즉 사랑하지 않는다면 성 행위에 있어서 큰 기쁨을 찾을 수 없다는 것을 알게 된다.

자위 행위

대부분의 어린이들은 자위 행위자이다. 그러나 청소년의 자위 행위는 나쁜 것이고 성장을 저해하며 병들게 하는 것이라고 들어왔다.

만일 현명한 어머니라면 자녀가 처음으로 자기 하체를 살펴볼 때 주의를 기울이지 않았으면 자위 행위는 비교적 덜 강제성이 있었을 것이다. 어린이의 흥미를 억제하는 것은 금지이다.

조그마한 어린이에게는 생식기보다 입이 성감대의 역할을 더한다.

만일 어머니가 자기들의 성기 행위에 대한 태도를 갖듯이 어린이의 구강 활동에 대해서 도덕적인 태도를 갖는다면, 손가락 빠는 것, 키스하는 것도 죄악처럼 보게 될 것이다.

자위 행위는 행복에 대한 욕구를 충족시킨다. 그것은 긴장의 절정이기 때문이다. 그러나 행위가 바로 끝나면 도덕 교육을 받은 양심에 의해서 '너는 죄인이다'라고 생각한다.

내가 보아온 바에 의하면 죄악감이 없어질 때 어린이는 자위 행위에 대한 관심을 적게 갖는다. 어떤 부모들은 자기들의 자녀를 자위 행위자라기보다 오히려 죄인으로 본다. 나는 억압된 자위 행위란 많은 비행의 근원이 되는 것으로 알고 있다.

서머힐에 오게 된 11세의 소년은 다른 버릇도 있지만 방화의 습관을 가지고 있었다. 그는 아버지나 선생님한테 많이 맞아 왔다. 더욱 나쁜 것은 지옥 불과 성낸 신이라는 편협된 종교를 배워왔다.

서머힐에 오자 그는 휘발유 한 병을 가져다가 페인트와 테레빈 기름이 든 큰 통에 부었다. 그리고는 불을 질렀다. 집은 두 일꾼 때문에 무사했다. 나는 그 아이를 내 방으로 데리고 가서 물었다.

「불이 무엇이냐?」

「타는 거요.」

「무슨 종류의 불을 너는 지금 생각하고 있나?」

「지옥이죠.」

「그리고 병은?」

「끝에 구멍이 있는 긴 물건이요.」

「끝에 구멍이 있는 물건에 대해서 좀더 나에게 말해다오.」

「내 피터는 끝에 구멍을 가졌어요.」

「너의 피터에 관해서 얘기 해봐라. 너 그것 만져본 일이 있니?」

「아니요, 이제는. 전에는 만졌죠. 그러나 난 모르겠어요.」

「왜 몰라?」

「왜냐하면 X씨(그가 다니던 학교 교장)가 그것은 이 세상에서 가장 큰 죄라고 나에게 말해 주었으니까요.」

나는 그의 방화가 자위 행위를 대신하는 행위였다고 결론 내렸다. 나는 그에게 X씨는 아주 틀렸으며, 그 애의 피터는 그의 코나 귀보다 더 좋은 것도 없고 더 나쁠 것도 없다는 것을 말해주었다. 그날부터 불에 대한 그의 흥미는 사라졌다.

초기 자위 행위 기간에 문제가 없을 때 어린이는 자연스럽게 적당한 시기에 이성간의 성 생활에 들어가게 된다. 많은 불행한 결혼 생활은 남편과 아내 두 사람이 성에 대한 무의식적인 증오 때문에 고통을 받는다는 사실에 기인한다 ─ 그들이 어렸을 때 주어진 자위 행위에 대한 금지 때문에 묻어둔 자기 증오에서 일어나는 증오.

자위 행위의 문제는 교육에 있어서 가장 큰 문제이다. 만일 자위 행위 문제가 해결되어 있지 않으면 교과·훈육·경기 등은 헛된 것이 되고 소용이 없다. 자위 행위에 있어서의 자유란 실제로 자위 행위에 별로 관심이 없는 즐겁고 행복하며 열의있는 어린이를 의미한다.

자위 행위의 금지는 감기나 유행성 병에 걸리기 쉽고, 자신을 증오하며 결국엔 남을 증오하는 비참하고 불행한 어린이를 의미한다.

서머힐 학생들이 행복한 근본 이유 중의 하나가 성 금지가 가져다준 공포와 자기 증오감의 제거라고 나는 말한다. 프로이드는 우리로 하여금 다음 세 가지의 아이디어에 익숙하게끔 해주었다.

첫째, 섹스는 생의 시초부터 존재한다.

둘째, 어린 애기는 빠는데 성적 즐거움을 갖는다.

셋째, 이의 성감대는 점차적으로 생식기 성감대로 바뀐다.

이와 같이 어린이의 자위 행위는 자연적인 발견이지 대단히 중요한 발견이 아니다. 생식기란 유아에게 있어서 입이나 심지어는 피부만큼 즐거움을 주는 것이 아니기 때문이다.

자위 행위를 아주 큰 콤플렉스로 만드는 것은 순전히 부모의 금지이다. 금지가 엄격할수록 죄악감은 깊어지고 방종으로 흐르는 힘은 더욱 강하게 된다. 잘 양육된 유아는 자위 행위에 관한 아무런 죄악감이 없이 학교에 들어와야만 한다. 서머힐에 다니는 유치원 어린이들 중 자위 행위에 특별한 관심을 가진 어린이는 거의 없다.

그들에게 대해서 섹스란 신비스런 매력을 가지고 있지 않다. 일찍부터 우리와 함께 지내기 때문에(만일 집에서 이전에 들은 바가 없다면) 그들은 출생의 사실에 관해서 알고 있다.

아기가 어디서 오는가 뿐 아니라 어떻게 만들어지는가도 안다. 그런 초기 연령 단계에서는 그런 정보를 감정의 개입없이 받아들인다. 그것은 감정없이 주어졌기 때문이다. 그리하여 서머힐 남녀 학생들이 15세 내지 17세에 이르게 되면 아무런 감정이나 나쁜 짓, 외설적인 태도를 보이지 않고 공공연하게 섹스를 논의하게 된다.

부모들은 어린아이에게 전능한 하나님의 음성을 가진 것처럼 얘기한다. 어머니가 섹스에 관해서 하는 말은 성경과 같다. 자녀들은 그녀가 일러주는 대로 전적으로 받아들인다.

어느 어머니가 아들에게 자위 행위는 바보가 되게 한다고 말해주었다. 그 소년은 그 설명을 받아들였고 아무것도 배울 수 없게 되었다. 그의 어머니를 설득하여 그녀가 아들에게 한 말은 잘못됐다는 것을 그 애에게 말해주자 그 아들은 자동적으로 영리한 애가 되었다.

또 다른 어머니는 자기 아들에게 만일 자위 행위를 하면 모든 사람이 미워한다고 말했다. 그 소년은 자기 어머니가 말한대로 학교에서 가장 싫어하는 어린이가 되었다.

그 어린이는 어차피 어머니가 말한대로 모든 사람이 싫어하니 내 맘대로 해보자는 식으로 안타깝게도 물건을 훔치고 사람에게 침을 뱉고 물건을 파괴하였다. 이런 경우에는 그 애의 어머니에게 그녀가 말한 것이 잘못되었다고 아들에 말해주라고 설득할 수가 없었으며, 그 아들은 약간 사회의 증오자로 생활하게 되었다.

여러 남학생들이 만일 자위 행위를 하면 미치게 된다는 말을 들어왔다. 그래서 그들은 정말 그런가 보려고 용감하게 시도했던 것이다.

유년기에 부모한테서 교육을 받은 뒤에 어떤 영향을 줌으로써 그 초기의 교육이 완전히 바꾸어질 수 있는지 의심스럽게 생각한다.

내가 어린이를 지도하는데 있어서 나는 늘 부모들로 하여금 그들의 잘못된 점을 고치도록 노력한다. 그렇지 않으면 어린이들에 대한 나의 노력이 아무런 의미가 없기 때문이다.

일반적으로 내가 지도하는 것은 이미 부모의 지도를 받은 훨씬 뒤가 된다. 그래서 내가 어린이에게 자위 행위를 한다고 해서 사람이 미치는 것이 아니라고 일러주어도 그 아이는 여간해서 믿지 않는다.

그런 아이에게는 5살 때 들은 아버지의 음성(말)이 마치 성스런 권위자의 음성과 같은 것이다.

어린 아기가 자기 생식기를 장난감으로 삼을 때 부모들은 큰 시험에 봉착한다. 생식기 장난은 좋은 것이며, 정상적이고 건전한 것으로 받아 들여져야 한다. 어떠한 방법으로서든지 그것을 억제한다는 것은 위험하다. 그리고 어린아이의 관심을 딴 것에 쏠리게 하기 위해서 은밀하고 정직하지 못한 시도를 하는 것도 위험한 것으로 나는 생각한다.

나는 좋은 사립학교에 들어간 자율성 있는 어린 소녀의 사례를 기억한다. 그 소녀는 시무룩해 보였으며, 자기의 성기 놀이를 '끌어안기'라고 이름 붙였다. 어머니가 그 소녀에게 왜 학교가 싫으냐고 물으니까, '내가 끌어안으려고 하는데 그러지 못하게 이것 좀 봐라, 혹은 와서 이것 좀 해라 하고 쓸데없는 말만 시켜서 유치원에서는 끌어안을 수가 없어요'라고 그 아이는 대답했다.

유아기의 성기 유희는 문제가 된다. 왜냐하면 거의 모든 부모들이 어린 시절에 섹스를 부정하는 방법으로 양육되었기 때문에 수치감이나 죄악감 불쾌감 같은 것을 극복하지 못하기 때문이다.

부모들이 지식적으로서는 성적 유희는 좋은 것이고 건강한 것이라고 하면서도, 부모의 말하는 억양이나 눈치로서는 어린이의 성기 만족에 대한 권리를 받아들일 수 없다는 인상을 어린이에게 준다.

어린 아기가 성기를 만질 때 부모 자신은 전적으로 인정할런지 모른다. 그러나 메어리 아줌마가 방문하면 인생을 비난하는 그 분 앞에 어린애가 성기 장난을 할까봐 부모는 큰 걱정을 한다.

그런 부모에게 '메어리 아주머니는 당신의 억압된 자아 속에 있는 섹스를 반대하는 요소를 대신하고 있다'고 말해준다는 것은 어렵지 않으나 자체가 부모나 혹은 어린이에게 도움이 되는 것은 아니다.

유아기의 성기 유희가 성적 조숙을 가져올 것이라는 부모의 공포는 심각하며 널리 알려져 있다. 물론 그것은 합리화이다. 성기 유희는 성적 조숙을 가져오지 않는다. 만일 조숙하다면 무엇이 문제인가?

어린이가 사춘기에 들어갔을 때 성에 대한 비정상적인 흥미를 갖게 되는 것은 그 아이가 어렸을 때 성기 유희를 금지당했기 때문이다.

이해할만한 나이가 된 어린이에게 사람 있는데서 성기 장난을 해서는 안된다고 말해주는 것은 당연하다. 그런 충고는 어린이에게 비겁하고 부당한 말로 들릴지는 모르나 그 외의 다른 방법도 별수 없다.

만일 어린이가 적의에 찬 성인으로부터 가증스럽고 충격적인 언사로 표현된 엄격한 금지에 맞부딪치게 되면, 사랑하는 부모와 함께 이치를 따지는 것보다 더 해로운 일이 생기게 될 것이기 때문이다.

어린이가 벌칙이나 훈화 금기 등이 없어 자기의 생활을 충분히 해낼 수 있도록 자유롭다면, 그 아이는 자기 생활이 너무 재미가 있어서 성기 장난할 여유가 없다는 것을 알게 될 것이다.

나는 자율성 있는 어린이들이 성기 장난하는데 있어서 어떻게 반응하는지 아는 바 없다. 섹스가 나쁘다고 배워온 남학생들은 일반적으로 변태 성욕을 가지고 성기 장난을 하게 된다.

유사한 섹스 부정 교육을 받은 여학생들은 변태 성욕적 성기 장난을 규범으로 받아들인다. 자율성 있는 어린이에게 있어서 극단적인 증오는 많지 않기 때문에 두 사람의 자유로운 어린이들간에 하는 성기 장난은 아마 점잖고 사랑스러울 것이다.

우리 자신의 행위에 대해서 죄악감을 갖는 것은 주로 유아기 때부터 생긴 것이다. 그 중의 대부분은 자위 행위에 대한 죄악감에서 시작된다. 불행한 어린이는 흔히 자위 행위에 대한 양심상의 부담을 갖는 어

린이다. 이런 죄악감을 제거하는 것이 곧 문제아를 행복한 어린이로
바꾸기 위하여 우리가 취할 수 있는 가장 중요한 방법이다.

나 체

노동자 계급의 많은 부부들은 둘 중의 한 사람이 다른 사람의 시체
를 옷 입히기 전까지는 상대방의 알몸을 본 일이 없다고 한다.
어느 농부의 부인이 노출증에 관한 법정 사건에 있어서 증인이었다.
그 여자는 정말 충격을 받았다.
「이리와요, 진. 왜 그래, 당신은 자녀를 일곱이나 두었잖아요.」
하고 나는 그 여자를 나무랬다.
「니일 씨, 나는 존의 그것을 본 일이 없어요. 나는 내 결혼 생활을
통해서 내 남편의 나체를 본 일이 없어요.」
하고 그 여자는 엄숙하게 말했다.
옷 벗는 것을 막아서는 안된다. 어린 애기는 처음부터 발가벗은 부
모를 보아야 한다. 그러나 어린이가 이해할만한 때에 이르면 어떤 사
람은 어린아이가 발가벗는 것을 좋아하지 않으니, 그런 사람이 있을
때는 반드시 옷을 입어야 한다는 것을 말해주어야 한다.
딸이 발가벗은 채로 해수욕을 하기 때문에 불평하는 부인이 있었다.
그 해수욕 문제는 완전히 사회에 대한 생활에 대해서 반대적인 태도라
고 간결하게 요약된다.
우리는 개인 부분을 노출하지 않고 해변가에서 옷을 벗으려고 하는
데서 안타깝게 된다는 것을 잘 안다. 자율성이 있고 자유로운 어린이
의 부모는 서너 살 먹은 어린이에게 사람이 많은 곳에서는 수영복을
입어야 되는 이유를 설명해준다는 것이 곤란하다는 것을 안다.
법이 성기의 노출을 허용하지 않는다는 사실 자체가 어린이에게 인
체에 대한 바르지 못한 태도를 가지게끔 한다. 나는 나체에 관하여 죄
의식을 가진 조그만 어린이들의 호기심을 충족시켜 주기 위하여 나 자

신 옷을 벗거나 여직원 한 사람에게도 그렇게 하라고 권유도 했다.

그런 반면에 어린이들에게 옷을 벗어도 괜찮다는 것을 강요하려고 하는 노력은 잘못이다. 그들은 옷을 입어야 하는 문화에서 살고 있으며, 옷을 벗는다는 것은 법이 허용하지 않는다는 것으로 되어 있다.

수년 전, 내가 레이스톤에 왔을 때 학교에는 연못이 하나 있었다. 아침에 나는 잠깐 들어갔다 나오곤 했는데, 교사 몇 사람과 남녀 상급생들도 같이 하곤 했다. 여학생이 수영복을 입으려고 했을 때, 나는 예쁜 스웨덴에서 온 여학생에게 왜 수영복을 입으려고 하는가 물었다.

「여러 신입생 때문이에요. 이 학교에 전부터 다니던 남학생은 옷 벗는 것을 자연스런 것으로 취급하지만, 신입생들은 곁눈질하고 멍하니 쳐다 봐요. 난 그게 싫어요.」

라고 설명했다. 그런 다음부터는 여럿이 같이 옷을 벗고 수영하는 것은 저녁에만 해왔다.

서머힐에서 자유롭게 자라나는 어린이들이 여름에는 발가벗고 노는 줄 알 것이나 실은 그렇지 않다. 9살까지의 여학생들은 더운 날에는 벗고 있으나 같은 또래의 남학생들의 경우는 드문 일이다.

남자는 음경을 가진 것을 자랑으로 삼고 여자는 그것을 갖지 못한 것을 부끄럽게 안다는 프로이드의 이론을 생각할 때, 여학생들이 오히려 벗고 있다는 것을 생각하면 혼란될 것이다.

서머힐의 어린 남학생들은 벗고 싶어하지 않으며, 상급 학년 남녀 학생들은 거의 벗는 일이 없다. 여름 기간 동안에 남학생이나 남자 어른들은 반바지 위에는 입지 않는다.

여학생들은 수영복을 입는다. 목욕할 때는 혼자 따로 하지 않는데 신입생들만은 목욕실 문을 잠그고 목욕한다. 몇몇 여학생들이 잔디 위에서 일광욕을 하더라도 아무도 몰래 엿보는 남학생은 없다.

나는 언젠가 한번 우리 학교 영어교사가 하키 경기장에서 도랑을 파고 있는데, 9살부터 15살까지의 많은 남녀 학생들이 협조하고 있는 것을 보았다. 날씨가 더워서 그 교사는 겉옷을 다 벗고 일했다.

또 한번은 교직원 한 사람이 발가벗고 테니스 하는 것에 대해 총회에서, 상인이나 방문객이 오게 될 경우에는 바지를 입으라고 지시 받았다. 이것이 나체에 대한 서머힐의 철저한 태도를 말해준다.

외 설

모든 어린이들이 공공연하게 또는 나타나지 않게 외설적이다. 가장 외설적이지 않는 아이는 유아기나 유년기에 섹스에 도덕적 금기를 갖지 않았던 어린이들이다. 서머힐 출신 학생들은 엄격한 방법으로 양육된 어린이들 보다 나중에 커서 외설적으로 되는 경향이 적을 것이다.

대학에 다니는 어느 남학생이 학교를 방문해서 말하기를,

「서머힐은 어떤 점에서는 학생들을 버려놓고 있어요. 나는 내 나이 또래의 대학생들이 너무 둔하다는 것을 알았어요. 그들은 내가 이미 전에 대수롭지 않게 알고 지내 온 것들에 관해서 얘기하더군요.」

「섹스 얘기든가?」

「예, 뭐 그런 거예요. 나도 섹스 얘기는 좋아하지요. 그러나 그들이 얘기하는 것은 사실 뻔한 것이고 또 아무 의미가 없어요. 그러나 섹스만은 아니예요. 다른 것도 신통치 않게 얘기 해요. 심리학・정치학 등 더욱이 우스운 것은, 나는 내 자신보다 몇 살이나 더 먹은 아이들하고 친구를 삼는 경향이 있다는 것을 알았어요.」

서머힐에 새로 온 학생이 있었는데, 그 아이는 전에 다니던 학교에서의 음란한 것을 벗어버리지 못했기 때문에 외설적인 면에 관심을 가지고 있었다.

다른 학생들은 그 아이한테 얘기를 못하게 했는데, 그것은 그 아이가 외설적이어서 보다도 자기들이 재미있는 얘기를 하는데 이 아이는 엉뚱한 화제를 가져오기 때문이었다.

몇년 전 세 여학생이 있었는데 이들은 하지 말아야 할 화제에 관해서 얘기하는 연령은 지난 학생이었는데, 새로 들어온 여학생이 마침

이 세 학생과 방을 같이 쓰게 되었다. 어느 날 새로 들어온 여학생이 나에게 와서 다른 세 여학생들은 굉장히 바보들이라고 투덜댔다.

「내가 밤에 침대에서 섹스에 관한 얘기를 하면 그 애들은 나보고 시끄럽다고 해요. 그들은 흥미가 없대요.」

그것은 사실이었다. 그들은 섹스에 흥미는 있었으나 음란한 것에는 흥미가 없었다. 그 여학생도 과거에는 섹스가 추잡한 것이라고 생각했기 때문에 한때 흥미를 가졌었으나 지금은 그렇지 않다.

전에 다니던 여학교에서 섹스 얘기나 하다가 새로 입학해 온 이 소녀에게는 다른 여학생들이 굉장히 도덕적인 것으로 생각되었다. 실제로 그 여학생들은 상당히 도덕적이었다. 그들의 도덕성은 지식—선악의 그릇된 기준에서가 아니라—에 기초했기 때문이다.

성 문제에 관하여 자유롭게 양육된 어린이들은 소위 말하는 천박성에 관해서 개방적인 태도를 가지고 있다.

얼마 전 보우디빌 배우(천박한 농담을 하는 코미디언)가 런던 팔라듐 극장에서 엘리자베드 여왕처럼 위엄있는 말투로 음란한 농담을 하는 것을 들은 일이 있다. 많은 청중들은 그의 농담을 듣고 굉장히 웃었는데 서머힐의 관중에게는 그럴 수가 없다는 것을 보고 나는 많이 생각했다.

숙녀들의 속옷에 관해서 얘기할 때 여자들은 와하고 소리를 낸다. 그러나 서머힐 어린이들은 그런 말이 우습지 않은 것으로 생각한다.

한번은 내가 유치원 어린이들을 위한 희곡을 썼다.

그것은 나뭇꾼 아들에 관한 저속한 연극이었는데, 100파운드 짜리 수표 한 장을 주운 아들이 황홀해져 자기 집 온 가족에 보이고 소에게까지 보여주었다.

그러나 미련한 소는 그것을 삼켜버렸다. 그래서 온 가족이 그 수표를 소에게서 꺼내도록 하였지만 효과가 없었다. 만일 누군가가 있을 때 그 소가 돈을 게워냈으면 그 사람이 돈을 갖게 될 것이다.

그 연극이 웨스트 엔드(런던의 서구에 있음)에 있는 뮤직홀에서 공연될 때에는 대 갈채를 받았었다. 그러나 우리 학교에서 했을 때는 어린이들이 대수롭게 넘겼다.

사실 출연자들(6세부터 9세)은 그것을 하나도 우습지 않은 것으로 보았다. 그 출연자 중에서 여덟 살 된 한 여학생이 내가 적절한 용어를 쓰지 않았다고 바보라고 말했다. 물론 그 여학생의 말은 다른 사람이 볼 때 적절하지 못한 용어라는 뜻이었다.

자유로운 어린이는 서머힐에서 몰래 엿보는 것 때문에 고통을 받지 않는다. 학생들은 화장실에 관한 영화를 보거나 출생에 대해 얘기해도 낄낄거리고 웃지도 않고 죄악감도 갖지 않는다.

이따금 화장실 벽에 낙서하는 것이 유행 되기도 한다. 어린이에게 있어서 화장실이란 어느 집에서나 가장 재미있는 방이다. 화장실은 많은 작가나 화가에게 무엇인가를 생각하게 해준다. 그것은 사람이 화장실을 창조의 장소로 자연스럽게 생각하는 것이다.

여자가 남자보다 더 순박한 마음씨를 가지고 있다는 것은 잘못이다. 그러나 남자들의 클럽이나 바는 여자들의 클럽보다 훨씬 더 외설적이기 쉽다. 외설스러운 애기의 유행은 완전히 입에 담아 말할 수 있는 것에 기인한다. 섹스 억압이 없는 사회에서는 입에 담아 말할 수 없는 것은 없어지게 마련이다.

서머힐에서는 그런 말 할 수 없는 것이 없으며 그리고 아무도 충격을 받지도 않는다. 충격받는다는 것은 그 충격을 주는 것에 대하여 음란한 관심이 있다는 것을 암시해준다.

'어린아이들에게서 결백성을 뺏어가다니 얼마나 큰 범죄이가!' 하고 큰소리치는 사람들은 모래 속에 머리를 박고 있는 타조와 같은 사람들이다. 어린이들은 가끔 무식하지만 결코 결백하지는 않다.

그런데 타조들 같은 이들은 어린이의 무지를 빼앗으려고 히스테리적인 발작으로 나아간다.

가장 억압된 어린이는 많은 것에 관하여 무식하지 않다. 다른 어린이들과의 접촉으로 무시무시한 '지식'을 얻게 되는데, 그런 지식은 비참한 어린이들끼리 상호간에 컴컴한 구석에서 주고 받는 것이다.

나이 어릴 때부터 서머힐에 재학해 오고 있는 어린이들에게는 컴컴한 구석이 없다. 그런 어린이들은 섹스 문제에 관심은 가지고 있으나 불건전한 관심은 아니다. 그러한 어린이들은 인생에 대해서 정말 결백한 태도를 가지고 있다.

동성 연애

최근에 동성 연애하는 사람이 나에게 합법적으로 동성 연애 할 수 있는 나라를 소개해 달라는 편지 부탁을 해왔다.

나는 그러한 나라는 없다고 대답해 주었다. 그런 뒤에 폴란드나 덴마아크에서 동성 연애가 법적으로 허용된다는 것을 들었다.

사실 나는 동성 연애를 반대하는 사람에게 폐를 끼치지 아니하고, 동성 연애를 허용하는 나라가 있다는 것을 도저히 생각할 수 없다.

서머힐에는 동성 연애가 없다. 그러나 서머힐에 다니는 어린이 집단은 성장 발달 과정에서 무의식적인 동성 연애가 있다.

9살 내지 10살 된 남학생들은 여학생을 전혀 필요로 하지 않는다. 그들은 여학생을 경멸한다. 그들은 남녀 혼성 집단은 이루지만 이성에 대해서는 흥미를 갖지 않는다.

오히려 그들은 어떤 아이에게 '손들어!'하고 총쏘는 장난에 재미를 느낀다. 동년배 여학생들도 같은 여학생에 대하여 관심이 있고 저희들끼리만 집단을 이룬다. 심지어 여학생들이 첫 사춘기에 들어서서도 남학생을 따라다니지 않는다.

여학생들의 무의식적인 동성애는 남학생들의 경우보다 더 오래 간다. 비록 그들이 우정이라는 점에서 남학생들에게 도전도 하고 때로는 어울리기도 하면서 저희끼리만 어울린다. 그러나 이러한 연령의 여학생들은 남학생들만이 가지고 있는 권리를 질투한다.

남학생들은 힘이 세고 거칠기 때문에 여학생들을 괴롭힌다. 이것은 남성에 대항하게 되는 연령에 들어갔다는 것을 말해준다.

일반적으로 말해서 남녀 학생들은 15~16살이 되기 전까지는 상호 간에 관심이 많지 않다. 그들은 서로 짝을 만드는 경향을 보이지 않으며, 이성에 대한 관심은 공격적인 형태를 취한다. 그들이 잠재적인 동성 연애에 대해서 불건전한 방법으로 반응을 보이지 않는 이유는, 서머힐 학생들이 자위 행위에 대한 죄 의식을 갖지 않기 때문이다.

수년 전에 사립학교에서 온 신입생이 비정상적인 성교를 소개하려고 했으나 실패했다. 그러자 그는 그가 한 짓을 전교 학생이 알고 있다는 것을 발견하고 깜짝 놀랐다.

동성 연애는 어떤 점에서 자위 행위와 연결된다.

다른 아이와 자위 행위를 하면 죄 의식을 덜 느끼는 것으로 생각하기 때문에 자신의 부담이 가벼워지는 것으로 안다. 그러나 자위 행위를 죄악으로 간주하지 않을 때는 위와 같은 문제가 일어나지 않는다.

나는 어느 때 받은 억압이 동성 연애를 가져오게끔 하는지는 모른다. 그러나 그 억압은 아주 어릴 때부터 시작된 것임에는 틀림없다.

오늘날 서머힐은 5살 이하의 어린이들은 받지 않기 때문에, 자주 보육원에서 훈련을 잘못 받고 들어오는 어린이들을 취급하지 않으면 안된다. 그럼에도 38년이라는 기간동안 단 한 사람의 동성 연애자도 내지 않았다. 그 이유는 자유가 건전한 어린이를 만들기 때문이다.

난혼, 사생아와 피임

난혼은 일종의 노이로제 증세이다. 그것은 마지막으로 자기에게 적합한 배우자를 찾겠다는 희망을 가지고 배우자를 계속 바꾸는 것이다.

그러나 적합한 배우자란 결코 찾을 수 없다. 왜냐하면 상대방의 무기력 하고 노이로제적인 태도에 결점이 있기 때문이다. 만일 자유로운 사랑이란 말이 나쁜 뜻이 있다면 그것은 섹스를 노이로제적으로 묘사하기 때문이다.

난잡한 섹스—억압의 직접적인 결과—란 항상 불행한 것이며 수치스러운 것이다. 자유로운 사람들 중에는 방종한 사랑이란 존재하지 않는다. 억압된 섹스는 장갑이란 손수건, 그 외 어느 것이든 신체에 관련을 가진 대상에 병적으로 집착한다.

이와 같이 방종한 사람은 난잡하다. 그것은 감미로움이나 따사로움 또는 애정이 없는 강한 욕망이기 때문이다.

난혼의 기간을 치룬 어느 부인이 나에게 말하기를,

「빌하고 나는 난생 처음 성적 쾌감을 가졌어요.」

라고 했다. 그래서 나는 왜 그것이 첫번이었냐고 물었다.

「나는 그를 사랑했고 다른 사람을 사랑하지 않았기 때문이지요.」

라고 대답했다. 나이가 많은 학생이 뒤늦게 서머힐에 들어오면(13세 이상) 난잡하게 되고 싶어하는 경향은 있으나 늘 그 경향을 보이는 것은 아니다. 난혼의 근원은 어린 시절의 생활에서 더듬어 볼 수 있는데, 우리가 알고 있는 중요한 것은 그 근원이 불건전하다는 것이다.

그러한 행위는 여러 가지 결과를 가져오는데 성취감을 주는 경우는 드물고 거의 행복이란 결과는 가져오지 않는다. 사랑에 있어서 진정한 자유는 난혼으로 빠지지 않는다.

사랑이란 영원하지 않을런지도 모른다. 그러나 사랑이 건전한 사람에게 오래 지속된다면 그 사랑은 진실하고 충성스럽고 행복한 것이다.

사생아는 인생 항로에 있어서 고달프다. 사생아에게 아버지가 전사했다거나 병사했다고 말하는 것은 결정적으로 나쁘다. 그는 다른 애들이 아버지와 같이 사는 것을 보기 때문에 마음의 상처를 갖게 된다.

반면에 서자에 대한 사회적 비난을 모면할 수 없게 된다. 서머힐에는 소수의 미혼모 자녀들이 있다. 그러나 아무도 상관하지 않는다. 자유하에서 그런 어린이들은 정상 결혼의 자녀처럼 행복하게 자란다.

학교 외의 바깥 세상에서는 서자가 된 아이는 가끔 자기 어머니를 비난하고 그 어머니에 대해서 좋지 않게 행동한다. 그리고는 다시 어머니를 좋아하게 되며, 언젠가는 어머니가 모르는 남자하고 결혼 할까

봐 두려워 한다. 얼마나 나쁜 세상인가!

유산은 불법적이고 서자 역시 추방되어야 할 인물로 이해되고 있다. 오늘날 많은 여자들이 서자에 대한 사회적 비난을 받아들이지 않는다는 것은 고마운 일이다.

그들은 공정하게 사랑하는 자녀를 데리고 있고 자랑으로 삼고 있으며, 자녀들을 위해서 일하고 또 행복하게 잘 기르고 있다. 내가 보아온 바로는 그런 여자들의 자녀는 빈틈이 없고 성실한 인간들이다.

사생아가 있는 여자가 공립학교 여교사로 재직하고 있는 사람은 없다. 나는 어느 목사의 부인이 자기 하녀가 임신했다고 해서 쫓아냈다는 이야기를 들은 적이 몇 번 된다.

유산 문제는 인간을 병들게 하는 가장 욕되고 위선적인 증상 중의 하나이다. 판사·목사·의사·교사 혹은 어떠한 사회의 중요 인물이든 자기 딸이 유산하는 것보다 오히려 가족 전체가 자기 딸의 서자로 인하여 망신을 당하는 것이 낫다고 하는 사람은 거의 없다.

흔히 부자들은 그런 딸이 있으면 호화로운 요양소에 보내므로서 유쾌하지 못한 복잡한 문제를 피한다. 거기에 그들은 불규칙적인 월경 기간의 문제와 그 외 여러 가지를 치료받게 되어 있다.

어린애를 가진 채로 버림을 받은 것은 중하류나 빈민에 속하는 사람들이다. 그들에게는 별다른 도리가 없다. 만일 중류 계급의 딸이 최선을 다한다면, 돈많이 받고 유산시켜 주는 의사를 만날 수 있다.

그런 여자의 여동생도 서툴고 사악한 낙태 시술자에게 낙태 시술을 받아야 할 위험을 갖게 되든지 아니면 어린애기를 해산해야만 된다.

런던에는 피임을 시켜주는 보건소가 있다. 그곳에서는 여자가 결혼 반지를 보여줄 때만 피임을 시켜주는 것이 일반적이다. 그러나 결혼반지를 빌리는 것은 범죄가 아니다. 이런 모든 문제를 다루고 보니 공중 변소의 벽에 있는 외설적인 낙서가 생각난다. 그것은 부도덕성에 대한 대가를 당연히 받아야 할 문화를 나타내준다.

그 대가란 결국 육체가 물려받은 병이요, 비참과 절망인 것이다.

Ⅳ. 종교와 도덕

종 교

최근에 나를 찾아온 어떤 여자가 말했다.

「당신은 왜 예수의 생애를 학생들에게 가르치지 않습니까? 그들도 그의 발자취를 따르고 싶은 마음이 생기도록 말입니다.」

나는 사람이란 다른 사람의 생애에 관해서 듣고 인생을 배우는 것이 아니라 살아감으로써 삶을 배운다고 대답했다. 말이란 행동에 비하여 중요하지 않기 때문이다. 사람들은 서머힐이 아동들에게 사랑을 베푼다고 하여 종교적인 곳이라고 말하기도 한다.

그것은 사실일지도 모른다. 그러나 종교가 일반적으로 의마하는 것, 즉 자연스러운 생활에 대한 적대감을 의미하는 한 나는 종교적이라는 형용사를 좋아하지 않는다. 종교란 우중충한 옷을 입은 남녀들이 낮은 곡조의 슬픈 찬송가를 부르면서 죄를 용서해 달라고 기도하는 그런 종교에 나는 추호도 공감하고 싶지 않다.

인간이 어떤 신이든지 신을 믿는데 대해서 개인적으로 반대하지 않는다. 다만 못마땅한 것은 자기가 믿는 신이 인간의 성장과 행복에 제한성을 부과하는 권위를 가졌다고 주장하는 점인 것이다.

이런 논쟁은 신학을 믿는 자와 믿지 않는 자의 대립이 아니라, 인간의 자유를 믿는 자와 인간 자유의 억압을 신봉하는 자와의 대립이다.

언젠가 새로운 세대는 오늘날의 낡은 종교와 신화를 받아들이지 않을 것이다. 새 종교가 생긴다면 그 종교는 인간의 원죄 사상을 반박할 것이며, 인간을 행복하게 함으로써 신을 찬양하게 할 것이다.

그 새로운 종교는 육체와 종교의 대조를 배격할 것이며, 육체는 죄가 없다는 것을 인식할 것이다.

일요일 아침에 수영하며 시간을 보내는 것이 찬송가를 부르며 시간을 보내는 것보다 더 성스럽다는 것을 알게 될 것이다. 그것은 마치 신이 만족을 지속하기 위해서 찬송가가 필요한 것과 똑같은 것이다.

새로운 종교는 하늘에서가 아니라 초원에서 신을 찾을 것이다. 기도하고 교회가는데 소비하는 모든 시간의 10퍼센트만이라도 선행과 자선 행위 등에 바쳐진다고 할 때 일어날 성과를 상상해 보라.

매일 보는 신문들은 오늘날의 종교가 어떻게 죽어 있는가를 말해준다. 우리는 투옥하고 우리들과 일치하지 않는 의견을 억누르고, 가난한 자를 억압하며 전쟁을 위하여 무장을 한다.

하나의 조직으로서 교회는 미약하다. 그것은 전쟁을 막지 못하며 우리들의 야만적인 형법을 완화시키는데 거의 아무것도 할 수 없다.

그것은 착취자에 대항하는 편에 좀처럼 끼어들지 않는다. 사람은 하나님과 부를 같이 섬길 수는 없다. 쉽게 말해서 일요일에는 교회 가고, 월요일에는 전쟁을 위한 총검술 훈련을 할 수는 없는 것이다.

많은 사람들에게 있어서 조직화된 재래식의 종교라는 것은 개인적인 문제를 해결하는데는 손쉬운 방법이었다. 만약 카토릭 신자가 죄를 범하면 그는 그의 신부에게 고해하고, 그 신부는 그 죄를 용서하면 끝나는 것이다.

종교적인 인간은 자기의 짐을 신에게 맡긴다. 신앙심이 두터우면 영광에의 길은 보장되는 것이다. 이와 같이 인생의 중심은 개인적인 가치와 개별적 행위로부터 '주를 믿으라. 그리하면 구원을 얻으리라'라는 신조로 옮겨지고 있다.

근본적으로 종교란 삶을 두려워 한다. 인생을 도피하는 것이다. 그것은 현재의 삶을 사후의 더욱 완전한 삶을 위한 예비적인 것으로 밖에 보지 않는다. 신비주의와 종교는 이 땅 위에서의 삶은 잘못된 것이며, 자극적인 인간은 구원을 받을만큼 선하지 않다고 본다.

그러나 자유스러운 어린이들은 생이 잘못된 것이라고 느끼지 않는다. 아무도 그들에게 삶을 부정하라고 가르쳐 준 일이 없기 때문이다.

종교와 신비주의는 비현실적인 사고와 행동을 조장한다.

TV와 제트기를 소유하고 있는 우리들이 아프리카의 토인들보다 더 현실로부터 유리되어 있다는 것은 누구나 아는 사실이다.

그러나 나는 부모들에게 더 넓은 견해, 바로 눈 앞의 범위를 벗어나 멀리 바라보는 견해를 취하도록 권한다. 그리고 태어날 때부터 인간에게 죄를 뒤집어 씌우지 않는 문화를 이룩하기를 요청하는 바이다.

그리고 부모들은 자기들의 자녀에게 그가 악하게 태어난 것이 아니라, 선하게 태어났다는 것을 말해줌으로써 속죄의 필요를 제거해 주기를 바라는 바이다.

부모들은 보다 개선되어야 할 것은 이 세상이며, 또 자녀들이 온갖 노력을 기우려야 할 곳은 지금 이 현세이지 다가올 신비스런 내세가 아니라는 것을 자녀들에게 말해주어야 한다.

어떤 어린이도 종교적인 신비주의를 갖도록 해서는 안된다. 신비주의는 어린이로 하여금 위험한 형태로 현실을 도피하도록 하게 한다.

우리들은 누구나 가끔 현실에서 도피하고 싶어한다. 그렇지 않다면 우리는 소설을 읽거나 영화 구경을 가거나 술 한 잔 마실 필요가 없다. 인간은 현실에서 도피했다가 바로 현실로 돌아오게 된다.

신비론자는 그의 모든 애욕을 신학·유심론·천주교주의 혹은 유태교주의에 바치면서 계속적으로 도피자의 생활을 하는 경향이 있다.

어린이란 선천적으로 신비론자가 아니다.

어느 날 밤 서머힐에서 즉흥극을 하는 가운데 보여준 사례에 의하면, 어린이의 행동이 공포심에 의해서 비뚤어지지 않았다면 그런 어린이는 선천적으로 현실에 대한 감각이 뚜렷하다는 것을 말해주고 있다.

즉 어느 날 밤 내가 의자에 앉아서 즉흥극을 시작하기 위해서,

「내가 금문해협에 있는 성 베드로 성당이니라! 너희들은 나에게 들어 오려고 애쓰는 사람들이다. 자, 시작해라.」

했더니 그들은 온갖 종류의 구실을 가지고 들어오려고 몰려왔다. 심지어 한 여학생은 다른 학생과 반대 방향에서 와서는 비켜나라고 야단치기도 했다. 그런데 주연자로 나타난 어린이는 호주머니에 두 손을 넣고 휘바람을 불며 내 옆을 지나게 된 14살 먹은 남학생이었다.

「여봐, 그곳에 들어갈 수 없는데!」

하고 외쳤더니, 그 학생이 나를 돌아다 보고는

「오, 당신은 새로운 일거리를 얻었군요. 그렇지 않소?」

「아니, 그게 무슨 뜻이오.」

「내가 누군지 모르죠, 압니까?」

「당신이 누구요?」

「하나님이오.」

하고는 그 학생은 휘파람 불면서 하늘로 사라져갔다.

어린이들은 정말 기도하기를 원하지 않는다. 기도란 어린이에게는 하나의 우상이다. 나는 많은 어린이들에게 묻기를,

「기도할 때 무엇을 생각하나?」

했더니 모두가 하나같이 대답하기를 기도할 때마다 다른 생각을 한다는 것이다. 어린이가 다른 생각을 한다는 것은 당연한 일이다.

왜냐하면 기도란 어린이에게 있어서 아무런 의미가 없기 때문이다. 기도란 외부적인 강요이기 때문이다.

수많은 사람들이 매일같이 식사 전에 기도를 하지만 아마 99퍼센트의 사람들은 기계적으로 하는 것이리라. 마치 우리가 승강기 속에서 다른 사람을 지나가고자 할 때 '실례 합니다'하고 말하는 것과 같이.

그런데도 무엇 때문에 우리들의 기계적인 기도와 매너를 새로운 세대에 전해주려 하는가?

그것은 진실된 일이 못된다. 아무것도 할 수 없는 아이에게 종교를 강요하는 것도 진실된 일은 아니다. 어린이들이 선택할 나이에 이르면

스스로 결심할 수 있도록 완전히 자유롭게 놓아두어야 한다.

신비주의보다 더 위험한 것은 어린이를 증오자로 만드는 것이다.

어린이가 어떤 것이 죄악인가를 알고 나면 그의 삶에 대한 사랑은 미움으로 변하기 마련이다. 어린이들은 자유로우면 결코 다른 어린이들을 죄인으로 생각하지 않는다.

서머힐에서는 어떤 아이가 도둑질을 하면 자기 동료들로 구성된 배심원이 심문을 하며, 그 아이는 절대로 벌을 받지 않는다. 다만 그 빚을 갚도록 하는 것이 고작이다.

아이들은 훔치는 것을 구역질나는 일이라는 것을 무의식적으로 알고 있다. 그들은 어린 현실주의자들이며, 분별력이 강해서 하나님이 있다든지 마귀에 유혹이 있다는 등 가상적인 얘기를 할 수 없다.

구속감에 사로잡힌 인간들은 자기들 상상 속에서 신을 만들었지만 열심히 그리고 용감하게 삶을 대하는 자유스러운 어린이들은 어떤 신도 전혀 만들어야 할 필요성이 없다.

만일 자녀들이 영적으로 건전하기를 원한다면 우리들은 그들에게 그릇된 가치관을 심어주는 일이 없도록 주의해야 한다. 기독교 신학에 대해 회의를 품고 있는 많은 사람들이 그들 자신들조차 의심하는 그 신앙을, 그들의 자녀들에게는 조금도 주저하지 않고 가르치고 있다.

과연 얼마나 많은 어머니들이 불타는 지옥과 천국을 믿고 있겠는가? 수많은 어머니들이 이것을 믿지 않으면서도 옛날의 이야기를 그들의 자녀들에게 들려줌으로써 영혼을 비뚤어지게 만들고 있다.

종교가 번창하는 이유는 인간이 자기의 잠재 의식에 직면하지 않거나 할 수 없기 때문이다. 종교는 잠재 의식을 마귀로 만들어 놓고 인간으로 하여금 그 마귀의 유혹에서 탈출하도록 경고하고 있다. 그러나 잠재 의식을 인간이 의식하게 될 때 종교는 그 기능을 잃을 것이다.

아이들에게 종교란 오직 공포만을 뜻한다. 하나님은 여러 개의 눈을 가지고 있는 전능한 사람일 것이다. 즉 하나님은 인간이 어느 곳에 있든지 다 볼 수 있다. 어린이에게 이 말은 하나님은 이불 속에서 무엇을 하고 있는지를 볼 수 있다는 것을 뜻한다. 따라서 어린이들의 생활에 공포심을 심어주는 것은 모든 범죄 중에서 최악의 범죄인 것이다.

영원히 그 어린이는 인생을 부정하게 될 것이다. 또 그는 영원히 열등 의식을 가지고 살아갈 것이며 비겁한 인간이 될 것이다.

어린 시절에 사후의 지옥에 대한 공포로 인해서 겁먹은 사람은 현재의 생활 안정에 대한 신경병적인 불안에서 헤어날 수가 없다.

천국과 지옥은 오직 인간의 희망과 공포에 기초를 둔 것에 불과한 유치환 환상이라는 것을 합리적으로 이해하고 있는 사람도 마찬가지다. 어릴 때 받는 정서적 편벽성은 거의 평생동안 변하지 않는다.

하아프로 보상하거나 불로써 당신을 태우는 엄격한 하나님은 인간이 자기의 상상 속에서 만들어낸 것에 불과하다. 신은 인간 최고의 구상이다. 신은 소원의 성취를 뜻하며 사탄은 두려움의 성취를 뜻한다.

이와 같이 즐거움을 주는 것은 나쁜 것을 가져오게 한다. 즉 카드놀이, 극장에 가는 것, 그리고 춤을 추는 것 등은 악마에 속는 것이라고 성인들은 어린이에게 가르치고 있다.

대개 종교적인 것은 흔히 모두가 즐겁지 않은 것이다. 대부분의 지방 도시에서 어린이들이 입지 않으면 안되는 어색한 주일학교 의상은 금욕적이고 응징적인 종교의 특징을 나타내고 있다.

교회 음악이란 것도 기본 성격에 있어서 슬픈 곡조로 되어 있다. 많은 사람들에게 있어서 교회에 가는 것은 노력이고 어쩔 수 없는 의무인 것이다. 많은 사람들에게 종교적인 것은 사실 비참한 것이다.

새로운 종교는 자아에 대한 인식과 자아 수용에 기초를 둘 것이다. 남을 사랑하기 위한 선결 조건은 진실로 자신을 사랑하는 것이다.

이것은 자신을 미워하고 남을 미워할 수밖에 없는 원죄의 오명 밑에서 자라나는 것과 별로 다를 게 없다. '크고 작은 모든 것을 사랑하는 사람이 곧 기도를 잘하는 사람이니라.' 이와 같이 시인 콜러리지는 새로운 종교를 제시했다. 새로운 종교에 있어서 인간은 자신의 내부에 있는 크고 작은 모든 것을 사랑할 때 그 사람은 기도를 잘 할 것이다.

도의 교육

대부분의 부모들은 자녀들에게 도덕적 가치를 가르쳐 주지 않거나, 무엇이 옳고 그르다는 것을 계속 지적해 주지 않으면 자녀를 망치는 줄로 믿고 있다.

실제로 모든 부모는 자녀의 육체적 욕구를 보살펴주는 것은 물론 도덕적 가치를 주입시키는 것도 중요한 의무이며, 이런 교육없이 커서는 야만인이 되거나 버릇 없고 이기적인 사람이 될 것으로 생각한다.

이것은 우리 문화권에 있는 대부분의 사람들이 인간은 날 때부터 죄인이고 악하다. 그래서 선하게 되도록 훈련받지 않으면 탐욕스럽고 잔인하고 심지어 살인까지 할 가능성이 있다는 사실을 수동적으로나마 인정하고 있기 때문에 생겨난 신념이다.

기독교회는 '우리는 불쌍한 죄인들이다'라고 하면서 신념을 공공연하게 말하고 있다. 그러므로 목사와 교장은 어린이란 밝게 인도되어야 한다고 믿는다. 그것이 십자가의 빛이든 윤리적 문화의 빛이든 관계없다. 어느 경우든지 도덕적으로 향상시킨다는 목적은 동일하다.

교회와 학교가 모두 아이는 죄를 지니고 태어났다고 생각하는 점에 의견의 일치를 보이고 있는 이상, 부모들이 이러한 훌륭한 당국자들의 의견에 찬성하지 않으리라고는 기대할 수 없다.

교회에서는 '당신이 죄를 범하면 다음에 벌을 받게 될 것이다'라고 한다. 부모는 여기서 힌트를 얻어 '네가 그런 짓을 한번만 더하면 당장 벌을 주겠다'라고 한다. 교회나 부모는 둘다 공포감을 줌으로써 도덕적으로 향상시키려고 애쓴다.

성경에 '하느님을 두려워함은 지혜로움의 시작이니라'고 씌여 있다. 그것은 흔히 심리적인 혼란의 시초를 초래한다. 어떤 형태로든 어린이에게 두려움을 준다는 것은 해롭기 때문이다.

어떤 부형이 나에게 다음과 같이 여러 번 말했다.

「왜 내 아들이 불량해졌는지 이해할 수 없습니다. 나는 그 아이를 심하게 벌주었고 가정에서도 나쁜 본을 보인 것도 없는데…….」

나의 연구는 주로 회초리에 대한 두려움이나 주님의 두려움을 통하여 교육을 받아온 문제성이 있는 아이, 즉 착하도록 억지로 강요받아온 아이들에 관한 것이었다.

어린이에게 무서운 영향을 끼친다는 것을 인식하지 못하는 부모는 금지·훈계·설교를 일삼고, 아직 준비되어 있지도 않고 이해하지도 못하고, 따라서 기꺼이 받아들이려고도 하지 않는 어린이에게 도덕적 행위의 전반적인 체계를 억지로 부과한다.

문제아에 대해서 신경과민이 된 부모는 자기 자신의 도덕 규범에 대하여 반성할 생각을 해보지도 않는다. 그것은 대개 자신은 옳고 그른 것을 정확히 알고 있으며, 더 정확한 규준은 성경에 권위있게 기술되어 있다고 확신하고 있기 때문이다.

부모는 부모들의 가르침, 스승의 가르침이나 사회의 공인된 규범에 과감히 도전한다는 것은 거의 생각하지도 못한다. 부모는 자기 문화에 전체 신념을 당연한 것으로 여기는 경향이 있다.

이러한 신념들에 대해서 생각하고 분석하는 것은 너무 골치 아픈 일이다. 그것에 도전하는 것은 너무 많은 충격을 동반한다.

이와 같이 신경 과민의 부모는 자기의 아이가 잘못되어 있다고 믿는다. 즉 자기의 아이가 고의적으로 나쁘게 되고 있다고 생각한다.

그러나 그 아이는 절대로 잘못되어 있지 않다는 강력한 신념을 가지고 있다. 내가 다루어 왔던 학생마다 한결같이 모두가 잘못 지도 되어진 조기 교육과 잘못된 조기 훈련으로 인하여 생긴 사례였다.

심리학의 몇몇 아주 기본적인 원리가 어린이를 위한 일반적인 조기 교육의 과정에 있어서 무시되고 있다. 우선 거의 모든 사람은 인간 의지의 동물이라는 것, 즉 인간은 자기가 하고자 하는 것을 할 수 있다고 믿는다. 모든 심리학자들은 이에 동의하지 않을 것이다.

정신병학은 인간의 행동이 인간의 잠재 의식에 의하여 크게 통제된다는 것을 증명했다. 대개의 사람들은 딜린저가 자기의 의지대로만 했어도 살인자는 되지 않았을 거라고 말한다.

형법은 모든 사람의 선과 악에 대한 의지를 통제할 수 있는 책임감이 있다는 그릇된 신념에 기초를 두고 있다. 최근 어떤 남자가 여자 옷에다 잉크를 뿌렸다는 이유로 런던에서 투옥되었다. 사회의 입장에서 본다면 그 사람은 노력만 했다면 선할 수 있었던 악당이었다.

그러나 심리학자에게는 자기도 그 의미를 알지 못하는 어떤 상징적인 행위를 하는 불쌍하고 증세가 심한 신경병 환자이다. 개화된 사회라면 그를 점잖게 의사에게 데리고 갔을 것이다.

심리학에서는 무의식을, 우리들 대부분의 행동은 장기간의 치밀한 분석없이는 도달할 수 없는 숨은 근원이 있다고 한다. 심지어 정신분석학조차 그 무의식의 깊은 부분에는 이를 수 없다. 우리는 행동하지만 왜 우리가 행동하는지는 알지 못하고 있다.

얼마 전 나는 여러 심리학 서적을 제쳐놓고 타일 작업을 했다. 이유는 나도 모른다. 그런 일 대신 내가 잉크 뿌리는 일을 저질렀다 하더라도 왜 그랬는지 알지 못했을 것이다.

타일을 놓는 것은 사회적 활동이기 때문에 나는 존경받는 시민인 것이다. 그러나 잉크 뿌리는 짓은 반사회적인 일인고로 그 사람은 멸시받는 죄인이다. 그런데 잉크 뿌린 자와 나 사이에는 한 가지 차이가 있다. 즉 나는 의식적으로 작업을 좋아하는데 그 범인은 의식적으로는 잉크 뿌리기를 좋아하지 않는다는 점이다.

작업하는데 있어서는 나의 의식과 무의식이 조화되어 서로 작용한다. 그러나 잉크 뿌리기에서는 의식과 무의식이 일치되지 않는다. 반사회적 행위는 그런 모순의 결과이다.

몇년 전에 서머힐에 총명하고 사랑스러운 11살 된 소년이 있었다. 그는 조용하게 독서를 하면서 앉아 있곤 하였다. 그런데 갑자기 일어서서 방 밖으로 달려나가 집에다 불을 지르려 했다.

그로서는 억제할 수 없었던 어떤 충동이 그를 사로잡았던 것이다. 그 당시 많은 교사들은 그 아이가 그런 충동을 억제하려면 자기의 의지가 필요하다 해서 상담 또는 매질로 용기를 북돋워 주었다.

그러나 불을 지르려는 그 무의식적인 충동은 억제되기에는 너무 강렬했다. 그것은 불쌍하게 보이지 않으려는 의식보다 훨씬 강한 것이었다. 이 학생은 나쁜 아이가 아니라 병적인 소년이었다.

그는 어떤 영향을 받아서 병든 것일까? 소년 소녀들을 병든 문제아로 만드는 영향은 어떠한 것들일까? 이에 대해서 설명하려고 한다.

우리가 어린아이를 쳐다볼 때 악한 마음이 없음을 안다. 그것은 채소나 호랑이 새끼에게 악한 마음이 없는 것과 다를 바 없다.

갓난아이는 생명력을 갖고 나온다. 그의 의지, 무의식적인 충동은 살려고 하는 것이다. 그의 생명력으로 인하여 그는 먹고, 자기의 몸을 알게 되고 욕구를 충족시키는 것이다.

그는 본성대로 행동하고, 그가 행동하게끔 된 그대로 행동한다. 그러나 그 아이가 가지고 있는 신의 뜻, 즉 어린이가 가지고 있는 본성의 의지란 어른의 눈에는 곧 악마의 의지로 보인다. 실제로 거의 모든 어른들은 어린이의 본성은 개선되어야 한다고 믿는다. 그래서 부모들마다 자녀들에게 생활하는 방법을 가르쳐주기 시작하는 것이다.

어린이는 사방이 금지뿐인 체제에 맞서게 된다. 이것은 버릇없고 저것은 더럽고 또 이러이러한 것은 이기적이다라는 식으로 아이의 자연적 생명력이 지닌 고유한 음성이 훈계의 음성에 부딪힌다.

교회에서는 본성의 소리는 악마의 음성이라고 하고, 도덕적 가르침의 음성은 신의 음성이라고 부르게 된다. 나는 그것이 반대로 불려져야 한다고 믿는다.

나는 어린이를 나쁘게 만드는 것은 도의 교육이라고 믿는다.

나는 그것도 의심하지만 어린이에게는 어떠한 것이든 간에 도의 교육은 필요한 경우가 없다. 도의 교육은 심리학적으로 잘못된 것이다. 어린이에게 이기적인 사람이 되지 마라고 하는 것은 잘못이다.

모든 아이는 이기주의자이며 세계는 자기의 것이다. 그가 사과 하나를 가졌다면 그의 한 가지 소원은 그것을 먹는 것이다. 어머니가 그에게 사과를 동생과 나누어 먹으라고 권하는 것은 그로 하여금 그 동생을 미워하게 만드는 것이다.

어린이가 이기적이어서는 안된다고 억지로 가르치지 않아도 자연적으로 나이가 들면 남을 위할 줄 알게 된다. 그러나 강제로 비이기적이어야 한다고 억압하면 아마 남을 위할 줄은 결코 모르게 될 것이다.

어린이의 이기심을 억누름으로써 어머니는 그 이기심을 어린이에게 고착시키게 되는 것이다. 어떻게 해서 이런 일이 일어날까?

정신병학은 충족되지 않은 소원은 무의식 속에 잠재해 있다는 것을 입증했다. 그러므로 비이기적으로 되도록 교육을 받은 어린이는 어머니를 기쁘게 하기 위해서 어머니의 요구에 따를 것이다.

그는 무의식적으로 진짜 희망, 즉 그의 이기적인 희망을 말살시켜 버릴 것이다. 이런 억압 때문에 그의 어린 시절의 욕망을 그대로 간직하게 되고 평생동안 이기적인 본성이 남아 있게 된다.

도의 교육은 이렇게 그 자체의 목적을 파괴하는 것이다. 성적인 영역에서도 마찬가지다. 어릴 때의 도덕적 금지 사항들은 그들의 소아기의 관심을 섹스에 쏠리게 한다.

여학생들에게 외설적인 그림 엽서를 보여주거나 사람들이 있는데서 생식기를 만지작거리는 등의 소아기적인 성적 행위에 사로잡힌 불쌍한 사람들은 틀림없이 도덕만 강조하는 어머니에게서 양육되었다.

하나도 해로운 것이 없는 어린 시절의 관심이 흉악한 죄악으로 불리어지게 되었다. 어린이는 어릴 때의 욕망을 억제했다.

그러나 바로 그 욕망은 무의식 속에서 살아 있다가 나중에 그 원래의 형태로 나타나거나 종종 상징적인 형태로 나타난다.

그래서 백화점에서 손가방을 훔치는 여자는 곧 어린 시절의 도의 교육에서 비롯된 억제로 인한 하나의 상징적인 행위를 하고 있는 것이다. 그 행위는 사실 금지된 어린 시절의 성적 소망의 충족을 의미한다.

이 모든 사람들은 불행한 사람들이다. 훔치는 행위는 자기가 속해 있는 사회로부터 미움을 받는 행위이며 집단 본능이란 강한 것이다.

이웃과 잘 지낸다는 것은 인간 생활에 있어서 하나의 참된 목표이다.

반사회적으로 되는 것은 인간의 본성이 아니다. 이기주의 그 자체는 정상적인 사람을 사회적으로 만드는데 부족한 것이 없다. 다만 이기주의보다 강한 다른 요인이 인간을 반사회적으로 만들게 되는 것이다.

더 강한 요인이란 무엇인가? 두 개의 자아, 즉 자연이 만든 자아와 도의 교육이 만든 자아 사이의 갈등이 너무 심할 때 이기주의는 유아기 단계로 되돌아간다. 그때 대중의 의견은 무차적이 된다.

그래서 병적인 도벽자는 경찰서에 출두하고 신문에 보도될 때의 그 무시무시한 수치감을 잘 알고 있지만, 대중의 의견을 두려워하는 마음이 어린 시절의 그 억압된 욕망보다 강하지 못할 것이다.

병적 도벽은 실상 행복을 찾으려는 대로 희망이라는 것으로 나타난다. 그러나 상징적 수행이란 본래의 소망을 절대로 충족시켜 주지 못하기 때문에 자기의 소망을 달성하려는 시도를 계속 되풀이 하게 된다. 하나의 예로써 충족되지 않은 소망과 그 다음의 경로에 대하여 분명히 살펴보자.

7살 난 어린 빌리가 서머힐에 들어왔을 때 그의 부모는 그가 도둑질했다고 나에게 귀뜸해 주었다. 그가 학교에 온 지 일주일이 되었을 때 직원 한 명이 나에게 와서 자기의 금시계가 없어졌다는 것이었다.

나는 기숙사 요모에게 시계에 대해서 모르느냐고 물었다.

「빌리가 시계 부속을 가지고 있는 것을 봤어요. 내가 어디서 그것을 구했느냐고 물었더니, 집에 있는 정원의 깊은 구멍에서 찾았다고 말하더군요.」

하고 그녀가 말해주었다. 나는 빌리가 제 물건은 모조리 자기 트렁크 속에 넣고 잠궈버린다는 것을 알고 있었다. 나는 내 열쇠 중의 하나로 그 트렁크를 열었다. 그 속에는 부서진 금시계가 있었는데 분명히 망치와 끌로 두들긴 것이었다. 나는 트렁크를 잠그고 빌리를 불렀다.

「너 앤더슨 씨의 시계를 봤니?」

하고 물었더니, 그는 천진난만하게 큰 눈으로 나를 쳐다보았다.

「아뇨, 무슨 시계요?」

「빌리야, 너는 아기가 어디서 생겨나는지 아니?」

「예, 하늘에서요.」

하고 대답했다. 나는 미소를 띠고,

「아냐, 어머니의 뱃속에서 자라서 네가 충분히 컸을 때 나왔어.」

그는 한마디도 하지 않고 자기 트렁크로 가서 그것을 열고는 부서진 시계 하나를 나에게 건네주었다. 그의 도벽은 고쳐진 것이다.

왜냐하면 그는 단지 진실을 훔쳤던 것이다. 당황하고 근심어린 그의 얼굴 표정은 사라지고 더 행복해 보였다. 독자는 아마 빌리의 극적인 치료를 마술적이라고 생각할는지 모르지만 그렇지 않다.

그 아이가 집에 있는 깊은 구멍에 대해 이야기할 때, 그는 무의식적으로 자기의 생활이 시작된 깊은 동굴에 대해서 생각하고 있었으며, 나는 그 아버지가 개를 몇 마리 키우고 있다는 사실을 알고 있었다.

빌리는 강아지들이 어디서 나왔는지 틀림없이 알았을 것이고, 이 두 문제를 합쳐서 아기가 어떻게 생겨났는지 짐작했을 것이다.

그러나 어머니의 소심한 거짓말이 그에게 자기의 이론을 억누르게 한 것이다. 그래서 진실을 찾아내려는 그의 소망은 상징적 충족의 형태를 취하게 된 것이다. 상징적으로 그는 어머니들을 훔쳐서 그 안에 무엇이 들어 있는지 보려고 그것을 열어본 것이다.

또다른 학생은 그와 똑같은 이유로 서랍을 열어보는 습관이 있었다.

부모들이 알아야 하는 것은 어린이가 아직 다음 단계로 발전할 단계가 되지 않았는데도 서두른다는 것은 좋지 않다는 점이다.

기는 단계에서 걷는 단계로 자연히 발육해 나가도록 놓아두지 않거나, 걸을 때가 되기도 전에 일찍 걸음마를 시키는 사람은 아이의 다리가 밖으로 굽게 만드는 좋지 못한 결과를 가져오게 할 뿐이다.

어린 아기의 다리가 아이의 무게를 지탱할만큼 튼튼하지 못한 이상 그와 같은 요구는 시기 상조이다. 그 결과는 결국 불행한 것이다. 부모들이 그 아이가 자연적으로 걸을 준비가 될 때까지 기다리기만 했더라면, 그 아이는 물론 혼자서 온전히 걸을 수 있었을 것이다.

이와 마찬가지로 때가 되기도 전에 아이에게 용변 보는 교육을 시키는 것도 해로운 결과를 낳는다. 이같은 이론은 도의 교육에서도 적용된다. 자연적으로 받아들일 준비가 되어 있지 않는 가치를 받아들이도록 강요하는 것은, 이러한 가치를 적당한 과정과 시기에 채택할 수 없도록 만들 뿐이다. 더구나 노이로제를 유발시키기도 한다.

6살 된 어린이에게 턱걸이를 네 번 하라는 것은 지나친 요구이다. 그의 근육은 이러한 운동을 할만큼 강하지 못하다. 그러나 자연적으로 성장해 18살이 되면 턱걸이를 쉽게 해낼 수 있다.

이처럼 어린이의 도덕적 의식의 발달도 결코 서둘러서는 안된다.

부모는 인내심을 가져야 하며, 또 어린이는 선하게 태어났으므로 자연적인 발달 도중에 간섭을 함으로써 절름발이로 만들거나 좌절시키지만 않으면 저절로 선한 인간이 될 것이라는 확신을 가져야 한다.

서머힐에서 수년간 아동들을 다룬 경험을 통해 나는 어린이들에게는 어떻게 행동하라고 가르칠 아무런 필요성이 없다는 것을 확신하게 되었다. 어린이는 시기가 되면 압력을 받지 않는 한 무엇이 옳고 무엇이 그른가를 배우게 될 것이다.

배운다는 것은 환경으로부터 가치를 획득해가는 과정이다. 만약 부모들 자신이 정직하고 도덕적이라면 그들의 자녀들도 때가 되면 똑같은 과정을 따라갈 것이다.

어린이에 대한 영향력

부모와 교사들은 어린이들이 무엇을 가져야 하며 배워야 하는지, 또 어떤 사람이 되어야 할 것인지를 잘 안다고 생각하기 때문에 어린이들에게 영향을 주는 것을 일삼고 있다.

하지만 나의 의견은 다르다. 나는 아이들로 하여금 내가 가지고 있는 신념과 편견을 받아들이도록 애써 본 일이 없다.

　나는 종교는 없지만 종교를 반대하는 말은 한마디로 가르친 일이 없다. 그 때문에 우리의 야만적인 형법이라든가 반유태주의 혹은 제국주의에 대해서 반대해 본 적이 없다.

　나는 결코 아이들에게 평화주의자가 되라, 채식주의자가 되라, 혹은 개혁자 등등이 되라고 의식적으로 영향을 주지도 않는다. 아이들에게 설교란 아무 소용이 없음을 알고 있다. 오히려 속임수·광신 혹은 어떤 이념에 대항하는 젊은이들의 강건한 자유의 능력을 신뢰한다.

　어떤 의견일지라도 그것이 강요되면 어린이에 대한 죄가 된다. 어린이는 어른과 다르기 때문에 어른의 관점을 이해할 수 없기 때문이다.

　예로 어느날 저녁 7살 내지 11살이 된 5명의 아이들에게,
「Y양이 독감에 걸려 아프단다. 자러갈 때 떠들지 말도록 해라.」
라고 말했다. 그들은 조용히 하겠다고 약속했으나 5분쯤 지나자 베개를 가지고 장난을 치느라고 야단법석이었다. 어린이들은 Y양을 성가시게 하는 무의식적인 욕구를 가질 수 있다는 점을 고려하지 않은 나의 과실이나 그들의 연령 때문에 일어나는 소란이었던 것이다.

　엄하게 꾸짖고 회초리를 들면 물론 Y양에게는 안정을 줄 수 있으나, 그 대가로 그 아이들에게 두려움을 주게 된다. 어린이들을 다루는 보편적인 방법은 그들을 우리의 요구들에 적합하도록 가르치는 것인데 이 방법은 옳지 않다.

　어린이들에게는 아무리 타일러봐야 허사라는 사실을 아는 부모나 교사는 별로 없다. 고양이 꼬리를 잡아당기는 아이에게,
「누가 너의 귀를 잡아당기면 좋겠니?」
하는 옛날 부모들의 꾸중만 듣고 잘된 어린이는 아무도 없다. 더구나
「너 애기에게 바늘을 찌르다니? 내가 바늘이 얼마나 아픈가 보여주지…(아픈소리). 다시 그런 짓하면 아프니까 안하지?」
하고 부모가 이르는 말을 이해하는 어린이는 없다. 그렇게 해서 중지시킬 수는 있으나 결과적으로 병원 환자만 늘리게 될 것이다.

　나는 부모들로 하여금 어린이란 인과 관계를 이해하지 못한다는 사

실을 납득하도록 노력한다. 어린이에게 '그렇게 버릇이 없으니 토요일에 받는 용돈을 한 푼도 안 줄테다'라고 말하는 것은 옳지 않다.

토요일이 되면 벌 받는 것이 생각나 화가 날 것이고, 좌절감을 느끼게 할 뿐이기 때문이다. 그전 월요일에 일어났던 일은 지금 토요일의 동전과는 아무런 상관이 없는 옛날의 일인 것이다.

그는 조금도 죄의식을 느끼지 않을 뿐만 아니라 그 선물을 박탈해버린 권위에 대해 반항을 느끼게 될 것이다.

부모는 자신이 명령을 내리는 이유 중의 하나가 자신의 권위에 대한 충동과 그리고 그 충동을 자기 외 딴 사람에게 지식하므로써 충족시키려는 필요성 때문이 아닌가 자문해 보아야 한다.

모든 사람은 주위로부터 좋은 평가를 받기 원한다. 다른 세력에 의해서 비사교적인 행동을 하도록 하지 않는 한, 어린이는 칭찬받는 일을 하고 싶어한다. 그러나 남을 기쁘게 하려는 이러한 욕망은 성장의 어느 특정한 단계에서 발달한다. 교사나 부모가 인공적으로 이러한 단계를 가속화시키려는 시도는 아이에게 고칠 수 없는 상처를 준다.

언젠가 나는 어떤 현대식 학교를 방문하여 백여 명의 남녀 학생들이 아침에 모여서 목사의 설교를 듣는 것을 보았다. 그는 학생들에게 하느님의 부르심에 기꺼이 귀를 기우리라고 권유하면서 설교했다. 그후 교장이 설교에 대하여 어떻게 생각하느냐고 물었다.

그래서 범죄적이라고 생각한다고 대답했다. 여기에는 섹스와 다른 일들에 대하여 각자의 양심을 가지고 있는 수많은 학생들이 있다. 그래서 그 설교는 아이들 각자의 죄악감만 조장시켰을 뿐이다.

또 어떤 진보적인 학교는 아침 식사 전 30분간 모든 학생들에게 바하의 음악을 감상케 한다. 그런데 어떤 가치 기준을 제시함으로써 도덕적인 향상을 기하려는 시도는 심리학적으로 볼 때 낡은 칼빈주의의 지옥에 대한 위협과 같은 효과를 가져온다. 그것은 어린이로 하여금 자기가 들어온 것은 저속한 취미라는 것으로 생각하게 한다.

어떤 학교장은 자기의 학생들은 베토벤 음악을 좋아하며 재즈를 좋아하지 않는다고 이야기 하는 것을 듣고, 나는 그 교장이 학생들에게 자기 영향력을 행사했다는 것이 틀림없음을 알았다.

왜냐하면 나의 학생들은 대부분 재즈를 좋아하기 때문이다. 개인적으로는 시끄럽고 떠들썩한 건 싫어한다. 비록 그 교장이 훌륭하고 정직한 사람이더라도 그의 영향력이 잘못되었음이 틀림없다.

어머니가 자녀에게 착하게 되라고 가르칠 때 그녀는 그 아이의 자연적인 본능을 억압하고 있는 것이다. 그녀는 자녀에게 '네가 하고 싶어 하는 것은 나쁜 일이야'하고 말한다.

이것은 아이에게 자기 자신을 미워하도록 가르치는 것과 같다. 자기 자신을 미워하면서 남을 사랑하는 것은 불가능하다. 즉 자신을 사랑해야 남을 사랑할 수 있는 것이다. 사소한 성적 습관 때문에 어린이에게 벌주는 어머니는 자신의 섹스에 대한 태도가 추잡한 여자이다.

의자에 재판관으로 앉아 있는 독재자는 지갑을 훔쳤다고 고발된 사람에 분개한다. 이것은 인간 자신의 적나라한 영혼을 마주 대할만한 용기가 없기 때문에 도덕주의자가 되려고 하는 까닭인 것이다.

어린이를 지도한다는 것은 주관적으로는 우리들 자신에 대한 지도인 것이다. 우리는 우리도 모르는 사이에 우리 자신을 어린이들과 동일시 한다. 우리가 가장 싫어하는 아이는 우리와 가장 닮은 아이다. 우리는 자기 자신에 대해서 싫어하는 점을 남에게 있어서도 싫어한다.

우리 각자가 자기 자신을 미워하는 사람이기 때문에 결과적으로 아이들은 매를 맞고 꾸중을 들으며, 금지당하고 도의적 훈화를 듣게 되는 것이다. 우리는 왜 자신을 미워하는 사람인가?

그것은 악순환이다. 우리 부모들이 우리에게 준 것, 즉 우리의 자연스런 성품을 개선해 보려고 힘쓴 결과이다. 악인을 다루는데 있어서 부모, 판사는 자신에게 있는 감정적 요인들과 직면해야 한다.

자기는 도덕주의자인가? 증오하는 사람인가? 변태 성욕자인가? 훈육자인가? 젊은이들의 섹스를 억압하는 자인가? 심층심리학을 조금이라도 알고 있는가? 인습적으로 그리고 편견에 의해 행동하지는 않는가? 한마디로 얼마나 자기 자신은 자유스러운가?

우리들은 아무도 정서적으로 자유스런 사람이 없다. 우리는 요람에서부터 제한을 받아 왔기 때문이다. 아마 우리가 자문해야 할 타당한 문제는 다음과 같은 것이라 할 수 있다. 즉 우리는 아무리 어리다 해도 그의 인생에 대하여 말 참견을 하지 않을만큼 자유로운가? 그리고 우리는 객관적으로 될 수 있을 만큼 충분히 자유스러운가?

욕설과 악담

서머힐에 대한 한 가지 비난은 아이들이 욕하는 것이다. 만일 케케묵은 영어 단어를 인용하는 것도 욕이라고 한다면, 그들이 욕을 한다는 것은 사실이며 어떤 신입생이라도 필요 이상의 욕지거리를 한다는 것도 사실이다.

학교 총회 시간에 수녀원 생활을 하다 서머힐에 온 13살짜리 여학생이 불려왔는데, 이유인 즉 그녀는 해수욕장에 가서 늘 '개새끼'라고 남이 듣도록 큰소리로 욕을 한 죄목이었다. 그녀가 주위에 낯선 사람들이 들끓는 해수욕장에서 해수욕을 할 때마다 욕을 한다는 점은 그녀가 마치 남의 이목을 끌려고 과시하는 것 같은 인상을 주었다.

어느 사내 아이가 그녀에게 다음과 같이 말했다.

「너는 바보 같은 작가 거위군. 많은 사람들로부터 시선을 끌려고 욕하고서는 서머힐 학교가 자유로운 학교임을 자랑한다고 했지. 그러나 넌 그 반대의 짓을 하고 있잖아. 너는 사람들이 우리 학교를 경멸하게끔 만들고 있어.」

나는 그녀에게 정말 학교를 싫어해서 학교에 해를 끼치려고 그러느냐고 물어 보았다. 그랬더니,

「난 서머힐을 싫어하지 않아요. 여긴 정말 굉장히 좋은 곳이에요.」

「그래, 여기는 네가 말했듯이 굉장히 좋은 곳이야. 그러나 넌 진정 여기에 속해 있지 않아. 네 몸은 여기 있지만 마음은 아직도 수녀원에

머물고 있어. 네가 그 수녀원에서 싫어하던 것, 너와 함께 생활하던 수녀들에 대한 증오심을 버리지 못하고 여기로 가져왔던 거야. 너는 아직도 서머힐을 그 싫은 수녀원으로 생각하고 있어. 네가 지금 해를 끼치려고 하는 것은 사실 서머힐이 아니고 바로 그 수녀원이야.」
하고 나는 말했다. 그러나 그 여학생은 서머힐이 자기에게 상징적인 존재가 아닌 하나의 진정한 장소가 될 때까지 욕지거리를 계속하고 다녔으나, 진정한 장소가 되었을 때 그녀는 욕을 하지 않게 되었다.

욕설에도 세 가지 종류가 있다. 성적인 것, 종교적인 것, 배설물 등과 같은 것이다. 서머힐에서는 아이들에게 종교를 가르치지 않았기 때문에 종교적인 형태의 욕설은 문제시 되지 않는다. 대개의 아이들과 어른들까지도 욕은 하기 마련이다.

군대서는 욕을 자주 한다. 그리고 대부분의 대학이나 클럽에서 학생들은 성적이나 배설물 따위의 은어를 사용한다. 남학생들은 남이 알지 못하는 욕을 하고 추잡한 이야기들을 곧잘 한다.

서머힐과 다른 학교의 차이는 학생들이 공개적으로 욕하는데 대해서 다른 학교에서는 몰래한다는 점이다.

서머힐에서 욕설에 관한 문제를 일으키는 것은 언제나 신입생들이다. 그렇다고 상급생들은 성자와 같은 혀를 가졌다는 것은 아니다. 말하자면 재학생들은 적절한 시기와 장소에서 욕한다는 것이며, 의식적으로 사람들의 기분을 상하지 않게 하려고 근심한다.

하급생들은 배설물에 속하는 옛날 단어에 관심을 가지고 있으며 그 말을 많이 쓴다. 말하자면 점잖은 집안 출신의 학생들이 그렇다. 내가 말하는 비유에서는 똥이라던가 똥 누는 것을 주로 말한다.

유치원 원아들은 모형만들기 과정이 끝나면 단어 공부를 하는데 주로 배설물에 관한 단어이다. 4살에서 7살 되는 서머힐의 어린이들은 똥 혹은 오줌 같은 용어를 큰소리로 말하고는 재미있게 생각한다.

대개 그런 어린이들은 어렸을 때 용변 훈련을 엄격하게 받은 탓으로 인간의 본능적 기능에 대한 콤플렉스를 가진 아이들이다.

그런데 그들 중 한두 어린이는 자율적인 어린이로 양육되었고 청결에 대한 훈련을 받지 않은 아이들로 '금기'나 '음란'이나 혹은 '추장'같은 용어에 영향을 받지 않았으며, 성인의 나체를 숨기거나 또는 용변 기능에 대한 큰 법석을 떤 경험이 없는 아이들이었다.

이러한 자율적인 어린이들도 엄한 훈련을 받고 자란 아이들이 사용하는 말에 재미를 느끼고 있다. 그러므로 욕을 마음대로 한다고 해서 외설적인 말에 대한 매력이 저절로 없어지는 것 같지 않다.

우리 학교의 어린 학생들은 그런 말을 마음대로 쓰고 또 내용상으로 적절하지 않게 쓰고 있는가 하면, 나이 든 남학생들은 성인들이 적절하게 하듯이 그런 외설적인 단어를 욕으로 쓰고 있다.

섹스에 관한 단어들이 배설에 관한 단어보다 더 자주 사용된다. 우리 아이들은 용변을 우스운 일로 생각하지 않는다. 배설에 대한 제재를 받지 않으면 용변에 대해서 무관심하고 또 평범한 일로 생각한다.

그것은 섹스와는 다르다. 성은 생의 중요한 부분이기 때문에 그에 대한 어휘는 우리의 전 생활 속에 침투해 있다. 우리는 실제로 '나의 사랑에 불타는 그대여'라든가, '오늘밤 그대와 단둘이 있을 때' 같은 노래와 춤 속에서 섹스를 나타내고 있다.

어린이들은 욕설을 자연스러운 언어로 받아들인다. 어른들은 그것을 비난하는데, 그것은 그들이 아이들보다 더 음란하기 때문이다.

어떤 부모가 아이에게 코는 더럽고 나쁜 것이라고 믿도록 가르쳤다면, 그 아이는 어두운 구석에서 '코'라는 단어를 소근거릴 것이다.

부모들은 자녀들이 맘대로 욕하도록 내버려두어야 하는지, 어둡고 더러운 구석에서 음란하도록 내버려두어야 하는지를 스스로 생각해 보아야 한다. 그 중간이란 있을 수 없다. 즉 숨기고 못하게 하는 방법은 어른이 되어서도 지루한 행상인이나 하는 이야기에 끌리게 한다.

개방적인 방법은 생활 전반에 걸쳐서 분명하고 깨끗한 데에 관심을 갖도록 한다. 나는 감히 우리 학교에 다닌 학생들은 영국에서 가장 깨끗한 마음을 가졌다고 말하고 싶다. 그렇지만 생을 부정하는 사람, 아이들이 욕하는 것을 비난하는 친척들이나 이웃들을 항상 만나게 된다.

죠우의 경우, 그 애가 잘 모르는 사람의 행위를 합리적으로 설명해 주면 그대로 받아 들인다는 것을 알았다.

어떤 아이가 법적으로도 인쇄하는데 쓰지 못하는 단어를 죠우에게 가르쳐 주었다. 우리가 장차 사업가가 되겠다는 어느 완고한 부모하고 얘기하고 있는데, 죠우는 장난감 짝을 맞추느라고 애쓰고 있었다.

그런데 맘대로 안될 때마다 그 아이는 큰소리로 '에이 ××것' 하는 것이었다. 그래서 나중에 죠우에게 그런 말을 하면 사람이 싫어하니 손님이 있을 때는 삼가해야 한다고 일러주었다(지금 생각하니 잘못 일러준 것 같다) 그랬더니 죠우는 '그럴게요'하고 대답했다.

일주일 후 죠우는 무엇인가 해내기 힘든 일을 하고 있었다. 그 아이는 선생님을 쳐다보고 '선생님은 손님이지요?'라고 하는 것이었다.

그러니까 여선생님이 '아니야, 난 손님이 아닌데'라고 대답했다. 그러자 죠우는 구제라도 받았다듯 안도의 한숨을 쉬고는 '에이 ××것' 하고 큰소리로 말했던 것이다.

많은 어린이들이 딴 집에서는 할 수 없으나 자기 집에서는 자신이 하고 싶은 대로 자유로이 할 수 있다는 것을 보아오고 있다.

「우리는 토미를 파티에 데리고 갈 수 없어요. 왜냐하면 우리 아이는 다른 아이의 못된 말을 배우면 안되요.」
라는 표현을 잘한다. 사회 생활에서 제외된다는 것은 고통스런 벌칙이다. 그러므로 우리는 어린이로 하여금 외부 세계에 금기를 갖게 하는 데 있어서 조심성 있게 해야 하며 잘 지도해야 한다.

그러나 그 지도는 벌칙적인 책망이 있는 것이어야 한다.

독서 검열

아동의 독서를 어느 정도 검열해야 할까?

나의 사무실 책장에는 심리학과 섹스에 관한 여러 가지 책이 있다.

어떤 아이든지 아무때나 그것을 빌릴 수 있다. 그러나 그런 책에 관심을 보인 아이는 한 둘을 넘지 않는다. 한 사람도《채털리 부인의 사랑》이나《율리시즈》,《연소자 불허》등을 빌려달라고 한 적이 없고, 다만 한두 상급생이 성지식 백과사전을 빌려간 적이 있다.

그런데 한번은 14세 소녀인 신입생이 나의 책꽂이에서《어린 소녀의 일기》를 집었다. 나는 그녀가 앉아서 그것을 보고 킬킬 웃는 것을 보았다. 6개월 후 그 여학생이 그것을 다시 읽고는 나에게 그책은 재미없다고 말했다. 모르고 읽을 때는 짜릿했던 것이 알고 읽으면 별게 아닌 것으로 되어버린다는 것이었다.

이 소녀는 교실 구석에서나 속삭이는 무식쟁이였을 때 서머힐에 왔다. 물론 나는 그 소녀가 가지고 있는 성에 관한 의문을 풀어주었다. 아이들에게는 금지를 시키면 곧 몰래 그런 책을 읽게 하는 것이다.

우리가 어릴 때는 독서를 검열당했다. 그래서 우리의 큰 야망은《테스》나《레벌레이》혹은 불란서 소설의 번역판을 갖는 것이었다. 즉 검열이란 가장 흥미있는 책을 고르는 하나의 기준으로 사용되었다.

검열은 아무도 그것을 완벽하게 막지 못하는 한 무력한 것이다. 영국과 미국에서는 한때 금지되었으나 파리나 비엔나에서는 살 수 있었던 제이스 조이스의《율리시즈》를 예로 들어보자.

그 속에는 보통 음란하다고 할 수 있는 단어가 포함되어 있다. 순진한 독자들은 그 낱말을 이해하지 못할 것이다. 교양있는 독자라면 그것들을 이미 알고 있으니까 타락할 리 없다.

어떤 교장이 내가《젠다의 죄수》라는 책을 학교 도서관에 소개했다고 나를 비난했다. 나는 그 이유를 물었다. 그는 그 책의 맨 첫장에 사생아를 다루고 있다는 것이었다. 나는 그 책을 두 번이나 읽었는데 그런 사실은 발견하지 못했다.

아이들의 마음은 어른들의 마음보다 깨끗하다. 이런 남학생이《톰존스》라는 책을 읽을 수는 있으나 음란한 귀절은 보지 못한다.

만일 우리가 그 아이를 섹스에 대한 무지에서 해방시킨다면, 우리는 어떤 책에서든지 음란성에 관한 위험을 제거할 수 있다. 나는 어떤 연령에서든지 책을 검열하는 것은 단연코 반대한다.

섹스 문제는 그대로 두고 공포심만 조장하면서 책을 검열한다는 것은 더욱 곤란한 문제가 된다. 부람 스토커의 《드라큘라》같이 무서운 책은 신경병에 걸린 아이에게는 좋지 않은 영향을 가져다 줄지 모른다. 나는 그런 책은 일부러 그런 어린이가 손 닿는 곳에 두지 않는다.

하지만 나의 연구가 공포의 근원을 분석하려는 것이므로 어린이가 그것을 읽는 것을 금지하지는 않겠다. 차라리 나는 그 책을 읽으므로써 일어나는 증상을 주시하고 손을 쓰겠다.

내가 어렸을 때 곰에게 잡혀 먹힌 아이들에 관한 성경의 이야기를 듣고 몹시 겁먹은 적이 생각난다. 그러나 아무도 성경을 검열하라는 사람은 없다. 많은 아동들은 음란한 귀절을 찾기 위해 성경을 읽는다. 나는 어렸을 때 그런 것이 무슨 장 무슨 절에 있는지 알았었다.

곰에 대한 공포 때문에 내가 성경 다른 부분 내용에 관심을 가짐으로써 양심의 가책을 갖게 한 결과가 되었다고 생각된다.

우리는 흉악한 얘기가 아동에게 주는 효과를 과장하는 경향이 있다. 대부분의 어린이들은 가학성 이상 성욕자에 관한 얘기를 좋아한다.

일요일 밤에 학생들에게 최후의 순간에 식인종의 가마솥에서 구출되는 모험 이야기를 해주면 그들은 기뻐 날뛴다. 가장 겁을 많이 주기 쉬운 것은 초자연적인 이야기이다.

대부분의 아이들, 특히 종교적인 집안의 출신인 아동들은 귀신을 두려워 한다. 여기서도 적당한 방법은 성 문제에 있어서와 같이 그 책을 못읽게 하는 것보다는 차라리 그 두려움을 없애주는 것이다.

나는 그들의 영혼 내부에서 귀신을 없애주는 것이 어렵다는 것을 인정한다. 그러나 교사나 의사는 그것들을 없애주도록 노력해야 한다. 그리고 부모들의 의무는 그 귀신이 아이의 영혼 속에 들어가지 않도록 살피는 것이다.

어떤 부모든지 자녀들에게 잔인한 거인의 이야기나 악한 마녀 이야기를 해주어서는 안된다. 어떤 사람은 신데렐라와 같은 이야기가 나쁜 도덕 의식을 가졌다는 이유로 읽어주기를 주저한다.

천한 몸으로 어려움을 극복하고 일만 아는 사람, 즉 신데렐라처럼 되면 선녀인 대모가 너에게 왕자를 남편으로 주리라. 이런 애기인데 신데렐라가 건강한 아이에게 무슨 나쁜 영향을 준단 말인가?

철도변에 있는 헌책 노점에는 범죄 소설이 많다. 16살의 소년이 경찰관을 사살했을 때 수백 만의 독자는 그 소년이 자기 환상 속에서 헤메고 있다는 것을 알지 못한다.

스릴 위주의 소설은 우리들이 유희(놀이), 상상, 창조하는 능력이 없음을 나타내주고 있다. 근본적으로는 그것이 위의 억제된 증오심과 남을 헤치고 죽이고 싶은 욕망을 다루고 있다.

영화 구경을 가는 것과 독서하는 것은 서로 다른 범주에 들어간다. 읽는 것은 보는 것이나 듣는 것만큼 무섭지 않다.

어떤 영화는 아이들을 공포로 가득 채운다. 사람들은 영화에서 언제 어디서 무서운 일이 생길지 확실히 알지 못한다. 스크린에는 대단히 잔인한 행위가 수없이 발생하고 있다.

남자들이 서로 턱을 쥐어박으며 가끔 여자들을 치기도 한다. 뉴스 영화는 권투나 레슬링 시합을 보여준다. 새디스틱한 영화로서 구색을 갖추기 위해 투우를 다룬 영화도 있다.

나는 피터 팬에 나오는 악어나 해적들을 두려워하는 아이들을 보았다. 뱀비라는 사슴 애기책은 멋있는 애기를 다루고 있다. 아주 인정있고 사랑스런 애기인데, 그 영화를 보고 나서 어떻게 단순히 운동이라고 해서 사슴을 쏠 수 있는지 이해할 수 없다.

아이들은 사냥꾼의 개들이 뱀비라를 공격할 때, 겁이 나서 고함을 지르기도 했지만 재미있어 하기도 한다. 따라서 부모는 그의 어린 자녀를 위하여 어떤 영화는 금지시켜야 한다고 한다.

섹스 영화가 대부분의 아동들에게 해로운 것인지는 의문이다. 그런 영화라 하더라도 틀림없이 자유스러운 아이들에게는 해롭지 않다. 나의 학생들은 별다른 감정이나 나쁜 영향없이 〈라 론데〉라는 프랑스 영화를 보았다. 이는 어린이들이 저희가 보고 싶은 것을 보기 때문이다.

섹스 이야기가 없는 영화일 때는 극장 매표구가 번잡하지 않을 것이다. 섹스 영화는 서적이나 음악보다 더 많이 국민소득을 올린다. 화장품이 음악회 입장권보다 잘 팔린다.

그러나 섹스를 겉으로 나타낼 수 있는 여러 형태의 저변에는 항상 말로 할 수 없는 형태의 섹스가 깔려 있다는 것을 기억해야 한다.

신부가 타고 가는 마차, 낡은 구두, 쌀 등의 배후에는 이것들이 상징하는 언급할 수 없는 것들이 있다. 영화의 인기는 우리들 모두가 가지고 있는 도피자적 양상에 기인한다. 그것은 제작자들이 언제나 우리들에게 화려한 세트나 굉장한 의상을 보여주는 이유인 것이다.

이러한 호화판 속에서 악랄한 역을 맡은 배우들은 심한 공격을 받게 되고, 위덕한 인물은 오래도록 행복하게 살아가는 것이다.

최근에 우리는 자기 영혼을 마귀에게 판 사람에 대한 영화를 봤다. 아이들은 너나 할 것 없이 그 악마가 나와 아주 닮았다고 했다.

섹스에 대한 죄는 성령에 대한 죄악이라고 배운 남학생들은 나를 항상 악마로 만든다. 내가 그들에게 육체에 대해서 죄악스런 것이란 아무것도 없다고 말하면 그들은 나를 유혹하는 마귀로 생각한다.

신경병 증세가 있는 아이들에게 나는 신도 되고 마귀도 된다. 어느 날 한 조그만 애가 그 악마를 죽이려고 망치를 집어들었다. 신경병 환자를 도운다는 것은 위험한 생활일 수도 있다.

아동의 친구 관계를 검열하는 것은 대부분의 경우 매우 어려운 일이다. 나는 그 아이 주위에 잔인하거나 못살게 구는 아이가 있을 때만 검토해야 한다고 생각한다. 다행히 대부분의 아동들은 자연적으로 잘 선택하므로 조만간 그들은 자신에게 적당한 친구를 찾아낸다.

V. 아동 문제

잔인성과 새디즘

잔인성은 잘못된 애정이다. 극단적인 새디즘이 항상 잘못된 성욕을 자아내는 이유도 바로 이 때문이다. 잔인한 사람은 주는 것이 사랑의 한 행위이므로 줄 수가 없다.

본능적인 잔인성은 없다. 동물은 잔인하지 않다. 고양이가 잔인하기 때문에 쥐를 가지고 노는 것은 아니다. 그것은 단순히 하나의 놀이에 불과하며 잔인하다는 생각은 전혀 하지 않는다.

인간에게 있어서 잔인성이란 대개의 경우 무의식적인 동기에서 기인한다. 서머힐에서 아동들과 오래동안 같이 지내왔지만 동물을 성가시게 하고 싶어하는 어린이를 본 일은 거의 없다.

몇년 전에 예외가 있었다. 13살 먹은 존은 생일 선물로 강아지 한 마리를 받았다. 존의 어머니는 그 선물에다 '그는 동물을 좋아한다'하고 써 놓았다. 존은 강아지를 항상 데리고 다녔는데 얼마 안가서 강아지를 학대한다는 사실이 드러났다. 내가 발견한 것은 존이 자기 어머니가 사랑하는 남동생 짐과 그 강아지를 동일시했다는 점이다.

어느 날 그가 강아지를 때리고 있는 것을 보고 나는 강아지에게 다가가서 쓰다듬어 주며 '짐, 안녕!'하고 말했다.

분명히 나는 존으로 하여금 그 불쌍한 강아지에게 라이벌인 동생에 대한 미움을 퍼붓고 있다는 것을 의식하게 해주었다. 아니나 다를까 그 후로 다시는 강아지를 학대하지 않았다. 그러나 이것은 단지 존의 겉증세만 낫게 했을 뿐 그의 새디즘 증세를 치료한 것은 아니었다.

자유 분방하고 행복한 어린이는 잔인하게 되지 않는다. 대부분 어린이의 잔인성은 어른이 어린이에게 가하는 잔인성에서 배운 것이다. 남에게서 맞을 때마다 남을 때려주고 싶은 것이다.

선생님처럼 사람들은 신체적으로 자기보다 연약한 사람을 택해 때리는 것이다. 엄한 학교에 다니는 학생들은 서머힐의 아동들보다 훨씬 더 아이들 간에 잔인하다.

잔인성은 한결같이 합리화 되는 법이다. 즉 '당신을 괴롭히는 이상으로 나를 괴롭힌다'는 식으로, 솔직하게 '때림으로서 만족을 얻기 때문에 나는 사람을 때린다'고 말하는 새디스트들은 거의 없다.

사실은 그러하면서도 그들은 자기들의 새디즘을 도덕적인 용어로 교묘하게 변명하고 있다.

「나는 내 아들이 바보가 되는 것이 싫다. 난 그 아이가 아주 골치 아픈 일이 많은 이 세상에서 원만하게 잘 살아가기를 바라고 있다. 나도 어렸을 때 맞았으며, 또 그때는 나에게 여러 가지로 유익했기 때문에 내 아들을 때린다.」

자기 애를 때리는 부모치고 이런 유치한 변명을 하지 않는 이가 없다. 난 여태까지,

「내 자식이 밉고 또 내 자신, 아내, 친척, 아니 사실은 인생 자체를 증오하기 때문에 내 자식을 때리는 거야. 내 아이는 나보다 몸집도 작고 나를 되받아 칠 수도 없으니까 그 애를 때리는 거야. 나의 상사가 겁나니까 대신 우리 아이를 때린단 말야. 사장님이 나를 비난하면 애꿎은 아이들에게 화풀이를 하지.」

라고 솔직히 털어놓은 부모를 본 일이 없다. 만약 부모가 이런 말을 할 만큼 솔직하다면 자기네 아이들에게 잔인해야 할 필요성을 느끼지 않을 것이다.

잔인성이란 무지와 자기 증오의 소산이다. 따라서 잔인성은 새디스

트로 하여금 자신의 본성이 비뚤어졌다는 것을 깨닫지 못하게 한다.

히틀러 통치 하의 독일에서는 쥴리우스 스트라이체형의 성적 변태의 고문이 가해졌다. 독일 신문 슈트뤼머는 정치 포로수용소가 세워지기 훨씬 전부터 추잡하고 비뚤어진 성 문제 기사로 가득 찼었다.

그런데 많은 부모들은 투옥된 새디스트의 성적 변태를 혹평하면서도, 자신들의 경미한 새디즘에 대해서는 아무렇지도 않게 생각한다.

가정에서나 학교에서 어린애를 때리는 것은 근본적으로는 벨센에 있는 유태인을 학대하는 것과 꼭같은 것이다. 만약 벨센에 있어서 새디즘이 성적인 것이었다면, 가정이나 학교에서도 그것은 성적일 가능성이 있는 것이다. 나는 어떤 어머니가 이렇게 항의하는 것을 보았다.

「당치도 않아요. 지미가 그레니에서 부쳐온 꽃병을 건드려서 내가 그 애의 손목을 때렸는데, 나의 변태성을 보인 것인가요?」

「그렇죠. 어느 정도는 말입니다. 만약 당신이 행복한 결혼을 하여 성 생활에 만족하시다면 지미를 때리지는 않을 것입니다. 때린다는 것은 문자 그대로 육체를 미워하는 것이고, 육체라고 하는 것은 모든 욕구와 갈망을 가지고 있는 인간의 신체를 의미하는 것이죠. 만약 당신이 당신의 육체를 아끼고 있다면 지미를 때리지 않을 겁니다.」

하는 것이 나의 대답이었다. 부모들은 그네들이 치안판사 법정에 끌려가게 되지 않는 한 마음대로 자기 어린애를 때릴 수 있다. 우리의 형법은 정의로 위장된 기나긴 잔인성의 기록인 것이다.

정신적인 잔인성은 육체적인 것보다 견뎌내기가 더욱 어렵다. 한 도시의 법률은 학교에서의 체벌을 폐지할 수는 있으나, 어떤 법도 정신적 잔인성을 나타내는 사람을 제어할 수는 없다.

냉소적이고 악의에 찬 부모들의 언사는 아이들에게 은연중 해를 끼치는 수가 있다. 자기 자식에게 조소를 보내는 아녀자들이 많이 있다.

「서툰 자식, 무슨 일을 하든지 반드시 떨어뜨린다니까.」

이러한 사람들은 자기 아내에게도 항상 비평함으로써 아내에 대한 미움을 나타낸다. 그리고 남편과 아이들에게 으르렁거리고 욕설을 퍼부어대는 아내들도 있다. 아버지가 아내에 대한 미움을 자식에게 표현하는 것은 정신적 잔인성의 특수 형태인 것이다.

교사들도 가끔 거만을 부리고 빈정거림으로써 잔인성을 나타낸다. 그러한 교사들은 애처럽고도 위축되어 있는 어린이를 때리고는 다른 학생들이 크게 웃어주기를 바란다.

어린이들은 어떤 강한 감정의 억제를 받지 않는다면 결코 잔인해지지 않는다. 자유 분망한 어린이는 밖으로 표출할만한 자기 증오감 같은 것은 거의 가지고 있지 않다. 딴 사람을 미워하지도 않고 그래서 잔인하지도 않다.

간혹 못된 사람들은 어떤 식으로라도 그의 인생을 비뚤어지게 한다. 흔히 그들은 자신이 당한대로 단순히 다른 사람에게 행동한다. 모든 구타는 어린이로 하여금 욕망이나 실생활에 있어서 변태적으로 되게끔 만든다. 억압을 받고 있는 어린이는 농담하는데도 잔인하다.

나는 서머힐에서 짖궂은 장난을 본 적이 없다. 내가 본 것들은 사립학교에서 새로 온 학생들의 장난이었다. 집에서 꼼짝없이 억압되었다가 개학이 된 후 학기 초에는 장난이 심하다 —자전거를 숨긴다든가 기타 등등의 장난 —그러나 이러한 소동은 일주일 이상 가지 않는다.

서머힐의 익살은 대개 상냥한데 그 이유는 학생들이 새 교사들의 인정과 사랑을 듬뿍 받고 있기 때문이다. 어린애들이란 미움과 공포의 필요성이 사라질 때는 선량해지는 것이다.

범 죄

많은 심리학자들은, 어린이는 태어날 때 선하지도 않으며 악하지도 않으나 선행과 범죄 양측의 경향을 지니고 있다고 믿고 있다. 나는 어린이게는 범죄의 본능, 더구나 악의에 대한 천성은 없다고 믿는다.

사랑의 비뚤어진 형태가 어린이에게는 범죄로 나타난다. 범죄는 잔인성의 과격한 표현이며 사랑의 결핍에서 생기는 것이다.

어느 날 내가 가르치고 있던 학생들 중에 9살 먹은 사내아이가 놀고 있다가 '난 엄마를 죽이고 싶어'하고 기쁜 듯이 중얼거렸다. 그것은 무의식적인 행동이었다. 왜냐하면 그는 배를 만들고 있던 중이었고, 그래서 모든 의식적인 흥미는 그 놀이에 쏠려 있었기 때문이다.

사실 그의 어머니는 자기 본위의 생활 때문에 정신이 없어서 아들을 거의 돌보지 않았던 것이다. 그녀는 아들을 사랑하지 않았고, 아들은 무의식적으로 그것을 알아챈 것이었다.

그러나 많은 사랑을 받아야 할 어린이 중의 하나인 이 소년이 범죄 사상을 가지고 인생을 출발한 것은 아니다. '사랑을 받을 수 없다면 미움을 받을 수 있다'라는 이 말은 단지 케케묵은 이야기일 뿐이다. 어린이에게 있어서 모든 범죄의 경우는 사랑의 결핍에서 나오는 것이다.

9살 난 또 다른 학생은 독약 공포증에 걸려 있었다. 그는 어머니가 자기를 독살시킬 것을 두려워 하고 있었다. 어머니가 식탁에서 일어서면 그는 어머니의 일거일동을 지켜보는 것이었다. 그리고는 가끔,

「어머니가 나중에 무엇을 할지 알고 있어요. 엄마는 내 음식에 독약을 넣을 작정이죠.」

하고 말했다. 나는 이것이 투사작용이 일례가 아닌가 했다.

그의 어머니는 동생을 더 사랑하는 것 같았다. 그래서 아마 이 신경증세적인 아들이 어머니와 동생 둘 다에게 독약을 먹일 공상을 하고 있었던 모양이다. 그의 공포는 보복에 대한 공상으로부터 오는 것이리라. 즉 나는 엄마를 독살시키고 싶은데 엄마는 그 복수로 나를 독살시킬 거야 라고 생각했을 것이다.

범죄는 확실히 증오의 표현이다.

어린이에 있어서 범죄의 연구는 어린이가 왜 미워하게 되는가 하는 연구로 집중된다. 이것은 손상된 자아에 대한 의분인 것이다.

어린이란 자기 중심적이란 사실을 잊어버릴 수 없다. 자기 이외의 그 아무도 문제가 안된다. 자아가 만족되면 선이란 것이 있지만, 자아가 만족되지 못하면 범죄를 저지르게 된다.

　범인은 사회에 대해 복수하게 되는데, 그것은 사회가 사랑으로써 그의 이기심을 이해해 주지 못했기 때문이다.

　인간이 만약 범죄의 본능을 가지고 태어났다면 부유한 중산층에서도 빈민가에서 만큼이나 많은 범죄가 생겨났을 것이다. 그러나 부유한 사람에게 자아 표현의 기회가 더 많다.

　돈으로 사는 향락, 정선된 환경, 문화, 가문의 긍지 등은 모두 자아를 갖게 한다. 가난한 사람의 자아 표현 기회란 보잘 것 없다. 겨우 몇 사람만이 탁월할 뿐이다. 범죄인, 깽단, 깡패가 되는 것도 탁월성을 얻는 한 방법이 된다.

　많은 사람들은 나쁜 영화에 의해서 범죄가 형성된다고 믿는다. 이것은 근시안적 견해라 생각된다. 영화가 사람을 타락시킨다는 것은 믿기 어렵다. 물론 영화는 젊은이에게 한 방법을 제시할 수는 있지만, 그 동기는 영화를 보기 전에 이미 있었던 것이다.

　영화는 범죄를 좀더 교묘하게 만들지는 모르나 범죄를 생각지도 않는 이에게 범죄를 저지르게 할 수는 없다. 무엇보다도 범죄는 가족 문제이고 그 다음에 사회적 문제이다.

　우리 모두가 정직하다면 환상 속에서 가족들을 죽인다는 것을 인정할 것이다. 내 학생 중의 한 소녀는 가족, 특히 그녀의 어머니에게 아주 무서운 죽음을 가져왔다.

　대부분 살인자 욕망의 배후에는 권위와 욕심과 질투가 있다. 어떤 애들은 권위를 참지 못한다. 많은 아이들이 4살부터 16살까지 방해를 받고 있는데도, 이 세상에는 살인자가 많지 않으니 놀라운 일이다.

　어린아이들은 칭찬과 사랑을 받으려는 것이 그들의 소망이다. 어린이들은 칭찬과 관심을 받지 못한 소심한 어린이가 범죄 사상을 가지고 있다는 것을 발견할 수 있다. 평범하고 보잘 것 없는 소녀는 자기의 예쁜 여동생이 관객들 앞에서 독춤을 추는 것을 보면서 돌연한 죽음에 대한 끔찍한 상상에 사로잡히게 될 것이다.

　외향적인 어린이는 미움을 갖는 경우가 없다. 웃고, 춤추고, 지껄인다. 그래서 사람들의 인정을 받고 그의 욕망은 충족되는 것이다. 내성적인 아이는 구석에 앉아서 미래의 자기 위치에 대한 꿈에 잠긴다.

내가 있던 학교에서 가장 내성적인 한 소년은 사교 시간에 참가한 적이 없었다. 춤 추지 않고, 노래도 부르지 않고 구르기 놀이 같은 것도 하지 않았다. 나와 함께 공부하던 도중에 그는 자기를 보살펴주는 어떤 멋진 요술쟁이 이야기를 해주었다. 그가 말만 하면 요술쟁이는 그에게 고급 자동차인 롤스 로이스도 가져다 줄 것이라고 말했다.

나는 어느 날 그에게 서머힐의 어린이들 배가 파산되어 섬에 갇혀 있었다는 이야기를 해주었더니 별로 좋아하는 것 같지 않았다. 그래서 얘기가 잘못된 것이 있으면 잘 말해보라고 했더니, '살아남은 단 한 사람을 나로 해주세요'라고 했다.

우리는 이러한 심리 과정, 즉 딴 사람을 넘어뜨리고 자기는 올라가려는 심리를 잘 알고 있다. 이것은 고자질쟁이의 심리다. '선생님 토미가 욕설을 해요' 이 말은, '나는 욕을 하지 않아요. 나는 착한 아이랍니다'를 뜻하는 것이다.

상상으로 경쟁자를 죽이는 사람과 실지로 죽이는 사람과의 차이는 정도의 차이이다. 우리가 사랑에 굶주리고 있는 한 우리 모두는 범죄의 잠재성을 지니고 있다. 나는 나의 심리학적 방법으로 범죄 환상에 잠겨 있는 어린이를 치료했다고 내 스스로 생각해 왔다. 그러나 이제는 심리학적 방법보다는 사랑이 더 좋은 방법이라고 믿는다.

신입생을 사랑하는 척하는 것은 어리석은 일이다. 내가 어린이의 자아를 존경하기 때문에 그 어린이를 사랑한다는 것을 본인은 알게 된다. 어린이로 하여금 자기 나름대로 생활할 수 있도록 자유를 주는 것이야말로 범죄성을 치료하는 진정한 방법이다.

나는 이것을 몇년 전에 호머 레인이 운영하는 작은 코먼웰쓰라는 문제아 치료학교를 방문했을 때 배웠다. 그는 문제아에게 자유를 줌으로해서 결국에는 문제아를 착한 어린이로 만들었다.

빈민가에 사는 어린이들이 자아를 만족시키는 유일한 방법은 반사사회적 행위를 함으로서 관심을 끌게 하는 것이었다. 레인은 몇몇의 범죄 소년들이 재판 받는 것을 보았는데, 그들은 법정에서 사방을 거만스럽게 둘러보더라도 말해주었다.

레인과 함께 농장 지역에서 같이 있게 된 이러한 소년들은 새로운 가치, 사회적 가치 즉 유익한 가치를 발견하였다. 그 둘세트 농장은 본래 범죄 의지란 있을 수 없다는 확신을 나에게 심어주었다.

새로 들어온 소년이 도망치자 레인은 쫓아가서 그를 잡았다. 때리고 치는데 익숙한 이 소년은 팔을 들어 방어하려고 하자 레인은 웃으며 얼마의 돈을 소년의 손에 집어주었다. '뭣하게요?'라고 소년이 어물거리자, '기차를 타고 집에 가거라, 걸어가지 말고'라고 레인이 말했다. 소년을 그날 저녁 코먼웰쓰로 돌아왔다. 나는 이러한 방법과 그리고 대부분의 개혁된 학교에서 하는 엄격한 방법을 생각해 보았다.

범죄를 만드는 것은 법이다. 아버지가 하지 말라고 하는 명령, 즉 가정의 법은 어린이의 자아를 억제하며, 어린이의 자아를 금지하게 되니 그 아이는 나빠지게 되는 것이다. 주정부의 법령은 가정에서의 억제를 무의식적으로 재생시킨 것에 불과하다.

억압은 반항을 일으키고 반항은 복수심을 갖게 한다. 범죄란 복수다. 범죄를 막기 위해서는 어린이로 하여금 복수심을 느끼게 하는 것들을 제거해 어린이에게 애정과 존경을 표해야 하는 것이다.

도 벽

도벽은 정상 어린이에 의한 도벽과 신경병 증세가 있는 어린이의 도벽으로 구별된다. 자연스럽고 정상적인 아동도 단순히 얻고자 하는 욕심을 채우기 위해, 혹은 친구랑 모험을 하고 싶은 경우에 도벽을 하게 된다. 그러나 그러한 어린이는 내 것과 남의 것을 구별하지 못한다.

서머힐의 많은 아동들은 어떤 나이까지 이러한 도둑질을 하고 있는데, 나중에는 자연히 이러한 단계를 넘어서게 된다. 많은 학교장들에게 그들이 경영한 과수원에 관한 이야기를 물어보면 학생들이 과일을 많이 훔쳐간다고 한다. 서머힐에는 커다란 정원이 있어서 과실나무와 덤불이 있는데 우리 학생들은 좀체로 그 과일을 훔치지 않는다.

얼마 전 신입생 두 사람이 과일을 훔친 죄로 학교 총회에서 비난을 받았다. 선악의 관념이 없는 상태에서는 어린이들은 더 이상 과일을 훔치려는 생각을 하지 않게 된다. 학교에서의 도벽은 대개 단체 생활의 문제이다. 단체 생활에서 발견되는 도벽은 모험심이 중요한 구실을 하고 있다는 것을 알아야 한다. 비단 모험심 뿐만 아니라 진취의 기상이나 지도력을 과시하기 위해서 훔치기도 한다.

흔한 일은 아니나 천진스런 얼굴인데 교활하고 고독하게 혼자 다니는 좋지 않은 아이를 볼 수 있다. 이런 아이는 서머힐에 있는 어린이들이 자기를 배신하지 않는 것을 이용하여 많은 것을 훔친다.

얼굴만 봐서는 결코 도둑이라는 것을 알아낼 수가 없다. 정말 우리 학교에 너무도 순진하고 미소 띤 맑은 파란눈과 눈매를 가진 소년이 있는데, 간밤에 학교 식품 저장고에서 없어진 과일 통조림에 대해 이 알고 있다는 혐의를 갖게 되었다.

13살 먹은 아이가 남의 것을 훔쳤는데 자라서 정직한 시민이 되는 것을 나는 많이 보아왔다. 사실 어린이들은 성장하는데 있어서 우리가 지금까지 생각해 왔던 것보다 더 오랜 시간을 필요로 한다. 성장함으로서 사회인이 되어가는 것이다.

아동은 원래 자기 중심적이다. 대개 사춘기에 들어설 때까지는 다른 사람과 어울릴 줄 모른다. '내 것'이니 '네 것'이니 하는 개념은 성인의 것이다. 어린이들도 나이가 들게 되면 이러한 생각을 갖게 된다.

아동들이 사랑을 받고 자유로우면 시간이 지남에 따라 훌륭하고 정직한 사람이 된다. 이것은 단순한 단정같이 들릴지도 모른다. 그러나 실제에 있어서는 많은 장애가 있다는 것을 나는 알고 있다.

서머힐에서도 냉장고나 돈 지갑에 자물쇠로 잠그지 않은 채 놓아둘 수가 없다. 서머힐 학교 회의에서 아동들은 다른 아이들이 자기네의 사물함을 열어본다고 비난한다.

단 한 사람의 도둑만 있어도 그 사회는 열쇠와 자물쇠를 생각하게 된다. 더욱이 완벽하게 정직한 젊은이의 사회란 없는 법이다.

55년 전 나는 대학 기숙사방에서도 주머니 속에 책을 넣어둘 수가 없었다. 내가 들은 소문에 의하면 국회의원들 중 어떤 사람은 중요한 것들을 웃저고리나 손가방에 두기를 꺼려한다는 것이다.

어쩌면 정직이란 개인 재산이 불어감에 따라 나타나는 하나의 후천적인 성격일지도 모르겠다. 아마 억지로 정직을 강요하는 것은 공포일 것이다. 내가 나의 소득세를 속이지 못하는 것은 정직성 때문이 아니라, 그렇게 했봤자 별 수지가 맞지 않고 또 그렇게 해서 명성과 직장, 그리고 가정을 파멸시키면 큰일 난다는 공포 때문인 것이다.

무엇을 금지하는 법이 있을 시에는 그 법을 위반할 수 있기 때문에 만들어졌다. 주류 제조 판매가 일체 금지되어 있는 나라에서는 술 기운으로 운전하지 못하게 하는 법은 없을 것이다.

모든 나라의 도둑질, 강도, 사기 기타 등등에 대한 많은 법들은 사람들이 기회만 있으면 도둑질을 할 것이라는 데에 근거하고 있다. 결국 성인들은 어느 정도 정직하지 않은 것이다. 그러면서도 거의 모든 사람은 자기 아이들이 동전 한 푼이라도 훔친다면 정말 화를 낸다.

반면 다른 사람과 지내는데는 대부분의 사람들은 꽤 정직하다. 마음만 먹으면 남의 은수저 하나쯤 주머니 속에 넣기 쉬우며, 차장이 잊어버리고 개찰하지 않은 표를 다시 사용하려고 마음 먹을 수 있다. 어른들은 공공기관이나 개인기관이든 간에 개인과 조직을 구별한다.

보험회사를 속이는 것은 괜찮지만 가게 주인을 속인다는 것은 괘씸한 일이라고 생각한다. 그러나 어린애들은 그런 구별을 하지 않는다.

그들은 친구나 선생님, 가게에서 닥치는대로 물건을 집어간다. 모든 어린이들이 다 이런 식으로 행동하지는 않지만, 많은 어린이들은 훔친 것을 나누어 갖기를 좋아한다. 이것은 자유롭고 행복한 중류 가정 자녀들에게서도 빈민층의 자녀들에게서 나타나는 똑같은 부정직성을 찾아볼 수 있다는 것을 말해준다.

많은 어린이들은 기회만 있으면 훔친다. 내가 어렸을 때는 완전무결하게 통제되었기 때문에 훔치지를 않았다. 물건 훔치는 것이 발각되면 혹심한 매를 맞아야 하고 돌아올 수 없는 지옥의 불길로 가야 했다.

하지만 나처럼 겁먹지 않는 어린이들은 본능적으로 훔칠 것이다. 그러나 때가 지나면, 아이가 사랑 가운데서 자라난다면 그는 훔치는 단계에서 벗어나서 정직한 사람으로 성장한다.

도벽의 두번째 종류인 습관적이고 충동적인 도벽은 아동에게 있어서는 노이로제 증세이다. 신경과민적인 어린이가 저지르는 도벽은 일반적으로 애정 결핍의 징후이다. 그 동기는 무의식적인 것이다. 굳어버린 소년 절도의 경우에 있어서 대부분의 어린이들은 자기들이 사랑을 받지 못한다고 느끼고 있었다.

도벽은 무엇인가 아주 가치있는 것을 갖겠다는 상징적인 시도이다. 그 훔친 물건이 돈이건, 보석이건, 무엇이건 간에 무의식적으로 가지고 있는 소망은 사랑을 훔치는 것이다. 이런 종류의 도벽은 아동에게 사랑을 심어줌으로써 치료 가능한 것이다.

그렇기 때문에 내 담배를 훔친 아이에게 내가 돈을 줄 때는, 그의 의식적인 사고보다는 무의식적인 감정을 노린다. 그는 내가 바보라고, 아니 그가 어떻게 생각하든지 그것은 별로 중요하지 않고 그가 무엇을 느끼느냐가 문제이다. 그리하여 그는 내가 자기 친구이고 자기에게 증오 대신 사랑을 주는 사람이라고 생각하게 될 것이다.

따라서 조만간 그 도벽은 없어지게 된다. 돈이나 물건의 형태로써 상징적으로 도난당했던 그 사랑이 이제는 자유롭게 주어졌고 더 이상 사랑을 훔칠 필요가 없어진 것이다. 이러한 관계에 있어서 늘 남의 자전거를 타고 다니는 어떤 소년에 대한 사례를 언급하고자 한다.

학교 총회에 불려온 그 아이는 '딴 아이의 자전거를 탔기 때문에 사유재산에 관한 규칙을 어겼다'는 혐의를 받았다. 판결은 유죄였고, 벌칙은 '학생회는 그에게 자전거를 사주도록 기부해야 함'이었다.

  학생회는 돈을 모아 기부했다. 그러나 나는 도둑에게 보상을 주는 것을 제한하지 않으면 안되었다. 만약 그가 정신 수준이 낮든가 형편 없는 아이라면 또 정서적으로 구속되어 있다면 그 보답은 우리가 바라는 결과를 가져오지 못할 것이다. 혹은 그가 거만하다면 그 상징적인 선물에 아무 이득도 얻지 못할테니까 말이다.

  나는 거의 모든 어린 도둑들이 훔쳤지만 오히려 그에 대한 보상을 해주자 아주 잘 행동해 나가는 것을 보았다. 실패하게 되는 경우는 대개 소위 의식적인 도둑으로 극소수인데, 이들은 심리요법이나 위장된 보상요법으로는 다룰 수가 없었다.

  그러나 이 도벽이 부모의 애정 결핍, 혹은 성에 대한 지나친 금지로 생긴 것이라면 상황은 복잡해진다. 이러한 범주에서 병적 도벽이 생기고, 자위 행위와 같은 금지된 것을 할려는 행동도 생기는 것이다.

  만약 부모가 그들의 실수를 깨닫고 아이들에게 억압한 것이 잘못이었다고 솔직히 이야기 하고 모든 것을 다시 시작한다면 이러한 종류의 도벽은 좋은 징조를 나타나게 될 것이다. 어린이의 부모 도움이 없이는 선생님도 이러한 병적 도벽을 치료한다는 것은 어렵다. 금지를 없앨 수 있는 가장 좋은 사람은 맨처음에 그것을 심어준 사람이다.

  한번은 16살 난 남학생이 우리 학교로 오게 되었다. 그는 아주 질이 나쁜 도둑으로, 역에 도착하자마자 그의 아버지가 런던에서 사준 표를 나에게 주었다. 그 표로써 그 소년의 나이를 알 수 있었다.

  나는 습관적으로 부정직한 자녀를 가진 부모에게 어떻게 자녀를 취급했기에 부정직하게 됐는지 우선 부모를 살펴봐야 한다는 관념을 갖게 해주고 싶다. 그런 부모들은 자기들 자녀가 습관화 된 부정직성을 갖게 된 이유는 나쁜 친구나 깽 영화 때문이라고 비난하거나, 아빠가 군대에 가 돌보아 주지 못해서 그렇게 되었다고 엉뚱한 변명을 한다.

  어린이가 섹스에 대해서 자연스럽게 대하도록 양육되고 사랑과 인정감을 받으면 부모들이 변명하는 그런 원인들이 아무런 영향을 끼칠 수 없는 것이다.

도벽이 있는 어린이들이 매일, 아니 매주 어린이 생활 상담소를 방문하는데 얼마만큼 도움을 받고 있는지 모르겠다.

다만 내가 아는 것은 상담소에서 하는 방법은 거칠거나 나쁘지 않다는 것과 사회사업가들이 어린이를 이해하고자 애를 쓰고 있으며, 도덕적 판단으로 인격을 나무라지 않고 어린이를 다룬다는 점이다.

아동심리학자, 아동보호 담당관들은 정신적으로 병든 아이가 살고 있는 가정 때문에 그들이 어린이 문제를 위하여 노력하는데 있어서 곤란을 받고 있다.

심리학자나 아동보호 담당관들이 부모들로 하여금 자녀에 대한 취급 방법을 바꾸도록 설득이 될 때 비로소 성공적인 결과를 얻을 것으로 추측한다. 왜냐하면 어린애들의 도벽은 사춘기의 병이고 외부로 나타나는 병든 몸의 징조이다. 어떠한 개인 요법도 나쁜 가정의 악이나 빈민가, 빈곤에 찌든 가족의 악을 제거할 수는 없다.

5살부터 15살까지의 모든 어린이는 오직 지식 교육만 받고 있는 것이 사실이다. 그러한 교육은 그들의 정서 생활과는 거의 무관하다.

그러나 신경병적 어린이에게 충동적으로 도둑질하게 하는 것은 정서적 불안 때문이다. 학교 교과목에 대한 지식이 많거나 적든지 간에 어린이의 도벽에는 아무런 영향을 주지 않는다. 간단한 사실은 행복한 사람은 충동적으로 혹은 계속적으로 훔치지 않는다는 것이다.

습관적인 도벽자에 관해 알아보기 위해서는 '그의 배경은 어떠한가? 가정은 행복한가? 부모는 항상 그에게 진실을 이야기 하는가? 자위 행위에 대해 그는 죄의식을 느끼는가? 왜 그는 부모를 존경하지 않는가? 부모가 그를 사랑하지 않는다고 느끼는가?' 등이다. 그에게는 뭔가 마귀와 같은 것이 있기에 그로 하여금 도둑이 되게 한 것이다.

치료 과정이 어린이의 도벽 문제를 해결한다고는 볼 수 없다. 물론 많은 도움을 줄 것이고 그의 공포와 증오를 없앨 수도 있고, 자존심을 세우게 할 수도 있다. 그러나 그 미움의 본래적인 요소가 그의 환경 속에 남아있는 한 그는 어느 때이고 다시 도둑질을 할 것이다. 따라서 부모쪽의 치료가 결국 더 큰 성과를 가져올 것이다.

　나는 한때 몸집은 큰데 정신 연령은 3~4세 밖에 안되는 소년과 같이 생활했는데, 그는 상점에서 물건을 훔쳤다. 그래서 난 그 상점에 가서 그가 보는 앞에서 훔치기로 했다(주인과 이야기 후에).

　그 소년에게 나는 아버지요 하나님이었다. 내가 생각컨데 그 애의 아버지가 자신을 인정하지 않으니까, 그 아이는 도둑질을 하게 된 것 같다. 그가 만약 그의 새로운 아버지이자 신격인 내가 훔치는 것을 본다면 그는 도벽에 대한 그의 의식을 고치게 될 것이라고 생각했다.

　나는 그가 아주 심하게 항의할 것을 예상했다. 도벽이 있는 신경병적인 소년을 치료하는 데에는 그것을 인정하는 방법 이외에는 별다른 방법이 없다고 생각한다. 신경병이란 것을 가져서는 안된다고 배워온 것과 갖고 싶어하는 것과는 갈등에서 오는 결과인 것이다.

　나는 이러한 그릇된 인식을 약화시키는 것이야 말로 아이를 더욱 행복하게 하고 병을 낫게 해주는 것이라고 생각한다. 어린이에게서 선악에 대한 갈등 관념을 제거해주면 어린이 도벽은 고칠 수 있다.

비 행

　총과 칼 등으로 무자비하게 폭행을 저지르는 요즘에는 당국이 소년 범죄 때문에 곤경에 빠져 있으며, 이를 제거하기 위해서 온갖 노력을 다하고 있다.

　각종 신문에는 이런 문제를 다루는 방법을 보도하고 있다. 한 가지 어려운 방법을 보면 결석하면 엄한 벌을 주면서 꾸준히 노력하는 훈련을 시키는 문제아 치료 학교에 젊은 아이들을 보내는 방법이다.

　나는 소년들이 어깨에 봉을 메고 훈련을 하는 광경을 찍은 사진을 보았다. 그런 억압된 곳에서는 사면의 특권도 없다. 이런 지옥과 같은 곳에서 수 개월을 지내면 잠재적인 비행을 단념케 할 수 있으나 그러한 치료는 근본적인 원인이나 기본 문제에는 미치지 못하고 있다.

그런 치료법은 대부분의 사춘기 연령의 청소년에게 증오를 가져다 주는 결과가 되어 오히려 더 나쁘다. 따라서 그 가혹성은 사회를 영원히 증오하는 인간을 만들어 내지 않을 수 없을 것이다.

호머 레인은 '작은 코먼월쓰'라는 문제아 치료 학교의 연구를 통해 소년 비행자들은 사랑으로 치료될 수 있다는 것을 증명했다. 그는 문제아로 알려진 소년 소녀, 즉 강도나 도둑, 갱단이라는 평판을 가지고 있는 반사회적이고 다루기 힘든 청소년을 런던 법정에서 데려왔다.

그들은 '작은 코먼월쓰'가 자치력과 사랑에 찬 집단사회라는 것을 알게 되어 점잖고 정직한 시민이 되었으며, 나의 친구가 되었다.

레인은 문제아를 이해하고 다루는데 능숙한 사람이었다. 끊임없는 사랑과 이해로써 그들을 치료했다. 그는 언제나 비행자의 행동에 관한 보이지 않는 동기를 찾았으며, 모든 범죄 뒤에는 반드시 선의의 욕망이 깃들어 있다는 것을 확신했다.

어린이에게 타이르는 것은 소용없는 일이고 오직 행동만이 중요하다고 생각했다. 그는 어린이에게서 좋지 못한 사회적 특성을 제거하기 위해 어린이의 욕망대로 생활하도록 해야 한다고 생각했다.

언젠가 한번은 문제아 중에서 자베즈라는 학생이 화풀이로 식탁 위에 있는 컵과 접시를 모두 깨버렸다. 레인은 쇠로 만든 부지깽이를 그에게 주고서 계속하라고 했더니 자베즈는 계속 깨뜨렸다.

그런데 다음 날 그 아이는 레인에게 와서 이때까지 자기가 해온 일보다 더 책임감 있고 돈도 벌 수 있는 직업을 구해달라고 했다. 레인이 그 이유를 묻자, '컵과 접시값을 지불하고 싶어요'라고 대답했다.

컵을 깨뜨린 행위는 자베즈에게 하나의 부담처럼 되었던 억압과 갈등을 완전히 팽개치도록 해준 것이라고 레인은 설명했다. 그의 생애에서 처음으로 권위자의 권유를 받으면서 물건을 깨뜨리고 분노를 발산했다는 사실은 그에게 좋은 정서적인 영향을 주었던 것이다.

호머 레인의 작은 코먼월쓰 비행자들은 모두가 도시의 빈민지 출신이었으나, 그들이 다시 갱들의 사회에 돌아갔다는 소리는 듣지 못했다. 나는 레인의 방법을 사랑의 방법이라 부른다. 비행자를 향해 욕지거리를 하는 방법은 증오의 방법이라고 부른다.

증오는 아무것도 치료하지 못하므로, 그런 나쁜 방법은 청소년들이 사회화 하는데 아무런 도움을 주지 못한다고 생각한다. 그러나 만일 내가 치안판사가 되어 거칠고 무뚝뚝한 비행자를 취급하게 된다면, 나는 어떻게 해야할지 몰라서 당황하게 될 것이라는 것을 잘 알고 있다.

오늘날 영국에 비행 소년을 보낼 수 있는 작은 코먼월쓰와 같은 문제아 치료 학교가 없기 때문에 당황한다는 말을 하게 된 것이다.

레인은 1925년 서거하였고, 영국 사람들은 그 훌륭한 사람에게서 아무것도 배우지를 못했다. 그러나 최근에 훌륭한 아동 보호관의 단체가 있어 비행 소년들을 이해하려고 진지한 관심을 보여주고 있다.

또 법률가들로부터 많은 적대감을 사고 있음에도 불구하고 심리분석학자들 역시 일반 대중에게 비행이란 나쁜 것이 아니고, 오히려 연민과 이해를 필요로 하는 병의 일종이라고 가르치고 있다.

일반적인 경향은 미움보다는 애정을 향해 나아가고 있으며, 옹졸함과 도덕적인 분개보다는 이해하는 방향으로 나아가고 있다. 그것은 서서히 나타나는 하나의 경향이다. 그러나 그 느린 물결이 오염을 씻어버릴 것이고, 언젠가는 굉장히 큰 물결이 될 것임이 틀림없다.

내가 알기로는 폭력이나 잔인성, 미움에 의해서 인간을 선하게 만들어 왔다는 증거는 없다. 오랫동안의 경력 생활을 통해서 나는 많은 문제아와 비행 소년들을 다루어왔다. 그들은 몹시 불행하고 증오심에 가득차 있었으며, 열등 의식과 정서적 혼란에 사로잡혀 있었다.

그들은 내가 선생님이었고 대리 아버지였으며 적으로 생각했기 때문에 나에게 거만하고 무례하게 대했다. 그들의 증오심과 의심과 더불어 나는 생활해 온 것이다. 그러나 서머힐에서 이러한 잠재적 비행 소년들은 자치사회에서 스스로 자신을 통제하고 있다.

마음대로 배우고 마음대로 뛰놀며, 만일 그들이 훔치면 심지어는 보상까지도 받는다. 설교같은 것은 절대로 듣는 일도 없고 지사의 것이거나 하늘의 것이거나 권위를 두려워하도록 되지 않는다.

불과 몇 해 지나지 않아 그러한 문제아들이 행복한 사회인이 되어 세상에 나가는 것이다. 서머힐에서는 아직까지 7년을 보낸 사람치고 감옥에 가거나 강간을 하거나 반사회적 인간이 된 사람은 없다.

그들을 치료한 건 내가 아니고 환경이다. 서머힐의 환경은 믿음, 동정, 안정을 베푸는 것일 뿐 책망과 재판같은 것은 없기 때문이다.

서머힐의 어린이들은 학교를 떠난 후에도 범죄를 저지르거나 갱이 되지는 않는다. 그들은 공포나 처벌, 도덕 강의를 받지 않고 자기들의 갱 사회에서 생활할 수 있도록 허용되었기 때문이며, 한 단계의 발달 과정에서 자연스럽게 다음 단계를 넘어가도록 허용되고 있다.

나는 성인 범죄자가 사랑에 대해서 어떻게 말하는지 모른다. 그러나 투옥에 의해서 절도범을 고칠 수 없듯 절도 행위를 한 갱에게 보상해 준다해서 그 도벽을 고칠 수 없다. 치료라고 하는 것은 청소년에게만이 가장 희망적이다. 15세 정도의 늦은 시기라도 어린이에게 자유가 주어지면 그 자유는 흔히 비행자를 좋은 시민으로 바꾸어 놓는다.

12살 난 한 소년은 반사회적이라는 이유로 여러 학교에서 퇴학당했는데, 서머힐에서 행복하고 창조적이고 사교적인 아이가 되었다. 문제아 치료 학교 당국자라면 그를 견디어내기 힘들게 했을지도 모른다.

만약 정도가 심한 문제아가 자유에 의해서 구제될 수 있다면, 가족의 권위 때문에 비뚤어진 어린이, 소위 '정상아'라고 불리우는 수백 만의 어린이들에게 대해서 무엇을 할 수 있을까?

13살 난 토미는 훔치기도 하고 파괴적인 문제 아이였다. 어느 방학 때인가 그가 집으로 갈 수 없어서 학교에 데리고 있었다. 2개월 동안 서머힐에 남아 있는 학생은 그 어린이 밖에 없었다. 그러자 그는 완전히 사교적이 되었다. 음식이나 금고를 잠가둘 필요가 없었다.

그러나 그의 친구들이 돌아오자 그는 그 친구들을 식품 저장실로 데리고 갔다. 이로써 개인으로서의 아이와 집 단속의 아이란 두 개의 다른 인간이라는 것이 증명되었다. 문제아 치료 학교 교사의 말에 의하면 반사회적인 아이는 지적으로 저능인 경우가 종종 있다고 한다. 나는 거기에 정서적으로도 저능이라는 것을 덧붙이고 싶다.

한때 나는 비행아를 창의력을 가진 똑똑한 어린이로 생각했다. 즉 이런 어린이는 자기 창의력을 표현할만한 방법이 없기 때문에 반사회적인 방법으로 나타낼 수밖에 없었다고 생각했다. 그런 아이를 억압과 훈육에서 풀어주면 현명하고 창조적이며 명석한 아이가 될 가능성이 많은 것으로 생각했다. 그러나 유감스럽게도 내 생각은 틀렸다.

몇년 동안 온갖 종류의 비행아와 함께 살며 또 다루면서 나는 그들 대부분이 열등아라는 것을 알았다. 후에 이름을 떨친 아이는 오직 한 명 뿐이었다. 반사회적이고 정직하지 못한 것이 치료된 어린이들은 불과 몇 명 밖에 안되며, 나중에 일정한 직업에 종사하게 되었다.

그러나 아무도 훌륭한 학자나 뛰어난 예술가, 숙련된 기술자, 재능 있는 배우가 된 사람은 없었다. 반사회적인 충동이 제거되고 나면 대부분의 말 안 듣는 어린이는 야망을 모르는 우둔함만 남는 것 같다.

무식한 부모 때문에 좋지 못한 환경에 처해 있는 어린이는 그의 반사회적 습성을 제거할 기회를 가질 수 없다. 빈곤과 빈민가가 부모의 무지와 더불어 함께 없어진다면 문제아 치료 학교의 학생 수도 자동적으로 줄어들 것이다.

소년 비행의 근본적 치료는 바로 사회의 도덕적 비행을 치료하는 것과 이에 수반하는 부수물과 비도덕적인 무관심을 치료하는데 있다.

우리는 두 가지 방법의 어느 하나를 택해야 하는데, 이 두 가지 방법은 지금 우리 눈앞에 놓여 있다. 즉 비행 소년을 미움으로 다루느냐 아니면 사랑의 방법으로 다루느냐가 바로 그것이다.

만약 내가 내무부장관이라고 가정하고, 시험적으로 학교의 5개년 계획을 세운다고 하자. 나는 장관으로서 소위 문제아 치료 학교는 폐지시키고 전국에 걸쳐 남녀공학으로 대치할 것이다. 즉시 선생님과 기숙사 보모를 학교에 배치시키기 위한 특수훈련 센터를 설치한다.

각 집단은 완전히 자치 운영으로 될 것이다. 직원들은 특권이 없다.

학생들과 마찬가지로 똑같은 음식과 난방시설을 가질 것이다. 학생들도 집단사회를 위해서 자신이 한 일에 대하여 보수를 받는다. 집단의 좌우명은 '자유'이다. 종교, 도덕, 권위는 허용되지 않을 것이다.

종교는 설교를 하고, 고상해지려 하고 또 억압하기 때문에 그것을 배제하고 싶다. 종교는 죄가 없는 곳에서도 죄를 가정하는 것이다. 어린이가 종교의 강제에 의해서 예속되었기 때문에 자유 의지가 없는데도 종교는 자유 의지를 믿는다.

종교적인 통제에 대해서 내가 주장하는 것은 감정은 사랑에 의해서 통제되는 것이지 잔인성이나 불공정에 의한 것이 아니다. 집단에서의 이러한 이상에 도달하는 길은 오직 한 가지 방법 밖에 없다.

즉 어린이들은 가능한 한 혼자 내버려두어야 하며 억지스런 권위에서, 증오에서, 그리고 처벌로부터 자유스럽게 풀어주는 것이다. 나는 경험에 의해서 이것이 유일한 방법이라는 것을 잘 알고 있다.

교사는 학생들과 평등하며 결코 특별한 사람이 아니라는 것을 배워야 한다. 그들은 방어적인 위엄이라든가 빈정대는 것을 억제해야 하며 공포를 불어넣어도 안된다. 한없이 인내하는 남녀가 되어 먼 미래를 내다보며 궁극적인 결과를 신뢰할 수 있는 의지가 있어야 한다.

비록 현 사회가 사랑에 충만한 생활을 허용하지 않을지라도 남녀가 같이 지낸다는 것은 가치 있고 부드러우며, 자연스런 좋은 예의와 이성에 대한 필요 지식을 가질 수 있고, 호색 잡지나 곁눈질 하는 얌체가 줄어들 것이다.

교직원들이 가져야 할 중요한 특성은 어린이를 도둑이나 파괴자로서가 아니라, 존경의 가치가 있는 인간으로 취급하는 능력이다.

따라서 교직원들은 현실적이어야 하며 한 개인에게 갑자기 책임을 맡겨서는 안된다. 말하자면 도벽이 있는 어린이에게 크리스마스 파티 회계를 맡아보게 한다는 것은 좋지 않다.

직원들은 행동이 말보다 훨씬 중요하다는 것을 인식하여 잔소리 하고 싶은 것을 억제해야 한다. 비행 소년이 과거나 그에 대한 전반적인 배경에 대한 지식도 요구되는 것이다. 지능검사는 집단에서 중요한 것이 못된다. 그것은 중요한 잠재 능력을 말하지 않는다. 그리고 정서나 창조력·독창력 그리고 상상력을 정확히 평가할 수도 없다.

일반적인 분위기는 공공 기관보다는 병원 분위기처럼 되어야 한다. 마치 의사가 매독환자에게 도덕적 태도를 취할 수 없는 것처럼, 교직원들도 소위 비행이라는 병에 대해서는 도덕적 태도를 취하지 말아야 한다. 병원과 다른 점이 있다면 이 집단에서는 약품 취급이나 심리학적 취급이 없으며, 순수한 사랑이 있는 환경만이 있을 뿐이다.

교직원들은 역시 인간 본성을 순수하게 믿는다는 것을 보여줘야 한다. 사실은 아무리 애써도 낙오되는 자와 치료 불가능한 어린이가 있다. 그래도 이런 어린이들에 대한 사회의 고려가 절실히 필요하다.

그러나 이런 어린이들은 소수 집단을 형성하게 되고, 반면에 대다수의 비행자들은 사랑과 인내 그리고 신뢰에 대한 반응을 보일 것이다.

나는 냉소적인 생각을 하는 사람에게 호머 레인이 런던의 법정에서 면담했던 한 비행 소년에 관한 이야기를 상기시키고 싶다.

레인은 그 비행 소년에게 이웃 마을까지 가는 교통비로 써라고 일파운드짜리 수표를 주었다. 물론 그는 그 아이가 잔돈을 꼭 가져오리라 생각했다. 그리고 그 소년은 그렇게 했다.

나는 또 그런 냉소적인 감옥의 구둣방에서 쓸 새 기계를 구입하기 위해서 미국에 있는 감옥소 간수장이 무기 징역수를 뉴욕에 보낸 이야기를 상기시켜 주고 싶다. 그 죄수는 구입한 기계의 계산서를 가지고 감옥으로 되돌아왔다. 그러자 간수가 그에게 물었다.

「왜 뉴욕에서 달아날 기회가 있었는데 그 기회를 잡지 않았오?」

그는 머리를 긁적이며 대답했다.

「글쎄요, 당신이 나를 신임했기 때문에 그런 것 같아요.」

감옥과 처벌은 이러한 사람과 사람 사이의 감탄할만한 믿음과 같은 성과를 거둘 수는 없다. 이런 믿음은 고통을 당하고 있는 사람에게 누군가가 증오가 아닌 사랑을 주고 있다는 것을 의미한다.

어린이 문제의 치료

정신 치료는 치료자보다 환자에 달려있다. 정신 치료를 받는 많은 사람 중 실패로 끝나는 경우는 치료 진행중에 주로 집안 사람 때문에 방해를 받아서 생긴다.

예를 들면 가기 싫어하는 부인으로 하여금 정신분석을 받도록 억지로 보냈을 때, 그 부인은 가기는 가지만 불만에 가득차 있다.

「내 남편은 내가 정상이라고 생각 안해요. 그이는 내 태도가 바뀌기를 원하고 있지만 난 그것이 싫어요.」

감금되어 있는 어린 범죄자에게 강제로 정신 치료를 받도록 할 때도 똑같은 애로가 따른다. 어린이나 어른이나 간에 정신 치료는 환자가 받고 싶어해야 된다.

정신 요법이 따르지 않는 자유만으로 어린이의 모든 비행은 치료될 수 있다. 그 자유란 방종도 감상적인 것도 아닌 자유를 말한다.

자유만으로는 병리학적인 케이스를 치료할 수 없다. 즉 발달이 정지된 케이스는 거의 손댈 수 없다. 그러나 자유가 항상 실현된다면, 특히 기숙사 학교의 어린이에게 실현된다면 효과가 클 것이다.

몇년 전 진짜 도둑질을 하는 학생이 나에게 오게 되었다. 그가 도착한 지 일주일만에 나는 리버풀로부터 문의 전화를 받았다.

「나는 ×인데(×씨는 영국에서 유명한 사람이었다) 당신 학교에 내 조카가 있습니다. 그 애가 며칠동안만 리버풀에 다녀갔으면 하는 글을 보냈더군요. 선생님 생각은 어때요?」

「괜찮고 말고요. 하지만 그는 돈이 없을 텐데요. 누가 교통비를 주나요? 부모님과 상의하는 게 좋을 건데요.」

다음날 오후 그의 어머니가 전화를 걸어와 딕크 아저씨에게서 전화가 왔더라고 말했다. 그녀와 그녀 남편의 생각에는 아써가 리버풀로 가도 될 것 같다는 것이다.

교통비를 알아본 결과 28실링이라고 하니 나보고 2파운드와 10실링을 줬으면 하는 것이었다. 그런데 그 전화는 아써가 시내 공중전화로 자기 아저씨와 어머니가 한 것처럼 허위 전화를 나에게 한 것이었다.

그가 흉내낸 늙은 아저씨와 어머니의 음성은 똑 같았다. 그는 나를 속였고 나도 멋모르고 그에게 돈을 주었다. 나는 아내와 이 문제를 상의한 결과 돈을 돌려달라고 하는 것은 좋지 않다는데 동의했다. 왜냐하면 그는 몇년 동안 이러한 일에 익숙해졌을 테니까 말이다.

아내가 그에게 상을 주자고 제안하자 나도 찬성하여 우리는 밤 늦게 그의 침실로 가 명랑하게 말했다.

「오늘은 아주 재수가 좋구나.」

「그럼요.」

「그런데 넌 더 큰 재미를 보게 되었군.」

「무슨 말이죠?」

「아! 방금 네 어머니께서 다시 전화를 하셨는데…… 어머니께서 차비가 28실링이 아니고 38실링이라더구나. 그래서 너에게 10실링을 더 주라고 하시더구나.」

나는 그의 침대 위에 10실링짜리 수표를 놓고, 그가 말을 하기 전에 나와버렸다. 그 다음날 아침 그는 쪽지를 남겨놓고 리버풀로 갔다.

〈니일 씨, 당신은 나보다 더 훌륭한 배우군요.〉

그리고 수 주일동안 나에게 왜 자기에게 10실링 짜리 수표를 주었느냐고 계속 물었다. 나는 어느 날 대답해주었다.

「내가 그 돈을 주었을 때 기분이 어땠지?」

그는 몇분 동안 골똘히 생각하더니 천천히 대답했다.

「내 일생 중 가장 큰 충격을 받았습니다. 나는 마음 속으로 이제 처음으로 내 마음을 알아주는 사람이 생겼구나 하고 생각했습니다.」

이것은 인정이라고 하는 사랑의 형태에 눈을 뜬 소년의 경우이다. 보통 이러한 의식을 느끼기까지 상당히 오랜 시간을 요한다. 정신요법은 그 효과가 희미하게 나타나고 그것도 수 개월 후에야 나타난다.

과거에 나는 나쁜 비행아 때문에 어느 때보다 더 많은 일을 한 적이 있는데, 도둑질을 하면 몇 번이고 상을 주었다. 그러나 그 아이가 치료된 후 몇 년이 지난 뒤에야 그 아이는 나의 인정이 도움이 되었다는 사실을 깨달았던 것이다. 어린이를 다루려면 반드시 심층심리학까지 파헤쳐야 하며, 아이 행동의 깊은 동기를 추구해야 한다.

소년이란 반사회적이다. 왜냐하면 자연적으로 그 나이의 특징이 잘난 체하는 것이고 초조한 것이기 때문이다. 그는 깡패도 될 수 있으며, 도둑이나 새디스트도 될 수 있다.

왜 그럴까? 교사가 어떤 문제로 초조하게 되면 사나워질 수도 있고 벌을 줄 수도 있으며 비난할 수도 있는데, 교사가 자기의 초조한 감정을 다 풀었는데도 그 문제는 해결되지 않은 채 그대로 남아 있다.

오늘날에는 엄격한 훈련을 다시 시키자는 추세가 있지만, 그것은 겉으로 드러나는 증세만 다루는 것일 뿐 결국 아무런 효과도 없다.

거짓말 잘하고 도벽이 있는 음흉한 여학생 아이를 부모가 서머힐로 데려 왔다. 그 부모들은 소녀의 나쁜 점에 대해 길게 설명해 주었다.

그 아이에 대해서 내가 모두 안다는 것을 그 아이에게 일러준다는 것은 치명적이다. 나는 그 아이가 가지고 있는 단점이 이 학교에 있는 동안 나와 다른 사람에 대한 행동에서 나타날 때까지 기다려야 했다.

몇년 전에 나는 또 한 문제아를 맞았는데, 그의 부모는 그가 심리분석학자의 검사를 받아야 한다고 주장해 할리 가에 있는 유명한 의사에게 데리고 갔다. 30분 동안 그 아이에 대해 이야기 하는 도중 의사는 그 아이를 들어오라고 하더니, '니일 씨한테서 네가 아주 나쁜 소년이라는 것을 들었다'고 엄격하게 말하는 것이었다. 그것도 그 사람 나름의 심리학이라고 생각하고 있었던 것이다.

이와 유사한 허위적이고 무식한 방법으로 어린이를 취급하는 것을 많이 보아 왔다. '넌 나이에 비해 너무 작구나'하고 어떤 방문객이 키 때문에 열등 의식에 사로잡혀 있는 소년에게 말했다.

또 어떤 사람은 한 소녀에게 '네 동생은 참 똑똑하지, 그렇지?'하고 생각없이 말한다. 어린이를 다루는 기술은 '해서는 안될 말이 무엇인가를 아는 것'이라고 정의할 수 있다.

어린이에게는 당신이 속지 않고 있다는 것을 보여줄 필요가 있다. 어린이로 하여금 당신의 우표를 계속해서 훔치도록 내버려두는 것은 소용없다. 반드시 당신이 알고 있는 것을 그가 알도록 해야 한다. '너의 어머니가 그러는데 너는 우표를 잘 훔친다고 하더라'하는 말은 절대로 해서는 안된다. 이것은 '네가 나의 우표를 가져갔다는 것을 난 알고 있단다'라고 말하는 것과는 전혀 다른 것이다.

나는 항상 학부형들에게 그들 자녀에 관한 편지를 쓸 때마다 신경이 쓰인다. 그것은 그 편지를 아무데나 두어 어린이들이 방학 때 집에 갔을 때 그 편지를 볼까봐 두렵기 때문이다.

'니일 선생님이 그러는데 넌 수업 시간에 잘 안 들어가서 이번 학기에 골치거리라고 하더라'라고 자녀에게 편지하지 않을까 두렵다. 그래서 학부형을 잘 알고 꼭 믿을 수가 없으면 애기를 잘 안해준다.

나의 오랜 경험이 나에게 옳은 방법을 가르쳐주어 나는 대체로 아이에게 적절한 일을 한다. 거기에는 명석함도 특별한 재능도 없다. 본질적인 문제가 아니고 부수적인 것에는 아예 눈 감아버리고 실행하는 것뿐이다.

새로 온 빌이 다른 아이의 돈을 훔쳤을 때 피해자가 나에게 물었다.

「다음 학생 총회 때 그를 추궁할까요?」

「아니야, 나에게 맡겨.」

하고 나는 생각지도 않고 말했다. 나는 나중에 그를 설득할 수 있다고 생각했다. 빌에게는 자유에 대해서 생소하고 새로운 환경이 되어서 불안한 것이다. 빌은 자기 또래들에게 아주 떠벌리고 뽐내며, 인정받고 인기를 얻으려고 무진 애를 쓰고 있었다.

그의 죄를 공공연하게 하는 것은 그에게 수치심과 공포를 주는 것이고, 그렇게 되면 반항과 반사회적인 행위로 나타나게 될 것이다. 아니면 또 다른 식으로 일을 저지를지 모른다. 만일 그가 과거 다니던 학교에서 갱 두목이 되어 선생님에게 파괴 행위를 떠벌리게 된다면 공공연한 비난을 받게 될 것이고, 그것은 오히려 그로 하여금 과거에 자기가 얼마나 거친 녀석이었는가를 광고하겠끔 할지도 모른다.

또 한번은 한 아이가 '메어리가 내 크레용을 훔친데 대해서 물어내라고 할 거예요'라고 말했으나 나는 무관심했다. 그 말을 들었을 때는 생각없이 무관심을 표현했으나, 나는 메어리가 2년간이나 이 학교에 있었기 때문에 그러한 상황은 잘 처리해 나갈 수 있다고 생각했다.

그 동안 공부를 무척 싫어해 하던 13살짜리 신입생이 서머힐에 오게 되었는데, 그 아이는 여러 주일 동안 빈둥거리고 놀기만 했다.

그러자 싫증이 났는지 나에게 말했다.

「수업에 들어갈까요?」

「그것은 나하고는 상관이 없어.」

하고 대답했다. 그는 스스로 자기 자신의 필요성을 발견해야 하기 때문이다. 그러나 나는 어떤 아이에게는,

「그래, 그것 참 좋은 생각이구나.」

라고 말하기도 한다. 그런 아이는 가정과 학교 생활이 시간표에 짜여져 있어서 시간표 외의 다른 것은 아무것도 결정할 수 없기 때문에 자기 힘에 의존할 수 있을 때까지 기다려야만 하니까 그 전까지는 말해 주어야 한다. 내가 이런 식으로 대답할 때는 개인적인 사정을 의식적으로 생각해서 하는 것은 아니다.

사랑이란 인정이며 상대편 쪽에 놓여 있다. 어린이는 서서히 자유란 방종과는 다르다는 것을 깨닫게 된다고 믿는다. 그러나 그들은 이러한 진리를 배울 수 있으며, 또 배우게 된다. 결국 그 진리는 언제나 성과를 나타내게 된다.

행복에의 길

프로이드는 모든 신경질환이 성적 억압에서 기인한다는 것을 증명했고, 나는 성적 억압이 없는 학교를 만들겠다고 말하였다. 프로이드

는 무의식이 의식보다 더 중요하고 강력한 것이라고 말했고, '우리 학교에서는 책망도 처벌도 교화도 하지 않는다. 어린이들은 저마다 각자 마음의 충동에 따라 생활하도록 하고 있다'라고 나는 말했다.

나는 프로이드 학파의 대부분이 어린이 자유를 이해하지도 믿지도 않고 있다는 것을 깨달았다. 그들은 자유와 방종을 혼동하고 있으며, 자신을 위한 자유를 가져보지 못한 어린이나, 다른 사람의 자유를 존중할 줄 모르는 그런 어린이들을 취급하고 있었다.

그들의 아동 심리학이라는 것은 이러한 비뚤어진 어린이들에게서 이루어 놓은 것이라고 나는 믿고 있다.

프로이드 학파는 유아에게 숨겨진 성적 흥분이 많다는 것을 발견했다. 그러나 나는 자율적인 어린이에게는 사실이 아니라는 것을 발견했다. 그들이 어린이에게서 발견한 반사회적 공격성은 자율적인 아동에게는 없는 것 같다.

내 분야는 치료가 아니라 예방법이다. 내가 예방법의 중요성을 깨달을 때까지, 그리고 서머힐의 문제아에게 도움을 주는 것은 치료법이 아니라 자유라는 것을 알기까지에는 몇 년이 걸렸다.

내가 해야 할 중요한 일이란 어린이 스스로 자기 속에서 인정하지 않는 모든 것을 인정해 주는 일이다. 말하자면 어린이의 꼬인 정신상태, 즉 자기 증오를 없애도록 노력하면 된다. 신입생이 욕설을 할 때 나는 웃으며 '계속하렴! 나쁠 것 없어'하고 말한다. 자위 행위도, 거짓말도, 도둑질도, 사회적으로 비난받는 다른 행위도 마찬가지이다.

얼마 전에 항상 여러 가지 질문을 퍼붓는 소년이 있었다.

'저 시계는 얼마를 주고 샀죠?, 지금 몇 시예요?, 학기는 언제 끝납니까?' 그는 걱정으로 가득차 있었으며, 내가 대답하는 것에 기울이지 않았다. 나는 그가 알고 싶은 큰 질문은 피하고 있다는 것을 알았다.

어느 날 내 방으로 오더니 질문을 퍼붓기 시작했다. 나는 대답을 하지 않고 보던 책을 계속해서 읽었다. 그리고 열 개 이상이나 되는 질문을 들은 후에,

「네가 질문한 요점이 무엇이었지? 오, 그래 아기가 어디서 나오는가 하고 물었지?」
하자 그는 일어서더니 얼굴을 붉히면서,
「아기가 어디서 나오는지 알고 싶지 않아요.」
하고서는 문을 쾅 닫고 나가버렸다. 10분 후에 그는 다시 왔다.
「어디서 타이프를 치죠? 이번 주 극장에는 무엇이 공연되나요? 당신은 몇 살이죠? 에이 참, 아기는 어디서 나오죠?」
내가 정확하게 일러주자 그는 더 이상 질문하러 오지 않았다. 불행한 어린이가 행복하고 자유스럽게 되어 가는 것을 지켜 보는 기쁨에 의해서 이러한 종류의 일을 견뎌낼 수 있는 것이다.
그러나 성공할 전망도 없는 아이에 대한 연구는 지루하고 피곤하다. 교사가 일년 동안 한 어린이의 도벽 문제로 노력해 오다가 연말에 도벽이 치료되었다고 생각하고 몹시 기뻐했다. 그런데 어느 날 그 소년이 다시 전 상태로 돌아가 버리면 교사는 거의 절망해 버린다.
나는 어떤 학생에 대해서 이제는 잘하겠거니 하고 있으면, 5분쯤 후에 교사가 쫓아와서 '토미가 또 훔치기 시작했어요'라고 한다.
그러나 심리학이란 골프와 같은 점이 있다. 일 라운드에서 200타구를 칠지도 모르며, 잘 안된다고 해서 골프채를 탓하거나 망가뜨릴지도 모른다. 그러나 다음 날 화창한 아침이 되면, 당신은 새 희망을 가슴에 품고 첫번째 티(공 놓는 자리)로 걸어갈 것이다.
만약 당신이 어린이에게 중요한 진실을 이야기해 주거나, 어린이가 자기 걱정을 당신에게 털어놓게 된다면 그는 전이를 형성한다. 즉 그 어린이는 자기의 모든 감정을 당신에게 쏟아놓게 된다.
내가 조그만 어린이에게 출생과 자위 행위에 관해 의문점을 풀어주었을 때 전이는 특히 강하다. 어느 한 단계에서는 부정적인 전이의 형태 즉 증오의 전이로 될지도 모른다.
그러나 정상아에 있어서 이러한 부정적인 면은 오래 가지 않고 긍정적인 애정 전이가 곧 따르게 된다. 어린이의 전이는 쉽게 소멸된다.

그는 나에 대한 모든 것을 곧 잊어버리고 그의 감정은 다른 아이들과 다른 일들에게로 향한다. 내가 대리 아버지이기 때문에 자연히 남학생보다는 여학생들이 나에게 더 강한 전이를 나타낸다.

그렇다고 여자애들은 항상 긍정적인 전이를 하게 되고, 남자애들은 항상 부정적인 전이를 한다고 말할 수는 없다. 반대로, 한때 나에게 격렬한 증오심을 가졌던 소녀들을 데리고 있었던 적이 있다.

서머힐에서 나는 교사와 심리학자로서의 역할을 했었다. 후에 나는 한 사람이 이 두 가지 역할을 다할 수 없다는 것을 깨달았다. 그래서 심리학자가 되는 것을 포기했다. 대부분의 학생들이 고해성사를 들어주는 신부와 같은 사람하고는 공부를 할 수 없기 때문이다.

내가 심리학자가 되면 학생들은 초조해 할 것이고, 나의 비평에 대해서 많은 공포를 느낄 것이다. 더구나 어느 학생의 그림을 칭찬하게 되면 다른 아이들의 심한 질투심을 불러 일으키게 될 것이다.

심리학자는 실제로 학교에서 생활해서는 안 된다. 어린이들은 그에 대해서 사교적 흥미를 가지고 있지 않다.

모든 심리학파는 무의식에 대한 가정과 우리 모두가 스스로 의식하지 못하는 욕망·애정·증오를 속깊이 간직하는 원리를 인정한다. 성격이란 의식적 행동과 무의식적 행동의 결합인 것이다.

주거 침입하는 청년은 돈이나 물건을 갖고 싶은 것을 의식한다. 그러나 그런 것을 빌어서 가질 수 있는 사회적 방법 대신에 주거 침입같은 방법을 택하게 된 마음 속에 있는 동기는 모른다. 그 동기는 마음 속 깊이 있기 때문에 도덕 강의나 처벌로써 고칠 수 없는 것이다.

꾸중은 귀로써 들을 뿐이고, 처벌은 육체로써 느낄 뿐이다. 그러나 긴 설교나 처벌은 어린이의 행위를 통제하는 무의식적인 동기에는 미치지 못한다. 때문에 종교는 설교를 통해서 어린이의 무의식 상태에 이르지 못한다. 목사가 어린이와 함께 도둑질하러 간다면, 그 행위는 반사회적 행위에 대한 자기 증오의 책임감을 해소하게 된다.

그런 동정적인 친근 관계는 어린이로 하여금 달리 생각하게 한다.

내가 이웃집 닭을 훔치는 어린이나, 학교에 있는 용돈 서랍을 터는 어린이에게 동조해줌으로써 여러 아이의 도벽이 고쳐지기 시작했다.

행동은 무의식에 닿을 수 있으나 말은 그럴 수가 없다. 이것이 흔히 사랑과 인정이 어린이의 문제를 고치게 되는 까닭인 것이다.

나는 사랑이 심한 공포증의 경우나 현저한 새디즘의 경우도 고칠 수 있다고 말하는 것은 아니다. 그러나 일반적인 사랑이 대부분의 어린 도벽자, 거짓말쟁이, 그리고 파괴자들은 고칠 것이다.

도덕적 훈련을 요구하지 않고 자유를 줌으로써 감옥에 가야 할 그런 많은 어린이들을 고쳐왔다는 것을 나는 행동을 통해서 증명해 왔다.

서머힐에서와 같이 집단 생활에서 실현된 사랑은 정신분석이 개인에 대해서 하는 것만큼이나 여러 사람에게 성과를 가져오는 것 같다.

사랑은 숨겨져 있는 것을 노출케 한다. 그것은 자기 증오나 남에 대한 증오를 씻어주기 위하여 정신을 통해서 불어주는 신선한 공기의 호흡이라 할 수 있다.

우리는 아무도 중립이 될 수 없다. 우리는 어느 편인가 한 쪽 편을 들어야 한다. 즉 권위 아니면 자유, 훈육 아니면 자치를 택해야 한다. 어중간한 방법은 소용이 없다. 상황이 너무 급하니까 말이다.

자유롭게 되는 것은 행복하게 일하고, 친구 관계에서 행복하고 사랑하는데 있고, 비참한 갈등 투성이가 되는 것은 자신을 미워하고 인간성을 미워하는데 있다. 어느 것이 되든 두 가지 중의 하나가 부모나 교사들이 어린이에게 주는 유산인 것이다.

행복이란 주어지는 조건은, '권위를 없애라. 어린이는 자기 나름대로 하도록 해주어라. 어린이를 난폭하게 취급하지 말라. 어린이에게 억지로 가르치고 설명하지 말라. 어린이에게 설교하지 말라. 어린이를 추켜세우지 말라. 무슨 일이든지 억지로 시키지 말라' 등이다.

이런 것은 당신의 대답과 다를지도 모른다. 그러나 만일 나의 대답을 부인한다면 더 나은 것을 찾아내는 것이 당신의 의무이다.

VI. 부모 문제

사랑과 미움

어린이는 어머니·아버지·선생님·목사—일반적으로 그의 주위로부터 양심을 부여받는다. 그의 불행이란 양심과 인간의 본성 사이에 일어나는 갈등의 결과로써 빚어지는 것인데, 이를 프로이드의 용어를 빌린다면 초자아와 개인의 본능적 충동의 갈등이다.

그런 아이는 양심이 완전한 승리를 거두게 되면 절에 있는 중이 되어 이 세상과 육체적인 연을 완전히 끊게 될 것이다. 대부분의 경우 타협이라는 것이 있게 되는데, 그 타협이란 '평일에는 마귀를 받들고 주일에는 하나님을 받든다' 라는 말로 대변된다.

사랑과 미움은 상반적인 것이 아니다. 사랑의 반대는 무관심이며, 미움이란 제지에 의하여 뒤바뀌어져서 다른쪽으로 전환된 사랑인 것이다. 미움은 언제든지 공포하는 것이 내용으로 되어 있다.

동생을 미워하는 어린이의 경우에서 이런 것을 볼 수 있다. 그의 미움은 어머니의 사랑을 빼앗길까봐 두려워 하고, 또 자기 동생에 대한 자기 자신의 복수심에 대한 두려움 때문에 일어나는 것이다.

14살 먹은 반항적인 스위스 소녀 앤씨가 서머힐에 왔을 때 소녀는 나를 발로 차서 화나게 만들기 시작했다. 나는 불행하게도 그 아이가 미워하고 두려워하는 아버지의 대리자가 된 것이다.

그 소녀는 아버지의 무릎에 앉아 본 일이 없고 그 아버지는 그 애에게 어떤 방법으로든지 사랑을 표현한 일이 없다. 아버지에 대한 그 소녀의 사랑은 아버지의 무반응 때문에 미움으로 바뀐 것이다.

그래서 그 소녀의 증오가 노출된 것이었다. 다음날 그 소녀는 나에게 극진히 부드럽고 점잖게 대했다는 사실이 바로 그 애의 미움은 단순히 위장된 사랑이었다는 것을 입증해 주었다.

앤씨가 나에게 공격한데 대한 중요성을 충분히 이해한다는 것은, 그 소녀의 섹스에 대한 왜곡된 태도에 관한 모든 얘기를 알고 이해한다는 것을 의미한다. 앤씨는 어느 여학교에서 전학왔는데 그 학생들은 컴컴한 교실 구석에서 섹스를 병적으로 또는 추잡하게 논의했다.

자기 아버지에 대한 그 소녀의 증오는 그가 받은 섹스 문제에 대한 억압된 교육의 증오 속에 다분히 내포되어 있다. 자기에게 자주 벌을 준 어머니에 대한 그 소녀의 증오도 마찬가지로 격렬했다.

벌에 의해서 부모에 대한 자녀들의 사랑이 미움으로 바뀐다는 것을 인식하는 부모는 많지 않다. 어린이가 가지고 있는 미움은 보기 힘들다. 어린이가 맞고 나서 고분고분해진 것을 본 어머니는 맞아서 생긴 미움이 당장은 억눌려 있다는 사실을 알지 못한다. 그러나 억압된 감정은 사라지지 않는다. 그런 감정은 잠자고 있을 뿐이다.

마큐스가 지은 《어린이를 위한 도덕》이라는 조그만 책이 있는데, 나는 가끔 어린이들에게 그 책의 시구를 실험적으로 읽어주곤 한다.

토미는 자기 집이 불타오르는 것을 보았네
그의 어머니는 불꽃 속에서 숨지고 말았네
그의 아버지는 떨어지는 벽돌에 맞아 죽었네
그리고 토미는 웃었네. 배가 아프도록.

이 시구는 마음에 든다. 어떤 아이들은 읽는 것을 듣고는 크게 웃는다. 심지어는 부모를 사랑하는 어린이들도 웃는다. 부모에 대한 억압된 미움 때문에 웃는 것이다. 그 미움은 매질이나 비난, 그리고 벌주는

데서 생긴 것이다. 흔히 이런 종류의 미움은 부모와는 거리가 먼 것 같은 환상에서 나온다. 아버지를 극진히 사랑하는 어떤 어린 남학생은 자기가 사자에게 총 쏘고 있는 환상을 좋아했다.

내가 그에게 그 사자가 어떻게 생겼나 설명해 보라고 했을 때, 그 아이는 그것이 무언가 아버지와 관계 있다는 것을 바로 알았다.

어느 날 아침, 나는 학생들을 개별적으로 불러 내가 죽는다는 얘기를 해주었다. 장례식에 관한 얘기를 하니까 각자의 표정은 밝아졌다.

학생들이 그날 오후엔 특별히 명랑했다. 거인 죽이는 것에 관한 얘기는 늘 아이들에게 인기가 있다. 거인은 아버지와 같기 때문이다.

부모에 대한 어린이의 미움에 관해서는 충격 받을 아무것도 없다. 그 미움도 어린이가 이기주의자였을 때부터 시작된다. 어린이는 사랑과 권력을 추구한다. 성난 언사나 매질 또는 상처 같은 것을 줄 때마다 사랑과 권력을 빼앗기는 것이다.

어머니한테 꾸중 듣는 것은 '나를 사랑하지 않는다'라는 뜻으로 받아들이고, 아버지가 '그것을 만지지 마라'하는 말은 '내가 하는 일에 방해가 된다. 만일 내가 아버지만큼 크다면!'하는 생각을 갖게 한다.

그렇다. 어린이에게는 부모에 대한 미움이 있다. 그러나 그것은 부모의 어린이에 대한 미움처럼 위험하지는 않다. 부모들이 하는 잔소리·격노·매질·훈화 등은 증오의 반작용인 것이다.

그리하여 서로 사랑하지 않는 부모 슬하의 자녀는 건전한 발달을 위한 기회가 많지 못한데, 그런 부모의 공통적인 습관이 어린이에게서 건전한 발달을 제거하는 것이기 때문이다.

어린이가 사랑을 찾을 수 없을 때 그는 미움을 추구하게 된다.

「엄마가 나에게 관심을 갖지 않는다. 엄마는 나를 사랑하지 않는다. 엄마는 내 어린 동생을 사랑한다. 난 엄마가 나에게 관심을 갖도록 해야겠다. 그렇게 해야지.」

그리고는 가구를 부순다. 어린이 행위에 있어서 일어나는 모든 문제는 기본적으로 사랑의 결핍에서 생긴 문제이다. 모든 벌칙, 도덕적 훈계는 단순히 미움만을 증가시킬 뿐 문제를 해결해 주지 못한다.

미움을 가져오는 또 다른 입장은 부모가 어린이를 소유하고 있는 경우이다. 어린이는 속박을 싫어하는 반면에 그런 속박을 갈망한다. 이러한 갈등은 어떤 때는 잔인성으로 나타난다.

자기 마음을 사로잡고 있는 어머니에 대한 증오는 억제되어 있으나 일단 그런 감정은 언제나 발산해야 되기 때문에 어린이는 고양이를 발로 차거나 혹은 여동생을 때리게 된다. 이렇게 하는 것이 어머니에게 반발하는 것보다 쉬운 방법이 되기 때문이다.

자신을 미워하기 때문에 남을 미워하게 된다고 하는 것은 하나의 통설이다. 그것이 통설이든 아니든간에 사실임엔 틀림없다. 우리는 우리 자녀들에게 사랑을 주려고 애썼지만, 우리가 어렸을 때 받은 증오를 그대로 우리 애들에게 주고 있는 것이다.

그런데 우리가 미워할 수 없다면 사랑할 수도 없다고 말해오고 있다. 나는 미워한다는 것이 어렵다는 것을 알기 때문에 나는 어린이에 대한 개인적인 사랑을 준 적이 없었다. 틀림없이 감상적인 사랑을 결코 줄 수 없었다. 감상적이란 단어는 정의하기 힘들다. 나는 그 말이 거위에다 백조의 속성을 부여하는 것이라고 생각한다.

내가 방화자이며 도둑이고 살인 성격까지 가지고 있는 로버트를 지도하고 있을 때, 나는 자연적으로 그가 가지고 있는 아버지에 대한 미움과 사랑을 나에게로 전환하도록 했다.

어느 날 나와 대화를 마치고 그는 뛰어나가더니 발 뒤꿈치로 큰 달팽이 하나를 문질러버렸다. 그가 자기 한 짓에 대하여 나한테 말해주기에 달팽이가 어떻게 생겼는지 말해보라고 했더니, 그는 '길고 추하고 끈적끈적한 괴물'이라고 대답했다.

나는 그에게 종이 한 장을 주고 달팽이라는 단어를 써 보라고 했다. 그는 '달팽이'라고 썼다. '네가 쓴 것 좀 보아라'하고 말했더니, 그는 갑자기 웃음을 터뜨리고는 연필을 들어 다음과 같이 썼다.

〈A Snail(달팽이) A. S. Neil(저자의 이름).〉

「너는 내가 바로 네가 밟고 싶어하는 길고 추하고 끈적끈적한 괴물
이었다는 것을 알지 못했지, 그렇지?」
하고 나는 미소를 띠고 말해주었다. 그 동안 그 소년에게 위험은 절대
로 없었다. 나에 대한 그의 증오를 의식하도록 만든다는 것은 절대로
없었으며 그에게는 좋은 일이었다. 그러나 내가 다음과 같은 말을 그
에게 해봤더라면 어떻게 됐을까 생각해 볼 만한 일이다.

「물론 내가 달팽이었다. 그러나 네가 정말 나를 미워한 것이 아니
다. 너는 네 자신의 일부분을 대표하는 나를 미워한 것이다. 네가 죽임
을 당해야 할 괴물이야. 너는 너 자신의 특질을 죽였던 것이다.」

나는 그런 말을 하는 것은 위험한 정신요법이라고 생각한다. 로버트
가 하는 일은 구슬치기와 연날리기이다. 나나 교사, 의사가 할 수 있는
것은 그 연날리는 것을 못하게 하는 갈등에서 해방시켜 주는 것이다.

부모들은 어린이의 본성에 대해서 전연 모르고 그들에게서 감사하
는 마음씨를 기대하고 있다. 어린이들은 누구에게나 은혜 입기를 싫어
한다. 나는 여러 학생을 수업료를 받지 않거나 또는 일부 면제해 주고
서머힐에 다니도록 했는데 그들에게서 원망을 들은 경험이 많다.

그들은 수업료를 낸 학생들보다 더 나에게 미움을 표시했다. 쇼오라
는 어린이가 ‘우리가 다른 사람을 위해서 희생하게 되었을 때, 우리는
자신을 희생하게 했던 그 사람을 미워하게 된다’라고 써 놓았다.

사실 우리는 우리가 희생해 준 사람들한테서 미움을 받게 되지 않고
는 우리가 남을 위해서 우리 자신을 희생할 수 없다고 생각할 수 있다.

기꺼이 주는 사람은 감사의 보답을 요구하지 않는다. 자기 자녀들이
감사하는 마음을 갖기를 기대하는 부모들은 항상 실망하게 마련이다.

요약하면 모든 어린이는 처벌을 미움으로 생각한다. 따라서 처벌은
미움인 것이다. 그래서 처벌할 때마다 어린이는 더욱 더 미워하게 된
다. ‘나는 체벌을 믿는다’라고 주장하는 강경파에 대해 연구해 보면, 그
런 사람은 증오자라는 것을 알게 될 것이다.

미움은 미움을 낳고 사랑은 사랑을 낳는다는 것을 아무리 강조해도

지나치지 않다. 사랑을 통하지 아니하고 미움을 치료받은 어린이는 아무도 없다.

버릇없는 어린이

버릇없는 어린이 —'버릇없다'는 말은 우리가 좋아하는 대로 어떤 의미로든지 사용할 수 있다 —는 바로 잘못된 사회의 산물이다.

그러한 사회에 있어서 버릇없는 어린이는 생에 대해서 무섭게 집착한다. 그는 자유보다도 방종 속에 살아온 것이다. 그런 어린이는 인생을 사랑하는 것이 진정한 자유를 의미한다는 것을 알지 못한다.

버릇없는 어린이는 자기 자신에게나 사회에 대해서 성가신 존재이다. 기찻간에서 이런 아이들은 귀찮아서 못견디는 자기 부모들이 조용히 하라는 데도 아랑곳없이 손님들의 발등에 덤벼들고 복도에서 소리지르고 떠드는 것을 볼 수 있다.

이들은 조용히 하라는 부탁 같은 것은 듣지 않는다. 이런 버릇없는 녀석들이 차츰 자라서 나이가 든 후에는 지나친 훈육에 복종하며 자라온 아이보다 더 고생스런 인생을 겪게 된다.

버릇없는 어린이는 지나칠 정도로 자기 중심적이다. 성인이 된 후에도 자고 나서 침실 아무데나 옷을 벗어던지고는 누군가가 치워주겠지 하는 것이다. 물론 성장했지만 그런 아이는 많은 책망을 받는다.

흔히 버릇없는 아이는 외동아이다. 자기와 같이 놀고 힘을 견줄 만한 같은 나이 또래가 없기 때문에 자연히 자기 자신을 자기 부모와 동일하다고 생각하고 부모가 하는 대로 하고 싶어한다.

그의 부모들은 그 아이가 세상에 없는 신동으로 여기기 때문에 이와 같이 조숙하게 되는 것을 격려해준다. 만일에 조금이라도 제지하면 그 아이의 사랑을 잃을까봐 부모들은 두려워하기 때문이다.

나는 학생을 지나치게 귀여워하는 교사에게서도 이와 같은 태도를 가끔 발견한다. 그런 교사들은 어린이들에게 인기를 잃을까 봐 늘 두려워한다. 훌륭한 교사와 부모는 객관성을 갖도록 연마해야 한다. 교사나 부모는 어린이와의 관계에 있어서 자기 자신의 콤플렉스를 제거해야만 한다. 그러나 그것은 쉬운 일이 아니다.

왜냐하면 자신의 콤플렉스를 잘 알지 못하기 때문이다. 예를 들면, 행복하지 못한 어머니는 자식에게 잘못된 사랑을 줄 가능성이 많기 때문에 버릇없는 자식을 갖기가 쉬운 것이다.

서머힐에서도 버릇없는 학생은 언제나 귀찮은 존재이다. 그런 학생은 대리 어머니 역할을 하는 내 아내를 피곤하게 한다. 많은 질문으로 애를 먹이는데 '이번 학기는 언제 끝나요?, 몇 시인가요?, 돈 좀 주겠어요?' 등이다. 이런 질문의 저변에는 자기 어머니를 미워하는 것이 있다. 즉 어머니를 귀찮게 하려는 동기가 들어 있다.

그리고 나는 대리 아버지 노릇을 하고 있으니까 버릇없는 여학생은 항상 나에게 무슨 반응을 얻으려고 애쓴다. 대개는 애정의 반응이 아니라 증오의 반응을 추구한다.

버릇없는 신입생은 내 펜을 숨기거나 혹은 다른 여학생에게 말하기를 '니일이 너 오래'하고 거짓말 한다. 그렇지만 실은 니일이 자기를 오라고 하기를 바라는 것이다.

또 버릇없는 남녀 학생들은 나의 반응을 보기 위해서 내 방의 문을 차고 들어가서 물건을 훔쳐가곤 했다. 그들은 갑자기 집단 가족으로 들어오게 된 것을 원망하는 것이다.

그런 아이는 나와 교직원에게서 자기가 좋아하는 부모한테 받은 것과 같은 양보적인 대우를 받을 것을 기대한다.

버릇없는 어린이는 대개 많은 용돈을 받는다. 그런 아이의 부모들이 자녀에게 5불짜리 지폐를 용돈으로 송금해 오는 것을 보면 마음이 괴롭다. 그들의 경제적 곤란 때문에 수업료를 일부 면제 또는 전액 면제를 해주고 있기 때문이다. 어린이가 요구한다 해서 무엇이든지 주어서는 안된다. 오늘날의 어린이는 너무 많은 것을 갖기 때문에 선물에 대한 감사한 마음을 느끼지 않을 정도이다.

어린이에게 지나칠 정도로 많은 용돈을 주는 부모는 자녀를 충분히 사랑하지 않는 부모이다. 그러므로 그런 부모는 부모의 외형적인 사랑이나 자녀들에게 비싼 선물을 많이 주는 것으로 진정한 사랑의 결핍을 메꾸어 주지 않으면 안된다. 마치 부인에게 충실치 못한 남편이 여유도 없으면서 털외투를 사주느라고 돈을 낭비하는 것과 같다.

나는 런던에 갈 때마다 습관적으로 딸에게 선물을 사다 주지 않으니까 그 아이는 여행 갔다 와도 선물에 대한 기대는 하지 않는다. 버릇없는 아이는 물건의 가치를 모른다. 그런 아이는 새 자전거를 사주면 3주일쯤 지나서 비오는 날 밤새도록 밖에 내버려둔다.

버릇없는 아이는 인생에 있어서 자기들 부모처럼 사는 경우가 많다.

이런 부모들의 표현은 '많은 사람들의 방해 때문에 나는 인생에 있어 아무것 해놓지 못했다. 비록 나는 실패했지만 내 자식은 성공할 기회를 갖게 될 것이다'라고 한다. 이러한 동기 때문에 음악교육을 받지 못한 아버지가 아들에게 피아노 공부를 하라고 주장하는 것이다.

따라서 결혼 때문에 직장을 포기한 어머니가 소질도 없는 딸에게 발레 공부를 하라고 하는 것이 이와 똑같은 동기에서 온다. 그리고 수많은 아들 딸에게 저희들은 꿈도 꾸어보지 않는 직업이나 공부를 하도록 강요하는 사람들도 바로 이러한 부모들이다.

의복 사업을 하는 사람의 아들이 배우나 음악가가 되고 싶다는 것을 알아낸다는 것은 어려운 일이지만 가끔 있을 수 있는 일이다.

그런데 어떤 버릇없는 아이의 어머니는 아이가 자라지 않기를 원한다. 어머니의 역할이란 하나의 직업이지만 평생 직업은 아니다. 대부분의 어머니는 이것을 잘 알고 있다. 어머니가 딸에 대해서 흔히 하는 소리로 '그 애는 참 빨리 자랍니다'라고 이야기 한다.

어린이로 하여금 남의 개인적인 권리를 침해하도록 해서는 안된다. 자녀를 버리지 않기를 원하는 부모들은 자유와 방종을 구별하지 않으면 안된다.

힘과 권위

심리학이 무의식의 중요성을 발견하기 이전에는, 어린이란 선과 악을 행할 수 있는 힘을 가진 이성적인 존재라고 생각되었다. 또한 어린이의 마음이란 양심적인 교사가 글만 써내려가기만 하면 되는, 아무것도 쓰여져 있지 않은 하나의 백지라고 간주되었다.

어린이에게는 정적인 것이 없어 온통 동적인 충동으로 싸여 있다. 그는 자기의 욕구를 행동으로 표현하고자 노력한다. 천성적으로 어린이는 자기 본위적이며, 항상 힘을 행사하려고 한다. 만일 만물에 섹스가 있다면, 역시 만물에는 힘의 충동이 있는 것이다.

나이가 어린 아이는 시끄럽게 하는 것이 자기 주위에 대해서 자신의 힘을 과시하는 것으로 알 것이다. 그 시끄럽게 하는데 대한 어른들의 반응은 어린이로 하여금 시끄럽게 하는 것이 잘 하는 생각으로 알게끔 두둔해준다. 혹은 소란 그 자체가 중요할지도 모른다.

흔히 육아실에서는 떠들지 못하게 한다. 이런 제지는 어린이로 하여금 청결을 습관화 하도록 하는 것 이전에 하게 된다. 어린이는 자기가 배설할 때 자신의 힘을 느낄 수 있다고 우리는 짐작한다.

어린이의 용변은 어린이 자신에게 의미가 많은 것은 어린이가 하는 첫 생산의 행위이기 때문이다. 게다가 한두 살 먹은 어린이가 무엇을 느끼고 생각하는지 아는 사람은 아무도 없다. 틀림없이 자기들의 배설 행위에서 힘의 강한 느낌을 갖는 것은 7~8세의 어린이 경우이다.

정상적인 여자는 사자를 두려워하고 신경병적인 여자는 쥐를 무서워한다. 사자가 무서운 것은 사실이나 쥐는 그 여자가 인식하기를 두려워하는 억압된 흥미를 대표하고 있는 것이다.

어린이가 가지고 있는 소망 역시 억압에 의해서 공포증으로 바뀔 수 있다. 많은 어린들은 밤을 무서워하며 유령·도둑·귀신 등을 무서워한다. 이러한 공포는 유모가 들려준 얘기 때문이다. 그러나 유모의 얘기는 단순히 공포증의 표현 양식을 주었을 뿐이다.

공포의 근본은 부모에 의해서 억압된 섹스 흥미인 것이다. 어린이는 자기 자신이 가지고 있는 사장된 흥미를 두려워 한다. 이것은 쥐에 대한 공포증을 가진 여자가 자신의 사장되어 버린 흥미를 무서워하는 것과 마찬가지이다

억압이라는 것은 근본적으로 섹스 억압의 일종이 아니다. 화난 아버지가 '조용히 해'하고 떠드는 소리는 어린이의 소란에 대한 흥미를 아버지에 대한 공포의 흥미로 바꾸어 놓을 수 있다. 어린이의 소원이 방해되었을 때 어린이는 미워한다. 만일 내가 영리한 세 살짜리 남자애의 장난감을 가져간다면 그 애는 할 수 있으면 나를 죽일 것이다.

어느 날 내가 빌리하고 앉아 있었다. 나는 검정색과 오렌지색 줄이 있는 간편 의자에 앉아 있었다. 물론 나는 빌리의 대리 아버지이다. 그가 '얘기 하나 해주세요' 하길래, '네가 얘기 하나 해주렴'하고 말했다. 그는 나에게 얘기할 수 없고, 내가 얘기를 해야 한다는 것이다.

「우리 같이 한 문장을 완성하기로 하자. 내가 먼저 얘기를 하면 네가 나머지를 완성하는 거야. 자 그러면, 옛날 옛적에 어느…….」
했더니, 빌리는 줄 무늬 있는 내 의자를 쳐다보며 말했다.

「호랑이가…….」
그래서 내가 줄 무늬 있는 짐승이었다는 것을 알았다.

「그리고 그 호랑이는 이 학교 바깥에 있는 길가에 누워 있었다. 어느날 한 소년이 그 길을 내려 갔는데 그 이름은…….」

「도날드요.」
하고 빌리는 말했다. 도날드는 그의 친구였다.

「그런 다음 호랑이는 벌떡 일어나서…….」

「그를 삼켜 버렸다.」
라고 빌리는 즉각적으로 대답했다.

「그런데 테릭크가 말하기를, '나는 호랑이가 내 동생을 잡아 먹지 못하게 할 거야' 했다. 그래서 그는 권총을 차고 그 길로 갔다. 그랬더니 호랑이가 뛰어나와서….」

「그를 삼켜버렸다.」

「그러자 니일은 거칠어졌다. '내 이 호랑이가 우리 학교 학생을 잡아먹지 못하게 해야지' 하고 그는 말했다. 그리고 그는 쌍권총을 차고 나갔다. 그 호랑이가 뛰어나와서…….」

「그는 호랑이를 죽였다.」

라고 빌리는 겸손하게 말했다.

「훌륭하군.」

「그는 호랑이를 교문까지 끌고 들어와서 학교 총회를 소집했다. 그런 다음 교직원 중의 한 사람이 말하기를, '이제 니일은 호랑이 배 속에 있다. 우리는 새 교장이 필요하다. 그래서 나는 추천하기를…….」

「그것이 나라는 것은 잘 알아요.」

하고 지루한 듯이 말했다. 그렇게 해서 빌리는 서머힐 학교 교장이 되었다. 그리고는,

「그러면 그가 첫 일은 무엇이었다고 생각하나?」

「선생님 방에 가서 선반과 타자기를 갖지요.」

라고 그는 주저하거나 부끄럼없이 말했다. 나에게는 빌리에 관한 또 한 가지 얘기가 있다. 어느 날 그는 나에게 말하기를,

「나는 아버지의 개보다 더 큰 개를 어디서 구할 수 있는지 알아요.」

라고 했다. 그의 아버지는 두 마리의 스카이 테리어를 가지고 있었다.

「어디서?」

라고 물었다. 그는 자기 머리를 흔들며 나에게 말해주지 않았다.

「그것을 무엇이라고 부르겠는가, 빌리야?」

「호스 파이프요.」

라고 그는 대답했다. 나는 그에게 종이 한 장을 주고,

「호스 파이프 좀 그려 봐라.」

했다. 그는 커다란 남자 성기를 그렸다. 나는 갑자기 내가 가지고 있던 오래된 원형 펌프가 생각났다. 나는 그것을 가져와서 빌리에게 물 뿜는 방법을 일러주었다.

「자, 너는 아버지보다 더 큰 호스 파이프를 가지고 있구나.」
하고 내가 말했더니 그는 크게 웃었다. 이틀 동안 그는 학교 주변을 돌
아다니며 신나게 물을 뿜었다. 그리고는 자기의 호스 파이프에 흥미를
잃었다. 문제는 이것이다. 빌리의 경우는 섹스에 관한 문제이냐 아니
면 힘에 관한 문제인데 나는 힘에 관한 문제로 생각한다.

그 호랑이를(나를) 죽이고 싶어하는 것은 그 아이가 아버지를 처음
봤을 때 가졌던 소원이 나타난 것이다. 섹스에 관계되는 것은 아무것
도 없었다. 그리고 아버지 것보다 더 큰 성기를 갖고 싶어 한 것은 하
나의 힘의 소망이다. 빌리의 환상은 힘의 환상이다.

그 아이가 다른 학생에게 말하기를 자기는 한번에 여러 비행기를 조
종할 수 있다고 하는 것을 들었다. 모든 것에 자아라는 것이 있다.

방해를 받은 소원이 환상의 시초가 된다. 어린이들은 누구든지 크게
되기를 바란다. 그러나 모든 환경 원인은 그가 작게 느끼게끔 한다.

어린이는 그런 환경에서 도피함으로써 자기 환경을 극복한다. 그리
하여 환상 속에서 날개를 달고 날아다니며 꿈속에서 산다. 기관차 조
종사가 되고 싶어하는 야망은 힘의 동기이며, 급행으로 달리는 기차를
조절한다는 것은 힘에 대한 가장 좋은 실례 중의 하나이다.

피터 팬은 어린이들에게 인기가 있다. 그것은 그가 자라지 않는다는
점에서가 아니라, 그가 날 수 있고 해적과 싸울 수 있기 때문이다. 피
터 팬이 성인에게도 인기가 있는 이유는, 성인들이 어린이처럼 책임도
없고 인생 투쟁도 없기를 바라기 때문이다.

그러나 소년은 정말로 만년 소년으로 머물러 있기를 원하지 않는다.
힘에 대한 욕망은 그로 하여금 발달하도록 충동하게 된다.

어린이의 소란과 호기심의 억압은 어린이의 본능적인 기호를 비뚤
어지게 한다. 소위 비행자나 또는 영화 구경을 너무 자주 가서 문제가
된다는 청소년은 억압되어 온 힘을 발산하려고 하는 것이다. 반사회적
인 소년 즉 창문을 깨고 도둑질 하는 깽단의 두목이 자유의 혜택 하에
서 법과 질서를 철저하게 옹호하는 사람으로 바뀐 것을 보아 왔다.

앤씨는 자기가 다니던 학교에서 규칙위반 대장이었기 때문에 그 학교에서 퇴학당했다. 서머힐에 오자 이틀 밤을 그 애는 나하고 장난으로 싸우기 시작했는데 얼마 안가서 장난을 그만 두었다.

약 3시간 동안 그 소녀는 나를 발로 차고 물어 뜯고 언젠가는 내가 신경질을 내게끔 만들고야 말겠다고 말했다. 나는 신경질을 내지 않고 계속 웃었다. 그것은 힘들었다.

드디어 교사 중의 한 사람이 와서 곁에 앉더니 감미로운 음악을 틀었다. 앤씨는 조용해졌다. 그 아이의 공격은 부분적으로 성적인 것이었으나 힘이라는 점에서는 내가 법과 질서를 대표해서 행동한 것이다. 학교장이었기 때문이다.

앤씨는 인생이란 오히려 혼동으로 점철된 것으로 알게 된 것이다. 서머힐에서는 위반할 규칙도 없다는 것을 알게 된 그 소녀는 물 밖에 나온 고기와 같은 기분을 갖게 되었다. 그 아이는 다른 학생들에게 장난을 치려고 했으나, 아주 어린애들 밖에는 상대해주지 않았다.

그 소녀는 다시 권위에 반항하는 갱단을 이끄는데 익숙된 자기의 힘을 되찾으려고 애썼다. 사실 그 소녀는 법과 질서의 애호자였다. 그런데 성인들이 규제하는 법과 질서 하에서는 자기 힘을 발산할 데가 없었다. 그래서 그는 법과 질서에 반항하는 편을 택했던 것이다.

그 소녀가 우리 학교에 온 후 일주일 뒤 학교 총회를 개최하게 되었다. 앤씨가 일어서더니 조롱하듯 말하는 것이었다.

「나는 규칙을 정하는데 찬성표를 던지겠다. 그것은 법이 있어야 위반할 수 있는 재미가 있으니까.」

우리 기숙사의 보모가 일어서서 말했다.

「앤씨는 누구나 지켜야 할 법칙을 원하지 않는다. 그러니 일체 법칙을 만들지 말 것을 제안한다. 무질서한대로 생활하자.」

앤씨가 '뭐야!'하고 소리 지르더니 학생들을 실외로 내보냈다. 그 소리는 이런 짓을 쉽게 할 수가 있었다. 학생들이 나이 어린데다가 아직 사회적 양심을 가질만한 연령에 이르지 못했기 때문이다.

그 소녀는 학생들을 작업실로 데리고 가서 톱을 전부 들게 했다. 그리고 모든 과일나무를 베어버리겠다고 공표했다. 나는 평상시와 같이 밭을 파고 있었다. 10분 후 앤씨가 내게 와서 부드러운 말로 물었다.

「혼란을 진압시키고 법칙을 만들려면 우리는 어떻게 해야 하나요?」

「나는 더 이상 충고할 수가 없구나.」

「한번 더 학교 총회를 소집할 수 있나요?」

「물론 할 수 있지, 나는 가지 않겠다만. 우리들은 혼란 속에 살기로 결정했다.」

라고 했더니, 앤씨는 가버렸고 나는 계속 밭을 파고 있었다. 잠시 후에 그녀가 다시 왔다.

「학교 총회를 다시 열기로 했어요. 오시겠어요?」

「총회? 그래 가지.」

그 총회에서 앤씨는 심각했다. 그리고 평화롭게 법칙을 통과시켰다. 혼란 속에 일어난 피해는 빨래 너는 기둥이 망가진 것 뿐이었다.

수년 동안 앤씨는 권위에 대항해서 자기가 다니던 학교의 갱단을 이끄는 데서 재미를 보았었다. 반항을 통해서 앤씨는 자기가 싫어하는 일을 했다.

앤씨는 혼란을 싫어했다. 원래 앤씨는 법을 준수하는 시민이었다. 그러나 앤씨는 힘에 대한 큰 욕망을 가졌다. 그녀는 남을 지시할 때만이 행복했으며, 교사에게 반항함으로써 자기 자신이 교사보다 더 중요한 것으로 만들려고 하였다. 앤씨는 법을 제정한 힘을 미워하기 때문에 법을 미워했다.

그녀는 자기 자신을 벌 주는 어머니와 동일시하였기 때문에 남에 대한 태도가 새디스틱하게 되었다. 권위에 대한 그 소녀의 증오는 객관적으로는 어머니의 권위에 대한 것이었고, 주관적으로는 그 소녀에게 윗사람 노릇하는 어머니에 대한 증오였다고 추측할 수 있다.

그런 힘의 문제는 섹스의 경우보다 훨씬 치료하기 힘들다. 사람이란 어린이에게 섹스에 관한 좋지 못한 양심을 갖게 하는 사례를 만들거나 또는 가르치는 방향으로 나가게 되는 것은 비교적 쉬운 일이다.

그러나 어린이를 새디스틱한 힘을 가진 사람으로 만드는 사례를 만들거나 가르치는 방향으로 나가게 된다는 것은 꽤 어려운 일이다.

내가 독일에서 교사로 있을 때 문제아를 고치려다 실패한 경우가 있다. 13살 먹은 슬라브계의 여학생 마로슬라바라는 소녀를 담당하게 되었다. 그 학생은 아버지를 아주 심하게 미워했다.

그 여학생 때문에 6개월 동안의 나의 학교 생활은 지옥 같았다. 그 소녀는 학생 총회에서 나를 공격했다. 그 한 사례로 내가 필요없는 사람이기 때문에 학교에서 축출해야 한다고 제안했다.

그 후 나는 3일간 학교를 결근하고 저서에 집념했다. 그런데 다시 학생 총회가 열렸는데 다시 근무하라는 안을 통과시켰다. 마로슬라바는 말하기를 '나는 학교에서 보스를 인정할 수 없다'라는 것이다.

그 여학생은 지나치게 자기 중심으로 힘을 과시하는 그런 아이였다. 그 여학생이 떠날 때 나는 악수를 하고 헤어졌다(나는 그 학생 어머니에게 그 아이는 고칠 수가 없었다고 말하지 않을 수가 없었다).

「그런데, 많이 도움이 되지 못했구나, 그렇지?」

하고 내가 그 아이에게 말했더니,

「왜 그런지 아세요?」

그 여학생은 웃으면서 말하고는,

「말씀 드릴게요.」

「내가 이 학교에 왔던 첫날 저는 상자 하나를 만들고 있었어요. 그때 선생님은 나보고 못을 너무 많이 쓴다고 했죠. 그 순간부터 나는 선생님이 이 세상 다른 어느 학교 교장과 똑같이 보스라는 것을 알았어요. 그때부터 선생님은 나를 도울 수가 없게 된 겁니다.」

「네가 옳다, 잘 가거라.」

미움은 좌절된 사랑이기 보다는 오히려 좌절된 힘일런지 모른다. 마로슬라바가 발산한 미움은 사람이 느낄 수 있는 미움이었다.

힘을 추구한다는 것은 남성적인 성격에서 나타나는만큼 여성적 성격에도 많이 나타난다. 일반적으로 여자는 사람에게서 힘을 추구하고, 반면에 남자는 물질에서 힘을 추구한다. 그러니 마로슬라바나 앤씨도 사람에게서 힘을 찾았던 것이다.

8살 이하의 어린이는 이기주의적인 면이 없고 자기 본위이다. 6살짜리 소년의 경우, 아버지가 이기적이어서는 안된다고 가르쳤는데도 이기적으로 된다면 그 애는 매를 맞게 된다.

그때 그의 양심은 반항적으로 나타난다. 즉 '나는 아빠가 볼 때만 사탕을 먹어야지' 하는 것이다. 그러나 동일시 하는 과정이 시작된다.

그 소년은 아버지만큼 크고 싶어한다. 힘의 동기이다. 그는 아버지와 같이 어머니에 대한 소유욕을 가지고 있다. 그는 자신을 아버지와 동일시 한다. 그리고 동일시의 과정에 있어서 아버지의 철학을 본받는다. 그는 약간 보수적이거나 혹은 약간 개방적으로 된다. 그는 꼭 전생에 있었던 것처럼 아버지를 자신의 영혼 속에 부가시킨다.

이리하여 전에는 겉으로만 들리던 아버지의 말이 이제는 내적으로도 공감하게끔 된다. 어머니한테 매맞고 자란 딸들은 커서 자기들 자신도 매질만 아는 사람이 된다. 좋은 예로 어린이들이 하는 학교 놀이가 있다. 그 놀이에서 선생은 늘 때리기만 한다.

성장하고 싶어하는 어린이가 바라는 것은 힘이다. 단순히 성인의 키가 어린이들에게 열등감을 주게 된다. '왜 어른은 밤늦게까지 자지 않아도 되나요? 왜 어른은 제일 좋은 것 — 타자기·자동차·좋은 공구·시 — 계만 가지고 있나요?' 이래서 어린이들은 불만이다.

남학생들은 내가 면도할 때면 자기들 얼굴에 비누 바르는 것을 재미있어 한다. 담배 피우고 싶어하는 것 역시 어른이 되고 싶은 마음 때문이다. 일반적으로 힘의 방해를 많이 받는 아이는 외동아이이기 때문에 학교에서도 그런 아이는 다루기가 가장 힘들다.

나는 한번 실수를 한 적이 있었다. 그것은 어린 남학생을 다른 학생들보다 10일 먼저 학교에 오게 했다. 그는 교사들과 함께 지내고 교직원실에도 앉고 자기 침실을 쓰자 매우 행복했다. 그러나 다른 학생들이 등교하게 되자 그 아이는 아주 반사회적으로 되었다.

혼자 있을 때는 많은 것을 만들기도 하고 수선하기도 했는데, 다른 학생들이 오니까 물건을 파괴하기 시작했다. 그의 자존심이 상처를 입었다. 그는 갑자기 성인이 되고 싶지가 않았다. 다섯 명이 같이 자야 했으며 일찍 잠자야 했다. 그의 격렬한 반항을 보고 나는, 다시는 어린이에게 성인과 동일시하는 기회를 주지 않겠다고 마음 먹었다.

좌절된 힘은 죄악을 가져온다. 인간은 선하다. 그래서 좋은 일을 하고 싶어한다. 또 인간은 사랑하고 싶어하고 동시에 사랑받고 싶어한다. 미움과 반항은 다만 좌절된 힘인 것이다.

질 투

질투는 소유하고 싶은 감정에서 일어난다. 만약 성적 매력을 갖는 사랑이 순수하게 초자아적이라면, 그는 자기 애인이 다른 사람과 키스하는 것을 보아도 즐거워 할 것이다.

왜냐하면 그녀가 행복하다면 그도 기쁠 것이기 때문이다. 그러나 성적 매력을 갖는 사랑은 소유욕이 강하다. 질투라는 죄를 범하는 자는 소유하고픈 강한 욕망을 가지고 있는 사람이다.

트로브리앤드 섬 주민들 간에는 성적 질투가 없다. 이런 점에서 볼 때 질투란 보다 복잡한 문화의 부산물인지도 모른다. 질투는 사랑의 대상에 대한 소유욕과 사랑과의 결합에서 일어난다. 질투를 느끼는 사람은 아내와 함께 달아나는 정부를 쏘지 않고 아내를 쏜다고 한다.

그 사람은 자기 소유물을 손 닿지 않는 곳에 두기 위해서 부인을 죽일 것이다. 이것은 마치 사람이 어린 토끼를 너무 만지면, 어미 토끼가 새끼 토끼를 잡아 먹는 것과 같다.

유아기의 자아는 모든 것을 혼자 갖거나 아무것도 갖지 않거나 한다. 즉 나누어 가질 수 없다. 질투는 성적인 것 보다는 힘에 더 깊은 관계를 가지고 있어 상처 입은 자아에 뒤따르는 하나의 반작용이다.

「나는 제일이 아니야. 나는 인기가 없는 사람이야. 나는 좋지 않은 것을 맡았어.」

이런 표현은 확실히 직업 가수나 코메디언들 사이에서 찾아 볼 수 있는 질투의 심리이다. 내가 학교에 다닐 때, 무대 코메디언들에게 다른 코메디언은 형편없다고 비난하는 간단한 방법으로 그들과 손쉽게 친구가 될 수 있었다. 질투 속에는 항상 무엇인가 잃어버리지 않을까 하는 두려움이 깃들어 있다.

오페라 가수는 다른 프리마돈나들을 미워한다. 그녀가 받는 갈채가 딴 사람의 인기로 말미암아 줄어들지 않을까 두려워해서이다.

사실 세상에 있는 모든 사랑의 연적보다 존경을 잃지 않을까 하는 공포에 의해서 질투가 나온다고 할 수 있다. 때문에 가족 내에서는 모든 것이 나이가 위인 아이가 만족해 하는 감정 여하에 달려 있다.

만일 자율성에 의해 그 아이가 상당한 독립성을 얻어 계속 아버지의 칭찬을 살펴야 할 필요가 없게 되면, 어머니의 앞치마 끈에 매달려서 언제까지나 부자유스럽고 독립성이 없이 자라난 경우 보다는, 집안에 새로 태어나는 어린이에 대한 질투는 적을 것이다.

이것은 부모가 옆에 서서 큰애가 동생한테 어떻게 반응을 보이는가를 단순히 관찰해야 된다는 것을 의미하는 것은 아니다. 어렸을 때부터 질투심을 일으키게 하는 행위는 삼가해야 한다. 말하자면 손님들에게 너무 지나칠 정도로 갓난아기를 보여주는 것은 피해야 한다.

나이는 고하 간에 어린이들은 공평이나 불공평에 대해 눈치가 빠르다. 예로 한 살짜리 애와 3살짜리 애의 경우, 부모가 현명하다면 나이 어린 애보다 위인 애를 더 좋아하는 일이 없는지 유의해야 한다. 물론 이것은 어느 정도까지는 피하기가 거의 불가능할지도 모른다.

갓난아기가 젖 먹으려고 엄마의 가슴에 안기는 것도 큰 애에게는 불공평하게 보일지도 모른다. 그러나 큰 애가 젖 먹고 싶어할 때 원하는 대로 해준다면 불공평하게 생각하지 않을지도 모른다.

이 점에 관해서 객관적인 결론을 맺기 위해서는 좀더 많은 증거가 필요하다. 나는 자율성 있는 어린이가 새로 태어난 아기에 대한 반응을 어떻게 하는지 본 일이 없기 때문에 잘 모른다.

어린이들과의 오랜 경험을 통해 나는 많은 사람들이 유치원 때 당했던 불공평에 대한 기억이 사라지지 않아 성인이 된 후에 불쾌한 감정을 느끼고 있는 것을 보아 왔다.

이것은 특히 나이 어린 아이가 잘못한 일 때문에 나이가 위인 아이가 벌을 받았던 기억에서 그런 불쾌한 감정을 갖게 된다. '나는 늘 혼나기만 해'하는 것은 늘 큰 애가 하는 소리이다. 아기가 울어서 실랑이 하는 어머니는 자동적으로 큰애한테 야단친다.

8살 먹은 짐은 만나는 사람마다 키스하는 버릇이 있다. 그 아이의 키스는 오히려 빠는 것과 같다. 그래서 나는 그 아이는 젖빠는 유아기 때의 흥미를 맛보지 못하고 지내온 까닭이라고 보았다.

그에게 우유병을 사주었더니 짐은 매일밤 잘 때 우유병을 빨았다. 다른 아이들이 처음에는 비웃더니 얼마 안가서 짐을 샘내게 되어 두 아이가 우유병을 요구했다.

짐은 갑자기 어머니의 젖가슴을 독차지하는 동생처럼 되었으며, 어린이들 전부에게 우유병을 사주었다. 그들이 우유병을 원한다는 사실은 아직까지도 빠는 것의 재미를 가지고 있다는 것을 증명해 준다.

질투란 특히 식당에서 조심해야 한다. 심지어는 교직원 중에서도 손님에게 특별 음식이 나오면 질투를 한다. 만일 요리사가 상급생에게 아스파라가스를 주면 다른 학생들은 불평을 늘어 놓는다.

몇년 전 공구상자가 들어왔는데 이것이 학교에 큰 문제를 가져다 주었다. 아버지가 여유가 없어서 좋은 공구를 사주지 못한 어린이들이 질투하게 되었다.

그후 그들은 약 3주일 동안 반사회적 행동을 했다. 공구를 잘 다룰 줄 아는 어느 남학생이 대패를 빌려갔다. 그는 대패날을 직접 망치로 두드려서 쇠를 빼 대패를 못쓰게 만들었다. 그는 나한테 와서 대패의 쇠빼는 것을 잊어버려서 그랬다고 말했다. 의식적이든 무의식적이든 파괴적 행위는 질투의 일종이다.

어린이 각자에게 방 하나씩 준다는 것이 불가능할지 모르나, 제가 좋아하는 것을 할 수 있게끔 각자의 자리는 배당이 되어야 한다.

서머힐 교실에서는 각 학생의 책상과 자기 영역이 주어져 있어서 각자가 자기 자리를 재미있게 장식해 놓고 있다.

질투는 이따금 개별 지도에서도 생긴다.

「왜 메어리는 개별 지도를 해주고 나는 안해 주나요?」

어떤 때는 여학생이 단순히 의식적으로 개별 지도 명단에 끼고 싶어서 문제 학생처럼 행동했다. 한번은 여학생이 창문 몇 장을 깼다.

무슨 이유로 그랬느냐고 묻자, '니일이 나에게 개별 지도 해주기를 원했어요'라고 대답했다. 이런 방법으로 행동하는 여학생은 흔히 아버지가 자신에게 많은 관심을 기울이지 않는다고 생각하는 아이다.

어린이들은 자기들이 집에서 가지고 있던 문제나 질투를 학교에 가지고 오기 때문에, 내가 그들을 지도하는데 있어서 제일 두려운 것은 부모가 자녀들한테 하는 편지이다.

내가 어느 아이의 아버지에게 편지를 해야 할 일이 한번 있었다.

〈아들한테 편지하지 마십시오. 당신으로부터 편지가 올 때마다 당신 아들은 나빠집니다.〉

하였더니, 그 아버지의 답장은 없었으나 자기 아들한테 더 이상 편지를 하지 않았다. 그런 뒤 약 2개월 후 그 어린이가 아버지한테 편지 받은 것을 알게 되었다. 나는 불안하였지만 아무 소리도 하지 않았다.

그날 밤 12시쯤 그 학생의 침실에서 이상한 소리가 나서 뛰어갔더니 고양이 새끼를 죽이기 직전이었다. 그 다음날 그 어린이 방에 들어가서 그 애 아버지의 편지를 찾았다.

'기쁜 소식으로는 톰(동생)의 생일이 지난 월요일이었는데 릴지 아주머니도 고양이 새끼를 사다주었다'는 내용이 있었다.

질투에서 일어난 환상은 범죄를 가져왔다. 질투에 사로잡힌 어린이는 환상 속에서 자기의 라이벌을 죽인다.

두 형제가 휴일에 서머힐에서 집까지 여행을 하게 되었다. 큰 애는 '도중에 프레드를 잃어버릴까 봐 겁난다'며 걱정했다. 그는 자기의 공상이 실현되지나 않나 해서 걱정한 것이었다.

11살 된 소년이 자기 동생에 관해서 나에게 말하기를, '나는 내 동생이 죽는 것을 좋아하지는 않아요. 그러나 그 애가 인도나 어디로 멀리 여행가서 어른이 되어 가지고 돌아오면 그건 좋겠어요'라고 했다.

서머힐에 새로 입학하는 학생은 누구나 3개월 동안은 다른 학생의 무의식적인 증오를 견뎌내야 한다. 왜냐하면 가정에서 신생아에 대한 어린이의 첫 반응은 증오이기 때문이다.

좀 나이가 위인 어린애는 흔히 어머니는 갓난아기만 보고 있다고 믿고 있다. 갓난아기는 어머니 하고 같이 자고 또 관심을 다 받기 때문이다. 어머니에 대한 억압된 어린이의 증오는 가끔 그 어머니에 대해서 지나치게 씩씩하게 보임으로써 메꿔 나간다.

가족 중에서 가장 증오심이 많은 것은 나이가 많은 아이이다. 동생은 집에서 왕이 되는 것이 무엇인지 모른다. 고약한 신경질을 내는 것은 대개 외동이거나 아니면 장남 또는 장녀에게서 볼 수 있다.

부모들은 무의식적으로 형제 중 큰 아이에게 미움을 준다. '톰아, 네 동생은 손가락을 다치고도 그러지 않는데 넌 왜 그러냐?'하기 일쑤다.

내가 어렸을 때 '저 아이 좀 본받아라' 하는 말을 들은 아이가 있었는데, 그는 학구파였으며 학급에서 일등만 했고 온갖 상을 다 받았다. 그런데 그 아이가 죽었다. 그의 장례식은 오히려 기뻤던 것이었다고 나는 기억한다.

교사들은 자주 부모의 질투에 직면하게 된다. 단순히 학생이 서머힐이나 나를 더 좋아 한다 해서 생긴 부모의 질투 때문에 학생을 놓친 일이 한두 번이 아니다. 그것은 이해할 만하다.

서머힐은 학교 총회에서 만든 규칙을 위반하지 않는 한 자기 하고 싶은대로 하도록 되어 있다. 또 어떤 어린이는 휴일에도 집에 가고 싶어하지 않는다. 그것은 구속적인 가정 규칙에 사로잡히기 때문이다.

학교에 대해서 질투심 없는 부모나 교사들은 서머힐에서 어린이를 다루듯 가정에서도 자유롭게 다루는 사람들이다. 그들은 어린이를 믿고 자유를 준다. 이런 아이들은 집에 가는 것을 좋아한다.

부모와 교사간에는 라이벌 관계가 없다. 만일 부모가 무리한 명령과 규칙을 만들어 어린이에 대한 사랑이 미움으로 바뀌게 되면, 그 어린이는 다른 곳에서 사랑을 찾게 된다는 것을 각오해야 한다.

교사는 단순히 아버지와 어머니의 대리이다. 부모에 대한 사랑이 좌절된 경우 교사에 대한 사랑을 갖게 되는 것이다. 왜냐하면 그런 경우 교사는 아버지보다 사랑하기가 쉽기 때문이다.

질투심 때문에 아들을 미워한 수많은 아버지들을 나는 많이 알고 있다. 이런 사람들은 아내한테서 어머니의 사랑을 바라는 피터 팬 같은 아버지들이며, 자녀들을 미워하고 잔인하게 때리기까지 한다.

아버지 된 사람은 가족의 삼각 관계에 의해서 복잡한 입장에 처해 있다는 것을 잊게 된다. 어린애가 출생하면 아버지는 늙어가는 것이다. 어떤 부인은 어린애를 낳고 나서 성욕을 잃기도 한다.

그러나 어떤 경우가 됐든 가정마다 사랑이 나누어져 있는 것이다. 무슨 일이 일어나고 있는지 알고 지내야 한다. 그렇지 않으면 자신도 모르게 자녀를 질투하는 경우가 있게 된다.

서머힐의 어린이들은 정신적, 혹은 부모의 질투 때문에 고통을 받고 있다. 대부분의 경우 아버지는 질투 때문에 완고하게 되고 자식에게 짐승처럼 사납게 된다. 만일 아버지가 어머니의 사랑 때문에 자녀들과 옥신각신 한다면 자녀들은 신경질적으로 될 가능성이 많다.

어떤 어머니는 딸이 말끔하게 하고 예쁘게 하면 이미 자기 자신은 예쁘게 보일 수 없게 됐기 때문에, 그 딸이 치장하는 것을 보기 싫어하는 경우를 본 일이 있다.

이런 어머니들은 인생에서 할 일이 없는 사람들이며, 옛날 생각만 하고 살거나 수년 전 춤출 때 사랑을 받던 공상만 하는 여자들이다.

전에는 두 젊은이가 사랑에 빠진 것을 보면 자주 화를 냈다. 그것은 내가 언짢게 생각하는 것은 좋지 못한 결과가 나올 것이라는 두려움 때문이라고 내 감정을 달랬다. 그것은 젊은이에 대한 질투 외에 아무것도 아니라는 것을 깨달았을 때 나의 모든 언짢은 생각은 없어져버렸다. 젊은이에 대한 질투는 현실적인 것이다.

17살 된 여학생이 나에게 말하기를 자기가 다니던 사립 기숙사 학교에서 담임 교사가 '유방은 부끄러운 것이므로 레스로 꼭 매어서 감추어야 한다'고 염려하더라는 것이다.

우리가 망각하려는 진실을 과장된 형태로 아무 의심없이 나타난 극단적인 경우가 연령이다. 실망과 억압에 사로잡힌 고령자는 젊은이를 미워한다. 연령이란 젊은이에 대한 질투이기 때문이다.

이 혼

어린아이를 신경질 나게 하는 것은 무엇일까? 대부분의 경우 부모들이 서로 사랑하지 않는다는 사실 때문이다. 신경질을 내는 어린이는 사랑을 갈망하나 집에는 사랑이 없는 경우의 아이이다.

그는 부모가 서로 으르렁거리는 것을 안다. 부모들은 물론 어린애가 듣지 못하도록 노력하지만 어린이는 분위기로 봐서 알아챈다. 어린이는 듣는 것보다 눈치로 판단하기 때문에 겉으로 '여보, 사랑해요'와 같은 말을 했다고 해서 화목한 부모라고 생각하지는 않는다.

나는 다음과 같은 여러 사례를 알고 있다.

• 15세 소녀 : 도둑. 어머니가 아버지에게 불충실하다. 소녀는 그걸 알았다.

• 14세 소녀 : 불행한 공상가. 아버지가 정부와 함께 있는 걸 보았을 때 신경증 발작.

• 12세 소녀 : 모든 사람을 싫어한다. 아버지는 무기력하다. 어머니는 심술궂다.

• 9세 소년 : 환상 속에 살다. 부모끼리 몰래 적의를 품고 있다.

- 8세 소년 : 도둑. 부모들의 공공연한 싸움.
- 14세 소녀 : 야뇨증. 부모가 별거중이다.
- 9세 소년 : 기분이 언짢으면 가출하는 소년. 커다란 환상 속에 산다. 어머니는 불행하게 결혼했다.

나는 사랑이 없는 가정의 자녀 문제를 치료하기란 힘들다는 것을 깨달았다. 가끔 어머니들의 질문에 대답하는 일이 있는데, '내 집 아이에게 어떻게 해야 합니까?' 하면 나는 '당신 자신을 먼저 살펴 보십시오'라고 대답해준다.

여러 아버지나 어머니들은 자식만 없다면 헤어지겠다는 말을 나에게 해온다. 만일 사랑하지 않는 부모가 헤어진다면 자녀들에겐 오히려 좋을 것이다. 아니 천만 번 나을 것이다.

불행한 결혼 생활은 불행한 가정을 의미한다. 불행한 분위기는 어린이에게 정신적 죽음이나 같은 것이다. 나는 불행하게 결혼한 어머니의 아들이 그 어머니에게 증오로 대하는 것을 보았다.

그는 새디스틱한 방법으로 자기 어머니를 괴롭힌다. 어떤 아이는 자기 어머니를 물고 뜯고 할퀸다. 비교적 극단적이 아닌 경우라면 관심을 끌기 위해서 어머니를 귀찮게 한다. 오이디프스 콤플렉스 이론에 의하면 그런 현상은 반대이어야 한다.

나이 어린 아들이 어머니의 사랑 때문에 아버지를 라이벌로 대하는 일이 있다. 아버지가 경주해 가지고 지면 이긴 아들이 성공적인 구혼자로서 어머니에게 부드럽게 한다는 것을 상상해 볼 수도 있다. 가끔 그런 아이는 오히려 어머니에게 극단적으로 잔인하게 하기도 한다.

불행하게 결혼한 어머니는 항상 편애를 나타낸다. 폐쇄된 사랑의 출구로서 그녀는 한 아이에게 사랑을 집중한다. 어린이의 생활에 있어서 본질적인 것은 사랑이다. 그러나 불행하게 결혼한 부모는 적당한 사랑을 줄 수 없다. 그런 부모는 너무 적거나, 너무 많은 사랑을 주게 된다. 하지만 어느 것이 더 나쁜가는 말하기 곤란하다.

사랑에 굶주린 어린이는 미움에 찬 개인 또는 반사회적 그리고 비난을 일삼는 개인이 된다. 과잉 사랑을 받는 아이는 소심하고 여성적인 아이로 늘 어머니의 보호만 바란다. 그래서 어머니란 집이나(광장 공포증으로서), 모교회나 모국 등과 같이 상징적으로 쓰인다.

나는 이혼법에 대해서 관심은 없다. 성인을 충고해 주는 것이 나의 일은 아니나 어린이에 관한 연구는 관심의 대상이다. 또 만일 신경병에 걸린 아이가 회복하기 위해서라면, 부모에게 가정 조건 등이 변화할 수 있도록 제시해 주는 것이 중요하다.

부모들은 필요하다면 자기들의 영향이 자녀들에게 나쁘다는 것을 깨달을 수 있는 용감성이 있어야 한다.

부모의 걱정

걱정에 쌓인 부모란 사랑·영광·존경·신뢰 등을 줄 수 없는 부모라고 말할 수 있다.

신입생 어머니가 서머힐에 왔는데, 주말을 지내는 동안 그 어머니는 아들의 생활을 형편없이 만들어 놓았다. 그 아이는 배고프지도 않는데 지켜서서 점심을 먹였으며, 옷이 더러워지자 마당으로 달려가 어린애를 집에 데리고 와서 깨끗이 닦아주었다.

또한 그 아이가 아이스크림을 사 먹었는데 그것은 배 아픈 것이라고 잔소리를 했으며, 그 아이가 나보고 니일이라 부르자 니일 씨라 부르라고 고쳐주었다.

나는 그 어머니에게 '자식에 대해서 그렇게 걱정하고 쓸데없는 참견을 하려면 무엇하러 이 학교에 보냅니까?'라고 말했다. 그 여자는, '아니 왜요? 나는 그 아이가 자유롭고 행복하게 되기를 원하기 때문이죠. 나는 그 아이가 독립적이고 바깥에서 나쁜 물이 들지 않게 하고 싶어요'라고 대답했다.

그 부인은 자기가 아들을 잔인하고 미련스럽게 취급하고 있다는 생각은 전연 못하고 있으며, 자기 자신의 좌절된 생활에서 얻은 모든 걱정을 아들한테 쏟아 놓고 있다는 것을 모르고 있다.

이에 대해서는 방법이 없다. 다만 부모의 걱정 때문에 손해를 끼친 사례를 들려주는 것 밖에는 아무것도 없다.

그럼으로써 수백만 명 중의 한 부모라도 '난 그걸 전연 몰랐군요! 나는 내가 잘하고 있는 줄로 알았죠. 내가 잘못된 모양이죠'라고 말하는 부모가 나오기를 바랄 뿐이다.

어떤 어머니가 편지를 써서 보냈다.

〈12살 먹은 내 아들이 갑자기 백화점에서 물건을 훔치기 시작하는데 어떻게 해야 할지 모르겠습니다. 어떻게 해야 하는지 제발 말씀 좀 해 주세요.〉

라는 내용이었다. 그것은 20년간 매일 한 병씩 위스키를 마시고 나서 자기의 간이 완전히 나쁘다고 불평하는 남자와 똑같다. 이런 상태의 사람에게 술을 끊으라고 충고한다는 것은 아무 의미가 없다.

그래서 나는 어머니가 자녀의 심각한 행동 문제로 걱정하면, 아동 심리학자에게 가라고 일러주거나 근처에 있는 어린이 임상 치료소의 주소를 알아보라고 한다. 물론 그런 어머니에게 대답해 줄 수는 없다.

「아주머니, 가정이 불만족스럽고 불행하니까 자식이 훔치기 시작하는 겁니다. 가정을 좀더 좋은 가정으로 만드시죠.」

라고 말해주면, 그런 어머니에게 나쁜 양심을 갖게 할지도 모른다. 그 부인이 최선의 의욕을 가졌다 하더라도 어떻게 할 줄을 모르니, 아들의 환경을 바꾸어 줄 수는 없을테니 말이다.

설혹 그 방법을 알지라도 더욱 문제 되는 것은 실천해 나갈 만한 정신적 능력이 없다는 점이다. 물론 의욕 있는 어머니는 아동 심리학자의 지도로 상당한 변화를 가져올 것이다.

심리학자는 사랑하지 않는 남편과 헤어지라고 할는지도 모르며 시어머니를 나가서 살도록 할는지도 모른다.

심리학자가 변회시키지 못하는 것은 부인의 내적 문제, 도덕주의자, 걱정하고 두려워하는 어머니, 섹스 적대자, 잔소리 등일 것이다. 단순히 외부적인 조건을 변화시키는 것은 흔히 제한성이 많다.

언젠가 잘 놀라는 어머니와 같이 얘기한 적이 있었는데, 이 분에게는 7살짜리 딸이 있었다. 그 애가 학교에 들어가야 할 나이가 되자 여러 가지 걱정스러운 질문이 많았다.

「하루에 이를 두 번씩 닦는지 조사하는 사람이 따로 있나요? 어린애가 고속도로에 가지 못하게 봐주는 사람이 있나요? 학생들은 매일 수업하나요? 저녁마다 우리 애에게 약을 줄 수 있나요?」
등등 걱정이 많은 어머니는 무의식적으로 자녀들을 자기의 미해결 문제의 일부로 포함시킨다.

어떤 어머니는 딸의 건강에 대해서 늘 불안한 상태에 있다. 그런 부인은 나에게 와서 무엇을 먹이고, 먹이지 말 것은 무엇이며, 무슨 옷을 입혀야 하는지를 물어온다. 서머힐에는 어린이에 대해서 너무 걱정하는 부모를 가진 애들이 많다. 어린이들은 변함없이 부모들의 걱정을 받게 되는데 결과적으로 우울증을 가져온다.

마싸에겐 어린 남동생이 있었는데 그 부모는 걱정이 많은 사람들이었다. 마싸가 정원에서 '연못에 들어가지 마. 발 젖는다' '모래를 가지고 놀지 마. 새 바지에 흙 묻는다'라고 자기 동생한테 고함치는 소리가 지금 나에게 들린다. 마싸가 처음 우리 학교에 들어 왔을 때, 그런 소리하는 것을 들었다.

오늘날에는 마싸는 자기 동생이 굴뚝 소제하는 사람처럼 보여도 아무 소리 안한다. 지난 학기 마지막 주일 동안에만 마싸가 전에 가지고 있던 걱정이 되살아 났던 것이다. 그 당시엔 자기가 늘 걱정이 계속되는 자기 집의 분위기에 돌아갔다고 생각했던 것이다.

엄격한 규율을 가진 학교들은 학생들이 휴일에 집에 가기를 좋아한다는 사실을 자랑으로 여기고 있다고 생각한다. 부모들은 자녀들의 집에 대한 사랑 때문에 자녀들이 얼굴이 행복해 보이는 것을 알 수 있다. 그러나 그것은 학교를 싫어한다는 사실이다.

엄격한 교사는 어린이들에게 미움만 줄줄 알지 사랑은 완전히 부모가´하는 것으로 미루어 둔 것이다. 이것은 어머니가 어린이의 증오를 아버지에게로 바꾸어 놓을 때의 심리적 작용과 똑같다.

어머니가 말하기를 '오늘밤 아버지가 오실 때까지 기다려라. 아버지가 그것을 주실 게다'하면서 어린이를 기다리게 한다.

가끔 나는 의사나 다른 전문가들이,

「나는 내 자식을 훌륭한 사립학교에 보냅니다. 그래서 좋은 기회를 얻게 하고 나중에 도움이 될 수 있는 사람을 만나게 하려는 겁니다.」 라고 하는 것을 듣는다. 그들은 우리 사회의 가치가 자기들의 수세대 간 지켜온 것처럼 계속되는 것이 당연하다고 생각하고 있다.

장래에 대한 두려움이란 부모들이 가지고 있는 현실적인 문제이다. 가정이 엄격한 부모의 권위 중심일 때, 그런 부모들은 훈육이 잘된 학교를 원한다. 훈육이 엄격한 학교는 어린이를 억압하고, 조용히 시키고 말 잘 듣게 하는 전통을 지켜온다.

더구나 학교는 학생들의 지식 교육만 위주로 한다. 어린이들의 정서적 생활이나 창의적 의욕 같은 것을 제한한다. 학생들을 일생 동안 모든 지시자나 보스에게 복종하도록 규제해 준다.

유아기에 시작된 공포는 힘의 충동에서 나오는 엄격한 교사의 훈육에 의해서 증가된다. 대개의 부모들은 어린이들이 있는 외형적인 것, 즉 학교 자랑, 가면적인 예의, 축구 경기에 대한 숭배 등을 보고서 자기의 사랑하는 자식이 공부를 잘했다고 생각한다.

소위 교육의 제단에 희생된 젊은 생명을 본다는 것은 비극이다. 엄격한 학교는 힘만 요구하며, 또 부모들은 그것으로 만족한다.

모든 자아가 힘을 추구하듯 교사의 자아는 학생을 자기에게 끌어들이려고 애쓴다. 교사는 얼마나 우상적인 인물인가 생각해 보라. 그는 중심적인 위치에 있으며 명령을 내리고 복종도 한다. 그는 판결을 내리며 거의 모든 애기를 다한다.

자유로운 학교에서는 힘의 요소가 제거된다. 서머힐에는 교사의 자아를 과시할 기회가 없다. 학생들은 나를 존경하기 보다는 어리석은 당나귀, 바보 등으로 부른다. 이런 말들은 사랑의 표시이다. 자유로운 학교에서는 사랑의 요소가 중요하며 언어 사용은 제2차적인 것이다.

다소 엄격하고 걱정이 많은 가정의 어린이가 서머힐에 왔다. 자기 하고 싶은대로 자유가 주어져 있다. 비난하는 사람도 없으며, 예절에 대해서 상관하지 않는다. 외모에 관심이 없고 하니 학교는 자연적으로 파라다이스와 같으며 자기 표현의 자유가 있다.

나는 그 아이로 하여금 자유롭게 하는 사람이며, 정말 아버지다운 아버지인 것이다. 그 아이는 나를 진정으로 사랑하지 않는다. 어린이가 사랑하지 않는다는 것은 그가 바로 사랑받고 싶다는 것이다.

그 아이가 말하지는 않지만 이렇게 생각한다.

'나는 여기에서 행복하다. 나이 많은 니일은 꽤 점잖은 사람이야, 간섭하지 않으니, 그러면 됐어. 그는 나를 상당히 좋아할 거야. 그렇지 않다면 나에게 명령을 내릴 텐데.'

방학이 되서 그는 집에 간다. 집에서 그는 아버지의 탐조등을 빌려 쓰고는 피아노에 무심코 놓게 되자 아버지한테 꾸중을 듣는다. 그 아이는 집이란 자유로운 곳이 아닌 것을 알게 된다.

어느 소년은 '나의 부모님은 현대적이 못돼요. 나는 여기서처럼 집에 가면 자유롭게 못해요. 집에 가면 아빠 엄마에게 가르쳐 줘야겠어요'라고 말한다. 나는 그가 이런 대담한 얘기를 부모한테 한 줄로 짐작한다. 왜냐 하면 그 학생은 다른 학교로 진학했기 때문이다.

나는 어느 학생의 부모에게 그 아이가 좋아하는 할아버지를 방문하지 말도록 단호하게 말했다. 그러나 그 부모는 아들에게는 슬픈 일이니까 그렇게 할 수가 없다고 했다. 자유로운 학교에서 어린이는 친척 문제가 없다. 요즘에 나는 그들에게 오지 못하게 경고한다.

2년 전 어떤 아저씨가 와서 9살 된 조카를 데리고 산보 나갔다. 그 소년은 돌아오자 식당에서 빵을 아무데나 던지기 시작 해 그 이유를 물어보았다.

「네 삼촌이 데리고 나가서 너를 화나게 만들었나 보다. 네 아저씨가 무어라고 하더냐?」

「아, 그 분은 신에 관해서 얘기했어요, 신과 성경이요.」

「그 분이 네 빵을 물에 던지라는 구절을 인용하지는 않았니?」
라고 묻자 그는 웃기 시작했다. 그뒤 그는 빵 던지는 것을 중지했다. 그러나 그 아저씨가 다시 돌아오면 그의 조카를 만날 수 없을 것이다.

일반적으로 서머힐의 학부형에 대해서 나는 불평하지 않는다. 우리들은 원만하게 잘 지내고 있으며 그들 대부분은 나와 의견을 같이 한다. 한두 경우는 심한 의혹도 일으키나 계속 신임하고 지낸다.

나는 항상 학부형들에게 선택의 기회를 준다. 항상 나의 의견을 따르는 학부형들은 질투하는 법이 없다. 어린이들은 가정에서나 학교에서나 자유로우며 휴일에 귀가하는 것을 즐겁게 생각한다.

서머힐을 완전히 믿지 않는 부모를 가진 학생들은 휴일 동안 집에 가는 것을 좋아하지 않는다. 부모들이 너무 많은 것을 요구하기 때문이다. 부모들은 8살 된 어린아이가 자신에 대해서 관심이 있다는 것을 깨닫지 못한다. 그런 아이는 사회적 센스나 의무감 같은 것은 없다.

서머힐에서 그 아이는 이기주의적으로 생활할 수 있고, 이기주의를 발산함으로써 그것을 제거할 수도 있다. 어린이로 봐서는 학교와 가정 간의 의견 충돌은 해로운 것이다.

왜냐하면 어린이는 갈등을 갖게 되기 때문이다. 즉 학교와 가정, 어느 쪽이 옳으냐? 학교와 가정이 같은 관점에서 동일한 목적을 갖는다는 것은 어린이의 성장과 행복을 위하여 본질적인 문제인 것이다.

학부형과 교사간 의견 충돌의 중요한 원인 하나는 질투라는 것을 나는 발견했다. 15세의 여학생이 나한테 와서,

「만일 내가 아빠를 화나게 하고 싶으면, 나는 즉시 '아빠, 니일 선생님이 그러던대요……'라고 말만 하면 되요.」

걱정이 많은 부모는 어린이가 좋아하는 교사를 질투한다. 그것은 자연적인 일이다. 결국 어린이란 소유물이고 재산이며 부모 자아의 일부분으로 잘못 알고 있다.

교사 역시 의지가 약한 인간이다. 교사들은 자녀가 없는 사람이 많기 때문에 자기 학생들을 잘 받아들인다. 그들은 무의식적으로 부모들에게서 어린이를 빼앗으려고 노력하는 것이다.

교사를 정신 분석해 본다는 것은 필요하다. 정신 분석이란 만병 통치약은 아니며, 그것은 제한성이 있다. 그러나 그것은 근거를 명확히 해준다. 나는 정신 분석의 중요한 장점이 남을 좀더 쉽게 이해할 수 있고, 또 관대하게 만들 수 있다는 점이라고 생각한다. 이러한 이유만으로서도 나는 교사들에게 정신 분석을 적극적으로 추천한다.

결국 그들의 하는 일은 남을 이해하는데 있다. 정신 분석을 받은 교사는 명랑한 태도로 어린이를 대할 것이며, 그러므로써 개선될 것이다. 만일 가정이 공포와 갈등을 가져다 준다면 그 가정은 불행하다.

어린이에 대해서 지나치게 걱정하는 부모에 의해서 성급하게 양육되는 아이는 화를 잘 낸다. 그런 아이는 무의식적으로 부모의 지배에서 벗어나려고 결심한다. 걱정과 갈등이 없이 자라난 어린이는 인생을 모험심으로 맞이하게 될 것이다.

부모의 인식

인식한다는 것은 편견과 유치한 태도로부터 해방되는 것을 의미한다. 그것은 가능한 한의 해방이어야 한다. 유년기의 편집과 태도로부터 완전히 해방된 사람이 있을 수 없기 때문이다.

인식이란 사물의 내면을 중요시 하고 사물의 표면적인 것을 도외시하는 것이다. 이것은 감정적인 애착이기 때문에 부모들에게는 쉬운 일이 아니다. '내가 내 자식을 버려놨으니!'하는 것은 내가 받은 수많은 편지에서 호소하는 내용이다.

교사는 자기 학생에 대한 강한 감정적 애착에 의하여 방해를 받지 않기 때문에, 어린이를 자유롭게 지도하는데 있어서 계속적인 인식을 실천할 기회를 부모 보다는 훨씬 더 많이 가지고 있다.

어떤 문제아의 경우, 그의 아버지가 지도 방법을 고치지 않는 한 그 아이는 도저히 개선될 가망성이 없기 때문에 충고하기 위해서 편지 쓰는 일이 여러 번 있다. 예로 토미가 서머힐에서는 흡연의 자유가 있는 반면에 집에서 흡연하면 매를 맞는 이런 상황은 도저히 있을 수 없는 것이라고 지적해야 했다.

나는 학생으로 하여금 자기 가정에 반항하도록 한 일은 전연없다. 그렇게 한 것은 자유였다. 물론 인식하지 못하는 가정은 도전 의식도 없으며 동시에 자유의 역할을 이해할 수도 없다.

나는 몇 가지 예를 들어서 부모 자식 관계의 잘못된 점을 설명하고 싶다. 내가 설명하려고 하는 어린이들은 비정상적이 아닌 아이다. 그들은 단순히 어린이의 진정한 욕구를 인식하지 못하는 환경에서 자란 희생자들이다.

밀드레스가 매회 방학이 끝나 집에서 돌아오면, 애가 심술궂고 싸움 잘하고 정직하지 못했다. 문을 쾅하고 닫고 자기 방과 침대에 대해서 불평했다.

그 여학생이 다시 같이 생활하기에 좋게 되려면 반학기 이상이 걸린다. 그 소녀는 어머니한테 잔소리만 듣는 방학을 보냈다. 그 어머니는 나쁜 사람과 결혼한 여자이다.

이 세상 어느 학교의 자유라 할지라도 그 아이에게 영속하는 만족을 줄 수는 없다. 특히 가정에서 방학을 잘못 보내면, 학생들은 학교에 와서 좀도둑질을 하게 된다.

그 여학생으로 하여금 그런 상황을 의식하도록 만든다고 해서 무식하고 증오에 차 있는, 그 여학생의 생활에 간섭하는 그런 가정 환경을 변화시킬 수는 없는 것이다.

서머힐에서도 어린이는 가끔 가정의 영향에서 벗어날 수 없다. 그런 좋지 못한 가정은 어린이가 생각하고 느끼는 가치나 지식을 가지고 있지 않다. 사람에게 가치를 가르친다는 것은 쉬운 일이 아니다.

8살의 쟈니는 형편 없는 꼴로 학교에 돌아왔다. 그는 자기보다 약한 아이들을 건드리고 괴롭혔다. 그의 어머니는 서머힐을 믿지만 그의 아버지는 훈육가였다. 쟈니는 아버지의 명령에 따라야 했으며, 가끔 매를 맞기도 했다. 그 소년에 관해서는 어떻게 해야 할지 나도 모른다.

나는 어느 학생의 아버지에게 편지했다.

〈당신이 아들을 비난하는 것은 어쨌든 치명적인 일입니다. 그 아이한테 화를 내지 마시오. 무엇보다도 벌을 주어서는 안됩니다.〉

그 소년이 방학 동안 집에 갔을 때 그 애 아버지는 역에서 아들을 만나 말한 첫마디가 '머리를 들고 다녀라. 수그리지 말라'였다.

피터의 어머니는 피터가 오줌을 싸지 않으면 매일 아침 1페니를 주겠다고 약속했다. 나는 그가 오줌을 살 때마다 3센트를 그에게 주었다.

그러나 어린애의 마음 속에 그의 어머니와 나 사이의 방법상 충돌을 피하기 위하여, 나는 그의 어머니에게 내가 시작하기 전에 그 어머니의 보상 방법을 중지하라고 설득했다.

그러자 피터는 학교에서 보다는 집에서 더 자주 오줌을 쌌다. 그의 신경질 증세의 한 요소는 늘 어린애이고 싶어하는 점이다. 그는 어린 동생을 질투하고 있으며, 어머니가 자기 문제를 고치려고 한다는 것을 막연하게 눈치채고 있다.

내가 하려고 하는 것은 오줌 싸는 것은 문제가 안 된다는 것을 보여주려는 것이다. 다시 말해 내가 3센트를 주는 것은 그가 어린애 노릇을 실컷 하고 나서 자연히 그것을 포기할 태세를 갖출 때까지 어린애 상태로 남아 있도록 북돋아주기 위해서이다.

습관이란 것은 충분히 즐기지 못한데서 이루어진다. 훈련시키거나 금품을 주어 버릇을 고치려는 것은 어린이로 하여금 죄 의식을 느끼게 하고, 따라서 가증스러운 도덕 의식을 준다는 것을 의미한다. 위선적인 도덕가가 되는 것보다는 오줌 싸는 것이 훨씬 낫다.

어린 지미가 방학 후 학교에 와서 하는 말이 '나는 이번 학기에 한 시간도 결석하지 않을래요'하는 것이었다.

그의 부모들은 그애 보고 고등학교 입시에 합격해야 한다고 강조했다. 그는 수업에 빠지지 않고 일주일 동안은 잘하더니 다음 한 달간은 전연 수업 시간에 나타나지 않았다.

이것은 단순히 말만 하는 것은 소용없다는 또 하나의 증거이다. 무엇보다 나쁜 것은 말로만 하는 것은 방해가 된다는 것이다.

이런 사례의 아이들은 문제아가 아니다. 합리적인 환경과 부모의 이해 아래에서는 이러한 어린이들은 정상아이다.

한때 문제아가 있었는데 이 소년은 잘못된 교육 방법 때문에 고통을 당했다. 그래서 나는 그 애의 어머니에게 그녀의 잘못을 고쳐야 한다고 말해주자 그녀는 그러겠다고 약속했다. 여름방학이 끝나고 그 부인은 아들을 데리고 학교에 왔다. 그래서 나는 물었다.

「모든 금지를 없애버렸습니까?」

「예, 그랬습니다.」

「잘했군요! 아들에겐 뭐라고 말했나요?」

「네 성기를 가지고 노는 것이 잘못은 아니지만 미련한 짓이다.」

그 여자는 한 가지의 금지를 없애버렸고, 그 대신 다른 것을 하나 더 금지시켰다. 그래서 그 아이는 계속 반사회적이고 부정직하고 가증스럽고 늘 걱정에 가득찬 아이가 되었던 것이다.

부모와 상반되는 나의 입장을 그들이 배우려 하지 않을 것은 잘 안다. 내가 한 일의 대부분은 부모들의 잘못을 수정해 주는 것으로 되어 있다. 나는 과거에 자기들이 저질러 놓은 잘못을 솔직하게 볼 줄 알고, 또 나아가서 자녀를 다루는 최소한의 방법을 배우려고 애쓰는 그러한 부모들에 대해서 동정과 찬사를 보낸다.

그러나 이상하게도 그 외의 부모들은 자녀들에게 맞춰나가려고 노력하기 보다는 위험하고 쓸모없는 규칙에 오히려 매달린다. 더 이상한 것은 자녀들이 나를 따르는 것을 질투하는데 있다.

어린이들은 자기들 하는 일에 내가 간섭하지 않는 것을 좋아하는 만큼 나를 좋아하는 것은 아니다. 어린이들의 친 아버지가 '시끄럽다, 조용히 해라'고 소리칠 때, 그들이 공상하는 아버지는 바로 나다.

　나는 훌륭한 예절이나 겸손한 말씨를 요구한 적이 없으며, 세수했느냐고 물어본 적도 없고 복종이나 존경이나 체면을 요구한 적도 없다. 즉 나는 어린이들을 성인과 마찬가지로 점잖게 다루었다.

　결국 나는 그들의 아버지와 나 사이에 진정한 경쟁이란 있을 수 없다는 것을 깨달았다.

　그들의 아버지가 하는 일은 가족을 위해서 수입을 늘이는 것이고, 나의 일은 어린이들에 관해서 연구하고 나의 모든 시간과 관심을 어린이들에게 주는 것이다. 만일 부모가 자녀의 발달을 좀더 알기 위해서 아동심리학을 공부하기를 꺼린다면, 그들은 퇴보할 것을 각오해야 한다. 그래서 부모들은 퇴보되어 있다.

　어떤 부모가 딸에게 편지하기를 '만일 생각보다 더 잘 쓸 수 없으면 나에게 편지하지 않는 것이 좋겠다'고 썼다. 이 편지는 정신적으로 결함이 있는지 없는지 장담할 수 없는 여학생에게 보내온 것이다.

　나는 가끔 불평하는 부모에게 큰소리를 치는 경우가 있다.

　「당신의 아이는 도둑질하고 오줌을 잘 싸며 반사회적이고 불행하고 열등감이 있는 아이입니다. 그런데 당신이 와서 당신 아들을 역에서 만났을 때 얼굴과 손이 더럽다고 해서 나한테 불평을 하고 있습니다.」

　나는 성을 잘 내지 않는 사람이다. 그러나 어린이의 행동에 있어서 중요성에 관한 가치 의식을 얻으려고도 하지 않고 얻을 수도 없는 그런 아버지나 어머니를 만날 때는 나는 화를 낸다. 아마 그것 때문에 나를 부모들의 편에 서지 않는 사람이라고 생각할 것이다.

　반면에 한 어머니가 방문와서는 정원에서 흙투성이가 된 헤어진 옷을 입고 있는 아들을 만나고서 미소지으며 나에게 말하기를 '애가 건강하고 행복해 보이네요'하기도 한다.

　그러나 그렇게 느낀다는 것이 얼마나 어려운 것인지 알고 있다. 우리들은 모두 자신의 가치 기준이 있으며, 다른 사람을 우리의 개인적 기준에 의해서 평가한다.

　내가 어린이들에 관해서 열광적이고, 내가 가지고 있는 안목으로 어린이를 보지 못하는 부모에 대해서 참지 못하는 사람이 된 것을 사과해야 될 게다. 그러나 만일 내가 사과한다면 나는 위선자가 될 것이다. 사실 나는 어린이들에게 관한한 나의 가치가 옳다는 것을 알고 있다.

단순히 자녀와의 좋지 못한 관계를 바꾸고 싶어하는 부모는 철저히 몇몇 문제를 자문자답함으로써 시작할 수 있다. 나는 수많은 적절한 질문을 생각할 수 있다.

「나는 오늘 아침 나의 남편(아내)과 한바탕 했기 때문에 내 자식에 화를 냈는가? 내가 싸우게 된 것은 지난 밤 우리의 성교에서 충분한 기쁨을 얻지 못해서인가? 혹은 옆집 부인이 내가 우리 애를 버리고 있다고 했기 때문인가? 혹은 나의 결혼이 실패해서인가? 혹은 상사가 나에게 사무실을 떠나라고 했기 때문인가?」

이와 같은 문제를 자문한다는 것은 상당히 도움이 될 수 있다. 일생을 통해 조건지워진 다음과 같은 심증의 질문은 깨달을 수가 없다. 화난 아버지가 이러한 복잡한 질문을 자문한다는 것은 어려운 것이다.

「내가 아들을 욕했다고 때리는 것은 나 자신이 엄격하게 매맞고, 도덕적 훈계를 듣고, 하나님을 무서워 하고, 무의미한 사회 관습을 존중하고, 강한 성적 억제를 받고 자랐기 때문인가?」
라는 것이다. 이에 대한 대답은 대부분 우리가 할 수 없는 자기 자신의 정신 분석의 정도를 의미할 것이다. 이에 대한 대답이 바로 어린이를 신경질과 불행에서 구제하게 될 것이다.

아버지의 부정 때문에 자식이 벌 받는다는 성경 구절은 대대를 통해서 물리적인 의미로 이해되어 오고 있다. 그리고 교육받지 않은 사람일지라도 아버지의 매독 때문에 아들이 파멸했다는 입센의 《유령》에 관한 도덕을 배울 수 있다.

이해되지 않는 것은 아버지의 심리적인 죄악 때문에 자녀들의 파멸이 있다는 점이다. 이러한 비뚤어진 성격의 악순환에서 어린이가 벗어날 수 있는 유일한 방법은 인식력 있는 부모가 어릴 때부터 자율성 있는 지도를 하는 것이다.

하나 강조되어야 할 것은 자율성이란 일련의 규칙 제도보다는 더 많이 주는 것을 요구한다. 부모들은 시간과 자기 본위의 흥미를 적어도 2년간은 희생하지 않으면 안된다. 그들은 애기가 좋아하고 만족해 하는 것을 보려고 장난을 해서는 안된다. 찾아오는 친척에게 보이기 위해서 애기에게 웃어주고 놀려주어서는 안된다.

자율이란 것은 부모의 이기성이 없다는 것을 의미한다. 내가 이 점을 강조하는 것은 자율성을 잘못 이해하고 있는 젊은 부부를 본 일이 있기 때문이다.

즉 이들은 애기를 자기들이 편리한 대로 따르도록 만들거나 자기들이 극장에 가고 싶은 저녁에는 그에 알맞게 애기의 자는 시간을 조절하려는 것을 자율성으로 생각하고 있다.

혹은 좀더 자라면 아버지가 선잠을 자는 동안 시끄럽지 않게 하기 위해서 어린 애기에게 부드럽고 소리 안나는 장난감을 준다.

「그만 해라. 그런 짓 해서는 안 돼. 우리도 하고 싶은 것을 하며 살아야 하지 않느냐.」
라고 부모가 소리치는데 대하여 나는 안된다고 말한다. 어린이 생활의 첫 2년 내지 4년 동안은 안된다. 어린이 생활의 첫해에는 가장 주의깊이 돌보아 주어야 한다.

왜냐하면 모든 주위 환경이 자율성에 대해 반대적으로 되어 있고, 또 사람이란 의식적인 열성으로 어린이를 위해서 노력하지 않으면 안되게 되어 있기 때문이다.

나는 자녀에게 자율성과 자유를 향하여 잘 출발하도록 하는데 있어서 진지한 태도를 가진 부모들에게 또 몇 가지를 충고하고 싶다.

어린 아기를 유모차에 태워서 정원에 몇 시간 계속 재우는 것은 위험하다. 어린 아기가 갑자기 깨게 되어 낯선 곳에서 혼자 있다는 것을 알고는 두렵고 외로운 쓸쓸한 감정을 갖게 된다는 것을 아는 사람은 없다. 그러한 경우 아기의 울어대는 소리를 들은 사람은 미련한 방법으로 잔인하게 했다는 생각을 할 것이다.

만일 어린애가 신경질없이 자라기를 바란다면, 어린애에게서 떨어지지 말아야 하며 같이 놀아야 한다. 어린애가 하는 장난 뿐 아니라, 당신이 어린애가 된다는 기분으로 놀아주어야 하며, 그 어린애의 생활에 들어갈 수 있고 또 그의 흥미를 받아들일 수 있어야 한다. 만일 미련하게 점잖을 빼면 이렇게 할 수 없다.

가능하다면 어린이와 할아버지, 할머니가 따로 생활하는 것이 좋다. 흔히 있는 일은 조부모들은 어린이를 키우는데 관련된 규칙 만드는 것을 고집한다. 혹은 조부모들은 어린이들의 장점과 단점만 보기 때문에 어린이를 버리게 된다.

잘못된 가정에서는 어린이가 두 사람의 보스 대신에 네 사람의 보스를 갖게 되는 것이다. 좋은 가정에서도 조부모들이 늘 어린이들에게 관한 자기 자신의 케케묵은 옛날 견해를 내세우려고 하기 때문에 어린이를 버리기 쉽다.

이런 것은 흔히 할머니가 자기 가족이 다 성장한 후에 인생에 대한 흥미가 없을 때 생기는 것이다. 제3대 자손이 할머니에게 새로 일하며 소일할 수 있는 기회를 주는 것이다.

자기 딸이나 며느리가 어머니로서 잘 해내지 못한다는 생각이 들어 할머니가 떠맡게 됨으로써, 어린이는 두 가지 방법으로 끌려다니며 또 양쪽 편으로부터 멀어지게 된다.

어린이에 대해서 다툼이란 그것이 어머니와 할머니 사이든 남편과 아내 사이든 사랑이 없는 가정이란 것을 의미한다. 그 다툼이 어린이가 모르도록 한다 하더라도 어린이를 속일 수는 없다. 어린이는 그것을 의식하지 않고도 자기 집안에 사랑이 없다는 것을 느끼는 것이다.

학교 문제 역시 어려운 문제이다. 아내는 자식을 사립 남녀 공학 학교에 보내고 싶어하고, 남편은 공립학교에 보내고 싶어할지도 모르기 때문에 충돌도 갖게 될 것이다.

만일 부부 중 한 사람이 천주교인이라면 아주 좋지 않은 결과를 가져 올지도 모른다. 나는 이 문제에 대해서 해줄만한 충고가 없다. 이념적이거나 혹은 종교적인 간격은 메꿀 수 없기 때문이다.

다만 내가 말할 수 있는 것은 서머힐에서 가장 곤란한 몇몇 학생들은 부모들의 학교에 대한 의견 차이에서 오는 결과로 나타난 것이다.

서머힐을 싫어하면서도 평화로운 분위기 때문에 이곳을 택한 아버지를 가진 학생은 자기 아버지가 실질적으로 이 학교를 인정하지 않는다는 것을 알기 때문에 눈이 보이는 발전은 이루지 못한다.

이 학생이 아닌 어느 아이든 이렇게 학교에 다닌다는 것은 비극적인 일이다. 그 어린아이는 언젠가는 자기 아버지가 훈육이 잘된 학교로 전학시키게 될 것이라는 두려움 때문에 안정감을 찾지 못한다.

그러면 부모와 교사간의 대립이 약간 예상된다. 교사들은 이러한 사실을 알고 있으므로, 몇몇 교사들은 사친회를 통해서 교직원과 학부형과의 밀접한 접촉을 하도록 열심히 노력한다.

이것은 훌륭한 일로 어느 학교에서나 이루어져야 한다. 교사들은 자기들이 부모들처럼 어린이에 대해서 중요한 영향력을 줄 수 없다는 것을 깨달아야 한다. 이것이 곧 가정의 분위기가 문제아를 만들게끔 되었을 때, 그 문제아를 치료할 가망이 없게 되는 이유이다.

부모들은 조만간 자녀들이 그들에게서 떠난다는 사실에 직면하게 된다. 물론 나는 자녀들이 부모를 떠나서 다시 볼 수 없다는 것을 의미하는 것은 아니다. 즉 가정에 대한 어린 시절의 의존성을 제거함으로써 심리적으로 멀리 떠난다는 것을 의미한다.

많은 가정에서 딸이 부모를 즐겁게 하기 위해 나이가 들도록 부모하고 같이 살고 있는 경우가 있는 것을 안다. 나는 대부분의 경우 그런 가정은 불행한 가정이라는 것을 알았다.

그런 딸의 심리적 한 면에서는 자기 자신의 생활 세계로 나가도록 재촉을 하는가 하면 다른 면, 즉 의무적인 면에서는 부모와 같이 생활하도록 강요하는 것이다. 그런 딸은 항상 내부적 갈등을 갖게 마련이며, 이런 갈등은 대개 다음과 같은 짜증으로 나타나게 된다.

'물론 나는 어머니를 사랑한다. 그러나 때때로 너무 귀찮다.'

오늘날 수많은 주부들은 이 땅에서 가장 싫증나는 일을 하고 있다. 즉 식사 준비·설거지·빨래·다리미질·먼지털이 등 그들은 보수도 없는 집지기이며 생활은 단조롭다.

가족이 보금자리를 떠나면 주부의 일이 끝난다. 새끼들이 날아간 보금자리는 외로운 보금자리가 되어 어미는 비난보다는 오히려 동정을 받아야 한다. 주부가 가지고 있는 모성적 성향은 자기의 할 일을 가능한 한 계속하려고 한다.

비록 그 과정에 있어서 무의도적으로 자녀에게 고통을 주게 될지도 모르지만, 모든 결혼한 여자는 어머니로서의 책임이 끝나면 다시 종사할 수 있는 직업을 가져야 한다는 사실을 지적하고 싶다.

부모는 신이다. 곧 질투의 신이다. 부모는 '나는 내 자식을 이렇게 만들어야지!'라고 할 수 있는 법적 권리를 가지고 있다. 어머니나 아버지는 자녀를 때릴 수 있고, 무섭게 할 수 있으며, 자녀들의 생활을 비참하게 만들 수도 있다.

신체적 상처가 너무 많이 생길 때만 법의 간섭을 받게 된다. 그러나 정신적 손상이 아무리 크다 해도 전연 간섭받지 않는다. 부모가 자기는 항상 최선을 다하고 있다고 믿는 것이 바로 비극인 것이다.

만일 부모들이 자각하고 어린이 편에 서서 진정한 자유와 지식 그리고 사랑을 향하여 어린이가 발달하도록 한다면, 인간의 위대한 희망은 바로 부모들의 의지가 최대로 작용하게 하는 것이다.

지은이 ──────── A. S. NEILL

니일은 영국의 진보주의 교육철학의 대표학자로 자연주의자이다. 그는 학교 교육
방법이 아동의 신체 및 정서적인 발달에 부적당하다는 것을 깨닫고, 아동 중심의
교육을 실현하기 위해 교사직을 버리고, 1921년 부인과 함께 영국 런던 근교의
레이스톤에 서머힐을 세웠다. 40년간 서머힐의 교장으로서 아동의 심리를 분석
연구하고 아동 중심의 교육을 실천했다. 1973년 세상을 떠나까지
어린이에 대한 어른들의 이해 · 사랑 · 신뢰가 너무 부족해
어린이가 올바르게 자라지 못한다고 주장했다.

서머힐

1판 1쇄 | 1990년 05월 05일
1판 8쇄 | 2003년 06월 20일

지은이 | A. S. Neill
펴낸이 | 임재원
펴낸곳 | 시간과공간사

등 록 | 1988년 11월 16일(제1-835호)
주 소 | 서울 마포구 신수동 340-1(201호)
전 화 | 02) 3272-4546~8
팩 스 | 02) 3272-4549
E-mail | tnsbook@empal.com

ISBN 89-7142-080-4 03590

▶ 잘못 만들어진 책은 구입하신 곳에서 바꾸어 드립니다.

1. 천재는 태교에서부터 시작된다   신국판 / 250면 / 값 7,000원

태아의 성장을 단계별로 나누어 세밀하게 소개한 태교 전문서로 새 생명의 시작에서부터 분만에 이르기까지 알아야 할 모든 정보를 이해하기 쉽게 풀어 썼다.

2. 우리 아기 잠재능력을 키워 주는 방법   신국판 / 300면 / 값 7,000원

아이의 잠재능력을 키워 주는 발견놀이 프로그램에 대해 구체적으로 설명하고 이런 발견놀이를 통해 아기의 감각이나 인지력, 기억력, 통제력으로 연결시키는 방법을 알려 준다.

3. 엄마는 인생 최고의 스승이다   신국판 / 248면 / 값 7,000원

일찍부터 아이를 유치원 등에 맡기고 많은 시간을 함께 하지 못하는 부모들을 위해 발간된 책으로 신세대 부부를 위한 육아 조기교육 토털 지침서다.

4. 생후 12개월 아기 돌보기   신국판 / 250면 / 값 7,000원

아기를 처음 키우는 초보 엄마들을 위해 구성된 책으로 아기의 개월 수에 따른 발육이나 발달의 특징과 보살피는 방법, 영양의 공급방법, 질병과 치료법 등 육아의 기본상식을 쉽게 이해할 수 있도록 설명했다.

5. 임산에서 출산까지 태교 ABC   신국판 / 300면 / 값 7,000원

순조로운 출산을 위해 꼭 알아야 할 분만지식과 산후조리, 회복과정, 임신 전후 건강관리법에 대해 자세히 소개한 출산·태교 길잡이서.

6. 천재와 둔재는 0세에 결정된다   신국판 / 272면 / 값 7,000원

아이를 천재로 키울 수 있는 0세 교육의 방법과 비법에 대한 지침서. 부모와 전문 보육자들이 0세 교육의 의미를 올바로 인식하고 체계적인 교육방법을 배울 수 있도록 구성했다.

7. 엄마는 아이가 가장 좋아하는 장난감이다   신국판 / 248면 / 값 7,000원

이 책에서는 '자신감과 책임감으로 자녀를 교육하는 부모'가 되는 길을 제시해주고, '학교는 가정에서부터 시작된다.'는 명제 아래 가정교육이 무엇보다 중요하다는 사실을 일깨워준다.

8. 처음으로 어머니가 되는 분에게   신국판 / 300면 / 값 7,000원

처음으로 부모가 되는 이들을 위한 육아 지침서로, 엄마의 역할에 초점을 맞춰 이야기를 구성했다. 아이들이 논리적으로 사고할 수 있는 높은 지능의 형성을 위해 부모가 어떻게 하면 좋은지, 혹은 올바른 인격의 소유자로 성장하게 하려면 아이를 어떻게 길러야 하는지에 대해 소개한다.

9. 첫 임신출산 완전정복   신국판 / 240면 / 값 8,000원

임신 기간 중에 흔히 나타나는 신체 증세와 병은 물론 성생활에 대한 정보도 담고 있다. 출산을 위한 경제계획·분만의 진행 과정과 수유준비에 대해 자세히 소개해 실질적인 도움이 되도록 꾸며졌다.

10. 임산부 · 신생아 체조   신국판 / 268면 / 값 7,000원

임산부 체조 분야의 개척자인 수지 프루던이 저술한 이 책은 다양한 사진을 수록해 출산을 위한 체력 단련법과 출산 이후 몸매 가꾸기에 적합한 체조를 누구나 따라할 수 있고, 한눈에 익힐 수 있도록 해준다.

11. 유태인은 자녀를 이렇게 키운다   신국판 / 264면 / 값 7,000원

유태인의 성전이자 지혜의 원천인 '탈무드'를 통한 '유태식 육아법'을 통해 자녀를 훌륭한 인성의 소유자로, 마음이 올바른 지성인으로 키우고자 하는 부모들이라면 필독해야 할 지침서이다.

13. 딥스(자아를 되찾은 아이)   신국판 / 280면 / 값 7,000원

아동 심리학계에서 저명한 액슬린 박사가 정신 장애를 가진 딥스라는 어린이를 치료한 실제 이야기. 이 책은 저능아로까지 취급받던 딥스가 명성하고 능력 있는 우등생으로 거듭나는 과정이 흥미롭게 펼쳐진다.

14. 유아 영어 길라잡이   신국판 / 224면 / 값 7,000원

'유아영어는 어떻게 가르칠 것인가?', '유아기에 배우면 과연 효과가 있을까?' 등 부모들이 궁금해 하는 유아기 영어 교육에 대한 방법과 길을 제시해주는 체험적 교육 이론서.

15. 새내기 엄마, 별난 아빠의 행복한 아이 만들기   신국판 / 224면 / 값 7,000원

이 책은 유아교육을 전공하는 아빠와 한국화를 그리는 엄마가 두 아이를 기르면서 느꼈던 자녀 교육의 생생한 체험담을 묶은 기록서이다.

16. 엄마는 홈닥터, 아이 병을 책임져요   신국판 / 250면 / 값 7,000원

아이들의 전염병, 겨울철 호흡기 질환, 소아암, 간염, 자폐증, 야뇨증, 신경성 질환, 스트레스성 질환, 유아 급사증후군, 맞벌이 자녀들의 정신적 트러블, 각종 응급처치 요령 등을 주요 내용으로 하고 있다.

17. 엄마, 아빠와 함께 즐기는 유아 미술 활동   신국판 / 224면 / 값 7,000원

유아의 미술 활동을 지도하는 부모와 유아교사 등을 위해 제작된 미술 교육 지침서로, 창의력 발달에 도움이 되는 갖가지 미술활동의 종류와 지도방법에 대해 자세히 소개했다.

18. 아이는 놀이로 배운다   신국판 / 234면 / 값 7,000원

유아기부터 8세까지의 아이를 위한 놀이 지침서. 놀이가 아이들의 성장발달에 미치는 영향, 놀이 환경의 조성과 연령별 그림책 고르기, 장난감의 유형별 특징이 소개되어 있다.

19. 서머힐   신국판 / 224면 / 값 8,000원

열린 교육의 선두로 꼽히는 영국 '서머힐' 학교의 교장이 직접 저술한 이 책은 참교육을 위한 혁신적인 방향을 제시한다. 특히 저자는 현재의 학교 교육은 아이의 신체 및 정서 발달에 부적합하며 학교의 제도와 규칙에 아이들이 적응하도록 강요하기보다는 아이의 성장발달에 학교가 적응해야 한다고 주장한다.

20. 머리를 좋게 하는 133가지 방법　신국판 / 200면 / 값 7,000원

3세에서 초등학교에 입학하기 전까지의 아이들을 대상으로, 놀이나 일상적인 대화 속에서 부모가 자녀의 지능지수(IQ)와 감성지수(EQ)를 높이기 위해서 해야 할 일에는 어떤 것들이 있는지 구체적인 방법들을 제시해준다.

21. 아이를 지혜롭게 꾸짖는 74가지 방법　신국판 / 200면 / 값 8,000원

아이의 자립심과 능력을 키워 주는 데 적합한 말, 아이가 나쁜 길로 빠질 수 있는 위험성이 큰 말들에는 어떤 것이 있는지, 아이의 심리상태에 따라 꾸짖음의 말을 어떻게 변화시켜야 하는지 등에 대한 74가지 방법을 알려 준다.

22. 아이의 창의력은 손으로부터 시작된다　신국판 / 232면 / 값 7,000원

'제2의 두뇌'라고 일컫는 '손'을 사용해 양쪽 두뇌를 고루 개발시키는 방법과 조작력·집중력·도형인식력·창의력 등의 향상에 도움이 되는 방법들이 소개됐다. 그 가운데 손 체조·스트레칭·손 그림자 등 쉽게 할 수 있는 손 놀이와 공기놀이·구슬치기 등 전통놀이에 대한 놀이방법도 담고 있다.

23. 성공하는 아이로 키워라　신국판 / 288면 / 값 8,000원

'성적이 좋은 아이로 키우기보다는 성공하는 아이로 키워야 한다.'는 저자의 설득력 있는 주장과 함께 아이의 성공을 위해서 부모가 해야 할 역할과 아이들에게 부모가 만들어 주어야 할 습관에는 어떤 것들이 있는지 알기 쉽게 설명하고 있다.

24. 태아는 엄마의 행동을 따라해요　신국판 / 216면 / 값 7,000원

'임신 중 엄마의 행동이 아이의 미래를 결정한다.' 즉 임신부의 행동이 태아에게 얼마나 중요한가에 대해서, 또 무심코 행한 행동이 아이의 장래를 결정한다는 놀라운 사실에 대한 내용을 담고 있다. 이해하기 쉬운 다양한 정보와 실제 경험담도 소개되었다.

25. 아이의 마음을 움직이는 방법　신국판 / 224면 / 값 8,000원

아이들의 돌출적인 행동으로 당황하는 부모들이 꼭 읽어야 할 안내서로, 부모들의 요구에 따라 비전문적인 용어로써 이해하기 쉽게 꾸며졌다. 거짓말·도둑질·수줍음·활동과다·야뇨증 등과 같이 자주 발생하는 자녀들의 문제성 행동에 대한 이해를 돕고, 해결방법을 제시함은 물론 그러한 행동의 예방책과 원인까지 분석했다.

26. 아이를 성장시키는 엄마의 지혜　신국판 / 208면 / 값 8,000원

이 책은 소아과 전문의와 카운슬러가 협력하여 부모와 자녀 사이에 발생하는 문제를 지혜롭게 해결할 수 있는 방법에 대해 소개한다. 실제 상담사례를 통해서 전개되는 이야기와 육아 중에 겪게 되는 부모의 다양한 심리적 갈등과 궁금증들을 함께 해결해 준다.